Grünigen

# Digitale Signalverarbeitung

Daniel Ch. von Grünigen

# Digitale Signalverarbeitung

mit einer Einführung in die kontinuierlichen Signale und Systeme

5., neu bearbeitete Auflage

Mit 249 Bildern, 125 Beispielen, 82 Aufgaben

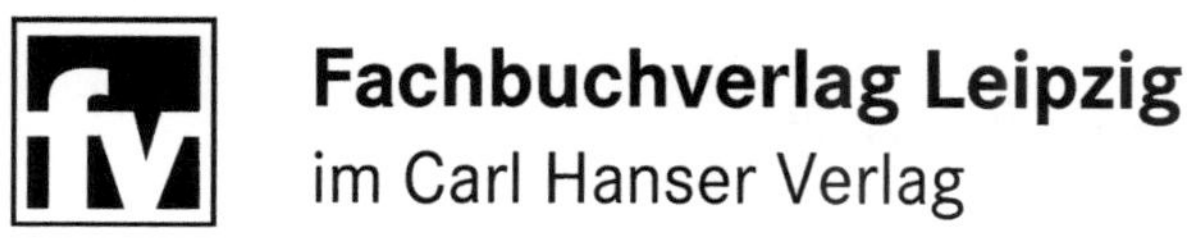

**Autor:**
Prof. Dr. sc. techn. ETH Daniel Ch. von Grünigen
Berner Fachhochschule, Hochschule für Technik und Informatik Burgdorf



Bibliografische Information der Deutschen Nationalbibliothek
Die Deutsche Nationalbibliothek verzeichnet diese Publikation in der Deutschen Nationalbibliografie; detaillierte bibliografische Daten sind im Internet über http://dnb.d-nb.de abrufbar.

ISBN: 978-3-446-44079-1
E-Book-ISBN: 978-3-446-43991-7



Um dieses Buch lieferbar halten zu können, wurde es mit dem Print-on-Demand-Verfahren als einzelnes Exemplar speziell für Sie gedruckt. Dabei können gegenüber dem Original Unterschiede auftreten. Der Inhalt des Buches ist unverändert.


Internet: http://www.hanser-fachbuch.de

Lektorat: Franziska Jacob, M.A., Mirja Werner, M.A.
Herstellung: Dipl.-Ing. Franziska Kaufmann
Satz: Daniel Ch. von Grünigen
Produktion der DSV-Programme: Ivo Oesch (dipl. El. Ing. FH)
Coverconcept: Marc Müller-Bremer, www.rebranding.de, München
Coverrealisierung: Stephan Rönigk
Druck und Bindung: BoD – Books on Demand, Norderstedt
Printed in Germany

# Vorwort

Die *d*igitale *S*ignal*v*erarbeitung (DSV), d. h. das Verarbeiten von Signalen mittels digitaler Rechner, hat in den letzten dreißig Jahren einen ungeheuren Aufschwung erlebt. Der Grund dafür liegt bei den leistungsfähigen und preiswerten Computern, die seit den Achtzigerjahren zur Verfügung stehen sowie in der fundierten Theorie, die Forscherinnen und Forscher in den letzten Jahrzehnten erarbeitet haben, und schließlich in den attraktiven Anwendungen, die je länger je mehr Eingang in unseren Alltag finden. Die digitale Signalverarbeitung wird sich in den Bereichen Software, Technologie, Theorie und Anwendungen rasch weiterentwickeln, so dass es für jeden Ingenieur, Physiker und Informatiker lohnenswert ist, sich in den Grundlagen dieses Fachgebiets auszukennen.

Die digitale Signalverarbeitung ist eine vorwiegend mathematisch orientierte Disziplin und es bereitet deshalb vielen Studenten und Praktikern Mühe, den Einstieg zu finden. Um den Zugang zu erleichtern, verzichte ich unter Angabe von Literaturstellen auf viele Herleitungen und lege das Gewicht auf die Interpretation und Illustration der Resultate. Andererseits ist es mir ein Anliegen, die Ergebnisse mathematisch korrekt und in Übereinstimmung mit der maßgebenden Fachliteratur zu präsentieren. Zudem lege ich Wert auf die Verwendung der Matrizenrechnung, weil ich glaube, dass sie zukünftig für die DSV unentbehrlich ist. Beispiele für die Verwendung der Matrizenrechnung sind MATLAB® und LabVIEW, zwei weit verbreitete Programm-Systeme, welche digitale Signale in Form von Zeilen- oder Spaltenmatrizen verarbeiten.

Mein Grundlagenbuch richtet sich an Studierende, Ingenieure, Physiker und Informatiker, die sich für die DSV interessieren oder Probleme aus diesem Aufgabenkreis zu lösen haben. Bezüglich der Mathematik werden Kenntnisse vorausgesetzt, wie sie an Technischen Universitäten, Hoch- und Fachhochschulen in den ersten vier Semestern gelehrt werden. Ich möchte aber auch Leser und Leserinnen ohne tiefe Mathematikkenntnisse motivieren, in das zukunftsträchtige Gebiet der digitalen Signalverarbeitung einzusteigen, und bemühe mich daher, den Stoff so anschaulich wie möglich zu präsentieren. Dennoch darf nicht verschwiegen werden, dass die Mathematik für ein gründliches Verstehen unerlässlich ist und vom Studierenden deshalb die Bereitschaft vorausgesetzt wird, sich mit anspruchsvollem, aber faszinierendem Stoff auseinanderzusetzen.

Das Buch gliedert sich in acht Kapitel: In einer Einführung werden die praktischen Aspekte der DSV aufgezeigt. Im darauf folgenden Kapitel werden kontinuierliche Signale und Systeme im Zeit- und Bildbereich beschrieben. Der Übergang vom kontinuierlichen zum diskreten Signal und umgekehrt wird im anschließenden Kapitel erläutert. Danach folgt eine Behandlung von diskreten Signalen und Systemen, die u. a. die z-Transformation beinhaltet. Das fünfte Kapitel führt in die Theorie der stochastischen Signale ein und zeigt, wie Korrelationsfunktionen geschätzt werden. In den drei letzten Kapiteln werden die klassischen Anwendungen der DSV präsentiert: die diskrete Fourier-Transformation, die Digitalfilter und die digitalen Signalgeneratoren.

Das Buch will mehrere Zwecke erfüllen:

- Es soll ein Lehrbuch für die Grundlagen der angewandten digitalen Signalverarbeitung sein. Deshalb gibt es zu jedem Kapitel Übungen, deren Lösungen sich auf der Website `http://labs.hti.bfh.ch/dsv` befinden. Zum vollständigen Lösen der Aufgaben wird die Studenten- oder Vollversion von MATLAB 6.1 oder höher inklusive der Signal Processing Toolbox [1] vorausgesetzt. Zum Studium des Buches ist das Software-Paket jedoch nicht erforderlich.

- Es soll in der Praxis als Handbuch bei DSV-Aufgabenstellungen dienen. Es enthält unter anderem Richtlinien zum Entwurf von Bandbegrenzungs- und Digitalfiltern, Anwendungsmöglichkeiten für Korrelationen, praktische Hinweise zur Durchführung von Fourier-Transformationen sowie Realisierungsvorschläge für Signalgeneratoren.

- Es soll als Nachschlagebuch für grundlegende Begriffe aus der digitalen Signalverarbeitung behilflich sein. Zu diesem Zweck ist ein umfangreiches Verzeichnis von deutschen *und* englischen Stichworten beigefügt.

- Es soll ein Einsteigerbuch sein für Studierende, die sich eine solide Grundausbildung in der digitalen Signalverarbeitung aneignen wollen, um sich später Spezialgebieten der DSV zuzuwenden. Ich denke dabei an die Sprach- und Bildverarbeitung, die adaptiven Filter, die digitale Kommunikation, die digitale Regelungstechnik, etc.

- Es soll als Manual zu einem DSV-Praktikum einsetzbar sein. Im Anhang sind MATLAB-Programme beschrieben, mit denen man Digitalfilter und Signalgeneratoren entwerfen, simulieren und über die Soundkarte realisieren kann. In der Programmsammlung findet sich zudem das MATLAB unabhängige PC-Programm `spsound`, das mittels der Soundkarte die Echtzeitrealisierung von digitalen Filtern und Signalgeneratoren erlaubt.

[1] http://www.mathworks.com

Die meisten Simulationen und Berechnungen wurden mit MATLAB durchgeführt. Diese Software ist für die digitale Signalverarbeitung sehr geeignet, da sie Aufgabenstellungen aus dem Bereich der numerischen Mathematik zuverlässig und schnell löst und ausserdem eine Signal-Processing-Toolbox zur Bearbeitung von DSV-Aufgaben enthält. Mithilfe sogenannter M-Files kann der Anwender massgeschneiderte Programme mit MATLAB-Befehlen schreiben, falls er eigene Simulationen und Berechnungen durchführen will. M-Files und weitere Software, welche für das vorliegende Lehrbuch erstellt wurden, sind unter der Internet-Adresse `http://labs.hti.bfh.ch/dsv` verfügbar.

An der Entstehung dieses Lehrbuchs haben einige Personen mitgewirkt. Allen voran Herr Ivo A. Oesch, dipl. El.Ing. FH, der den Simulator und das PC-Programm `spsound` entworfen und programmiert hat. Die Mehrzahl der Zeichnungen wurden von Herrn D. Hadorn erstellt und von der ehemaligen Gesellschaft für Fachpublikationen des Hochschulstandorts Burgdorf gesponsert. Mitgearbeitet haben auch Studentinnen und Studenten in Form von Projektarbeiten, die von Ivo A. Oesch hervorragend betreut wurden. Ihnen allen möchte ich danken. Ein herzliches Dankeschön geht auch an den Hanser Verlag für die gute Zusammenarbeit.

Burgdorf, im Februar 2014
Daniel Ch. von Grünigen

## Bemerkungen zur 5. Auflage

Das Buch in der 5. Auflage ist eine erweiterte und vollständig überarbeitete Version der 4. Auflage. Neu ist – neben vielen Beispielen und Aufgaben – das Kapitel 3 'Signalabtastung und Signalrekonstruktion', das vorher in eingeschränkter Form in Kapitel 2 integriert war. Verzichtet wurde dagegen auf den Codegenerator für den DSP-Starterkit TMS320VC5510-DSK von Texas-Instruments. An seiner Stelle wurde zur Realisierung von digitalen Filtern und Signalgeneratoren das PC-Programm `spsound` entwickelt. Dieses Programm erlaubt die Eingabe von Digitalfiltern, die Darstellung ihres Amplitudengangs, die Generierung und die Filterung von Signalen, die Berechnung ihrer Spektren und die Ausgabe via Soundkarte. Das Programm ist lauffähig unter Windows XP und Windows 7 und kann von der URL `http://labs.hti.bfh.ch/dsv` heruntergeladen werden.

# Inhaltsverzeichnis

# Kapitel 1

# Einführung

## 1.1 Grundlagen

Signale als Träger von Informationen spielen eine wichtige Rolle in unserem Alltag, wie die Beispiele Sprache, Musik, Video, biomedizinische Messdaten, Funksignale etc. zeigen. Liegen Signale in elektrischer Form vor, dann kann man sie elektronisch verarbeiten und man spricht dann von *Signalverarbeitung.* Unter der Verarbeitung von Signalen versteht man beispielsweise das Unterdrücken von Störungen, das Herausholen relevanter Informationen, die Signalumwandlung zwecks Übertragung oder Speicherung, usw.

In der Signalverarbeitung liegen Signale vor allem in drei Erscheinungsweisen vor (Bild 1.1): Erstens als Analogsignale (analoges Signal, engl: analog signal), zweitens als Abtastsignale (engl: sampled-data signal) und drittens als digitale Signale (engl: digital signal).

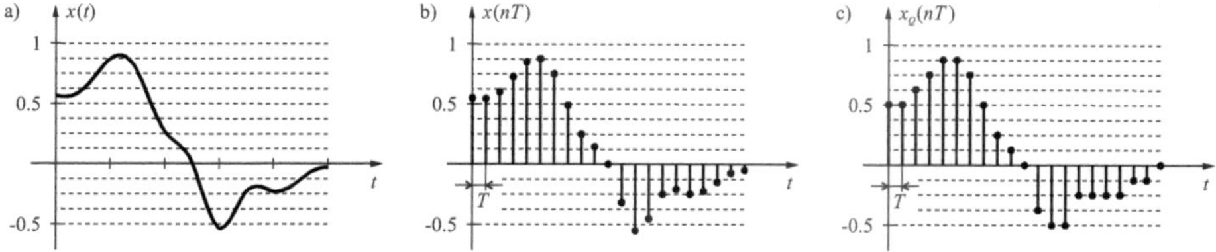


Bild 1.1: a) Analogsignal, b) Abtastsignal, c) digitales Signal

Ein analoges Signal – wie es beispielsweise in Form einer elektrischen Spannung am Ausgang eines Mikrofonverstärkers vorliegt – ist zeit- und wertekontinuierlich. Man spricht deshalb auch von einem kontinuierlichen Signal (engl: continuous signal). Im Gegensatz zum kontinuierlichen Signal ist das Abtastsignal nur für diskrete Zeitpunkte mit festem Abstand $T$ auf der Zeitachse definiert, wobei die Abtastwerte $x(nT)$ in den Abtastzeitpunkten $nT$ mit dem Analogsignal $x(t)$ übereinstimmen. $T$ ist die *Abtastperiode* (engl: sampling period) oder das Abtastintervall und der Reziprokwert $f_s = 1/T$ heisst *Abtastfrequenz* (engl: sampling frequency) oder Abtastrate (engl: sampling rate). Auf einem Computer kann man Abtastwerte nicht mit beliebiger Genauigkeit darstellen, sondern nur in Form von Zahlen endlicher Genauigkeit. Man spricht daher von einem digitalen Signal. Sowohl digitale wie auch Abtastsignale sind diskrete – oder genauer – zeitdiskrete Signale (engl: discrete time signal), wobei das Abtastsignal $x(nT)$ wertekontinuierlich und das digitale Signal $x_Q(nT)$ wertediskret oder – wie man auch sagt – quantisiert ist.

Vor Einführung des digitalen Computers wurden Signale vorwiegend mittels analoger Schaltungen verarbeitet. Das sind Schaltungen, die aus Bauelementen wie Verstärkern, Widerständen, Kondensatoren, etc. bestehen und die heute noch eingesetzt werden. Eine analoge Schaltung verarbeitet ein analoges Eingangssignal $x(t)$ zu einem analogen Ausgangssignal $y(t)$. Eine solche Signalverarbeitung wird deshalb *analoge Signalverarbeitung* genannt (Bild 1.2) und die dazugehörige Theorie wird unter dem Titel „kontinuierliche Signale und Systeme“ in Kapitel 2 zusammengefasst.

Bild 1.2: Analoge Signalverarbeitung

Seit dem Aufkommen leistungsfähiger und preisgünstiger Digitalrechner geht man je länger je mehr dazu über, Signale digital zu verarbeiten. Das kontinuierliche Signal $x(t)$ wird zuerst analog vorverarbeitet und anschliessend im Analog-Digital-Wandler in ein digitales Signal $x_Q(nT)$ überführt (Bild 1.3). Das digitale Eingangssignal besteht aus einer Folge von Zahlenwerten, die auf dem Digitalrechner zu einer Ausgangsfolge von Zahlenwerten verarbeitet werden. Die Rechenvorschrift, nach der die Eingangsfolge zu einer Ausgangsfolge verarbeitet wird, heisst Algorithmus. Dieser ist in Form eines Programms auf dem Digitalrechner (Computer) implementiert. Das digitale Ausgangssignal $y_Q(nT)$ gelangt auf einen Digital-Analog-Wandler, wo es wiederum in ein analoges Signal umgewandelt wird. Dieses Signal wird schließlich, falls erforderlich, noch analog zum Ausgangssignal $y(t)$ nachverarbeitet.

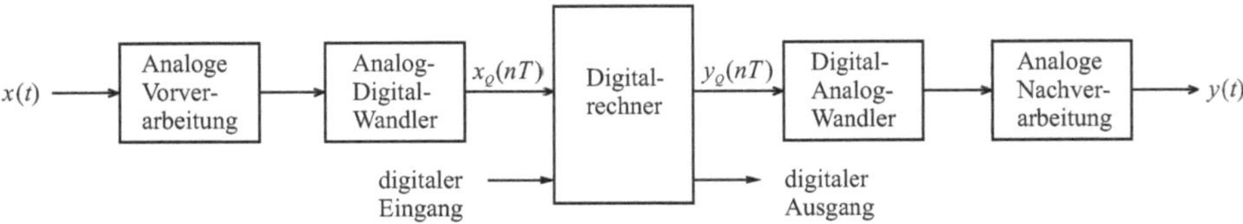


Bild 1.3: Digitale Signalverarbeitung: Beispiel eines Echtzeit-Systems

Das Verarbeiten digitaler Signale nennt man *digitale Signalverarbeitung*, abgekürzt DSV (engl: digital signal processing). Bild 1.3 zeigt ein DSV-Echtzeit-System, d. h. ein System, dessen Eingang und Ausgang mit einer festen Taktrate betrieben werden und dessen Kern der Digitalrechner ist. Im Block „Analoge Vorverarbeitung“ wird das analoge Eingangssignal – falls notwendig – verstärkt, amplitudenbegrenzt und gefiltert. Dieser Block und der AD-Wandler entfallen, falls das zu verarbeitende Signal digital erzeugt wurde. Oft sind auch der DA-Wandler und die analoge Nachverarbeitung überflüssig, weil die digitale Signalform für die Speicherung, Darstellung oder Weiterverarbeitung vielfach geeigneter ist.

In Bild 1.4 ist das Signalprozessor-Starterkit TMS320VC5510-DSK von Texas Instruments als Beispiel eines DSV-Echtzeit-Systems abgebildet. Es dient als Evaluations-Kit und eignet sich zur Verarbeitung von Audiosignalen (Filter- und Signalgeneratorprogramme dazu sind in Lit.[vG08a] zu finden). Es hat vier analoge Eingänge, die je über ein einfaches Bandpassfilter dem Codec angeschlossen sind. Dieser beinhaltet Eingangs- und Ausgangsverstärker sowie je zwei AD- und DA-Wandler. Der Codec liefert vier Ausgangssignale, die bandpassgefiltert den vier Audioausgängen zugeführt werden.

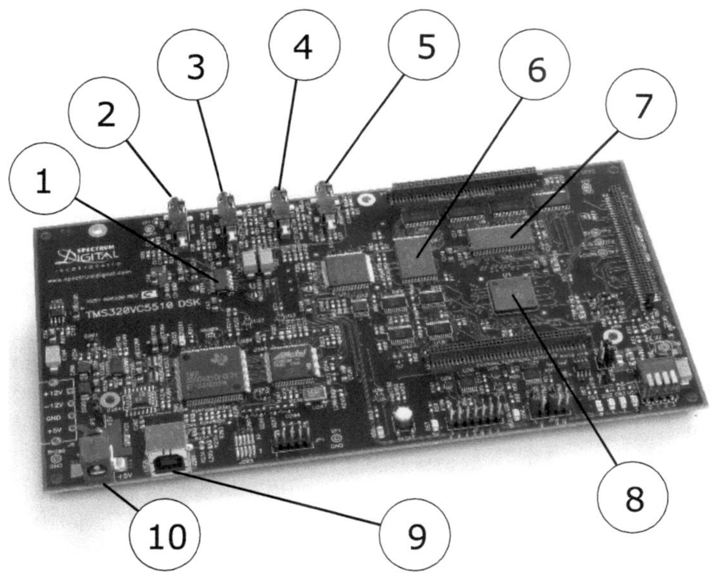


Bild 1.4: Signalprozessor-Starterkit als DSV-Echtzeit-System: 1) Codec 2) Analoger Zweikanal-Eingang für Mikrofon, 3) Analoger Zweikanal-Eingang, 4) Analoger Zweikanal-Ausgang, 5) Analoger Zweikanal-Ausgang für Kopfhörer, 6) Flash-ROM mit Programm, 7) RAM, 8) Digitaler Signalprozessor TMS320VC5510, 9) USB-Schnittstelle 10) Anschluss für Speisung

Eine einfache DSV-Echtzeit-Anwendung zeigt Bild 1.5.

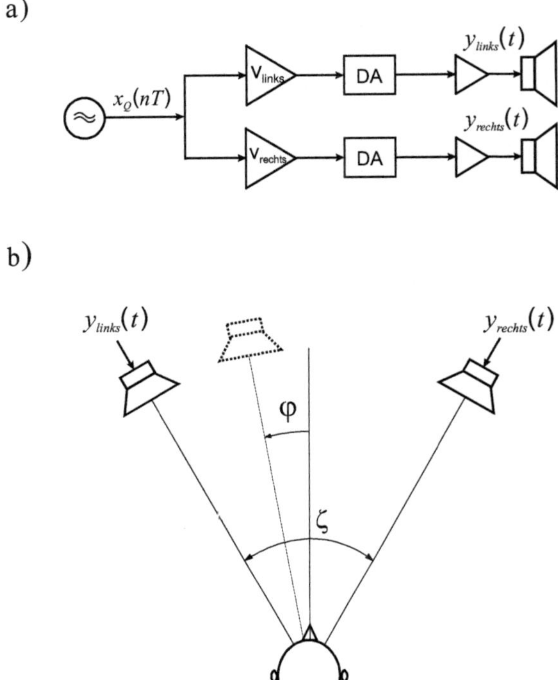


Bild 1.5: Realisierung einer virtuellen Schallquelle

Eine digitale Audioquelle $x_Q(nT)$ beaufschlagt zwei digitale Verstärker $v_{links}$ und $v_{rechts}$. Deren diskrete Ausgangssignale werden digital-analog gewandelt und über zwei Audioverstärker an einen linken und rechten Lautsprecher geführt (Bild 1.5 a). Ordnet man aus Sicht des Hörers die Lautsprecher in einem Winkel von z. B. $\zeta = 60^o$ an und wählt man die Verstärkungen gemäß den Formeln $v_{links} = 0.5 + \varphi/\zeta$ und $v_{rechts} = 0.5 - \varphi/\zeta$, (wobei: $-\zeta/2 \leq \varphi \leq \zeta/2$) dann hört der Teilnehmer scheinbar *eine* Schallquelle aus der Winkelposition $\varphi$ (Bild 1.5 b). Da sich in dieser Position aber kein Lautsprecher befindet, spricht man von einer *virtuellen* Schallquelle (siehe Seite 340, Punkt (25) für ein ausführbares Experiment). Ordnet man 6 Lautsprecher in Schritten von $60^o$ kreisförmig an, so kann man durch geeignetes Ansteuern von je zwei Lautsprechern eine virtuelle Schallquelle im Vollwinkelbereich realisieren. Eine solche Konstellation wird beispielsweise in der Audiologie zur Überprüfung des Richtungshörens eingesetzt.

In Bild 1.6 ist das Blockschaltbild eines weiteren typischen DSV-Systems gezeichnet. Es handelt sich um ein digitales Datenerfassungssystem, das zur Signalanalyse mehrerer Signalquellen eingesetzt wird. Deren Signale werden analog vorverarbeitet und anschliessend einem intern gesteuerten Vielfachschalter (Multiplexer) zugeführt. Der Ausgang des Multiplexers ist über den AD-Wandler mit dem Digitalrechner verbunden. Auf dem Digitalrechner, der beispielsweise aus einem Laptop besteht, werden die vorverarbeiteten und abgetasteten Signale analysiert, digital gespeichert und auf dem Bildschirm, einem Drucker oder Schreiber dargestellt. DSV-Datenerfassungssysteme sind meistens Nichtechtzeit-Systeme, d. h. Systeme, die im Offline-Betrieb arbeiten.

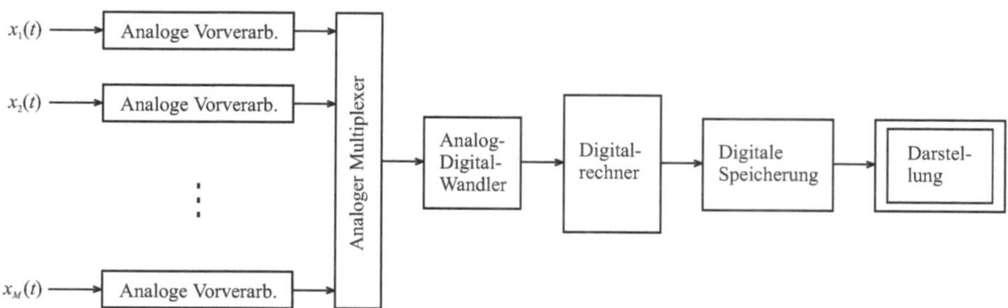


Bild 1.6: Digitale Signalverarbeitung: Beispiel eines Datenerfassungssystems

Es stellen sich hier diverse Fragen, beispielsweise: Wie ist ein Digitalrechner aufgebaut? Welches sind Anwendungen digitaler Signalverarbeitungssysteme? Wozu müssen die analogen Signale gefiltert werden und wie sind die entsprechenden Filter zu dimensionieren? Was heisst 'abtasten' und mit welcher Frequenz muss abgetastet werden? Was versteht man unter Signalanalyse und wie ist sie durchzuführen? Diese und weitere Fragen sollen in den folgenden Kapiteln beantwortet werden.

## 1.2 Der Signalprozessor als Digitalrechner

Wie bereits erwähnt, hat der Digitalrechner die Aufgabe, eine Folge von Eingangszahlen zu einer Folge von Ausgangszahlen zu verarbeiten. Wir werden später sehen, dass diese Verarbeitung vor allem darin besteht, die Zahlen der Eingangsfolge geeignet mit anderen Zahlen zu multiplizieren und zu addieren. Jeder Computer, der die Multiplikation und die Addition beherrscht, ist deshalb prinzipiell als Rechner zur Signalverarbeitung einsetzbar.

Ein Mikroprozessor ist eine integrierte Schaltung (Chip) mit einem Rechenwerk und einem Steuerwerk. Ergänzt man ihn mit einem Speicher, dann spricht man von einem Mikrocomputer. Ein einfacher Mikrocomputer ist in der sogenannten von-Neumann-Architektur aufgebaut, d. h. er besteht aus einem Prozessor und einem Speicher, die über einen Adressbus und einen Datenbus miteinander verbunden sind (Bild 1.7). Solche Mikrocomputer sind für die DSV zwar einsetzbar, nur sind sie aufwendig zu programmieren und langsam in der Ausführung. Ein Mikrocomputer, der sich für DSV-Aufgaben besser eignet, ist in der sogenannten Harvard-Architektur aufgebaut (Bild 1.8).

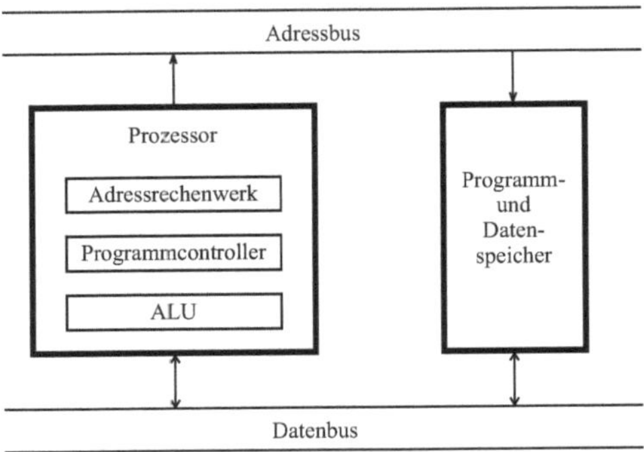


Bild 1.7: Mikrocomputer in von-Neumann-Architektur

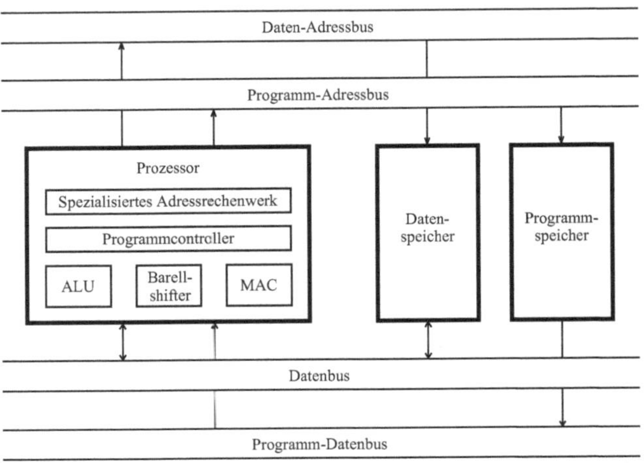


Bild 1.8: Mikrocomputer in Harvard-Architektur

In dieser Rechner-Architektur ist der Speicher in einen Daten- und in einen Programmspeicher aufgeteilt und an zwei separaten Adressbussen angeschlossen. Diese Aufteilung ermöglicht eine gleichzeitige Ausgabe von Daten aus den beiden Speichern und macht den Rechner schneller. Zudem enthält der Prozessor – auch CPU (engl: central processing unit) genannt – ein spezialisiertes Adressrechenwerk, um die Adressen für typische DSV-Aufgaben wie Filterung und Fourier-Transformation effizienter zu berechnen. Des Weiteren ist das Rechenwerk des Prozessors mit einem Barell-Shifter und einem MAC ergänzt. Der Barell-Shifter kann ein Datum innerhalb eines Registers um beliebig viele Stellen nach links oder nach rechts verschieben und der MAC (engl: Multiply/Accumulate) kann zwei Daten multiplizieren und zum Wert des Ergebnisregisters addieren (Bild 1.9). Wie bereits erwähnt, ist die MAC-Operation die häufigste DSV-Operation und sie sollte deshalb in einem Zyklus abgearbeitet werden können. Ein Mikrocomputer mit den aufgeführten Eigenschaften wird *digitaler Signalprozessor* oder kurz DSP (engl: Digital Signal Processor) genannt.

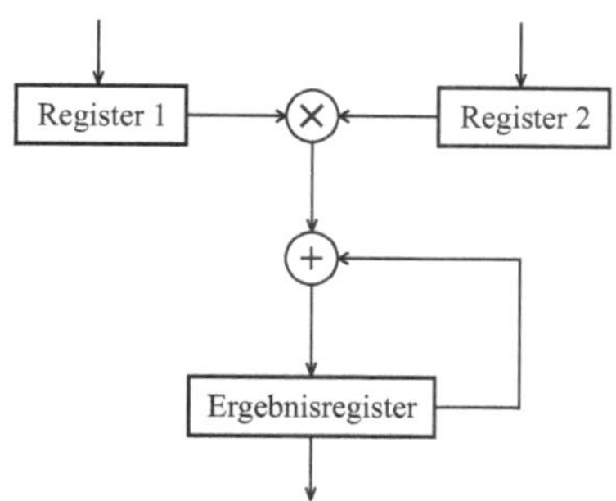


Bild 1.9: Aufbau eines MAC (Multiplizierer/Akkumulator)

Moderne DSPs haben komplexere CPUs und besitzen dementsprechend mehr als vier Busse. Der TMS320VC5510 beispielsweise enthält eine CPU mit drei Adresswerken, zwei ALUs und zwei MACs und sein Bussystem besteht aus sechs Bussen, vier zum Lesen und zwei zum Schreiben. Der DSP TMS320VC5510 wird mit 200 MHz getaktet und kann demzufolge zwei MAC-Operationen in 5 ns durchführen.

Die Forschung bei den Digitalrechnern geht sowohl in Richtung leistungsfähigere Architekturen wie auch in Richtung schnellere und stromsparendere Halbleiter-Technologien. Die Hersteller bemühen sich auch, die Programmierung komfortabel und effizient zu machen. In der Regel werden heute Signalprozessoren mit einfacher Architektur in Assembler und solche mit aufwendiger Architektur in einer Hochsprache wie C programmiert, wobei die Tendenz eindeutig zur Hochsprache geht. Mehr über digitale Signalprozessoren kann z. B. in Lit.[Dob04], [CR08] und [WWM11] nachgelesen werden.

## 1.3 Anwendungsbeispiele

Die diskrete Korrelation, die diskrete Fourier-Transformation, die digitale Filterung und die digitale Signalerzeugung sind die vier Standartoperationen der digitalen Signalverarbeitung. Mit diesen vier Grundoperationen lässt sich schon eine Vielzahl von Anwendungen realisieren, wie die Geschwindigkeitsmessung durch Korrelation, die Bestimmung von Oberwellen mittels der diskreten Fourier-Transformation, die Unterdrückung von Störungen in Nutzsignalen durch digitale Filterung und das Erzeugen von Rauschen zur Identifikation von Systemen. Leicht liesse sich diese Liste durch Dutzende von weiteren Anwendungen verlängern, wie Beispiele aus der Audiotechnik [Zö05], der Kommunikationstechnik [Rop06], der Biomedizin [Bru01], etc. zeigen.

Im Folgenden soll je ein typisches Anwendungsbeispiel aus den vier DSV-Grundgebieten vorgestellt werden. Theorie und Algorithmen werden später in den Kapiteln 3 bis 8 behandelt.

### 1.3.1 Korrelation

Eine typische Anwendung der Korrelation ist die Ortung einer Geräuschquelle. Als Beispiel dazu betrachten wir in Bild 1.10 eine Wasserleitung, bei der aus einem Leck Wasser strömt. Das Geräusch, das dabei entsteht, wird bei A und B gemessen und anschliessend werden die gemessenen Signale $x(t)$ und $y(t)$ miteinander korreliert. Das Ergebnis der Korrelation ist die Korrelationsfunktion $r_{xy}(\tau)$, die an der Stelle $\tau = \Delta\tau$ ein Maximum aufweist (Bild 1.10). In Abschn. 2.3.2 werden wir sehen, dass die Korrelationsfunktion $r_{xy}(\tau)$ ein Mass für die Übereinstimmung des Signals $x(t)$ mit dem Signal $y(t+\tau)$ ist, wobei $y(t+\tau)$ das um $\tau$ nach links verschobene Signal $y(t)$ ist.

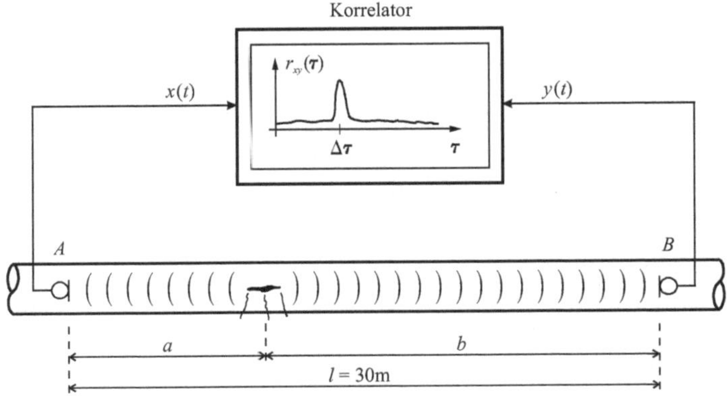


Bild 1.10: Ortung eines Lecks mithilfe eines Korrelators

Aus der Messanordnung in Bild 1.10 können wir folgende Formeln ableiten:

- Die Strecke, die der Schall vom Leck zum Messpunkt A zurücklegt, sei $a$ und die Zeit, die er dafür benötigt, sei $\tau_a$. Daraus folgt die Gleichung: $\nu\tau_a = a$, wobei $\nu$ die Schallgeschwindigkeit des Wassers ist (ca. 1480 m/s).
- Analog dazu gilt: $\nu\tau_b = b$.
- Die Differenz der beiden Gleichungen ergibt: $\nu(\tau_b - \tau_a) = b - a$.
- $\Delta\tau$ ist die Laufzeitdifferenz $\tau_b - \tau_a$. Die Korrelationsfunktion hat dann ihr Maximum an der Stelle $\tau = \Delta\tau$. (Gemäß Bild 1.11 ist $\Delta\tau = 1.52$ ms.)
- Aus Punkt 3 folgt: $\nu\Delta\tau = b - a$.
- Mit $b = l - a$ ergibt sich schließlich die gesuchte Strecke $a$ zu:
$$a = 0.5(l - \nu\Delta\tau) = 13.88\,\text{m}.$$

Kennt man die Schallgeschwindigkeit $\nu$ des Wassers, die Länge $l$ der Wasserleitung und aus der Korrelationsmessung den Laufzeitunterschied $\Delta\tau$ der beiden Schallwellen, dann kann man die Position des Lecks somit aus der Formel oben berechnen.

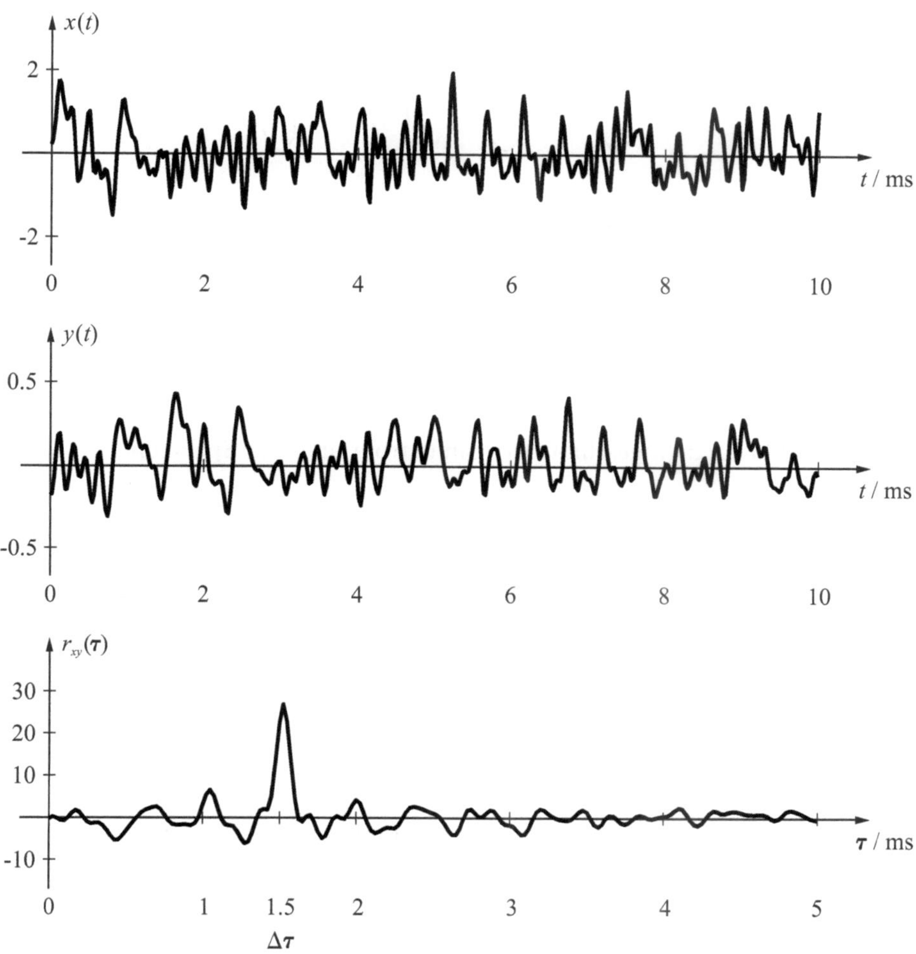


Bild 1.11: Die beiden Messsignale und ihre Korrelationsfunktion

### 1.3.2 Diskrete Fourier-Transformation

Bei der elektronischen Leistungssteuerung weicht der dem Netz entnommene Verbraucherstrom von der Sinusform ab. Der verzerrte Strom verursacht wegen der endlichen Netzimpedanz Verzerrungen in der Netzspannung. Um diese Netzspannungsverzerrungen unterhalb annehmbarer Grenzen zu halten, dürfen die Oberschwingungen des Stromes gewisse Grenzwerte nicht überschreiten. Die Oberschwingungen des Stromes können mithilfe der FFT (engl: Fast Fourier Transform) berechnet und als Spektrum dargestellt werden. In Bild 1.12 ist als Beispiel ein um $45^o$ angeschnittener Sinusstrom mit der Amplitude von 1 A und der Frequenz von 50 Hz gezeichnet und darunter ist sein Spektrum im Bereich von 0 bis 2000 Hz dargestellt.

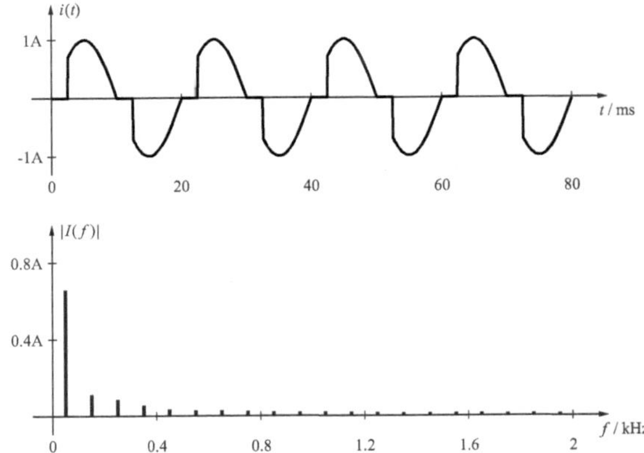


Bild 1.12: Angeschnittener Sinusstrom und sein Spektrum

Die Linien im Spektrum bei 50 Hz, 150 Hz, 250 Hz etc. bedeuten Folgendes: Der angeschnittene Sinusstrom in Bild 1.12 oben besteht aus einer Summe von Sinusströmen mit den Frequenzen 50 Hz, 150 Hz, 250 Hz etc. und den Effektivwerten von 0.66 A, 0.11 A, 0.08 A etc. Man kann auch sagen: Der angeschnittene Sinusstrom setzt sich zusammen aus einer Grundschwingung von 50 Hz mit dem Effektivwert von 0.66 A, einer Oberschwingung von 150 Hz mit dem Effektivwert von 0.11 A, einer Oberschwingung von 250 Hz mit dem Effektivwert von 0.08 A usw. Das Linienspektrum ist somit eine Information über die sinusförmige Zusammensetzung einer periodischen Grösse.

Es stellt sich die Frage, was das Spektrum mit einem unserer Grundthemen, nämlich der DFT (Diskrete Fourier-Transformation), zu tun hat. Wir werden später sehen, dass das Spektrum in unserem Beispiel gleich dem Betrag der DFT ist, multipliziert mit einem Skalierungsfaktor.

Wie bereits erwähnt, besteht wegen der unerwünschten Verzerrung der Netzspannung ein Interesse daran, das Spektrum und damit den Oberwellengehalt eines nichtsinusförmigen Verbraucherstroms zu ermitteln und zu analysieren. Ein solcher Analysator, dargestellt als Blockschaltbild in Bild 1.11, kann verhältnismässig einfach mit Mitteln der digitalen Signalverarbeitung aufgebaut werden [CSC98].

Der zu analysierende Netzstrom $i(t)$ fliesst über einen Messwiderstand zum Verbraucher. Der Spannungsabfall am Widerstand wird verstärkt, damit der AD-Wandler voll ausgesteuert werden kann. Der AD-Wandler tastet das tiefpassgefilterte Signal mit einer Abtastfrequenz von beispielsweise $f_s = 6.4\,\text{kHz}$ ab und wandelt die analogen Abtastwerte in Dualzahlen um. Das Tiefpassfilter verhindert sogenannte Rückfaltungsverzerrungen (engl: aliasing), d. h. Verzerrungen, die entstehen, wenn die Abtastbedingung verletzt wird. Dieses Filter wird deshalb häufig auch als Antialiasingfilter bezeichnet. Nach der AD-Wandlung wird eine bestimmte Anzahl (beispielsweise 1024) zeitlich aufeinanderfolgender Abtastwerte abgespeichert. Dieses „Herausschneiden" einer bestimmten Anzahl

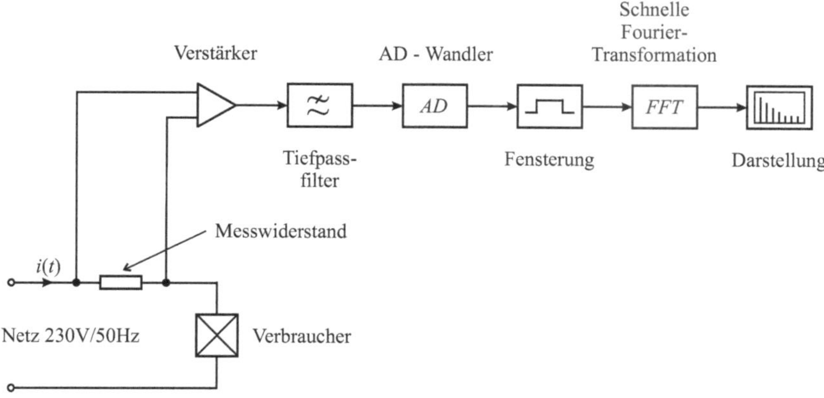


Bild 1.13: Blockschaltbild eines Spektrum- oder Oberschwingungs-Analysators

von Abtastwerten nennt man Rechteckfensterung. Die gespeicherten Abtastwerte werden nach der Methode der Schnellen Fourier-Transformation FFT (engl: Fast Fourier Transform) fouriertransformiert und nach einigen geringfügigen mathematischen Anpassungen als Spektrum dargestellt.

### 1.3.3 Digitale Filterung

Das EKG (Elektrokardiogramm) ist ein elektrisches Signal, welches durch die Aktivität des Herzens verursacht wird. Es kann in Form einer kleinen elektrischen Spannung mithilfe von Elektroden am Körper eines Patienten abgegriffen werden (Bild 1.14). Die Analyse des Elektrokardiogramms befähigt den Arzt, eine Diagnose über die Funktionsfähigkeit des Herzens zu stellen.

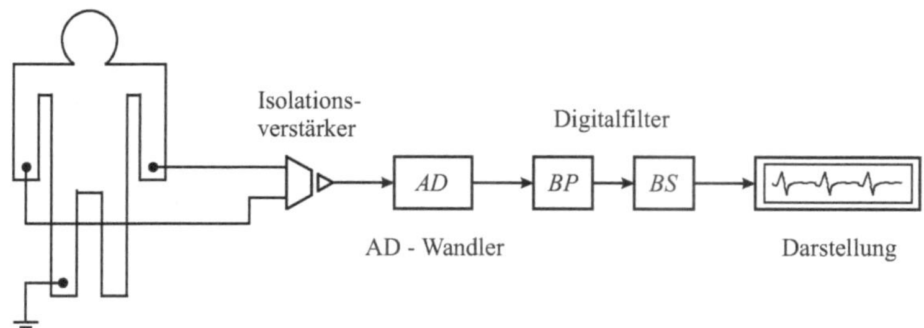


Bild 1.14: Blockschaltbild eines EKG-Analysators

Die EKG-Spannung im Bereich von $\pm 1\,\mathrm{mV}$ muss zuerst verstärkt werden, bevor sie dem AD-Wandler zugeführt wird. Würde man nun das verstärkte und abgetastete EKG direkt darstellen, dann erhielte man ein Diagramm, wie es in Bild 1.15 oben ersichtlich ist. Das dargestellte Signal besteht aus einem EKG, welches durch verschiedene Störquellen verunreinigt und deshalb für eine Diagnose untauglich ist. Die tieffrequenten Störungen werden verursacht durch die mechanischen Bewegungen der Elektroden und die höherfrequenten Störungen durch die elektrische Aktivität der Muskeln. Zur Beseitungung dieser Störungen schaltet man deshalb ein digitales Bandpass-Filter BP ein, das die Frequenzbereiche unterhalb von 0.05 Hz und oberhalb von 100 Hz unterdrückt [Tom93]. Eine weitere, sehr gravierende Störung ist der 50Hz-Brumm, welcher elektrisch und magnetisch über das Stromversorgungsnetz einkoppelt. Diese Störung wird durch ein schmalbandiges Bandsperr-Filter BS unterdrückt (Bild 1.15). Das gefilterte und somit störfreie Signal ist im Bild 1.15 unten dargestellt. Aufgrund dieses sauberen Signals kann der Arzt nun seine Diagnose stellen.

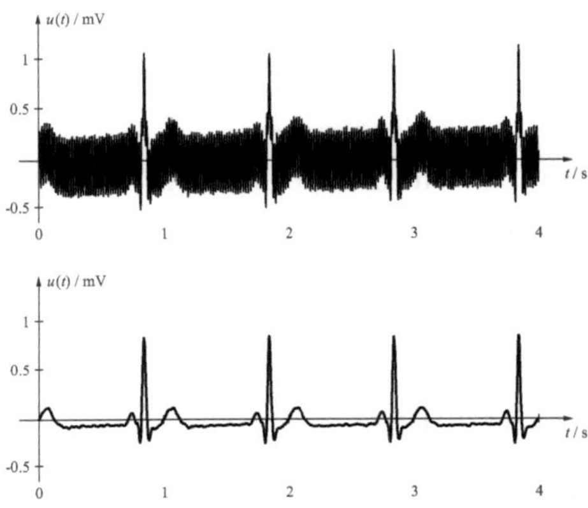


Bild 1.15: EKG ohne und mit Filterung

### 1.3.4 Signalerzeugung

Das heute übliche Signalisierungsverfahren in der Telefonie ist das DTMF-Verfahren (*D*oppel*to*n-*M*ehr*f*requenz-Verfahren). Beim DTMF-Verfahren wird beim Drücken einer Nummerntaste die Summe zweier Sinusschwingungen während 70 ms ausgesendet. In Bild 1.16 ist ein solches DTMF-Signal für die Ziffer 1 dargestellt. Es setzt sich aus zwei Sinusschwingungen mit den Frequenzen 697 Hz und 1209 Hz und den Effektivwerten 0.31 V und 0.39 V zusammen, wie das Spektrum in Bild 1.16 zeigt.

Jeder Taste des Telefontastenfeldes sind derart zwei Frequenzen zugeordnet, wie aus Bild 1.16 ersichtlich ist. Da die beiden Frequenzen im hörbaren Frequenzbereich liegen, sagt man auch, dass beim Drücken einer Taste ein Tonpaar ausgesendet wird.

Das Erzeugen von Sinusschwingungen ist eine typische Aufgabe der digitalen Signalverarbeitung und kommt in vielen Aufgabenstellungen vor. Es wird deshalb in Kapitel 8 „Signalgeneratoren“ eingehend beschrieben.

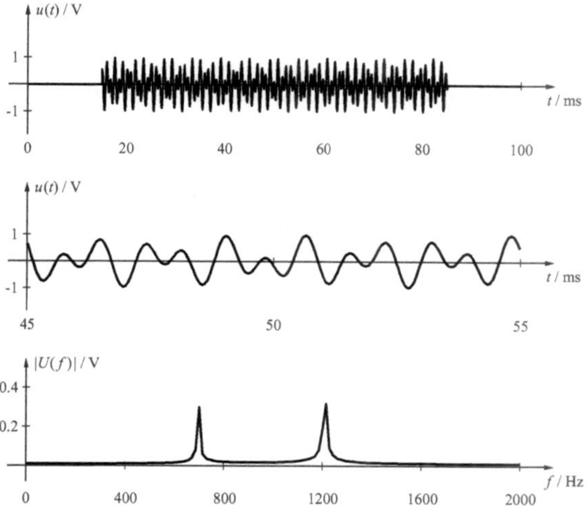


Bild 1.16: DTMF-Signal für die Ziffer 1: a) vollständiges Signal, b) Ausschnitt daraus, c) Spektrum

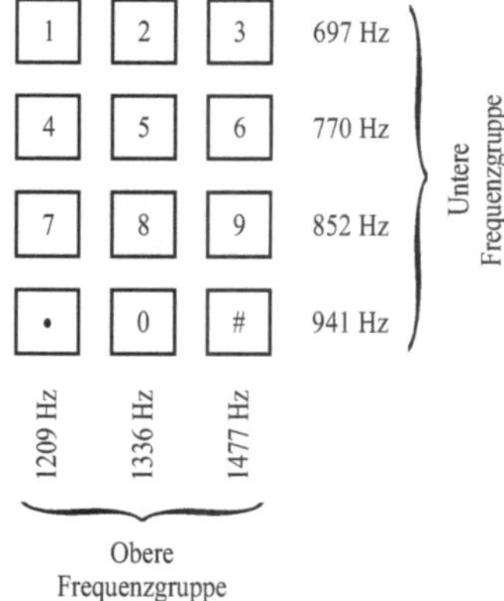


Bild 1.17: Telefontastatur mit den dazugehörigen DTMF-Tonpaaren

Der DTMF-Empfänger besteht grundsätzlich aus zwei Blöcken: einem Frequenzselektionsteil und einem Auswerteteil. Im Frequenzselektionsteil wird festgestellt, welches Tonpaar gesendet wurde und im Auswerteteil wird geprüft, ob das Tonpaar ein gültiges Zeichen darstellt oder ob es sich um Sprache oder eine Störung handelt. Die Frequenzselektion wird entweder mittels digitaler Filterung oder mithilfe des Goertzel-Algorithmus durchgeführt. Beides sind klassische DSV-Operationen, die ebenfalls im Buch behandelt werden.

## 1.4 Vor- und Nachteile der DSV

Systeme der digitalen Signalverarbeitung weisen gegenüber analogen Systemen Vor- und Nachteile auf, die im Folgenden etwas näher beleuchtet werden sollen.

### 1.4.1 Vorteile der digitalen Signalverarbeitung

#### Vorteile der Digitaltechnik

Die klassischen Vorteile der DSV sind die Vorteile, welche allen digitalen Systemen zu Eigen sind:

- Langzeit- und Temperaturstabilität.
- Hohe Genauigkeit bei grosser Wortbreite.
- Reproduzierbarkeit, d. h. alle produzierten Hardwaresysteme mit gleichen Baukomponenttypen haben dieselben Eigenschaften.
- Wegfall von Abgleichmassnahmen.
- Hohe Zuverlässigkeit.
- Geringe Störempfindlichkeit.

#### Spezielle Signalverarbeitung

Viele Funktionen und Aufgaben aus dem Bereich der Signalverarbeitung können ausschließlich oder vorwiegend mittels der DSV realisiert bzw. gelöst werden. Beispiele dafür sind:

- Filter mit linearem Phasengang (Abschn. 7.2.1).
- Adaptive Filter, d. h. Filter, die ihre Koeffizienten automatisch einstellen. Anwendungsbeispiele sind adaptive Leitungsentzerrer, Echo-Kompensatoren, ADPCM (engl: Adaptive Differential Pulse Code Modulation), etc. [vG08b].
- Diskrete Korrelatoren und Spektrumanalysatoren (Abschn. 5.5.2 und Abschn. 6.7.3).
- Sprach- und Bildverarbeitung [PK08], [Jae13].
- Audiosignalverarbeitung, z. B. Datenkompressionsverfahren wie MP3, etc. [Zö05].
- Biosignalverarbeitung [Bru01].
- Musiksynthese [Ste96].
- Array-Signalverarbeitung, z. B. zur Lokalisierung von Schallquellen und Funksendern, etc. [Sul08].

- Digitale Kommunikation [Tre08], Software-definierte Radios [Zac10]
- und viele andere mehr [IJ02], [BP02].

**Programmierbarkeit**

DSV-Systeme lassen sich für unterschiedliche Anforderungen programmieren. Als Beispiel steht der DTMF-Sender, der in Abschn. 1.3.4 beschrieben wurde. Die Sendebedingungen können je nach Land, in dem ein solcher Sender eingesetzt wird, variieren. Um den unterschiedlichen Sendebedingungen gerecht zu werden, muss nur die Software, nicht hingegen die Hardware, angepasst werden.

**Mehrfachausnutzung**

Ein digitales Signalverarbeitungs-System lässt sich mehrfach ausnutzen. Als Beispiel dafür sei ein Echtzeit-System erwähnt, das die Ausgangssignale mehrerer Sensoren filtern soll. Müsste man diese Aufgabe analog lösen, so wäre die Anzahl benötigter Filter gleich der Anzahl Sensoren. Ein Digitalfilter hingegen lässt sich aufgrund seiner Programmierfähigkeit mehrfach ausnutzen (multiplexen). Dank dieser Multiplex-Technik genügt *ein* Digitalfilter und somit i. Allg. *ein* DSV-System.

**Tiefer Frequenzbereich**

DSV-Systeme eignen sich hervorragend zur Verarbeitung von langsamen Signalen, da einzig die Abtastfrequenz tief genug gewählt werden muss.

**Ersetzen eines Mikroprozessors**

Vielfach werden Mikroprozessoren in Kombination mit analogen Schaltungen eingesetzt. In solchen Fällen ist überprüfenswert, ob nicht ein Signalprozessor die Funktion des Mikroprozessors und der analogen Schaltung übernehmen könnte. Eine solche Lösung bietet nicht nur die erwähnten Vorteile der DSV, sondern kann darüber hinaus auch kostengünstiger sein.

### 1.4.2 Nachteile der digitalen Signalverarbeitung

**Zusätzlicher Schaltungsaufwand**

DSV-Systeme, die analoge Signale verarbeiten, benötigen einen AD-Wandler. Zusätzlich sind diesem vielfach noch ein oder mehrere Filter und Verstärker vorzuschalten. Da diese Bausteine in Analogtechnik ausgeführt sind, fallen für sie die Vorteile der Digitaltechnik natürlich weg. Je nach Aufgabe und Ausführung des Signalprozessors muss dieser mit RAMs, Digitalports, Timern, Multiplexern und weiteren digitalen Komponenten ergänzt werden. Diese Bauelemente benötigen Raum, konsumieren Strom und verursachen Kosten. Bei vielen Anwendungen muss der Digitalrechner ausserdem mit einem DA-Wandler und einem analogen Glättungsfilter versehen werden, die wiederum die erwähnten Nachteile der Analogtechnik mit sich bringen.

### Tiefer Frequenzbereich

Signale im Frequenzbereich oberhalb von etwa 100 MHz können heute noch kaum mit Signalprozessoren bearbeitet werden, da die Zykluszeit eines DSPs im Bereich von 1 ns liegt und somit verhältnismässig gross ist. Für die Bearbeitung hochfrequenter Signale muss die Hardware aus schnellen Bausteinen gebaut sein, was vielfach einen hohen Aufwand erfordert und den Verlust der Programmierfähigkeit mit sich bringt. Eine bewährte Methode allerdings zur digitalen Verarbeitung von hochfrequenten Bandpasssignalen besteht darin, das analoge Bandpasssignal in einen tieferen Frequenzbereich hinunter zu mischen und anschliessend digital zu verarbeiten [JMW02].

### Verursachung von Störungen

Wie jedes digitale System verursacht auch ein DSV-System Störungen, die durch das schnelle Umschalten von Spannungen und Strömen bedingt sind. Diese Störungen können insbesondere dann problematisch sein, wenn im Analogteil kleine Signale verarbeitet werden.

Weniger bekannt ist, dass auch DSV-Systeme rauschen und unerwünschte Schwingungen erzeugen können. Beides sind nichtideale Effekte, die – wie wir in Abschn. 7.4 sehen werden – auf die endliche Zahlengenauigkeit des Digitalrechners zurückzuführen sind.

### Neuartige Programmierung und Theorie

Die Programmierung eines Signalprozessors unterscheidet sich von derjenigen eines Mikroprozessors oder eines PCs und verlangt etlichen Einarbeitungsaufwand. Die Theorie der DSV ist anspruchsvoll und erfordert ein intensives Studium und einige Angewöhnungszeit.

Die theoretischen Grundlagenkenntnisse können in den nachfolgenden sieben Kapiteln erworben werden. Vorausgesetzt wird die Mathematik, wie sie an Hochschulen in den ersten vier Semestern gelehrt wird. Zum erfolgreichen Üben des Stoffes ist zudem ein Arbeiten mit MATLAB 6.1 oder höher inklusive der Signal-Processing-Toolbox erforderlich. Als Übungsergänzung empfiehlt sich das Experimentieren mit dem Programm `spsound`, das direkt oder unter MATLAB gestartet werden kann (siehe Anleitung dazu auf Seite 338).

# Kapitel 2

# Kontinuierliche Signale und Systeme

Gegenstand der DSV ist die digitale Verarbeitung von Signalen. Vor und nach ihrer digitalen Verarbeitung werden Signale jedoch vielfach analog verarbeitet und es ist daher sinnvoll, sich in den Grundlagen kontinuierlicher Signale und Systeme auszukennen. Zudem erleichtern Grundlagenkenntnisse in analoger Signalverarbeitung das Verständnis der DSV, so dass es zweckmässig ist, den Studierenden zunächst in die Theorie kontinuierlicher Signale und Systeme einzuführen.

## 2.1 Charakterisierung von Signalen

Zuerst wollen wir definieren, was ein Signal ist, und zeigen, wie Signale charakterisiert und eingeteilt werden können.

### 2.1.1 Elementarsignale

Unter einem *Elementarsignal* wollen wir eine Funktion $x(t)$ verstehen[1], die für die Theorie von grundlegender Bedeutung ist und die über eine Formel exakt definiert werden kann.

[1] Die Mathematiker unterscheiden zwischen einer Funktion $x$ und deren Funktionswert $x(t)$ in einem Punkt $t$ [Hub97]. Signalverarbeiter nehmen es hier weniger genau: Wenn sie $x(t)$ schreiben, meinen sie i. Allg. die Funktion $x$ und wollen mit der Schreibweise $x(t)$ sagen, dass sie eine Funktion der Zeitvariablen $t$ ist, wobei $t$ im Allgemeinen alle Werte auf der reellen Zeitachse annehmen kann.

Die in der Signalverarbeitung wohl wichtigste Funktion ist die Cosinusfunktion, auch Cosinusschwingung oder Cosinussignal genannt:

$$x(t) = \hat{X}\cos(2\pi f_0 t)\ , \tag{2.1}$$

wobei $\hat{X}$ die Amplitude oder der Scheitelwert, $f_0$ die Frequenz in Hertz (Hz), $\omega_0 = 2\pi f_0$ die Kreisfrequenz in $s^{-1}$ und $T_0 = 1/f_0$ die Periodendauer in $s$ ist. Ohne ausdrückliche Erwähnung werden die drei Parameter allgemein als positiv angenommen.

Die Cosinusfunktion um $\pi/2$ nach rechts verschoben ergibt die Sinusfunktion (Sinusschwingung, Sinussignal). Multipliziert man die Sinusfunktion mit der imaginären Zahl $j$ und addiert sie zur Cosinusfunktion, so erhält man gemäß Euler[2] die komplexe Exponentialfunktion oder komplexe Sinusschwingung (engl: complex sinusoid):

$$\begin{aligned} x(t) &= \hat{X}\cos(2\pi f_0 t) + j\hat{X}\sin(2\pi f_0 t)\ , \\ &= \hat{X}e^{j2\pi f_0 t}\ . \end{aligned} \tag{2.2}$$

$x(t)$ kann man sich als Drehzeiger (engl: phasor) mit der Länge $\hat{X}$ und dem Winkel $2\pi f_0 t$ vorstellen, der mit der Winkelgeschwindigkeit $2\pi f_0$ um den Ursprung der komplexen Ebene rotiert (Bild 2.1 und M-File `Drehzeiger` ). Ist $f_0$ positiv, dann rotiert der Zeiger mit der Frequenz $f_0$ im Gegenuhrzeigersinn, d. h. in positiver Drehrichtung; ist $f_0$ negativ, dann rotiert er mit der Frequenz $|f_0|$ im Uhrzeigersinn, d. h. in negativer Drehrichtung. Negative Frequenzen stehen somit für Rotationen der dazugehörigen Zeiger in negativer Drehrichtung.

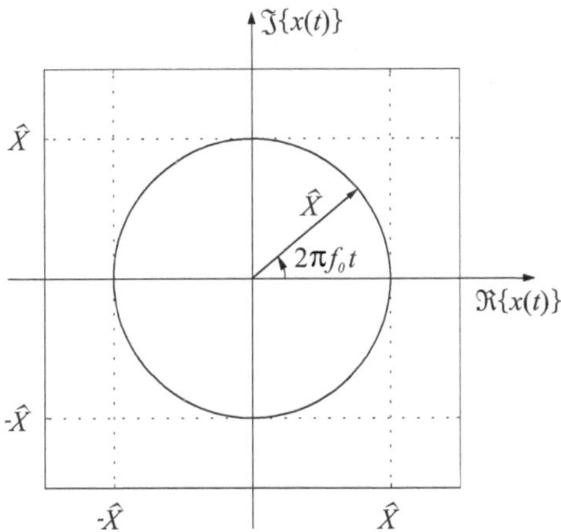


Bild 2.1: Die komplexe Exponentialfunktion als Drehzeiger

[2]Leonhard Euler, Schweizer Mathematiker, 1707–1783

Zwei weitere Funktionen, die in der Signalverarbeitung häufig vorkommen, sind die Rechteckfunktion

$$\mathrm{rect}(\frac{t}{T_0}) = \begin{cases} 0 & : \quad |t| > T_0/2 \\ 1 & : \quad |t| < T_0/2 \end{cases} \tag{2.3}$$

und die Sinc- oder Spaltfunktion

$$\mathrm{sinc}(\frac{t}{T_0}) = \frac{\sin(\pi t/T_0)}{\pi t/T_0}\,, \tag{2.4}$$

die beide in Bild 2.2 dargestellt sind.

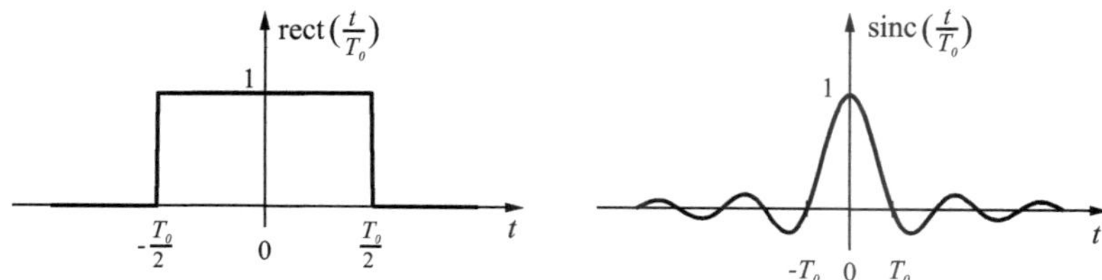


Bild 2.2: Die Rechteck- und die Sinc-Funktion

Betrachtet man einen Rechteckpuls der Breite $\Delta t$, der Höhe $\frac{1}{\Delta t}$ und lässt man $\Delta t$ wie in Bild 2.3 gegen null gehen, so entsteht ein Reckteckpuls $\delta(t)$, der unendlich hoch und unendlich dünn ist, der aber eine endliche Fläche von 1 hat: $\int_{-\infty}^{\infty} \delta(t)\, dt = 1$.

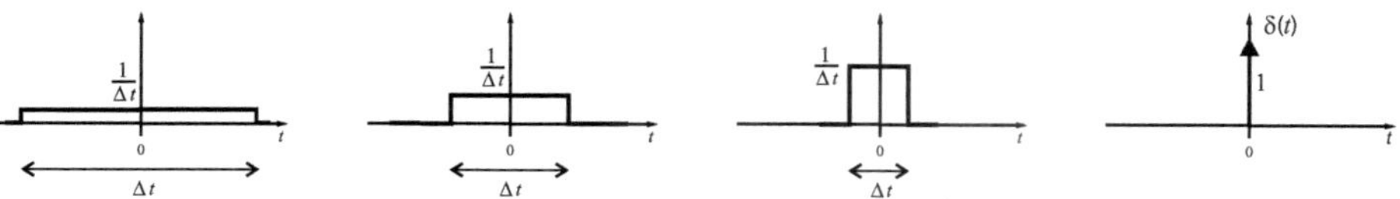


Bild 2.3: Vom Rechteck- zum Dirac-Puls

Aus mathematischer Sicht stellt dieser Puls eigentlich keine Funktion dar, sondern eine Distribution oder eine verallgemeinerte Funktion [FB08], die über das Integral

$$\int_{-\infty}^{\infty} x(t)\cdot\delta(t)\, dt = x(0) \tag{2.5}$$

definiert ist. Dabei ist $x(t)$ ein beliebiges Signal, dessen Wert zum Zeitpunkt null $x(0)$ beträgt. Den so definierten Impuls $\delta(t)$ nennt man Dirac-Impuls, Dirac-Puls, Dirac-Stoss, Dirac-Funktion oder Impulsfunktion und stellt ihn, wie Bild 2.3 rechts zeigt, mit einem Pfeil dar. Die neben dem Pfeil stehende Zahl ist die Fläche des Dirac-Impulses und wird *Gewicht* genannt.

Multipliziert man ein Signal $x(t)$ mit einem $t_0$-verschobenen Dirac-Puls $\delta(t-t_0)$ und integriert anschliessend, dann erhält man analog zu Gl.(2.5):

$$\int_{-\infty}^{\infty} x(t)\cdot\delta(t-t_0)\,dt = x(t_0)\,. \tag{2.6}$$

Man sagt, dass der Dirac-Impuls $\delta(t-t_0)$ das Signal $x(t)$ an der Stelle $t=t_0$ abtastet und spricht von der *Abtasteigenschaft* des Dirac-Impulses (Bild 2.4).

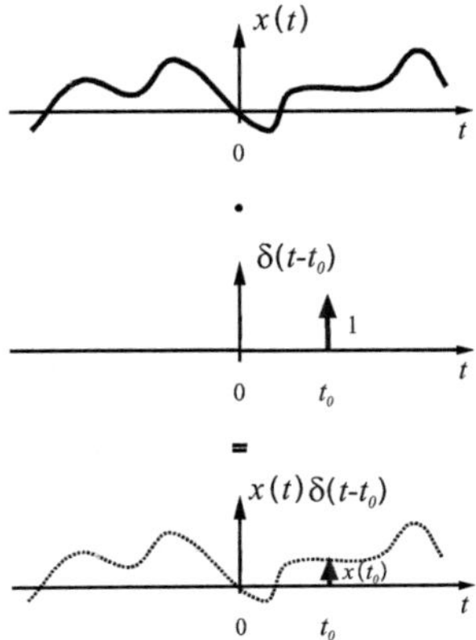


Bild 2.4: Die Abtasteigenschaft des Dirac-Impulses

Mithilfe des Dirac-Impulses lässt sich die so genannte Abtastfunktion oder Dirac-Impulsfolge konstruieren. Man addiert zum Dirac-Impuls seine um ganze Vielfache von $T$ verschobenen Duplikate gemäss der Formel

$$\delta_T(t) = \sum_{n=-\infty}^{+\infty} \delta(t-nT) \tag{2.7}$$

und erhält so das in Bild 2.5 rechts dargestellte periodische Signal mit dem Parameter $T$ als Abtastintervall oder Periode. Man spricht deshalb auch vom periodischen Dirac-Stoss.

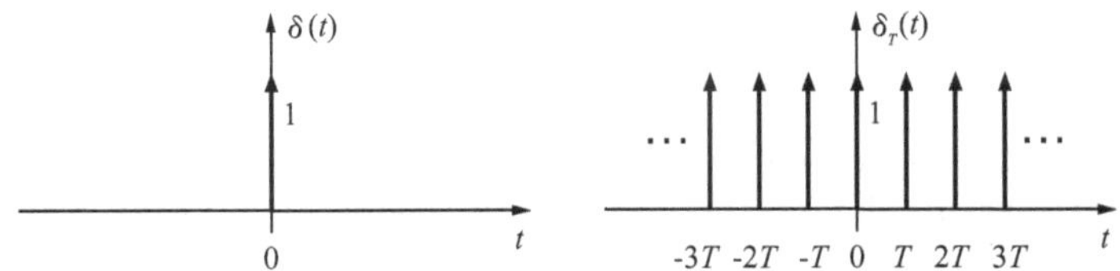


Bild 2.5: Der Dirac-Impuls und die Abtastfunktion

### 2.1.2 Kontinuierliche und diskrete Signale

Unter einem *kontinuierlichen* oder *analogen Signal* $x(t)$ versteht man eine Funktion der kontinuierlichen Zeitvariablen $t$. Sämtliche Elementarsignale, inklusive der Distributionen, zählen zu dieser Kategorie. Das *zeitdiskrete* oder kurz das *diskrete* Signal unterscheidet sich vom analogen Signal darin, dass es nur zu diskreten Zeitpunkten definiert ist. Zur Illustration zeigt Bild 2.6 links ein analoges und Bild 2.6 rechts das dazugehörige zeitdiskrete Signal.

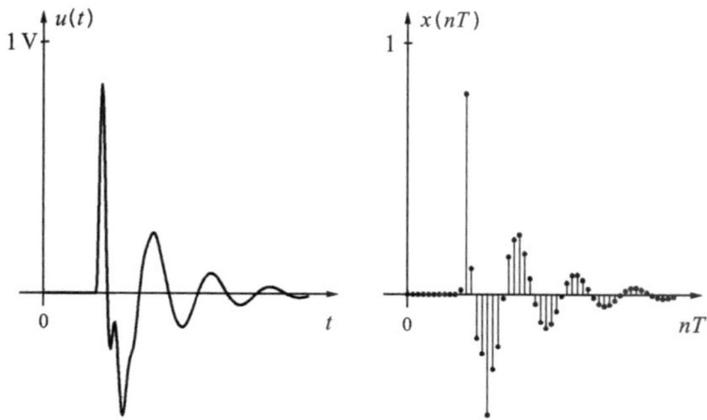


Bild 2.6: Beispiel für ein analoges und ein diskretes Signal

In der Praxis wird ein zeitkontinuierliches Signal durch eine physikalische Grösse repräsentiert. Beispiele dafür sind der Schalldruck $p(t)$ in einem Mikrofon, die Drehzahl $r(t)$ einer rotierenden Maschine, die Geschwindigkeit $v(t)$ eines Körpers, usw. Eine physikalische Grösse wird in der Signalverarbeitung durch einen Sensor erfasst, elektrisch umgewandelt, wenn nötig amplitudenbeschränkt, eventuell verstärkt und gefiltert, so dass sie in Form einer zeitabhängigen Spannung $u(t)$ vorliegt. Diese Spannung wird an einen Analog-Digital-Wandler gelegt, der sie in ein zeitdiskretes Signal $x(nT)$ umwandelt und dem Computer zur digitalen Verarbeitung zuführt.

Ab Kap. 3 werden wir uns ausschließlich mit dieser Art von Signalen beschäftigen.

### 2.1.3 Deterministische und stochastische Signale

Deterministische Signale sind Funktionen, deren Funktionswerte durch einen mathematischen Ausdruck oder eine bekannte Regel bestimmt (determiniert) sind. Eines der bekanntesten deterministischen Signale ist die schon erwähnte Cosinusfunktion $x(t) = \hat{X}\cos(2\pi f_0 t)$. Ein Beispiel dafür ist die Cosinusschwingung mit $\hat{X} = 1.41$ und $f_0 = 5\,\text{Hz}$ in Bild 2.7 links. Auch das Signal in Bild 2.6 links ist deterministisch, da es sich um die Schrittantwort eines Bandpassfilters handelt.

Ein stochastisches Signal ist ein Zufallssignal und kann nur mit Mitteln der Statistik beschrieben werden. Seine Amplitude, d. h. sein Funktionswert zu einem bestimmten Zeitpunkt, hängt von einem Zufallsprozess ab und kann nicht durch eine Formel oder eine Regel bestimmt werden. Vielfach jedoch sind sein Mittelwert, seine Varianz und seine Autokorrelationsfunktion bestimmbar (drei Grössen, die wir später erklären werden). Ein Muster eines stochastischen Signals ist in Bild 2.7 rechts gezeigt. Es handelt sich um Rauschen, das den gleichen Mittelwert und die gleiche Varianz hat wie das Cosinussignal daneben, nämlich 0 und 1.

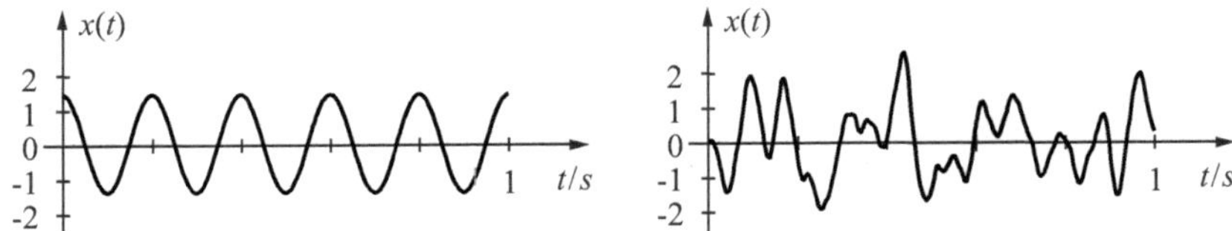


Bild 2.7: Beispiel für ein deterministisches und ein stochastisches Signal

Allein stochastische Signale, wie z. B. Sprach- oder Videosignale, sind Träger von Information. Es gibt aber auch stochastische Signale, die keine Information enthalten, oder genauer gesagt, keine erwünschte Information. Beispiele dafür sind Geräusche, unerwünschte Musik, Störimpulse, usw.

Streng genommen sind alle realen Signale stochastisch, da sie immer mit unbekannten Fehlern behaftet sind. Man ersetzt sie in der Theorie jedoch vielfach durch idealisierte Signale, oder wie man auch sagt, durch Modelle, da diese eine einfachere mathematische Handhabung erlauben. Beispiele dafür sind die Beschreibung der Netzspannung durch eine Sinusfunktion, die Modellierung eines Impulses endlicher Flankensteilheit durch einen Rechteckimpuls, usw.

## 2.1.4 Periodische, kausale, gerade und ungerade Signale

Ein Signal $x_p(t)$ heisst *periodisch* mit der Periode $T_0$, wenn es folgende Bedingung erfüllt:

$$x_p(t) = x_p(t + T_0) \, . \tag{2.8}$$

Die fundamentale Periode (engl: fundamental period) ist der kleinste positive Wert $T_0$, welcher die Bedingung (2.8) erfüllt. Im Allgemeinen ist mit dem Begriff Periode dieser Wert gemeint. Bei periodischen Signalen genügt die Kenntnis der Funktion während einer einzigen Periode, um das ganze Signal zu kennen. Beispiele für periodische Signale sind die Abtastfunktion in Bild 2.5, das Cosinussignal in Bild 2.7 und die Sägezahnschwingung in Bild 2.8.

Eine weitere wichtige Klasse von Signalen sind die kausalen Signale. Ein Signal $x_{cs}(t)$ nennt man *kausal* (engl: causal), wenn es auf der negativen Zeitachse null ist:

$$x_{cs}(t) = 0 \quad \text{für} \quad t < 0 \,. \tag{2.9}$$

Das bekannteste kausale Signal ist die Sprung- oder Schrittfunktion $\varepsilon(t)$ (engl: unit step), die wie folgt definiert ist (Bild 2.8 rechts):

$$\varepsilon(t) = \begin{cases} 0 & : \ t < 0 \\ 1 & : \ t > 0 \end{cases} \,. \tag{2.10}$$

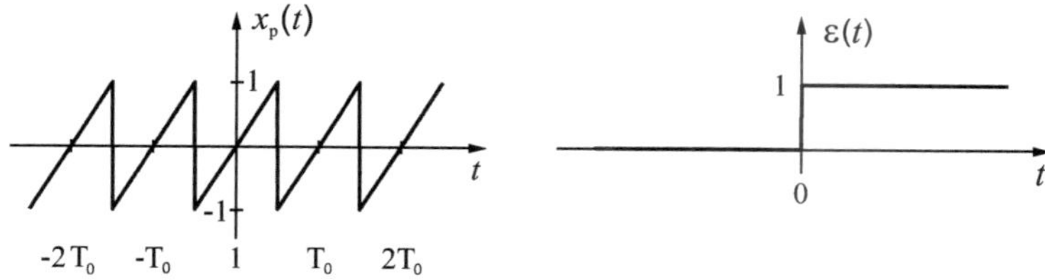


Bild 2.8: Beispiel für ein periodisches und ein kausales Signal

Ein gerades Signal (engl: even signal) $x_g(t)$, resp. ein ungerades Signal (engl: odd signal) $x_u(t)$ ist wie folgt definiert:

$$x_g(t) = x_g(-t) \,, \qquad x_u(t) = -x_u(-t) \,. \tag{2.11}$$

Ein gerades Signal ist spiegelsymmetrisch zur $y$-Achse, wie beipielsweise die Cosinusfunktion oder die Rechteckfunktion, und ein ungerades Signal ist punktsymmetrisch bezüglich des Ursprungs, wie z.B. die Sinusfunktion oder die Sägezahnfunktion in Bild 2.8.

Mithilfe der untenstehenden Gleichung lässt sich jedes beliebige Signal $x(t)$ in ein gerades und in ein ungerades Teilsignal zerlegen:

$$x(t) = \underbrace{\frac{x(t) + x(-t)}{2}}_{x_g(t)} + \underbrace{\frac{x(t) - x(-t)}{2}}_{x_u(t)} \,. \tag{2.12}$$

**Beispiel:** Es ist allgemein bekannt, dass sich jede phasenbehaftete Sinusschwingung $x(t)$ in eine Cosinusschwingung und in eine Sinusschwingung zerlegen lässt. Die Cosinuschwingung repräsentiert das gerade Signal $x_g(t)$ und die Sinusschwingung das ungerade Signal $x_u(t)$.

Als Beispiel zerlegen wir die phasenbehaftete Cosinusschwingung $x(t) = \hat{X}\cos(2\pi f_0 t + \varphi)$ (wobei: $\hat{X} = 1$, $f_0 = 1\,\text{Hz}$ und $\varphi = 30^o$) mittels Gl.(2.12) und zweier trigonometrischer Umformungen. Wir erhalten:

$$\begin{aligned} x(t) &= \hat{X}\cos(2\pi f_0 t + \varphi)\,, \\ &= \frac{\hat{X}\cos(\varphi + 2\pi f_0 t) + \hat{X}\cos(\varphi - 2\pi f_0 t)}{2} + \\ &\qquad \frac{\hat{X}\cos(\varphi + 2\pi f_0 t) - \hat{X}\cos(\varphi - 2\pi f_0 t)}{2}\,, \\ &= \hat{X}\cos(\varphi)\cos(2\pi f_0 t) - \hat{X}\sin(\varphi)\sin(2\pi f_0 t)\,. \end{aligned}$$

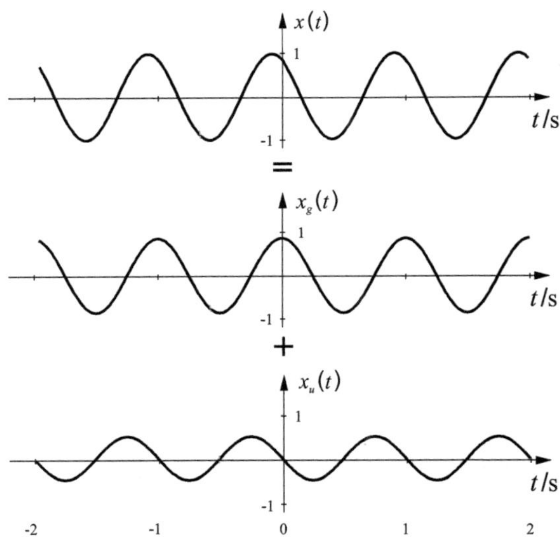


Bild 2.9: Zerlegung der phasenbehafteten Cosinusschwingung in eine gerade Cosinus- und in eine ungerade Sinusschwingung

■

### 2.1.5 Reelle und komplexe Signale

Die meisten Signale, sowohl in der Theorie wie in der Praxis, sind reelle Signale:

$$x_r(t) = x(t)\,, \qquad \text{wobei } x(t) \text{ reell ist.} \tag{2.13}$$

Ein reelles Zeitsignal ist eine Funktion, die der unabhängigen reellen Zeitvariablen $t$ einen reellen Funktionswert $x_r(t)$ zuordnet. In mathematischer Notation: $x_r:\ \mathbb{R} \to \mathbb{R}$.

Hin und wieder haben wir es in der Signalverarbeitung auch mit komplexen Signalen zu tun. Analog zum reellen Signal ist dieses wie folgt definiert:

$$x_C(t) = x(t)\,, \qquad \text{wobei } x(t) \text{ komplex ist.} \tag{2.14}$$

In mathematischer Notation $x_C : \mathbb{R} \to \mathbb{C}$.

Die komplexe Sinusschwingung (2.2) ist das klassische Beispiel eines komplexen Signals. Alle anderen bis jetzt betrachteten Signale sind reelle Signale.

Ein komplexes Signal besteht aus zwei reellen Signalen, dem Realteil $x_R(t)$ und dem Imaginärteil $x_I(t)$:

$$x_C(t) = x_R(t) + jx_I(t)\,, \tag{2.15}$$

wobei $j$ die imaginäre Einheit ist. Das zu $x_C(t)$ konjugiert komplexe Signal $x_C^*(t)$ ist dann wie folgt definiert:

$$x_C^*(t) = x_R(t) - jx_I(t)\,. \tag{2.16}$$

**Beispiel:** In der Kommunikationstechnik kommen komplexe Signale recht häufig vor. Dort wird der Realteil eines komplexen Signales mit $x_i(t)$ statt mit $x_R(t)$ und der Imaginärteil mit $x_q(t)$ statt mit $x_I(t)$ bezeichnet. Der Buchstabe $i$ steht für Inphase-Komponente und $q$ steht für Quadratur-Komponente. Bild 2.10 zeigt, wie ein Bandpasssignal – definiert auf Seite 43 oben – durch Multiplikation mit den Trägersignalen $\cos(2\pi f_c t)$ und $-\sin(2\pi f_c t)$ und nachträglicher Tiefpassfilterung in ein komplexes Signal mit den beiden Komponenten $x_i(t)$ und $x_q(t)$ überführt werden kann [Rop06].

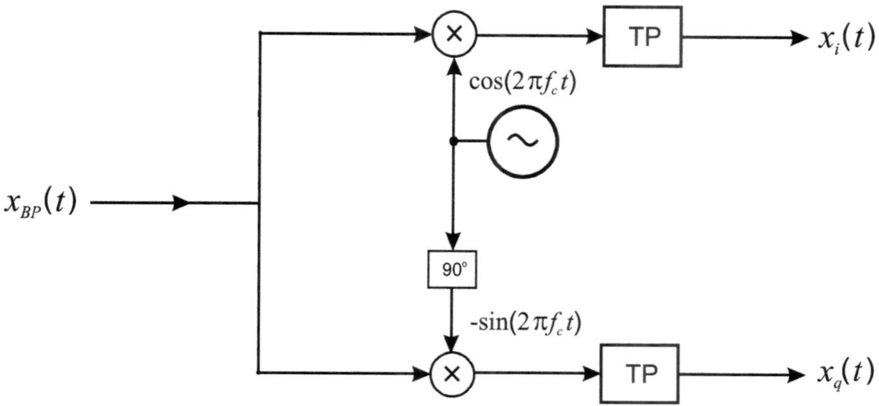


Bild 2.10: Erzeugung eines komplexen Signals

■

### 2.1.6 Energie- und Leistungssignale

Aus der Elektrotechnik ist bekannt, dass sich die Momentanleistung $p(t)$ in einem Widerstand $R$, der vom Strom $i(t)$ durchflossen wird, nach der Formel

$$p(t) = R \cdot i(t)^2 \tag{2.17}$$

berechnet.

Die im Widerstand umgesetzte Energie $E$ in Wattsekunden ergibt sich dann durch Integration der Momentanleistung über die Zeit:

$$E = \int_{-\infty}^{\infty} R \cdot i(t)^2 \, dt\,. \tag{2.18}$$

Diese Gleichung dient als Grundlage für die in der Signalverarbeitung übliche Definition der Energie $E$ eines Signals $x(t)$, das im Allgemeinen als dimensionslos angenommen wird. Man setzt den Widerstandswert auf 1, ersetzt den Strom durch den Betrag des Signals und erhält:

$$E = \int_{-\infty}^{\infty} |x(t)|^2 \, dt\,. \tag{2.19}$$

Die Energie ist demnach immer eine positiv reelle Zahl (mit der Einheit Sekunden), selbst dann, wenn $x(t)$ komplex ist.

Wir sind nun imstande, Signale nach ihrer Energie, bzw. nach ihrer Leistung einzuteilen. Ist die Energie $E$ eines Signals $x(t)$ endlich, das heisst

$$0 < E < \infty\,, \tag{2.20}$$

dann spricht man von einem *Energiesignal*. Beispiele dafür sind pulsförmige Signale wie die Rechteck- und die Sinc-Funktion.

In der Praxis sind letztlich alle Signale Energiesignale, da physikalische Signale immer eine endliche Energie haben. Dennoch ist es sinnvoll, Signale $x(t)$ anzunehmen, welche eine unendliche Energie, aber eine endliche mittlere Leistung

$$P = \lim_{T\to\infty} \frac{1}{T} \int_{-T/2}^{T/2} |x(t)|^2 \, dt \tag{2.21}$$

haben. Signale, deren mittlere Leistung $P$ endlich und grösser null ist:

$$0 < P < \infty\,, \tag{2.22}$$

nennt man *Leistungssignale*. Beispiele dafür sind periodische Signale wie die Cosinusschwingung und aperiodische wie Rauschen und die Schrittfunktion.

Eng verwandt mit der Energie bzw. Leistung ist die Norm. Zur Definition der Norm eines Signals bedarf es des Begriffs des Skalarprodukts. Dieses ist für zwei Energiesignale $x(t)$ und $y(t)$ wie folgt definiert [Bla03]:[3]

$$\langle x, y\rangle = \int_{-\infty}^{\infty} x(t) y^*(t)\, dt\,. \tag{2.23}$$

Analog dazu definiert man das Skalarprodukt zweier Leistungssignale:

$$\langle x, y\rangle = \lim_{T\to\infty} \frac{1}{T} \int_{-T/2}^{T/2} x(t) y^*(t)\, dt\,. \tag{2.24}$$

Daraus folgt für $T_0$-periodische Signale $x_p(t)$ und $y_p(t)$:

$$\langle x_p, y_p\rangle = \frac{1}{T_0} \int_{-T_0/2}^{T_0/2} x_p(t) y_p^*(t)\, dt\,. \tag{2.25}$$

Mithilfe des Skalarprodukts lässt sich nun die Norm $\|x\|$ eines Signals $x(t)$ wie folgt definieren:

$$\|x\| = \sqrt{\langle x, x\rangle}\,. \tag{2.26}$$

In Anlehnung an die Vektorrechnung kann man unter der Norm die Länge oder die Stärke eines Signals verstehen.

**Beispiel:** Der Effektivwert einer $T_0$-periodischen Spannung $u_p(t)$ berechnet sich nach folgender Formel [FHN11]:

$$U_{eff} = \sqrt{\frac{1}{T_0} \int_{-T_0/2}^{T_0/2} u_p^2(t)\, dt}\,.$$

Aufgrund dieser Definition wird der Effektivwert auch als RMS-Wert (engl. root-mean-square value) bezeichnet.

Die Berechnung der Norm $\|u_p\|$ führt zu folgendem Resultat:

$$\|u_p\| = \sqrt{\langle u_p, u_p\rangle} = \sqrt{\frac{1}{T_0} \int_{-T_0/2}^{T_0/2} u_p(t) u_p(t)\, dt} = U_{eff}\,.$$

■

Wir stellen fest:

*Norm, Effektivwert und RMS-Wert eines periodischen Signals sind synonyme Begriffe.*

[3] Diese Definition des Skalarprodukts entstammt der Vorstellung von einem Signal als Vektor, der aus unendlich vielen Punkten besteht [Hub97], [VK95].

Aus der komplexen Rechnung wissen wir, dass $x(t) \cdot x^*(t) = |x(t)|^2$ gilt. Für die Energie $E = \int_{-\infty}^{\infty} |x(t)|^2 \, dt$ eines Energiesignals $x(t)$ können wir deshalb schreiben:

$$E = \langle x, x \rangle \tag{2.27}$$

und analog dazu für die mittlere Leistung $P = \lim_{T \to \infty} \frac{1}{T} \int_{-T/2}^{T/2} |x(t)|^2 \, dt$ eines Leistungssignals $x(t)$:

$$P = \langle x, x \rangle \, . \tag{2.28}$$

Daraus folgt wiederum, dass die Norm $\|x\|$ eines Energiesignals $x(t)$ gleich der Wurzel aus der Energie ist:

$$\|x\| = \sqrt{E} \, , \tag{2.29}$$

respektive gleich der Wurzel aus der mittleren Leistung $P$:

$$\|x\| = \sqrt{P} \, , \tag{2.30}$$

falls $x(t)$ ein Leistungssignal ist.

### 2.1.7 Orthogonale Signale

Dank der Definition des Skalarprodukts sind wir in der Lage, die Orthogonalität zweier Signale zu erklären: Zwei Signale $x(t)$ und $y(t)$ sind orthogonal zueinander, wenn ihr Skalarprodukt null ist:

$$\langle x, y \rangle = 0 \, . \tag{2.31}$$

Diese Definition ist analog zu derjenigen in der Geometrie, wo zwei Vektoren orthogonal zueinander sind, wenn ihr Skalarprodukt null ist.

**Beispiel 1:** Das klassische Beispiel zweier orthogonaler Signale ist die Cosinus- und Sinusschwingung gleicher Frequenz, wie mit Gl.(2.31) einfach gezeigt werden kann. Ordnet man der Cosinus- und Sinusschwingung je einen Drehzeiger zu, dann stehen die beiden senkrecht, d. h. orthogonal zueinander und die Orthogonalität erhält dann auch hier eine unmittelbare geometrische Interpretation.

Die Orthogonalität der Sinus- zur Cosinusschwingung wird bei der Quadraturmodulation in der Nachrichtentechnik ausgenutzt, wo eine cosinusförmige Trägerschwingung mit einem Tiefpasssignal $x_i(t)$ und eine sinusförmige Trägerschwingung mit einem Tiefpasssignal $x_q(t)$ moduliert und anschliessend die Summe $x_{BP}(t) = x_i(t) \cos(2\pi f_c t) - x_q(t) \sin(2\pi f_c t)$ gebildet wird. Die beiden beiden Tiefpasssignale können dann mit einem Empfänger, wie er in Bild 2.10 skizziert ist, wiedergewonnen werden. ■

**Beispiel 2:** Gegeben sind zwei komplexe Exponentialschwingungen $\varphi_k(t) = e^{j2\pi kf_0t}$ und $\varphi_l(t) = e^{j2\pi lf_0t}$ mit den Frequenzen $kf_0$ und $lf_0$, wobei $k$ und $l$ ganze Zahlen sind. Für ihr Skalarprodukt finden wir:

$$\begin{aligned}\langle\varphi_k,\varphi_l\rangle &= \frac{1}{T_0}\int_{-T_0/2}^{T_0/2} e^{j2\pi kf_0t}e^{-j2\pi lf_0t}dt = \frac{1}{T_0}\int_{-T_0/2}^{T_0/2} e^{j2\pi(k-l)f_0t}dt\,,\\ &= \left\{\begin{array}{rcll} \frac{1}{T_0}\int_{-T_0/2}^{T_0/2} e^{j0}dt &=& 1 & \text{für} \quad k=l \\ \frac{1}{T_0}\frac{e^{j2\pi(k-l)f_0t}}{j2\pi(k-l)f_0}\Big|_{-T_0/2}^{T_0/2} &=& 0 & \text{für} \quad k\neq l \end{array}\right. . \end{aligned} \tag{2.32}$$

Das heisst, komplexe Exponential- oder Sinusschwingungen sind orthogonal zueinander, falls ihre Frequenzen unterschiedlich sind. Wir werden gleich feststellen, dass uns diese Eigenschaft bei der Herleitung der Fourier-Reihe wichtige Dienste leisten wird.

■

Im nächsten Unterkapitel werden wir sehen, wie man mittels Summation orthogonaler Elementarsignale beliebige periodische Signale kreieren kann.

## 2.2 Fourier-Reihe und Fourier-Transformation

### 2.2.1 Fourier-Reihe

1807 hat Jean Baptiste Fourier herausgefunden, dass sich eine reellwertige, $T_0$-periodische Funktion $x_p(t)$ wie folgt als Linearkombination von Sinus- und Cosinusschwingungen ausdrücken lässt:

$$x_p(t) = \frac{a_0}{2} + \sum_{k=1}^{\infty}\left[a_k\cos(2\pi kf_0t) + b_k\sin(2\pi kf_0t)\right]\,. \tag{2.33}$$

Die Koeffizienten $a_k$ und $b_k$ nennt man Fourier-Koeffizienten und der Parameter $f_0$ heisst Grundfrequenz (engl: fundamental frequency) der Fourier-Reihe. Die Grundfrequenz ist gleich dem Inversen der Periode $T_0$:

$$f_0 = \frac{1}{T_0}\,. \tag{2.34}$$

Die Fourier-Reihe in der Form (2.33) wird als Fourier-Reihe in trigonometrischer Form bezeichnet.

Fasst man Sinus- und Cosinusschwingungen gleicher Frequenz zusammen, so erhält man die Fourier-Reihe in der harmonischen Form:

$$x_p(t) = A_0 + \sum_{k=1}^{\infty} A_k \cos(2\pi k f_0 t + \alpha_k) . \tag{2.35}$$

Eine Cosinusschwingung der Frequenz $f = kf_0$ heisst Harmonische der Ordnungszahl $k$ oder einfach $k$-te Harmonische. Die erste Harmonische nennt man auch Grundschwingung, die zweite Harmonische erste Oberschwingung, die dritte Harmonische zweite Oberschwingung, etc. Der Term $A_0$ wird in Anlehnung an die Elektrotechnik DC-Term, DC-Wert oder Gleichanteil genannt. Zusammengefasst:

*Ein periodisches Signal setzt sich aus einem DC-Anteil, aus einer Grundschwingung und aus Oberschwingungen zusammen.*

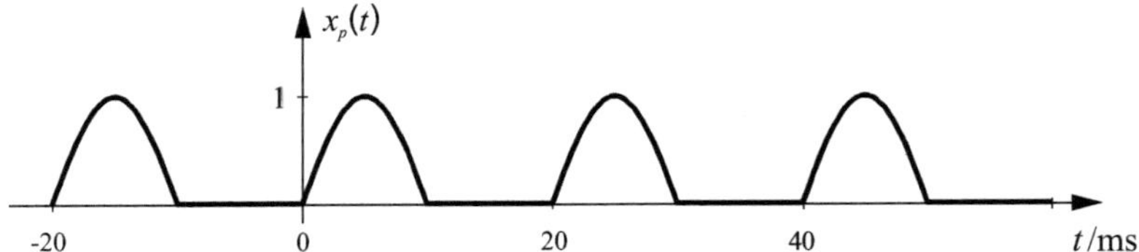


Bild 2.11: Gleichgerichtete 50 Hz-Sinusschwingung

**Beispiel 1:**

Die gleichgerichtete 50 Hz-Sinusschwingung lässt sich durch folgende harmonische Fourier-Parameter beschreiben:

| | |
|---|---|
| DC-Wert: | $A_0 = 0.318$; |
| 50 Hz-Grundschwingung (1. Harmonische): | $A_1 = 0.5, \quad \alpha_1 = -90^o$; |
| 100 Hz-Oberschwingung (2. Harmonische): | $A_2 = 0.213, \alpha_2 = 180^o$; |
| 150 Hz-Oberschwingung (3. Harmonische): | $A_3 = 0$; |
| 200 Hz-Oberschwingung (4. Harmonische): | $A_4 = 0.043, \alpha_4 = 180^o$; |
| 250 Hz-Oberschwingung (5. Harmonische): | $A_5 = 0$; |
| 300 Hz-Oberschwingung (6. Harmonische): | $A_6 = 0.019, \alpha_6 = 180^o$; |
| 350 Hz-Oberschwingung (7. Harmonische): | $A_7 = 0$; etc. |

Bemerkenswert ist das Fehlen der geraden Oberschwingungen und typisch ist die Abnahme der Oberschwingungen mit zunehmender Frequenz. ■

**Beispiel 2:** Die Rechteckschwingung in Bild 2.12 links kann man wie folgt in eine Fourier-Reihe zerlegen [OW97]: $x_p(t) = \frac{1}{2} + \frac{2}{\pi 1}\cos(2\pi f_0 t) - \frac{2}{\pi 3}\cos(2\pi 3 f_0 t) + \frac{2}{\pi 5}\cos(2\pi 5 f_0 t) - \cdots$. In Worten: Die Rechteckschwingung setzt sich zusammen aus einem DC-Anteil von 0.5, einer Grundschwingung mit der Amplitude von $\frac{2}{\pi}$, einer 3. Harmonischen mit der Amplitude von $\frac{2}{\pi 3}$ etc. Bemerkenswert ist auch hier, dass alle *ungeraden* Oberschwingungen des periodischen Rechtecks null sind.

Im Bild 2.12 rechts ist die Approximation der Rechteckschwingung durch die ersten fünfzehn Harmonischen dargestellt (siehe dazu auch das M-File `FourierReihe`). Das Überschwingen bei den Flanken um ca. 9 % ist eine unerwünschte Eigenschaft der Fourier-Reihe und wird Gibbsches Phänomen genannt.

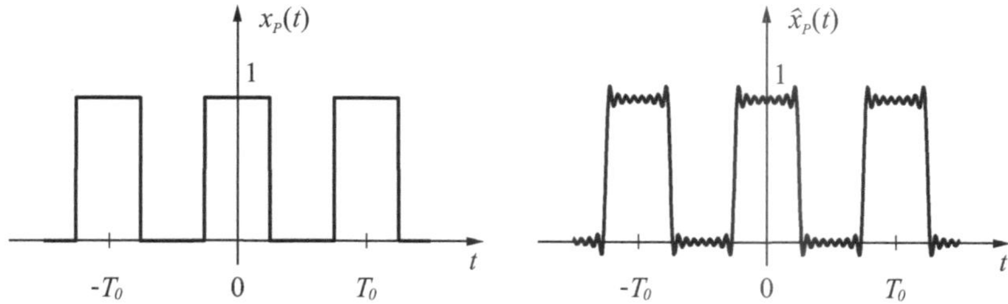


Bild 2.12: Rechteckschwingung und ihre Approximation durch eine Fourier-Reihe

■

Ersetzt man in Gl.(2.33) die Cosinus- und Sinusfunktionen durch die Ausdrücke $\frac{1}{2}e^{j2\pi k f_0 t} + \frac{1}{2}e^{-j2\pi k f_0 t}$ und $\frac{1}{2j}e^{j2\pi k f_0 t} - \frac{1}{2j}e^{-j2\pi k f_0 t}$, dann erhält man die mathematisch eleganteste Form der Fourier-Reihe:

$$x_p(t) = \sum_{k=-\infty}^{\infty} c_k e^{jk2\pi f_0 t} . \tag{2.36}$$

Diese Form heisst komplexe Fourier-Reihe und die Koeffizienten $c_k$ nennt man komplexe Fourier-Koeffizienten. Daraus lassen sich die Amplituden und Phasen der Harmonischen wie folgt berechnen:[4]

$$A_0 = c_0\,, \quad A_k = 2|c_k| \quad \text{und} \quad \alpha_k = \angle c_k\,. \tag{2.37}$$

[4]Das Zeichen $\angle$ bedeutet Winkel der komplexen Zahl.

Um die komplexen Fourier-Koeffizienten $c_k$ eines $T_0$-periodischen Signals zu bestimmen, gehen wir wie folgt vor: Zuerst multiplizieren wir beide Seiten der Gl.(2.36) mit der komplexen Exponentialfunktion $e^{-jn2\pi f_0 t}$:

$$x_p(t)e^{-jn2\pi f_0 t} = \sum_{k=-\infty}^{\infty} c_k e^{jk2\pi f_0 t} e^{-jn2\pi f_0 t} .$$

Anschliessend integrieren wir beide Seiten von $-T_0/2$ bis $T_0/2$:

$$\begin{aligned} \int_{-T_0/2}^{T_0/2} x_p(t)e^{-jn2\pi f_0 t}\, dt &= \int_{-T_0/2}^{T_0/2} \sum_{k=-\infty}^{\infty} c_k e^{jk2\pi f_0 t} e^{-jn2\pi f_0 t}\, dt , \\ &= \sum_{k=-\infty}^{\infty} c_k \int_{-T_0/2}^{T_0/2} e^{jk2\pi f_0 t} e^{-jn2\pi f_0 t}\, dt , \\ &= c_n T_0 . \end{aligned}$$

Die rechte Seite der zweiten Zeile besteht aus einer unendlichen Summe von Integralen. Wegen der Orthogonalität der beiden Funktionen $e^{jk2\pi f_0 t}$ und $e^{jn2\pi f_0 t}$ sind alle Integrale null, mit Ausnahme des Integrals, bei dem $k = n$ ist. Dieses Integral hat gemäß Gl.(2.32) den Wert $T_0$, was dann die rechte Seite der dritten Zeile ergibt.

Wir betrachten diese Zeile, geben dem ganzzahligen Index $n$ den Namen $k$, lösen die Gleichung nach $c_k$ auf und erhalten so die Bestimmungsgleichung für den $k$-ten komplexen Fourier-Koeffizienten:

$$c_k = \frac{1}{T_0} \int_{-T_0/2}^{T_0/2} x_p(t)e^{-jk2\pi f_0 t}\, dt . \qquad (2.38)$$

Diese Bestimmungsgleichung wird häufig als Analysegleichung bezeichnet, währenddem Gl.(2.36) Synthesegleichung heisst. Die Synthese-Gleichung besagt, dass man jedes[5] $T_0$-periodische Signal durch eine gewichtete Summe von orthogonalen, komplexen Sinusschwingungen schreiben kann, deren Gewichte $c_k$ durch die Analysegleichung gegeben sind. (Eine gewichtete Summe von Funktionen oder Vektoren nennt man in der Mathematik *Linearkombination.*)

Sind die komplexen Fourier-Koeffizienten $c_k$ bekannt, dann lassen sich über Gl.(2.37) leicht der DC-Wert, die Scheitelwerte und die Nullphsenwinkel der harmonischen Fourier-Reihe berechnen.

In der Praxis ist es sehr mühsam, die numerischen Werte der Fourier-Koeffizienten über eine Integration gemäß Gl.(2.38) zu bestimmen. Wir werden später sehen, dass es unter dem Namen FFT (Fast Fourier Transform) eine viel effizientere Methode zur Berechnung dieser Koeffizienten gibt.

---

[5]Es gibt Ausnahmen, siehe dazu Lit [OW97].

### 2.2.2 Fourier-Transformation

Die meisten Signale sind aperiodischer, d. h. nicht periodischer Natur und können deshalb nicht in eine Fourier-Reihe zerlegt werden. Um auch von einem aperiodischen Signal $x(t)$ die „frequenzmässige“ Zusammensetzung zu finden, definiert man die Fourier-Transformation. Diese lässt sich herleiten, indem man zunächst in der Synthesegleichung (2.36) $x_p(t)$ durch $x(t)$ und $c_k$ durch das Integral aus der Analysegleichung (2.38) ersetzt:

$$\begin{aligned} x(t) &= \sum_{k=-\infty}^{\infty} \left[ \frac{1}{T_0} \int_{-T_0/2}^{T_0/2} x(t) e^{-jk2\pi f_0 t} \, dt \right] e^{jk2\pi f_0 t} \,, \\ &= \sum_{k=-\infty}^{\infty} \left[ \int_{-T_0/2}^{T_0/2} x(t) e^{-j2\pi k f_0 t} \, dt \right] e^{j2\pi k f_0 t} \frac{1}{T_0} \,. \end{aligned} \tag{2.39}$$

Man kann unter einem aperiodischen Signal eine Funktion verstehen, deren Periode $T_0$ unendlich ist. Die Grundfrequenz $f_0 = 1/T_0$ wird dann unendlich klein und wird demzufolge durch das Differential $df$ ersetzt; $kf_0$ entspricht einem Punkt auf der Frequenzachse und wird daher als $f$ geschrieben. Aus der Summation entsteht dann eine Integration:

$$x(t) = \int_{-\infty}^{\infty} \left[ \int_{-\infty}^{\infty} x(t) e^{-j2\pi f t} \, dt \right] e^{j2\pi f t} df \,. \tag{2.40}$$

Das Integral in den eckigen Klammern ist eine Funktion von $f$ und wird Fourier-Transformierte $X(f)$ genannt:

$$X(f) = \int_{-\infty}^{\infty} x(t) e^{-j2\pi f t} \, dt \,. \tag{2.41}$$

Eingesetzt in Gl.(2.40) führt dies zur Bestimmungsgleichung für $x(t)$:

$$x(t) = \int_{-\infty}^{\infty} X(f) e^{j2\pi f t} \, df \,. \tag{2.42}$$

Diese Transformation heisst *inverse* Fourier-Transformation. $X(f)$ und $x(t)$ bilden ein so genanntes Transformationspaar, d.h. $X(f)$ ist die Fourier-Transformierte von $x(t)$ und $x(t)$ wiederum ist die inverse Fourier-Transformierte von $X(f)$. Grafisch verdeutlicht man diese Paarbeziehung durch das Transformationssymbol ○—●:

$$x(t) \quad ○\!\!—\!\!● \quad X(f) \,. \tag{2.43}$$

Gl.(2.41) bezeichnet man als Analyse-Gleichung und Gl.(2.42) heisst Synthese-Gleichung. $X(f)$ nennt man auch das Spektrum des Signals $x(t)$. $X(f)$ ist eine komplexwertige Funktion der reellen Variablen $f$ und kann folglich in ein reelles und imaginäres Spektrum, respektive in ein Betrags- und Phasenspektrum aufgeteilt werden:

$$X(f) = \Re\{X(f)\} + j\Im\{X(f)\} = |X(f)| \, e^{j\angle X(f)} \,. \tag{2.44}$$

Ist das Spektrum $X(f)$ eines Signals $x(t)$ bekannt, dann kann man $x(t)$ auf Grundlage von Gl.(2.42) wie folgt durch eine Summe approximieren (siehe dazu auch das M-File `ApproxinvFourier`):

$$x(t) \approx \sum_{k=-\infty}^{\infty} X(k\Delta f)\Delta f\, e^{j2\pi k\Delta f t}\,. \tag{2.45}$$

$X(k\Delta f)\Delta f\, e^{j2\pi k\Delta f t}$ ist eine komplexe Exponentialschwingung mit der komplexen Amplitude $X(k\Delta f)\Delta f$ und der Frequenz $k\Delta f$. Die komplexe Exponentialschwingung lässt sich als Drehzeiger mit der Länge $|X(k\Delta f)|\Delta f$, mit dem Anfangswinkel $\angle X(k\Delta f)$ und der Drehfrequenz $k\Delta f$ interpretieren. Ist $k$ positiv, dann dreht der Zeiger mit positiver Frequenz und somit im Gegenuhrzeigersinn, ist $k$ negativ, dann dreht er mit negativer Frequenz, d. h. im Uhrzeigersinn.

Wie wir später sehen werden, enthält ein reelles Signal $x(t)$ immer positiv und negativ drehende Zeiger und setzt sich demnach – etwas salopp ausgedrückt – immer aus positiven und negativen Frequenzen zusammen.

Macht man $\Delta f$ infinitesimal klein, dann geht die Summe in Gl.(2.45) wieder in das Integral Gl.(2.42) über: $x(t) = \int_{-\infty}^{\infty} X(f)e^{j2\pi f t}\, df$. $x(t)$ kann dann als ein Kontinuum von komplexen Exponentialschwingungen interpretiert werden, deren komplexe Amplituden durch das Produkt aus dem Differential $df$ und der Fourier-Transformierten $X(f)$ gegeben sind. $X(f)$ hat somit die Bedeutung eines Amplitudendichtespektrums mit der Einheit 1/ Hz oder Sekunden s.

Um dem Leser ein Gefühl für die Fourier-Transformierte zu vermitteln, sollen im Folgenden einige Beispiele präsentiert werden. Berechnungsgrundlagen sind die Definitionsgleichung (2.41) und die Eigenschaften der Fourier-Transformation, die in einem späteren Abschnitt vorgestellt werden.

### Beispiel 1: DC-Funktion

Eine Funktion, deren Wert für alle Punkte auf der Zeitachse eins ist, nennt man DC- oder konstante Funktion (engl: Direct Current) und bezeichnet sie mit $1(t)$. Für die skalierte DC-Funktion findet man:

$$x(t) = K1(t) \quad \circ\!\!-\!\!\bullet \quad X(f) = K\delta(f)\,. \tag{2.46}$$

Das Spektrum eines DC-Signals mit dem Wert $K$ ist ein Dirac-Impuls mit dem Gewicht $K$. Dieses Ergebnis stimmt mit unserem Gefühl überein, das uns sagt, dass die DC-Funktion eine „Schwingung“ mit der Frequenz null ist. Das Spektrum ist somit überall null, außer bei der Frequenz $f = 0$.

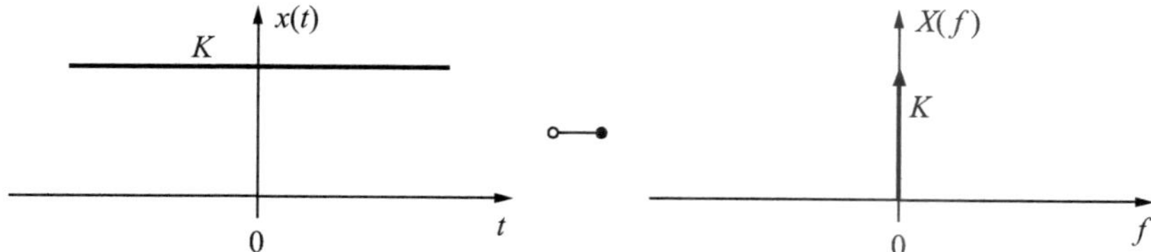


Bild 2.13: DC-Funktion mit Spektrum

**Beispiel 2: Dirac-Impuls**

Das Gegenstück zur DC-Funktion ist der Dirac-Impuls, der den theoretischen Extremfall eines sehr kurzen und sehr hohen Impulses darstellt. Seine Fourier-Transformierte sagt aus, welche Frequenzen in einem solchen blitzartigen Impuls vorhanden sind. Mit Gl.(2.41) und Gl.(2.5) finden wir:

$$x(t) = K\delta(t) \quad \circ\!\!-\!\!\bullet \quad X(f) = K1(f)\,. \tag{2.47}$$

Das Spektrum des Dirac-Pulses mit dem Gewicht $K$ ist eine DC-Funktion mit dem Wert $K$, d. h. der Dirac-Puls enthält alle Frequenzen mit konstanter Amplitude. Man sagt deshalb auch, dass der Dirac-Impuls ein weisses Spektrum hat.

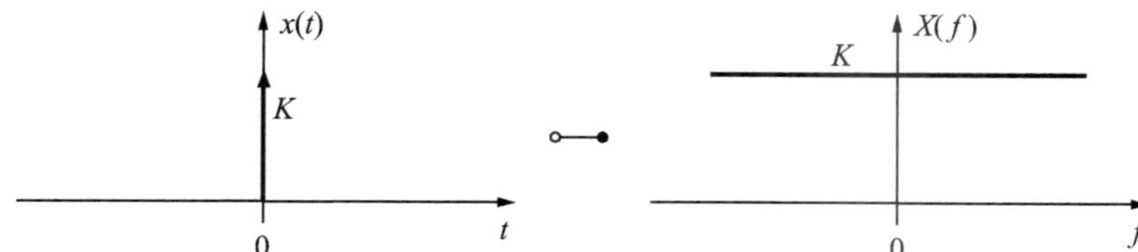


Bild 2.14: Dirac-Impuls mit Spektrum

**Beispiel 3: Rechteckimpuls**

Ein Mittelding zwischen DC-Funktion und Dirac-Impuls ist der Rechteckimpuls, auch Rechteckfunktion genannt. Sein Spektrum ist die Sinc-Funktion:

$$x(t) = A\mathrm{rect}(\frac{t}{T_0}) \quad \circ\!\!-\!\!\bullet \quad X(f) = AT_0\mathrm{sinc}(\frac{f}{1/T_0})\,. \tag{2.48}$$

Bild 2.15 zeigt das Spektrum $X(f)$ und das Betragsspektrum $|X(f)|$ in linearer und in logarithmischer Darstellung, wobei in der logarithmischen Darstellung das Maximum auf eins normiert wurde.

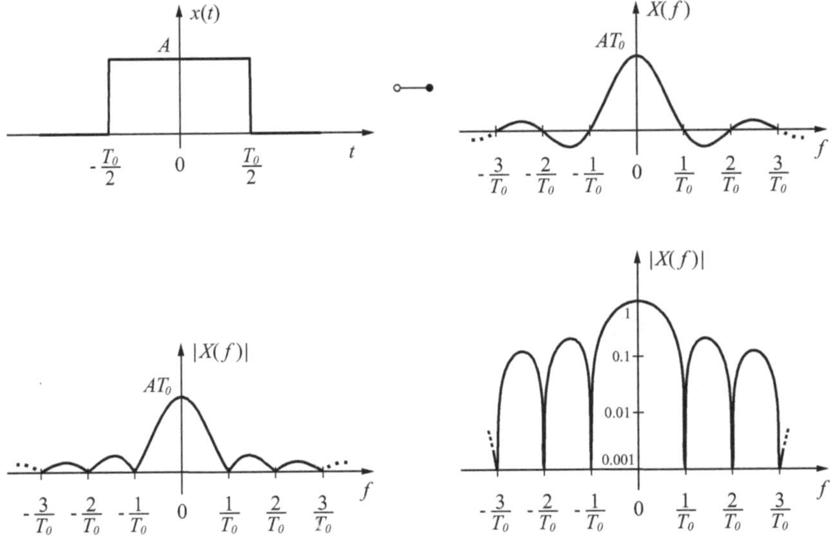


Bild 2.15: Rechteckimpuls mit Spektrum

Das Spektrum hat – abgesehen vom Ursprung – Nullstellen bei ganzen Vielfachen von $\frac{1}{T_0}$, wobei $T_0$ die Breite des Rechteckpulses ist. Aus Bild 2.15 ist ersichtlich, dass der Hauptlappen sowie die Nebenlappen des Spektrums schmäler werden, wenn der Rechteckimpuls breiter wird. Macht man den Rechteckimpuls schmäler, dann wird sein Spektrum breiter. Allgemein haben breite Signale schmale Spektren und schmale Signale breite Spektren, wie die Bilder 2.13 und 2.14 ebenfalls bestätigen. Wie werden diesen Sachverhalt später im Zeitgesetz der Nachrichtentechnik präziser formulieren.

### Beispiel 4: Komplexe Exponentialschwingung

Wie wir bereits wissen, besteht die komplexe Exponentialschwingung oder komplexe Exponentialfunktion $x(t) = \hat{X}e^{j2\pi f_0 t}$ aus einer Cosinusschwingung als Realteil und einer Sinuschwingung als Imaginärteil (Bild 2.16 links). Dies ist der Grund, weshalb die komplexe Exponentialfunktion auch komplexe Sinusschwingung genannt wird. Sie ist ein Signal, das nur die Frequenz $f_0$ enthält. Ihr Spektrum ist daher überall null, außer an der Stelle $f = f_0$, wo sie mit einem Dirac-Stoss des Gewichts $\hat{X}$ repräsentiert wird.

$$x(t) = \hat{X}e^{j2\pi f_0 t} \quad \circ\!\!-\!\!\bullet \quad X(f) = \hat{X}\delta(f - f_0)\,. \tag{2.49}$$

Die komplexe Sinusschwingung hat das gleiche Spektrum wie die DC-Funktion, nur tritt die Spektrallinie nicht bei null sondern bei $f_0$ auf. Gl.(2.49) bestätigt somit, dass eine DC-Funktion nichts anderes ist als eine komplexe Exponentialschwingung mit der Frequenz null.

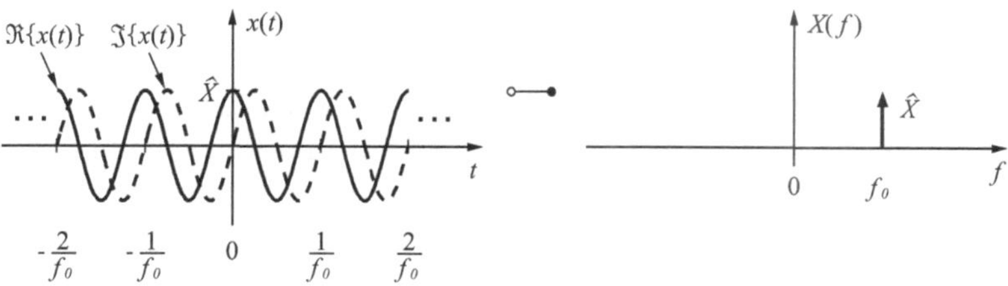


Bild 2.16: Komplexe Exponentialfunktion mit Spektrum

Die komplexe Exponentialschwingung mit $f_0 > 0$ ist ein analytisches Signal. Darunter versteht man ein komplexwertiges Signal, dessen Spektrum auf der negativen Frequenzachse null ist. Analytische Signale finden ihre Anwendung sowohl in der Nachrichtentechnik [Rop06] wie auch in der Signalverarbeitung, wo sie mithilfe so genannter Hilbert-Transformatoren generiert werden [vG08b].

**Beispiel 5: Phasenbehaftete Cosinusschwingung**

Unter einer phasenbehafteten Cosinusschwingung der Frequenz $f_0$ versteht man eine Cosinusschwingung, deren Nullphasenwinkel ungleich null ist. Gemäß Euler lässt sie sich in zwei Exponentialschwingungen der Frequenzen $+f_0$ und $-f_0$ mit den komplexen Amplituden $\frac{\hat{X}}{2}e^{j(+\varphi)}$ und $\frac{\hat{X}}{2}e^{j(-\varphi)}$ zerlegen:

$$\hat{X}\cos(2\pi f_0 t + \varphi) = \frac{\hat{X}}{2}e^{j\varphi}e^{j2\pi f_0 t} + \frac{\hat{X}}{2}e^{j(-\varphi)}e^{j2\pi(-f_0)t}\,. \tag{2.50}$$

Demnach besteht das Spektrum aus zwei Dirac-Pulsen, einer bei $f = f_0$ mit dem Gewicht $\frac{\hat{X}}{2}e^{j\varphi}$ und der andere bei $f = -f_0$ mit dem Gewicht $\frac{\hat{X}}{2}e^{-j\varphi}$:

$$x(t) = \hat{X}\cos(2\pi f_0 t + \varphi) \quad \circ\!\!-\!\!\bullet \quad X(f) = \frac{\hat{X}}{2}e^{j\varphi}\delta(f - f_0) + \frac{\hat{X}}{2}e^{-j\varphi}\delta(f + f_0)\,. \tag{2.51}$$

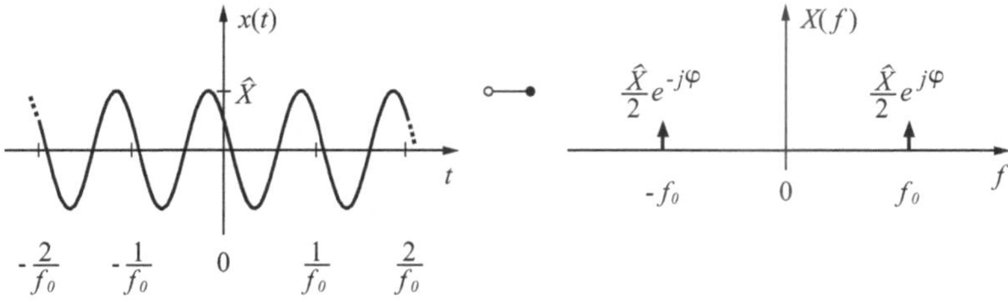


Bild 2.17: Phasenbehaftete Cosinusschwingung mit Spektrum

Die Spektren in den Bildern 2.16 und 2.17 sind so genannte Linienspektren, weil sie nur aus Linien, d. h. aus Dirac-Pulsen bestehen.

Das Spektrum einer Cosinusschwingung besteht also nicht nur aus einem Dirac-Stoss bei $f = f_0$, sondern aus zwei Dirac-Stössen, einer bei $f = +f_0$ und der andere bei $f = -f_0$. Ein einzelner Dirac-Stoss, oder wie man auch sagt eine Spektrallinie, repräsentiert eben nicht eine Cosinusschwingung, sondern – wie wir in Bild 2.16 gesehen haben – eine komplexe Exponentialschwingung, auch komplexe Exponentialfunktion, Drehzeiger oder komplexe Sinusfunktion genannt.

Zerlegen wir das komplexwertige Spektrum gemäss Gl.(2.44) in ein Betrags- und Phasenspektrum, respektive in ein reelles und imaginäres Spektrum, so erhalten wir die Darstellungen in Bild 2.18.

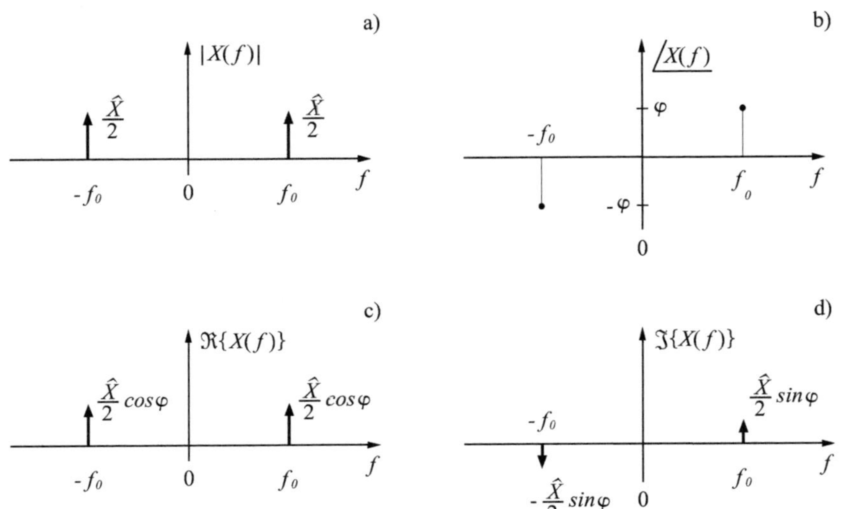


Bild 2.18: Spektren der phasenbehafteten Cosinusschwingung: a) Betragsspektrum, b) Phasenspektrum, c) Realteil und d) Imaginärteil des Spektrums

**Beispiel 6: Cosinusschwingung, moduliert mit einem Rechteckimpuls**

Ein weiterer interessanter Fall tritt ein, wenn wir eine Cosinusschwingung mit einem Rechteckimpuls multiplizieren:

$$x(t) = A\text{rect}(\frac{t}{T_0})\cos(2\pi f_c t) \quad \circ\!\!-\!\!\bullet \quad X(f) = A\frac{T_0}{2}\text{sinc}(\frac{f-f_c}{1/T_0})+A\frac{T_0}{2}\text{sinc}(\frac{f+f_c}{1/T_0}). \tag{2.52}$$

Ein solches Signal, etwa auch als rechteckpulsmodulierte Cosinusschwingung bezeichnet, tritt z. B. in der Tonpulsübertragung auf.

Als Spektrum erwarten wir ein Mittelding zwischen dem Sinc-Spektrum des Rechteckimpulses und dem Linienspektrum der Cosinusschwingung. Tatsächlich kann man das Resultat in Bild 2.19 interpretieren als zwei Dirac-Pulse, einer bei $f = f_c$ und der andere bei $f = -f_c$, die mit dem Sinc-Spektrum verschmiert sind.

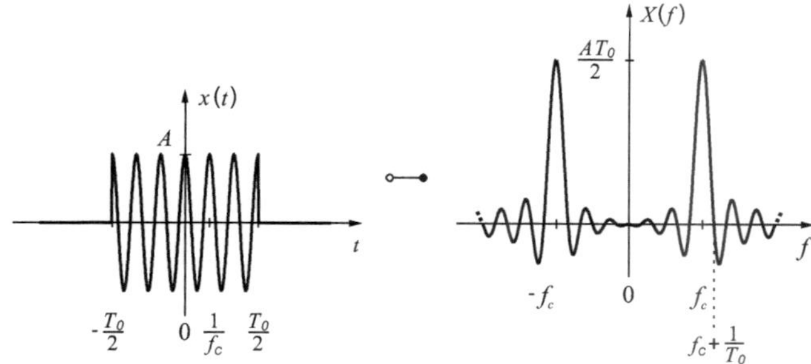


Bild 2.19: Rechteckimpulsmodulierte Cosinusschwingung mit Spektrum

Machen wir den Tonimpuls unendlich lang, dann werden die beiden Sinc-Impulse unendlich hoch und unendlich dünn und das kontinuierliche Spektrum geht in ein Linienspektrum über.

### Beispiel 7: Abtastfunktion

Für die Herleitung und das Verständnis des Abtasttheorems ist das Spektrum der Abtastfunktione unentbehrlich. Das Fourier-Transformationspaar lautet (siehe dazu das M-File `PerDirac`):

$$x(t) = \sum_{n=-\infty}^{+\infty} \delta(t - nT) \quad \circ\!\!-\!\!\bullet \quad X(f) = \frac{1}{T} \sum_{k=-\infty}^{+\infty} \delta(f - k\frac{1}{T}) \,. \tag{2.53}$$

Das Spektrum der Abtastfunktion, auch Dirac-Impulsfolge, periodischer Dirac-Impuls oder Delta-Impulskamm genannt, ist wiederum ein periodischer Dirac-Impuls, wobei folgende Unterschiede zu beachten sind: 1. Im Zeitbereich ist die Periode $T$ und im Frequenzbereich ist sie $1/T$. 2. Das Gewicht der einzelnen Dirac-Impulse im Zeitbereich ist eins und im Frequenzbereich $1/T$.

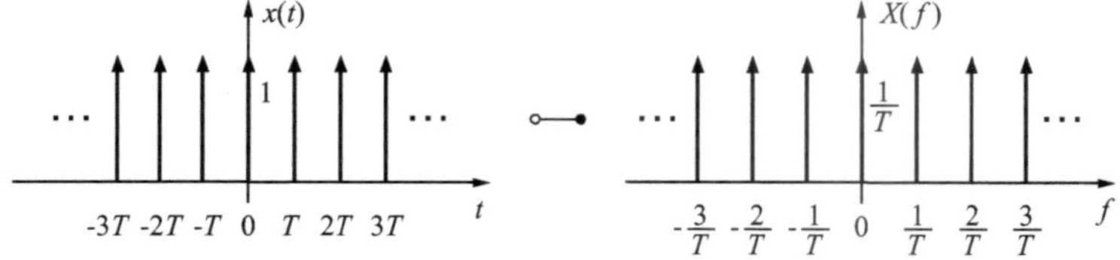


Bild 2.20: Abtastfunktion mit Spektrum

Der periodische Dirac-Puls wird im Zeitbereich mit $\delta_T(t)$ oder $\text{III}(t)$ und im Frequenzbereich mit $\Delta_T(f)$ oder $\text{III}(f)$ bezeichnet.

### 2.2.3 Eigenschaften der Fourier-Transformation

Wir wollen in diesem Abschnitt die wichtigsten Eigenschaften der Fourier-Transformation kennenlernen und sie anhand von Beispielen überprüfen. Die Herleitungen beruhen auf der Definition der Fourier- und der inversen Fourier-Transformation und können z. B. in Lit.[OL10] nachgelesen werden.

#### Linearität

Die Fourier-Transformation ist eine lineare Transformation, d.h. sind $x_1(t) \circ\!\!-\!\!\bullet X_1(f)$ und $x_2(t) \circ\!\!-\!\!\bullet X_2(f)$ zwei Fourier-Transformationspaare und sind $k_1$ und $k_2$ zwei Konstanten, dann gilt:

$$k_1 x_1(t) + k_2 x_2(t) \quad \circ\!\!-\!\!\bullet \quad k_1 X_1(f) + k_2 X_2(f)\,. \tag{2.54}$$

In Worten: Die Fourier-Transformierte einer Linearkombination von Signalen ist gleich der Linearkombination ihrer Fourier-Transformierten.

**Beispiel:** Mithilfe des Linearitätstheorems lässt sich sofort die Fourier-Transformierte der phasenbehafteten Cosinusschwingung herleiten.
Aus Gl.(2.49) wissen wir:

$$\begin{aligned} x_1(t) &= e^{j2\pi f_0 t} & \circ\!\!-\!\!\bullet \quad & X_1(f) = \delta(f - f_0)\,, \\ x_2(t) &= e^{j2\pi(-f_0)t} & \circ\!\!-\!\!\bullet \quad & X_2(f) = \delta(f + f_0)\,. \end{aligned}$$

Aus

$$x(t) = \hat{X}\cos(2\pi f_0 t + \varphi) = \frac{\hat{X}}{2} e^{j\varphi} x_1(t) + \frac{\hat{X}}{2} e^{-j\varphi} x_2(t)$$

folgt dann:

$$X(f) = \frac{\hat{X}}{2} e^{j\varphi}\delta(f - f_0) + \frac{\hat{X}}{2} e^{-j\varphi}\delta(f + f_0)\,.$$

■

#### Dualität

Unter Dualität – auch als Symmetrie bezeichnet – verstehen wir folgende Beziehung:

$$X(t) \quad \circ\!\!-\!\!\bullet \quad x(-f)\,. \tag{2.55}$$

In Worten: Ersetzt man in der Frequenzfunktion $X(f)$ die Frequenzvariable $f$ durch die Zeitvariable $t$, und umgekehrt in der Zeitfunktion $x(t)$ die Zeitvariable $t$ durch die negative Frequenzvariable $-f$, so erhält man wiederum ein Transformationspaar.

**Beispiel:** Mittels der Dualität finden wir leicht die Fourier-Transformierte der DC-Funktion. Aus Gl.(2.47) wissen wir: $x(t) = K\delta(t) \circ\!\!-\!\!\bullet\ X(f) = K1(f)$. Aus der Dualität folgt dann: $K1(t) \circ\!\!-\!\!\bullet\ K\delta(-f)$. Da der Dirac-Puls eine gerade Funktion ist, ergibt sich: $K1(t) \circ\!\!-\!\!\bullet\ K\delta(f)$. ■

### Zeit- und Frequenzskalierung

Wird bei einer Zeitfunktion die Zeitachse mit einer reellen Konstanten $k$ skaliert, dann resultiert folgendes Transformationspaar:

$$x(kt) \quad \circ\!\!-\!\!\bullet \quad \frac{1}{|k|} X(\frac{f}{k})\,. \tag{2.56}$$

Vereinfacht ausgedrückt: Schmale oder schnelle Signale haben breite Spektren und breite oder langsame Signale haben schmale Spektren. Bei der Diskussion der Unschärferelation werden wir diese Aussage präzisieren.

**Beispiel:** Erhöht ein Discjockey die Umdrehgeschwindigkeit einer Schallplatte, dann tönt der Lautsprecher höher, verlangsamt er sie, dann tönt er tiefer. Beim Schnellgang ($k > 1$) wird die Zeitfunktion gestaucht und damit die Frequenzfunktion gedehnt, im langsamen Betrieb ($0 < k < 1$) wird die Zeitfunktion gedehnt und die Frequenzfunktion gestaucht. ■

### Zeit- und Frequenzverschiebung

Verschiebt man die Zeitfunktion $x(t)$ um $t_0$, dann erhält man folgendes Transformationspaar:

$$x(t - t_0) \quad \circ\!\!-\!\!\bullet \quad X(f)e^{-j2\pi f t_0}\,. \tag{2.57}$$

Bei einer zeitlichen Verschiebung des Signals verändert sich der Betrag $|X(f)|$ des Spektrums nicht, die Phase $\angle X(f)$ hingegen erfährt eine zusätzliche Verschiebung um den Winkel $\theta = -2\pi f t_0$.

**Beispiel:** Wie wir später sehen werden, kann die Digital-Analog-Umwandlung mit der Halte-Funktion (engl: zero order hold function) beschrieben werden. Unter dieser Funktion versteht man den kausalen Rechteckimpuls (Bild 2.21), der aus dem symmetrischen Rechteckimpuls durch Verzögerung um $T_0/2$ entsteht. Seine Fourier-Transformierte und daraus das Betrags- und Phasenspektrum finden wir leicht über das Zeitverschiebungstheorem.

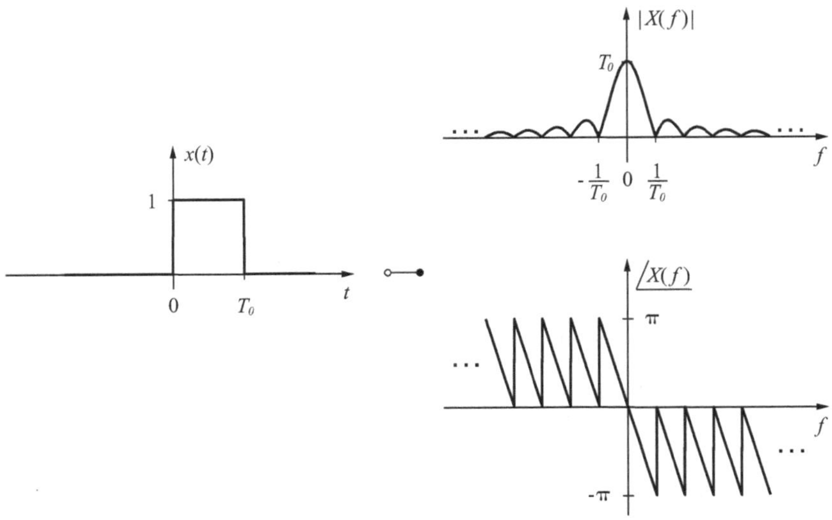


Bild 2.21: Kausaler Rechteckimpuls mit Betrags- und Phasenspektrum

■

Durch Verschiebung der Frequenzfunktion $X(f)$ um $f_0$ resultiert das Transformationspaar

$$x(t)e^{j2\pi f_0 t} \quad \circ\!\!-\!\!\bullet \quad X(f-f_0)\,. \tag{2.58}$$

Die Multiplikation – oder wie man auch sagt – die Modulation der komplexen Sinusschwingung $e^{j2\pi f_0 t}$ mit dem Signal $x(t)$ verschiebt sein Spektrum $X(f)$ um $f_0$ auf der Frequenzachse.

**Beispiel:** Bei der *A*mplituden*m*odulation AM [Tre08] wird die Amplitude $\hat{U}_T$ einer Trägerschwingung $u_T(t) = \hat{U}_T \cos(2\pi f_T t)$ von einem Modulationssignal $mx(t)$ überlagert $(0 < m < 1)$:

$$s(t) = \hat{U}_T[1 + mx(t)]\cos(2\pi f_T t)\,.$$

Die Trägerschwingung lässt sich nach Euler folgendermassen zerlegen:

$$u_T(t) = \frac{\hat{U}_T}{2}e^{j2\pi f_T t} + \frac{\hat{U}_T}{2}e^{-j2\pi f_T t}\,.$$

Die modulierte Trägerschwingung schreibt sich dann wie folgt:

$$s(t) = \frac{\hat{U}_T}{2}e^{j2\pi f_T t} + \frac{\hat{U}_T}{2}e^{-j2\pi f_T t} + \frac{m\hat{U}_T}{2}x(t)e^{j2\pi f_T t} + \frac{m\hat{U}_T}{2}x(t)e^{-j2\pi f_T t}\,.$$

Das Linearitäts- und Frequenzverschiebungs-Theorem angewendet führt zum Spektrum $S(f)$:

$$S(f) = \frac{\hat{U}_T}{2}\delta(f-f_T) + \frac{\hat{U}_T}{2}\delta(f+f_T) + \frac{m\hat{U}_T}{2}X(f-f_T) + \frac{m\hat{U}_T}{2}X(f+f_T)\,.$$

Bild 2.22 links zeigt als Beispiel das dreieckförmige Spektrum eines Signals $x(t)$ und rechts das zugehörige Spektrum des amplitudenmodulierten Signals $s(t)$. Da sein Spektrum auf einen schmalen Frequenzbereich um die Trägerfrequenz $f_T$ beschränkt ist, spricht man von einem so genannten Bandpasssignal.

Das AM-Spektrum ist sozusagen der praktische Beweis, dass negative Frequenzen existieren. Hätte das Basissignal $x(t)$ nämlich keine negativen Frequenzen, dann wäre das AM-Spektrum $S(f)$ null im Frequenzbereich von 0 bis $f_T$ und man würde von einem Einseitenband-AM-Spektrum sprechen. Ein Mittelwellenradiosender beispielsweise belegt eine Bandbreite von 9 kHz auf der Frequenzskala, obwohl das Audiosignal nur eine Grenzfrequenz von 4.5 kHz hat. Man spricht daher auch von einem Zweiseitenband-AM-Spektrum.

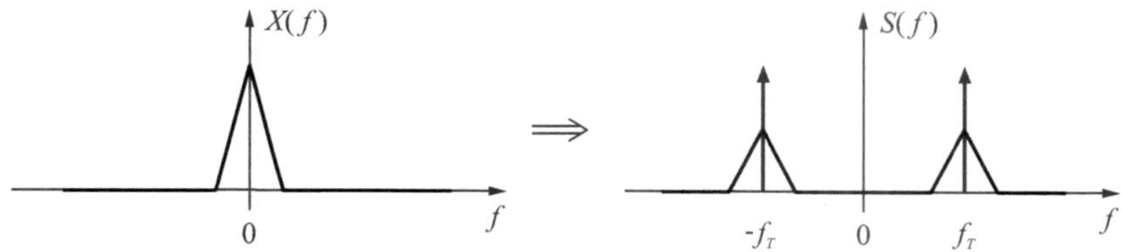


Bild 2.22: Signal- und AM-Spektrum

■

## Symmetrieeigenschaften

Das Spektrum eines reellen Signals ist konjugiert symmetrisch:

$$x(t) \quad : \quad \text{reell} \quad \circ\!\!-\!\!\bullet \quad \begin{cases} |X(f)| & : \quad \text{gerade}, \quad \angle X(f) \quad : \quad \text{ungerade} \\ \Re\{X(f)\} & : \quad \text{gerade}, \quad \Im\{X(f)\} \quad : \quad \text{ungerade} \end{cases} . \tag{2.59}$$

Anschaulich ausgedrückt: Das Betragsspektrum und der Realteil des Spektrums sind spiegelsymmetrisch, das Phasenspektrum und der Imaginärteil des Spektrums hingegen sind punktsymmetrisch. Gut ersichtlich ist die konjugierte Symmetrie in den Spektren der phasenverschobenen Cosinusschwingung von Bild 2.18.

Wegen der Symmetrieeigenschaft wird das Spektrum vielfach nur auf der positiven Frequenzachse dargestellt. Dies verleitet dann hin und wieder zur irrtümlichen Ansicht, dass das Spektrum reeller Signale nur auf der positiven Frequenzachse existiert.

Ist ein Signal nicht nur reell, sondern zusätzlich gerade oder ungerade, dann gilt:

$$x(t) \text{ reell und gerade} \quad \circ\!\!-\!\!\bullet \quad X(f) \text{ reell und gerade} \tag{2.60}$$

$$x(t) \text{ reell und ungerade} \quad \circ\!\!-\!\!\bullet \quad X(f) \text{ imaginär und ungerade} \tag{2.61}$$

**Beispiel:** Das Bild unten zeigt ein periodisches Sägezahnsignal $x(t)$ als Beispiel eines reellen, ungeraden Signals. Sein Spektrum ist imaginär und ungerade, d.h., $\Re\{X(f)\} = 0$ und $\Im\{X(-f)\} = -\Im\{X(f)\}$.

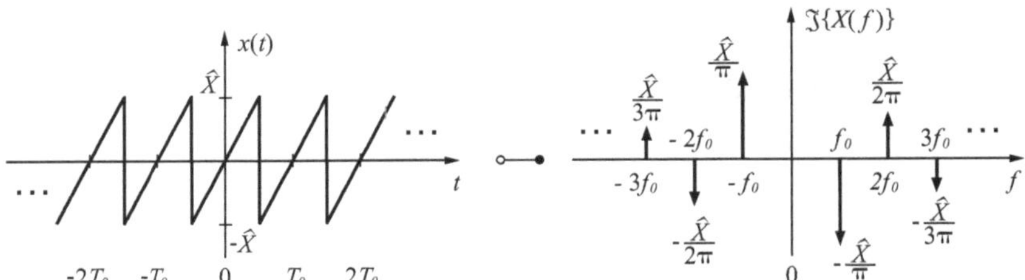


Bild 2.23: Ungerade Sägezahnschwingung mit imginärem Spektrum

■

Gemäss Gl.(2.12) lässt sich jedes Signal in ein gerades und in ein ungerades Teilsignal zerlegen: $x(t) = x_g(t) + x_u(t)$. Aus den Theoremen (2.60) und (2.61) folgt dann, dass $\Re\{X(f)\}$ das Spektrum des geraden Teilsignals und $\Im\{X(f)\}$ das Spektrum des ungeraden Teilsignals ist:

$$\Re\{X(f)\} = X_g(f) \quad \text{und} \quad \Im\{X(f)\} = X_u(f)\,. \tag{2.62}$$

Die Zerlegung des Fourier-Integrals $X(f) = \int_{-\infty}^{\infty} x(t)e^{-j2\pi ft}\,dt$ nach Gl.(2.2) in die beiden Integrale

$$X(f) = \underbrace{\int_{-\infty}^{\infty} x(t)\cos(2\pi ft)\,dt}_{\Re\{X(f)\}} + j\underbrace{\int_{-\infty}^{\infty} -x(t)\sin(2\pi ft)\,dt}_{\Im\{X(f)\}} \tag{2.63}$$

macht klar, dass ein nur aus Cosinusschwingungen bestehendes Signal $x(t)$ ein reelles Spektrum hat. Sinus- und Cosinusschwingungen sind nämlich orthogonal zueinander, woraus folgt, dass das rechte Integral null ist. Analog dazu hat ein nur aus Sinusschwingungen bestehendes Signal ein imaginäres Spektrum, weil das linke Integral null ist.

Ein gerades Signal besteht demnach nur aus Cosinusschwingungen und ein ungerades nur aus Sinusschwingungen.

Die ungerade Sägezahnschwingung in Bild 2.23 ist ein schönes Beispiel für ein Signal, das nur aus Sinusschwingungen besteht. Ein Beispiel für ein gerades Signal, das nur aus Cosinusschwingungen besteht, ist der Rechteckpuls, demonstriert anhand des M-Files `ApproxinvFourier`.

### Fourier-Transformierte eines periodischen Signals

Wir haben gesehen, dass man jedes periodische Signal in eine Summe von komplexen Exponentialfunktionen zerlegen kann, und wir wissen aus Gl.(2.49), dass die komplexe Exponentialfunktion einen Dirac-Stoss als Fourier-Transformierte hat. Aus der Linearität folgt dann für das Spektrum eines periodischen Signals $x_p(t)$ mit der Periode $T_0 = \frac{1}{f_0}$:

$$x_p(t) = \sum_{k=-\infty}^{\infty} c_k e^{jk2\pi f_0 t} \quad \circ\!\!-\!\!\bullet \quad X_p(f) = \sum_{k=-\infty}^{\infty} c_k \delta(f - kf_0)\,. \tag{2.64}$$

Die Fourier-Transformierte eines periodischen Signals ist ein Linienspektrum, mit Linien, die bei ganzen Vielfachen der Grundfrequenz $f_0$ auftreten. Seine Linien stellen Dirac-Pulse dar, deren Gewichte gleich den komplexen Fourier-Koeffizienten sind (siehe Beispiel in Bild 2.23).

### Periodizität und Diskretizität

Ein Linienspektrum nennt man auch diskretes Spektrum, da es nur in diskreten Punkten auf der Frequenzachse existiert. Wie wir gerade gesehen haben, gilt:

$$x(t) \quad \text{periodisch} \quad \circ\!\!-\!\!\bullet \quad X(f) \quad \text{diskret}\,. \tag{2.65}$$

Aufgrund der Dualität gilt auch das Umgekehrte:

$$x(t) \quad \text{diskret} \quad \circ\!\!-\!\!\bullet \quad X(f) \quad \text{periodisch}\,. \tag{2.66}$$

Die Bilder 2.13, 2.14, 2.20 und 2.23 illustrieren die beiden Theoreme.

### Parseval-Theorem

Das Parseval-Theorem besagt, dass die Energie eines Signals im Zeitbereich gleich der Energie des Signals im Frequenzbereich ist:

$$\int_{-\infty}^{\infty} |x(t)|^2\,dt = \int_{-\infty}^{\infty} |X(f)|^2\,df\,. \tag{2.67}$$

Die Funktion $|X(f)|^2$ wird als Energiedichtespektrum des Signals $x(t)$ bezeichnet.

Das Parseval-Theorem in der obigen Form ist nur gültig für Energiesignale. Für $T_0$-periodische Signale gilt:

$$\frac{1}{T_0} \int_{-T_0/2}^{T_0/2} |x(t)|^2\,dt = \sum_{k=-\infty}^{\infty} |c_k|^2\,. \tag{2.68}$$

Das heisst, die Leistung eines periodischen Signals ist gleich der Summe der Leistungen seiner harmonischen Komponenten.

**Beispiel:** Ein DC-behafteter, sinusförmiger Wechselstrom der Form $i(t) = I_{DC} + \hat{I}\cos(2\pi f_0 t)$ fliesse durch einen ohmschen Widerstand $R$. Seine mittlere Leistung $P$ berechnet sich zu:

$$P = R\frac{1}{T_0}\int_{-T_0/2}^{T_0/2} i(t)^2\,dt = R\frac{1}{T_0}\int_{-T_0/2}^{T_0/2} [I_{DC} + \hat{I}\cos(2\pi f_0 t)]^2\,dt\,,$$

wobei $T_0 = 1/f_0$ ist. Die Zerlegung des Stroms in eine komplexe Fourier-Reihe

$$i(t) = \frac{\hat{I}}{2}e^{-j2\pi f_0 t} + I_{DC} + \frac{\hat{I}}{2}e^{j2\pi f_0 t}$$

und die Anwendung des Parseval-Theorems erlaubt eine Berechnung ohne Integration:

$$P = R\left((\frac{\hat{I}}{2})^2 + I_{DC}^2 + (\frac{\hat{I}}{2})^2\right) = R\left(I_{DC}^2 + \frac{\hat{I}^2}{2}\right)\,.$$

■

### Zeitgesetz der Nachrichtentechnik

Schon vielfach war die Rede davon, dass „breite" Signale „schmale" Spektren und umgekehrt „schmale" Signale „breite" Spektren haben. Diese Aussage wollen wir im Folgenden präzisieren.

Um den Begriff „Breite" eines Energiesignals zu definieren, machen wir einen Exkurs in die Wahrscheinlichkeitsrechnung (siehe dazu Abschn. 5.2). Dort definiert man den Erwartungs- oder Mittelwert $\mu_x$ und die Streuung oder Standardabweichung $\sigma_x$ einer Zufallsvariablen $\mathsf{x}$ wie folgt:

$$\mu_x = \int_{-\infty}^{\infty} x f_x(x)\,dx \qquad \text{und} \qquad \sigma_x = \sqrt{\int_{-\infty}^{\infty} (x-\mu_x)^2 f_x(x)\,dx}\,. \tag{2.69}$$

Die Funktion $f_x(x)$ erfüllt die Bedingung $= \int_{-\infty}^{\infty} f_x(x)\,dx = 1$ und heisst Dichte- oder Wahrscheinlichkeitsdichtefunktion. Sie gibt, multipliziert mit $dx$, die Wahrscheinlichkeit an, dass sich die Zufallsvariable im Bereich $x < \mathsf{x} \le x + dx$ befindet. Bild 2.24 zeigt als Beispiel die Wahrscheinlichkeitsdichtefunktion einer normal- oder gaussverteilten Zufallsvariable $\mathsf{x}$ mit dem Mittelwert $\mu_x$ und der Standardabweichung $\sigma_x$.

Würde man $f_x(x)$ als Massendichte eines Balkens in Abhängigkeit der Ortsvariablen $x$ auffassen, so wäre der Mittelwert $\mu_x$ der Schwerpunkt und die Standardabweichung $\sigma_x$ das Trägheitsmoment des Balkens.

Um diese Definitionen auf Energiesignale und ihre Spektren zu übertragen, bilden wir die normierten Energiedichten $|\acute{x}(t)|^2$ und $|\acute{X}(f)|^2$:

$$|\acute{x}(t)|^2 = \frac{|x(t)|^2}{E} \qquad \text{und} \qquad |\acute{X}(f)|^2 = \frac{|X(f)|^2}{E}\,. \tag{2.70}$$

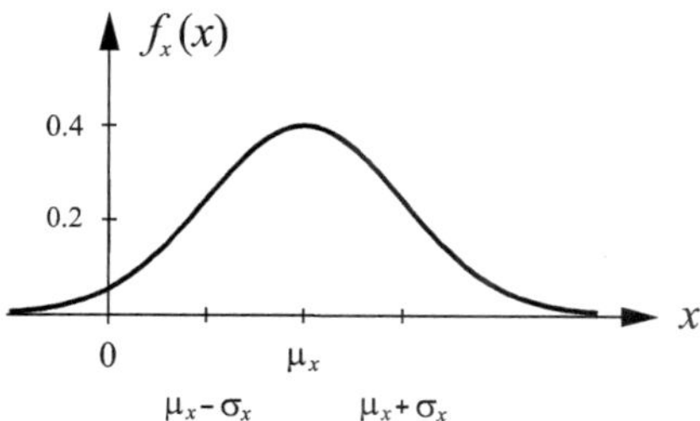


Bild 2.24: Dichtefunktion einer gaussverteilten Zufallsvariable

Durch das Normieren auf die Energie $E = \int_{-\infty}^{\infty} |x(t)|^2 \, dt = \int_{-\infty}^{\infty} |X(f)|^2 \, df$ erreichen wir, dass die Integrale der normierten Energiedichten 1 sind:

$$\int_{-\infty}^{\infty} |\acute{x}(t)|^2 \, dt = 1 \qquad \text{und} \qquad \int_{-\infty}^{\infty} |\acute{X}(f)|^2 \, df = 1 \, . \tag{2.71}$$

Die normierten Energiedichten $|\acute{x}(t)|^2$ und $|\acute{X}(f)|^2$ erfüllen somit die Bedingung an eine Dichtefunktion und wir können demnach die Schwerpunkte eines Energiesignals wie folgt definieren:

$$t_s = \int_{-\infty}^{\infty} t |\acute{x}(t)|^2 \, dt \qquad \text{und} \quad f_s = \int_{-\infty}^{\infty} f |\acute{X}(f)|^2 \, df \, . \tag{2.72}$$

Im Englischen bezeichnet man $t_s$ als mean time (mittlere Zeit oder Zeitmittelwert) und $f_s$ als mean frequency (mittlere Frequenz oder Frequenzmittelwert), wobei $f_s$ bei reellen Signalen aufgrund des symmetrischen Betragsspektrums immer null ist.

Damit können wir die Zeitdauer $\Delta_t$ eines Energiesignals und die Bandbreite $\Delta_f$ des dazugehörigen Spektrums wie folgt definieren:

$$\Delta_t = \sqrt{\int_{-\infty}^{\infty} (t - t_s)^2 |\acute{x}(t)|^2 \, dt} \quad \text{und} \quad \Delta_f = \sqrt{\int_{-\infty}^{\infty} (f - f_s)^2 |\acute{X}(f)|^2 \, df}. \tag{2.73}$$

Da es noch andere Zeitdauer- und Bandbreite-Definitionen gibt, spricht man besser von der RMS-Zeitdauer $\Delta_t$ und RMS-Bandbreite $\Delta_f$. RMS steht für Root Mean Square und bedeutet Wurzel aus dem Mittelwert des Quadrates.

Man kann nun zeigen [PKJ11], dass das Produkt aus Zeitdauer $\Delta_t$ und Bandbreite $\Delta_f$, das so genannte *Zeit-Bandbreite-Produkt*, einen Wert hat, der die Grenze von $\frac{1}{4\pi}$ nicht unterschreitet:

$$\Delta_t \cdot \Delta_f \geq \frac{1}{4\pi} \,. \tag{2.74}$$

Dieses Theorem heisst Zeitgesetz der Nachrichtentechnik oder, in Anlehnung an die Quantenmechanik, Unschärferelation (engl: uncertainty principle); es hat in der Signalverarbeitung und Telekommunikation eine ähnliche Bedeutung wie der Energiesatz in der Energietechnik. Seine Quintessenz lautet:

> *Energiesignale langer Dauer sind schmalbandig und Energiesignale kurzer Dauer sind breitbandig.*

**Beispiel:** Nyquist-Impulse sind Energiesignale, die in der digitalen Übertragungstechnik verwendet werden [Rop06]. Sie haben die Eigenschaft, bei ganzen Vielfachen der so genannten Abtastzeit $T$ null zu sein und im Zeitpunkt $t = 0$ den Wert 1 zu haben. Ein Beispiel dafür ist das Signal $x(t)$, dargestellt mit seinem Spektrum $X(f)$ in Bild 2.25:

$$x(t) = \mathrm{sinc}(\frac{t}{T}) \frac{\cos(\pi t/T)}{1 - 4(t/T)^2} \quad \circ\!\!-\!\!\bullet \quad X(f) = \frac{T}{2}\,(1 + \cos(\pi T f))\,\mathrm{rect}(\frac{f}{2/T}) \tag{2.75}$$

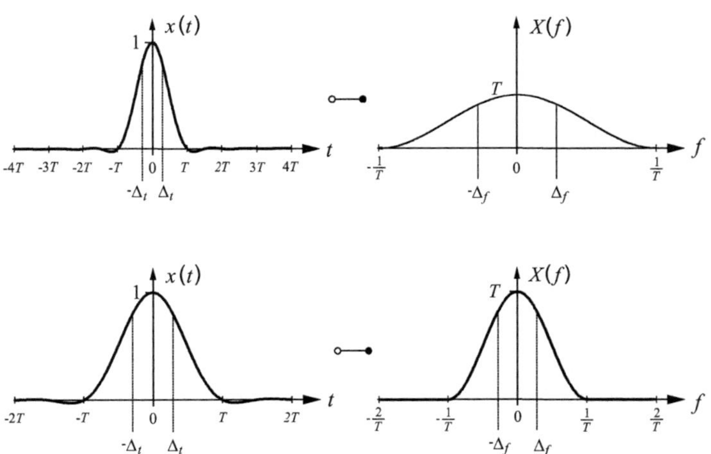


Bild 2.25: Dauer und Bandbreite eines Nyquist-Impulses

Die Mittelwerte $t_s$ und $f_s$ sind null, die RMS-Zeitdauer $\Delta_t$ beträgt $0.289T$ und die RMS-Bandbreite $\Delta_f$ hat den Wert $0.283/T$, woraus sich ein Zeitdauer-Bandbreite-Produkt $\Delta_t \Delta_f$ von 0.0817 ergibt, ein Wert, der nur 2.6 % oberhalb der Grenze von $\frac{1}{4\pi}$ liegt.

Es kann gezeigt werden [PKJ11], dass Energiesignale in Gaussform gemäß Bild 2.24 gaussförmige Spektren haben und ein optimales Zeitdauer-Bandbreite-Produkt von $\frac{1}{4\pi}$ aufweisen. Da das Nyquistsignal und sein Spektrum in Bild 2.25 quasi gaussförmig sind, ist ihr Zeitdauer-Bandbreite-Produkt annähernd $\frac{1}{4\pi}$ und deshalb für nachrichtentechnische Zwecke besonders geeignet.

Sehr schön sehen wir in Bild 2.25 ebenfalls die Aussage illustriert, dass ein „schmales" Signal ein „breites" Spektrum hat (oberes Bild) und ein „breites" Signal ein „schmales" Spektrum aufweist (unteres Bild). ■

Für pulsförmige Signale der Pulslänge $T_p$ existiert in Übereinstimmung mit der Unschärferelation eine einfache Formel zur Abschätzung der Bandbreite $B_p$. Sie lautet:

$$B_p \approx \frac{2}{T_p} , \tag{2.76}$$

wobei Pulslänge $T_p$ und Bandbreite $B_p$ hier als Intervalle definiert sind, in dem sich der wesentliche Teil der Signalenergie befindet (für Details siehe [BB99]).

**Beispiel:** In der digitalen Übertragungstechnik hat man es vielfach mit pulsförmigen Signalen zu tun, deren Bandbreitebedarf eine wichtige Kenngrösse ist. Ein Beispiel dafür ist der Cosinuspuls mit der Pulsdauer $T_p$:

$$\begin{gathered} x(t) = \cos(\pi \frac{t}{T_p})\mathrm{rect}(\frac{t}{T_p}) \\ \circ\!\!-\!\!\bullet \\ X(f) = \frac{T_p}{2}\mathrm{sinc}(T_p f - 0.5) + \frac{T_p}{2}\mathrm{sinc}(T_p f + 0.5) \, . \end{gathered} \tag{2.77}$$

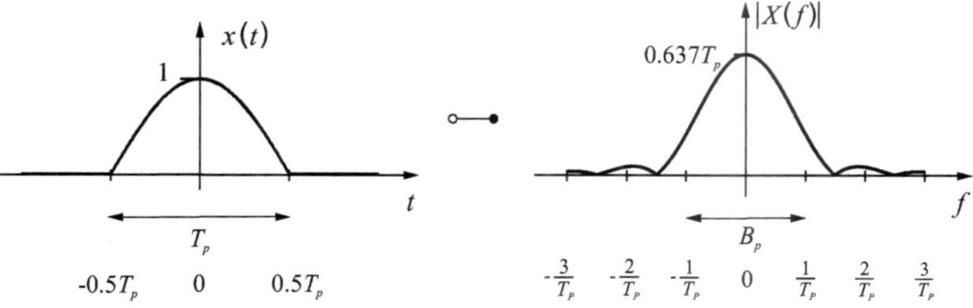


Bild 2.26: Der Cosinuspuls mit seinem Betragsspektrum

Formel (2.76) liefert für die Bandbreite einen Schätzwert von $B_p = 2/T_p$. Aus Bild 2.26 rechts ist ersichtlich, dass innerhalb der Bandbreite $B_p$ ein wesentlicher Teil der Signalenergie liegt und dass $B_p$ somit eine taugliche Schätzung darstellt. ■

### Differentiation im Zeitbereich

Ein weiteres Theorem der Fourier-Transformation, das vor allem im Zusammenhang mit linearen Systemen interessiert, ist das Ableitungstheorem. Es besagt, dass eine Differentiation im Zeitbereich in eine Multiplikation mit $j2\pi f$ im Frequenzbereich übergeht. Allgemein gilt, dass die $n$-te Ableitung im Zeitbereich einer Multiplikation mit der $n$-ten Potenz von $j2\pi f$ im Frequenzbereich entspricht:

$$\frac{d^n}{dt^n}x(t) \quad \circ\!\!-\!\!\bullet \quad (j2\pi f)^n X(f)\,. \tag{2.78}$$

**Beispiel:** Der Dreieckpuls lässt sich im Zeit- und Frequenzbereich wie folgt beschreiben:

$$x(t) = \begin{cases} \frac{t}{T_0}+1 & : \quad -T_0 \le t \le 0 \\ 1-\frac{t}{T_0} & : \quad 0 \le t \le T_0 \\ 0 & : \quad |t| \ge T_0 \end{cases} \quad \circ\!\!-\!\!\bullet \quad X(f) = \frac{\sin^2(\pi f T_0)}{\pi^2 f^2 T_0}\,. \tag{2.79}$$

Leiten wir ihn gemäss der Vorschrift

$$y(t) = T_0 \frac{d}{dt} x(t) \tag{2.80}$$

ab, dann erhalten wir durch Anwendung der Ableitungsregeln den punktsymmetrischen Doppelrechteckpuls $y(t)$ und durch Anwenden des Ableitungstheorems das Spektrum $Y(f)$:

$$y(t) = \begin{cases} 1 & : \quad -T_0 < t < 0 \\ -1 & : \quad 0 < t < T_0 \\ 0 & : \quad |t| > T_0 \end{cases} \quad \circ\!\!-\!\!\bullet \quad Y(f) = j2\frac{\sin^2(\pi f T_0)}{\pi f}\,. \tag{2.81}$$

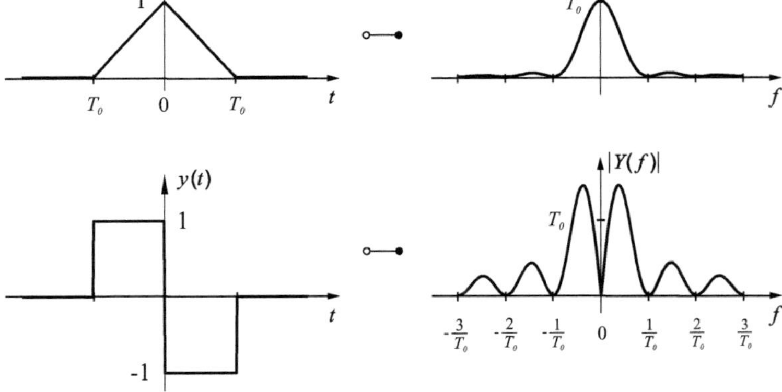


Bild 2.27: Dreieckpuls und seine Ableitung mit Betragsspektren ■

## 2.3 Faltung und Korrelation von Signalen

### 2.3.1 Faltung von Signalen

Die Faltung ist eine der wichtigsten Operationen in der Systemtheorie. So werden wir im übernächsten Unterkapitel sehen, dass das Ausgangssignal $y(t)$ eines linearen Systems gleich der Faltung des Eingangssignal $x(t)$ mit der System-Impulsantwort $h(t)$ ist. Die Faltung (engl: convolution) ist eine Integraloperation auf zwei Signale – hier als $x(t)$ und $h(t)$ bezeichnet – die wie folgt definiert ist:

$$y(t) = \int_{-\infty}^{\infty} x(\tau)h(t-\tau)\,d\tau\,. \tag{2.82}$$

Das Ergebnis $y(t)$ der Faltung ist wiederum ein Signal. Da die Faltungsoperation in der Signalverarbeitung häufig vorkommt, hat man für sie ein spezielles Symbol eingeführt. Man schreibt: [6]

$$y(t) = x(t) * h(t)\,. \tag{2.83}$$

In Worten: *Das Signal $y(t)$ ist gleich $x(t)$ gefaltet mit $h(t)$.*

Mithilfe einer Variablensubstitution lässt sich zeigen, dass die Faltung kommutativ ist [FG08]:

$$x(t) * h(t) = h(t) * x(t)\,. \tag{2.84}$$

Eine fundamentale Beziehung ergibt sich, wenn wir die Faltung (2.82) in den Frequenzbereich transformieren:

$$\begin{aligned} Y(f) &= \int_{-\infty}^{\infty}\left[\int_{-\infty}^{\infty} x(\tau)h(t-\tau)\,d\tau\right]e^{-j2\pi ft}\,dt\,, \\ &= \int_{-\infty}^{\infty} x(\tau)\left[\int_{-\infty}^{\infty} h(t-\tau)e^{-j2\pi ft}\,dt\right]d\tau\,. \end{aligned}$$

Die eckige Klammer in der zweiten Zeile erkennen wir als Fourier-Transformierte des Signals $h(t-\tau)$. Gemäß dem Zeitverschiebungs-Theorem (2.57) ist die Fourier-Transformierte von $h(t-\tau)$ gleich $H(f)$ multipliziert mit dem Phasenfaktor $e^{-j2\pi f\tau}$:

$$\begin{aligned} Y(f) &= \int_{-\infty}^{\infty} x(\tau)\left[H(f)e^{-j2\pi f\tau}\right]d\tau \\ &= H(f)\int_{-\infty}^{\infty} x(\tau)e^{-j2\pi f\tau}\,d\tau \end{aligned}$$

[6] In moderner Notation [Por97] schreibt man $y(t) = \{x * h\}(t)$ und will damit folgendes sagen: $y$ an der Stelle $t$ ist gleich der Faltung der beiden Signale $x$ und $h$ ausgewertet an der Stelle $t$. Da sich diese Notation nicht durchgesetzt hat, bleiben wir bei der alten, aber nicht ganz korrekten Schreibweise.

Das Integral identifizieren wir als Fourier-Transformierte von $x(t)$, somit:

$$Y(f) = H(f)X(f)\,. \tag{2.85}$$

Wendet man darauf die inverse Fourier-Transformation an, so erhält man wiederum $y(t) = x(t) * h(t)$. Das heisst, die Faltung und die Multiplikation bilden ein Transformationspaar:

$$h(t) * x(t) \quad \circ\!\!-\!\!\bullet \quad H(f) \cdot X(f)\,. \tag{2.86}$$

Daraus folgt aus der Dualität (2.55):

$$h(t) \cdot x(t) \quad \circ\!\!-\!\!\bullet \quad H(f) * X(f)\,. \tag{2.87}$$

Die Theoreme (2.86) und (2.87) heissen Faltungstheoreme und stellen zwei grundlegende Beziehungen in der Systemtheorie dar. In Worten:

> *Eine Faltung im Zeitbereich entspricht einer Multiplikation im Frequenzbereich und eine Multiplikation im Zeitbereich entspricht einer Faltung im Frequenzbereich.*

Die beiden Theoreme erlauben, die aufwändige Faltungsoperation im einen Bereich durch eine einfache Multiplikation im anderen Bereich zu ersetzen. Bild 2.28 zeigt schematisch die beiden Möglichkeiten, zwei Signale miteinander zu falten.

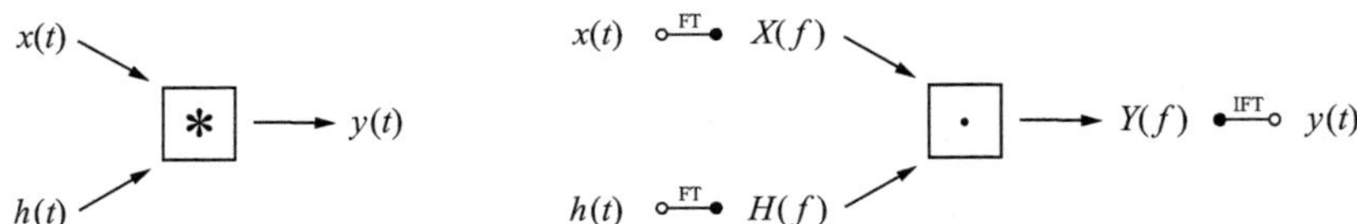


Bild 2.28: Direkte und indirekte Methode zur Durchführung der Faltung

**Beispiel**

Der kausale Rechteckpuls

$$x(t) = \hat{U}\mathrm{rect}(\frac{t - T_0/2}{T_0})$$

mit dem Scheitelwert $\hat{U}$ und der Impulsdauer $T_0$ soll mit dem kausalen Exponentialpuls

$$h(t) = \frac{1}{RC} e^{-\frac{t}{RC}} \varepsilon(t)\,,$$

der Höhe $\frac{1}{RC}$ und der Zeitkonstanten $RC = \frac{T_0}{2}$ gefaltet werden.

Der Prozess der Faltung lässt sich grafisch am Beispiel eines positiven Zeitpunktes $t = t_1$ wie folgt erläutern (Bild 2.29):

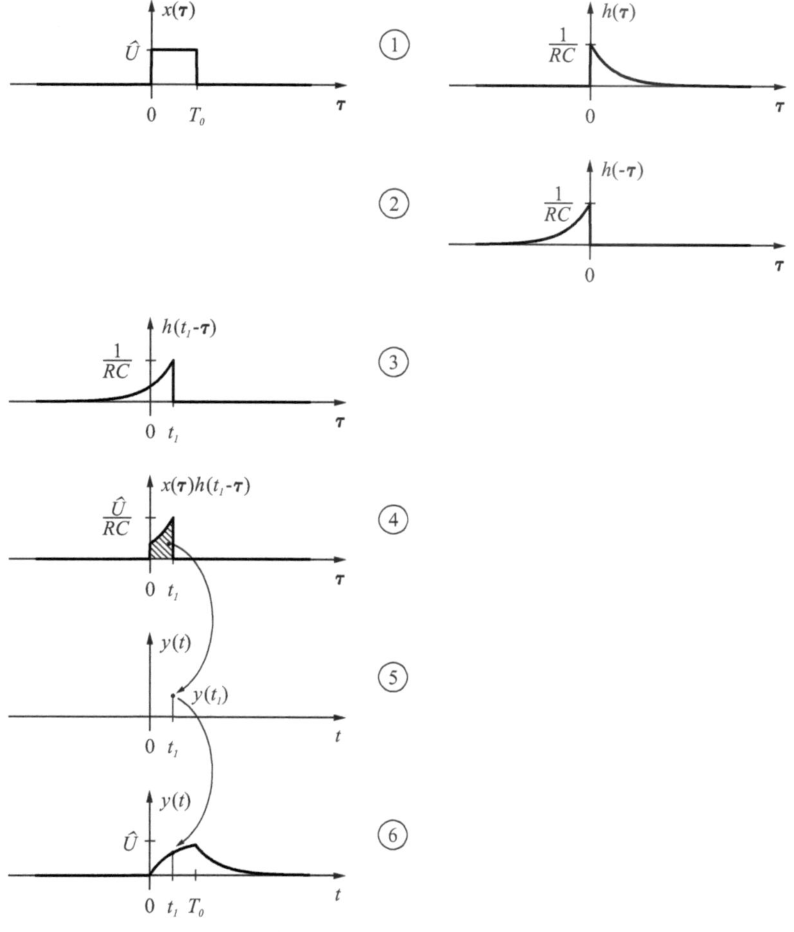


Bild 2.29: Illustration des Faltungsprozesses

1. Ersetze die Zeitvariable $t$ durch die Integrationsvariable $\tau$.
2. Falte $h(\tau)$ um die Ordinate, dies ergibt das gespiegelte Signal $h(-\tau)$. [7]
3. Verschiebe $h(-\tau)$ um $t_1$ nach rechts: Dies ergibt $h(t_1 - \tau)$.
4. Multipliziere $x(\tau)$ mit $h(t_1 - \tau)$: Dies ergibt die Funktion $x(\tau)h(t_1 - \tau)$.
5. Integriere die Produktfunktion $x(\tau)h(t_1 - \tau)$ über die ganze $\tau$-Achse: Dies ergibt den Wert $y(t_1)$ als Flächeninhalt des schraffierten Bereichs.
6. Führe die Schritte 1. bis 5. für alle Punkte auf der Zeitachse $t$ aus: Dies ergibt die Faltung $y(t) = x(t) * h(t)$.

[7] Es ist dieses Falten, das dem Prozess den Namen 'Faltung' gegeben hat.

Bild 2.30 und das M-File **Faltung** illustrieren den Faltungsprozess.

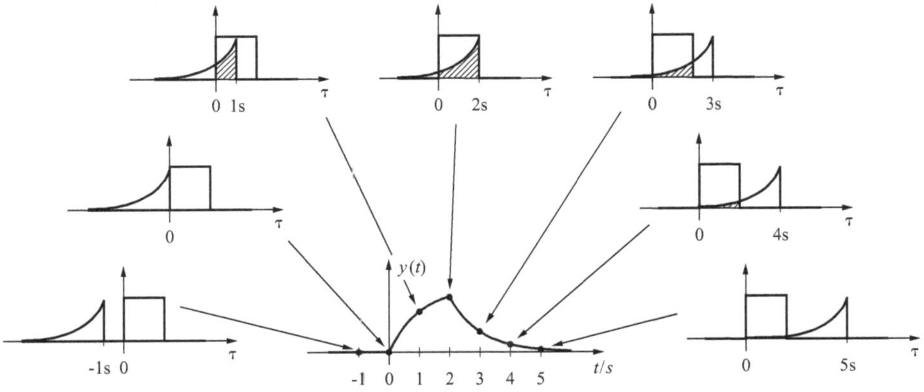

Bild 2.30: Zusammenfassung des Faltungsprozesses für $RC = 1\,\mathrm{s}$ und $T_0 = 2\,\mathrm{s}$

Analytisch finden wir das Ausgangssignal $y(t)$ wie folgt:

$$y(t) = x(t) * h(t) = \int_{-\infty}^{\infty} \hat{U}\mathrm{rect}(\frac{\tau - T_0/2}{T_0})\frac{1}{RC}e^{-\frac{t-\tau}{RC}}\varepsilon(t-\tau)\,d\tau\,.$$

Wie man in Bild 2.30 sieht, überlappen sich die beiden Funktionen $x(\tau)$ und $h(t-\tau)$ für $t < 0$ nicht, daher:

$$y(t) = 0 \quad \text{für} \quad t < 0\,.$$

Im Bereich $0 \leq t \leq T_0$ ist die Produktfunktion $x(\tau)h(t-\tau)$ nur im Intervall $0 < \tau < t$ ungleich null, wie aus Bild 2.30 ersichtlich ist. Die Integrationsgrenzen sind deshalb durch 0 und $t$ gegeben. Ausserdem sind in diesem Intervall die Rechteckfunktion $\mathrm{rect}(\frac{\tau-T_0/2}{T_0})$ und die Schrittfunktion $\varepsilon(t-\tau)$ konstant gleich eins und man kann deshalb schreiben:

$$\begin{aligned} y(t) &= \int_0^t \hat{U}\frac{1}{RC}e^{-\frac{t-\tau}{RC}}\,d\tau = \left[\hat{U}e^{-\frac{t-\tau}{RC}}\right]_0^t, \\ &= \hat{U}[1 - e^{-\frac{t}{RC}}] \quad \text{für} \quad 0 \leq t \leq T_0\,. \end{aligned}$$

Im Bereich $T_0 < t$ ist die Produktfunktion $x(\tau)h(t-\tau)$ oberhalb von $\tau = T_0$ null (siehe Bild 2.30 mit $T_0 = 2\,\mathrm{s}$). Die obere Integrationsgrenze ist infolgedessen durch $T_0$ gegeben. Die Rechteckfunktion und die Schrittfunktion bleiben im Intervall $0 < \tau < T_0$ konstant gleich eins und man kann daher schreiben:

$$\begin{aligned} y(t) &= \int_0^{T_0} \hat{U}\frac{1}{RC}e^{-\frac{t-\tau}{RC}}\,d\tau = \left[\hat{U}e^{-\frac{t-\tau}{RC}}\right]_0^{T_0} = \hat{U}[e^{-\frac{t-T_0}{RC}} - e^{-\frac{t}{RC}}], \\ &= \hat{U}[e^{\frac{T_0}{RC}} - 1]e^{-\frac{t}{RC}} \quad \text{für} \quad t > T_0\,. \end{aligned}$$

■

### 2.3.2 Korrelation von Signalen

Die Korrelation ist eine Operation, die sowohl in der Mess- wie auch in der Übertragungstechnik Anwendungen gefunden hat. Unter der Korrelation zweier reeller Energiesignale $x(t)$ und $y(t)$ versteht man die Integraloperation

$$r_{xy}(\tau) = \int_{-\infty}^{\infty} x(t)y(t+\tau)\,dt\,. \tag{2.88}$$

Das Ergebnis der Korrelation ist die Korrelationsfunktion $r_{xy}(\tau)$, welche die *Übereinstimmung* der beiden Signale in Abhängigkeit der Verschiebungszeit $\tau$ beschreibt. $\tau$ ist die Zeitspanne, mit der das zweite Signal gegenüber dem ersten nach links ($\tau > 0$) bzw. nach rechts ($\tau < 0$) zu verschieben ist, bevor das Produkt der beiden Signale der Integration unterworfen wird.

In Bild 2.31 ist der Korrelationsprozess am Beispiel eines idealen und eines tiefpassgefilterten Rechteckpulses grafisch dargestellt. Er lässt sich für einen Verschiebungszeitpunkt $\tau_1 > 0$ wie folgt erläutern:

1. Verschiebe $y(t)$ um $\tau_1$ nach links: Dies ergibt $y(t+\tau_1)$.

2. Multipliziere $x(t)$ mit $y(t+\tau_1)$: Dies ergibt $x(t)y(t+\tau_1)$.

3. Integriere die Produktefunktion $x(t)y(t+\tau_1)$ über die ganze $t$-Achse: Dies ergibt den Wert $r_{xy}(\tau_1)$ als Flächeninhalt des schraffierten Bereichs.

4. Führe die Schritte 1. bis 3. für alle Punkte auf der $\tau$-Achse aus: Daraus resultiert die Korrelationsfunktion $r_{xy}(\tau)$.

Die Korrelationsfunktion $r_{xy}(\tau)$ des Beispiels in Bild 2.31 ist für $\tau \leq -T_0$ gleich null. Das ist sofort einsehbar, wenn man das zweite Signal um $T_0$ oder mehr nach rechts verschiebt: Die beiden Signale überlappen sich nicht, ihre Produktfunktion und damit ihr Integral ist identisch null; dementsprechend ist auch die Korrelationsfunktion gleich null.

An der Stelle $\tau = \tau_{max}$ hat die Korrelationsfunktion ihr Maximum. Folglich stimmen die beiden Signale $x(t)$ und $y(t)$ am besten überein (sie korrelieren am stärksten), wenn das zweite gegenüber dem ersten um $\tau_{max}$ nach links verschoben wird.

Vielfach haben in der Messtechnik – abgesehen von Rauschstörungen – beide Signale die gleiche Form (siehe dazu Bild 1.11 auf Seite 9). Durch Ermittlung des Maximalpunktes $\tau_{max}$ lässt sich so die Verzögerungszeit des zweiten gegenüber dem ersten Signal herausfinden. Ist $\tau_{max}$ positiv, dann eilt $y(t)$ dem Signal $x(t)$ nach, ist $\tau_{max}$ negativ, dann eilt $y(t)$ dem Signal $x(t)$ vor.

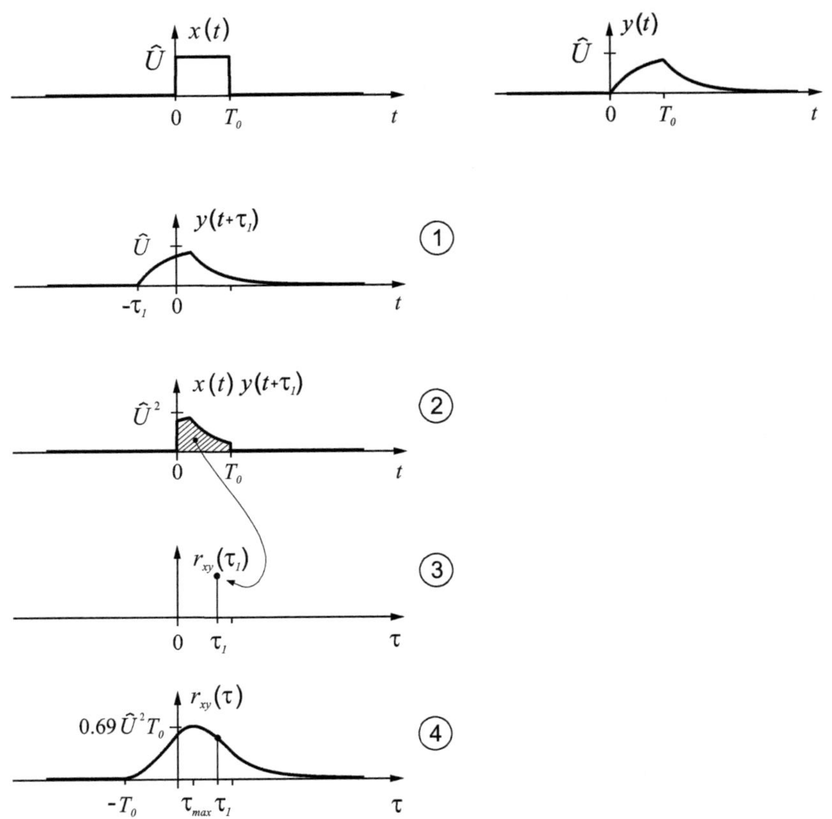


Bild 2.31: Illustration des Korrelationsprozesses

Die Korrelation ist verwandt mit der Faltung und unterscheidet sich von ihr nur durch die Integrationsvariable und ein positives Vorzeichen, welches das Umklappen der zweiten Funktion um die Ordinate überflüssig macht. Diese Verwandtschaft lässt sich durch folgende Beziehung ausdrücken (siehe Aufgabe 7):

$$r_{xy}(\tau) = x(-t) * y(t)|_{t=\tau} \ . \tag{2.89}$$

In Worten: Die Korrelationsfunktion zweier Signale erhalten wir auch durch eine Faltung des gespiegelten ersten Signals mit dem ungespiegelten zweiten Signal und einer anschliessenden Substitution der Zeitvariablen $t$ durch die Zeitverschiebungsvariable $\tau$.

Im Gegensatz zur Faltung ist die Korrelation allerdings nicht kommutativ. Aus $r_{xy}(\tau) = x(-t) * y(t)|_{t=\tau} = y(t) * x(-t)|_{t=\tau}$ folgt nämlich:

$$r_{xy}(\tau) = r_{yx}(-\tau) \ . \tag{2.90}$$

Wird ein Signal $x(t)$ mit sich selbst korreliert, dann spricht man von der *Autokorrelationsfunktion* $r_{xx}(\tau)$, abgekürzt AKF. Sind die beiden Signale $x(t)$ und $y(t)$ nicht identisch, dann ist von der *Kreuzkorrelationsfunktion* KKF die Rede.

Aus Gl.(2.90) folgt, dass die AKF eine gerade Funktion ist:

$$r_{xx}(\tau) = r_{xx}(-\tau)\,. \tag{2.91}$$

Gemäß Definition (2.27) ist der Wert der AKF bei $\tau = 0$ gleich der Energie $E$ des Signals $x(t)$:

$$E = r_{xx}(0)\,. \tag{2.92}$$

Ein zum Faltungstheorem analoges Theorem, das so genannte Korrelationstheorem, kann aus Gl.(2.89) hergeleitet werden:

$$r_{xy}(\tau) = x(-\tau) * y(\tau) \quad \circ\!\!-\!\!\bullet \quad X^*(f) \cdot Y(f)\,, \tag{2.93}$$

wobei $X^*(f)$ das zu $X(f)$ konjugiert komplexe Spektrum ist.

Mehr zum Thema der Korrelation ist in Kap. 5 zu erfahren.

## 2.4 Die Laplace-Transformation

### 2.4.1 Definition und Beispiele

Wir haben in Abschn. 2.2.2 die Fourier-Transformierte $X(f)$ eines Signals $x(t)$ wie folgt definiert:

$$X(f) = \int_{-\infty}^{\infty} x(t)e^{-j2\pi ft}\,dt\,. \tag{2.94}$$

Ersetzen wir die Kreisfrequenz $2\pi f$ durch das Symbol $\omega$, dann schreibt man das Fourier-Integral (2.94) folgendermassen:

$$X(j\omega) = \int_{-\infty}^{\infty} x(t)e^{-j\omega t}\,dt\,. \tag{2.95}$$

Mit dieser Schreibweise will man ausdrücken, dass die Fourier-Transformierte eine Funktion der Variablen $j\omega$ ist.

Analog dazu erhalten wir aus Gl.(2.42) die inverse Fourier-Transformierte

$$x(t) = \frac{1}{2\pi}\int_{-\infty}^{\infty} X(j\omega)e^{j\omega t}\,d\omega\,. \tag{2.96}$$

Es gibt nun Signale wie die Schrittfunktion $\varepsilon(t)$, deren Fourier-Integral (2.95) nicht konvergiert. Um Konvergenz zu erreichen, multipliziert man sie mit einer Exponentialfunktion $e^{-\sigma t}$ und wählt $\sigma$ so, dass das Integral konvergiert. Das Fourier-Integral (2.95) schreibt sich dann wie folgt:

$$X(\sigma+j\omega) = \int_{-\infty}^{\infty} x(t)e^{-\sigma t}e^{-j\omega t} = \int_{-\infty}^{\infty} x(t)e^{-(\sigma+j\omega)t}\,dt\,. \tag{2.97}$$

Der komplexen Variablen $\sigma + j\omega$ gibt man den Namen $s$, d. h. man setzt $\sigma + j\omega = s$ und erhält so die bilaterale oder zweiseitige Form der Laplace-Transformation:

$$X(s) = \int_{-\infty}^{\infty} x(t)e^{-st}\,dt\,. \tag{2.98}$$

Die Laplace-Transformierte $X(\sigma+j\omega)$ ist gemäß Gl.(2.97) die Fourier-Transformierte des Signals $x(t)e^{-\sigma t}$. Demnach ist $x(t)e^{-\sigma t}$ die inverse Fourier-Transformierte von $X(\sigma+j\omega)$:

$$x(t)e^{-\sigma t} = \frac{1}{2\pi}\int_{-\infty}^{\infty} X(\sigma+j\omega)e^{j\omega t}\,d\omega\,. \tag{2.99}$$

Multiplizieren wir beide Seiten dieser Gleichung mit $e^{\sigma t}$ und ersetzen wir $\sigma+j\omega$ durch $s$, dann erhalten wir:

$$\begin{aligned} x(t) &= \frac{1}{2\pi}\int_{-\infty}^{\infty} X(\sigma+j\omega)e^{\sigma t}e^{j\omega t}\,d\omega\,, \qquad (2.100)\\ &= \frac{1}{2\pi}\int_{-\infty}^{\infty} X(\sigma+j\omega)e^{(\sigma+j\omega)t}\,d\omega\,,\\ &= \frac{1}{2\pi}\int_{-\infty}^{\infty} X(s)e^{st}\,d\omega\,. \end{aligned}$$

Gehen wir von der Integrationsvariablen $\omega$ zur Integrationsvariablen $s$ über, dann bekommen wir aufgrund der Substitutionsregel der Integralrechnung:

$$\begin{aligned} x(t) &= \frac{1}{2\pi}\int_{\sigma-j\infty}^{\sigma+j\infty} X(s)e^{st}\,\frac{ds}{j}\,,\\ &= \frac{1}{2\pi j}\int_{\sigma-j\infty}^{\sigma+j\infty} X(s)e^{st}\,ds\,. \qquad (2.101) \end{aligned}$$

Hier findet die Integration in der komplexen $s$-Ebene statt, und zwar entlang einer Geraden, die im Abstand $\sigma$ parallel zur $j\omega$-Achse verläuft.

Die inverse Laplace-Transformierte ist nicht immer eindeutig, wenn wir die Laplace-Transformation gemäß Gl.(2.98) definieren (Details dazu siehe z.B. in Lit. [FG08]). Eindeutig wird sie, wenn wir uns auf kausale Signale beschränken und die untere Integrationsgrenze auf null setzen:

$$X(s) = \int_{0-}^{\infty} x(t)e^{-st}\,dt\,. \tag{2.102}$$

Dies ist die übliche Definition der Laplace-Transformation, wobei die Notation $0^-$ sagen will, dass der Ursprung in der Integration enthalten ist. Zur Vermeidung von Unklarheiten bezeichnet man sie auch als einseitige Laplace-Transformation. Die Beschränkung auf kausale Signale ist im Allgemeinen kein Nachteil, wird doch in der Praxis jedes Signal einmal eingeschaltet und der Einschaltpunkt üblicherweise auf null gesetzt.

Zusammengefasst: $X(s)$, definiert in Gl.(2.102), ist die Laplace-Transformierte des kausalen Signals $x(t)$. Sie ist eine Funktion von $s$, wobei die Variable $s$ komplexe Frequenz, Laplace-Operator oder Bildvariable im Laplace-Bereich (engl: variable in the Laplace transform domain) genannt wird. $X(s)$ und $x(t)$ bilden wiederum ein Transformationspaar, deren Beziehung durch das Transformationssymbol ausgedrückt wird:

$$x(t) \quad \circ\!\!-\!\!\bullet \quad X(s)\,. \tag{2.103}$$

Das Umkehrintegral (2.101) wird in der Praxis nur selten oder dann mittels Programmen für symbolisches Rechnen ausgewertet. Üblicher ist es, die Rücktransformierte mithilfe der Partialbruchzerlegung [FG08] oder mit Tabellen [FHN11] zu bestimmen. Eine kleine Auswahl häufiger Laplace-Transformationspaare bieten die folgenden Beispiele.

**Beispiele:**

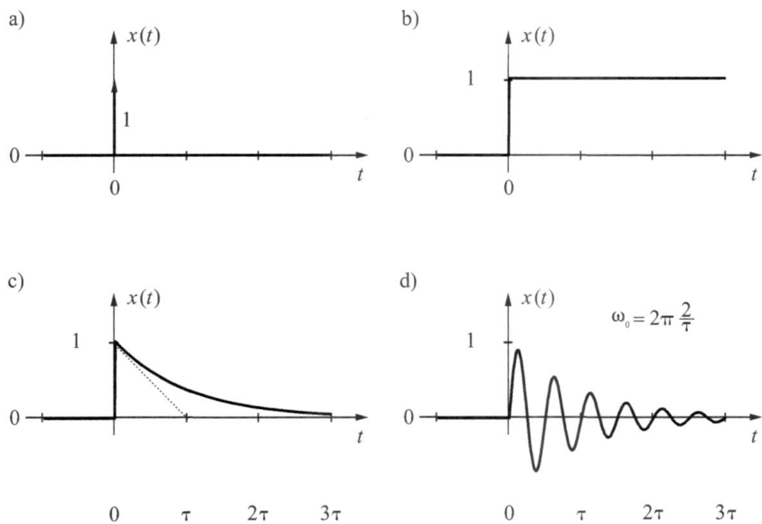


Bild 2.32: a) Dirac-Impuls (Impulsfunktion), b) Einheitsschritt (Sprungfunktion), c) Exponentialpuls (kausale reelle Exponentialfunktion), d) gedämpfte Sinusschwingung (kausale gedämpfte Sinusfunktion)

Für die in Bild 2.32 dargestellten Signale finden wir mitmilfe der Definitionsgleichung (2.102) folgende Transformationspaare:

a)

$$x(t) = \delta(t) \quad \circ\!\!-\!\!\bullet \quad X(s) = 1\,, \tag{2.104}$$

b)

$$x(t) = \varepsilon(t) \quad \circ\!\!-\!\!\bullet \quad X(s) = \frac{1}{s}\,, \tag{2.105}$$

c)

$$x(t) = e^{-\frac{t}{\tau}}\varepsilon(t) \quad \circ\!\!-\!\!\bullet \quad X(s) = \frac{\tau}{1+s\tau}\,, \tag{2.106}$$

d)

$$x(t) = e^{-\frac{t}{\tau}}\sin(\omega_0 t)\varepsilon(t) \quad \circ\!\!-\!\!\bullet \quad X(s) = \frac{\omega_0}{(s+1/\tau)^2+\omega_0^2}\,. \tag{2.107}$$

■

### 2.4.2 Vergleich der Laplace- mit der Fourier-Transformation

Wir wollen im Folgenden Gemeinsamkeiten und Unterschiede der beiden Transformationen herausarbeiten.

#### Definitionen

Die Definitionen lauten:

$$X(j\omega) = \int_{-\infty}^{\infty} x(t)e^{-j\omega t}\,dt\,, \tag{2.108}$$

$$X(s) = \int_{0-}^{\infty} x(t)e^{-st}\,dt\,. \tag{2.109}$$

$X(j\omega)$ ist eine Funktion im Frequenzbereich (Fourier-Bereich) und $X(s)$ ist eine Funktion im Laplace-Bereich. Beides sind Funktionen in einem Bildbereich (engl: transform domain) und werden deshalb auch als Bildfunktionen bezeichnet. Die Laplace-Transformierte hat folgende Beziehung zur Fourier-Transformierten:

1. Sie ist eine Verallgemeinerung der Fourier-Transformierten mit der Einschränkung, dass sie nur für kausale Signale definiert ist.
2. Für kausale Energiesignale ist die Laplace-Transformierte mit $s = j\omega$ gleich der Fourier-Transformierten.

**Beispiel 1:** Der Exponentialpuls $x(t) = e^{-\frac{t}{\tau}}\varepsilon(t)$ mit der Laplace-Transformierten $X(s) = \frac{\tau}{1+s\tau}$ ist kausal und hat endliche Energie (siehe dazu Aufgabe 3). Daraus folgt für die Fourier-Transformierte:

$$X(j\omega) = \frac{\tau}{1 + j\omega\tau} \,. \tag{2.110}$$

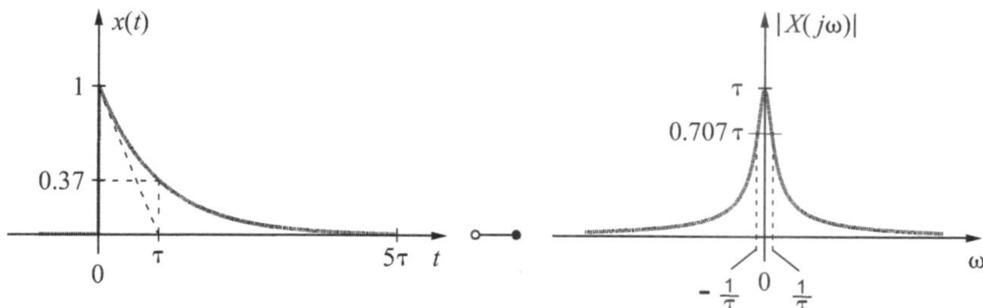


Bild 2.33: Abklingende Exponentialfunktion mit Betragsspektrum

In Bild 2.33 ist das Signal mit dazugehörigem Spektrum dargestellt. Den Parameter $\tau$ nennt man Zeitkonstante. Nach der Zeit $t = \tau$ ist das Signal auf ca. 37 % und nach $t = 5\tau$ auf unter 1 % des Anfangwerts abgeklungen. Die Signaldauer beträgt deshalb ca. $5\tau$. $\tau$ ist auch die Stelle, wo die Tangente im Startpunkt die Zeitachse schneidet. Ein Abfall im Betragsspektrum von $\tau$ auf $0.707\tau$ entspricht einem Abfall von 3 dB. Die 3-dB-Punkte des Spektrums treten bei $\omega = \pm\frac{1}{\tau}$ auf, woraus eine 3-dB-Bandbreite von $\frac{2}{\tau}$ resultiert. ■

**Beispiel 2:** Die Sprung- oder Schrittfunktion $x(t) = \varepsilon(t)$ ist ein kausales Signal, dessen Fourier-Integral nicht konvergiert, weil die Energie dieses Signals unendlich gross ist. Um das Spektrum der Sprungfunktion zu bestimmen, darf deshalb die Laplace-Variable $s$ in der Transformierten $X(s) = \frac{1}{s}$ nicht durch $j2\pi f$ ersetzt werden. Vielmehr muss die Schrittfunktion in eine DC- und in eine Signum-Funktion wie folgt zerlegt (Bild 2.34 links):

$$\varepsilon(t) = \frac{1}{2}1(t) + \frac{1}{2}\mathrm{sgn}(t)\,, \qquad \text{wobei:} \quad \mathrm{sgn}(t) = \begin{cases} -1 & : \quad t < 0 \\ 1 & : \quad t > 0 \end{cases} \tag{2.111}$$

und anschliessend Fourier-transformiert werden [PKJ11]:

$$x(t) = \varepsilon(t) \quad \circ\!\!-\!\!\bullet \quad X(f) = \frac{1}{2}\delta(f) + j\frac{-1}{2\pi f}\,. \tag{2.112}$$

Der Dirac-Impuls $\delta(f)$ ist eine so genannte verallgemeinerte Funktion – auch Distribution genannt – die eingeführt wurde, um trotz fehlender Konvergenz des Fourier-Integrals einen sinnvollen Ausdruck für das Spektrum zu erhalten. Den Dirac-Impuls kann man sich als eine Linie bei $f=0$ vorstellen. Das Spektrum der Sprungfunktion $\varepsilon(t)$ setzt sich somit aus einem reellen Linienspektrum und einem imaginären kontinuierlichen Spektrum gemäß Bild 2.34 rechts zusammen.

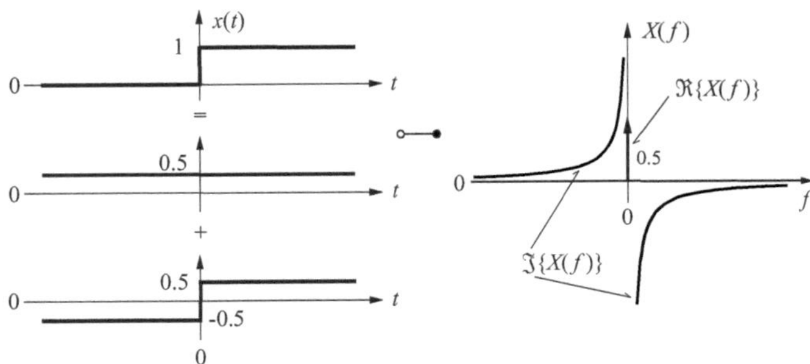


Bild 2.34: Sprungfunktion (als Summe einer DC- und einer Signum-Funktion) mit zugehörigem Spektrum ■

**Beispiel 3:** Ein periodisches Signal ist ein nichtkausales Leistungssignal, dessen Laplace-Transformierte nicht existiert. Sein Spektrum ist ein Linienspektrum, das aus Dirac-Impulsen bei ganzzahligen Vielfachen der Grundfrequenz $f_0$ besteht, wobei die Gewichte der Dirac-Impulse durch die komplexen Fourier-Koeffizienten $c_k$ gegeben sind. Als Beispiel ist in Bild 2.35 das $T_0$-periodische Rechtecksignal $x_p(t)$ der Pulsbreite $\tau=0.25T_0$ mit seinem Linienspektrum $X_p(f)$ dargestellt.

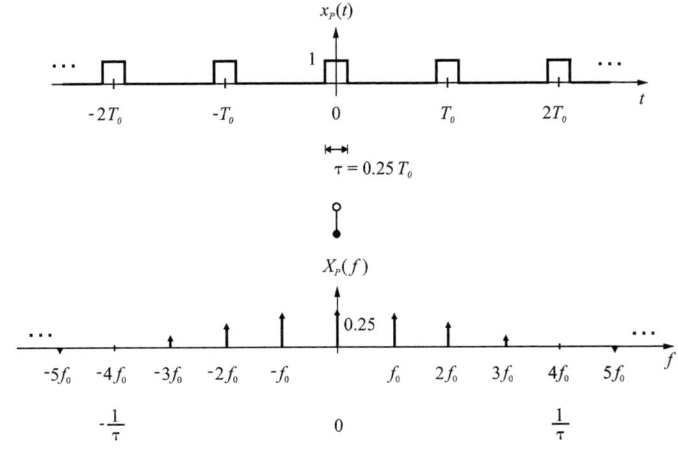


Bild 2.35: Periodisches Rechtecksignal mit Spektrum

$$x_p(t) = \sum_{n=-\infty}^{+\infty} \mathrm{rect}(\frac{t-nT_0}{\tau}) \quad \circ\!\!-\!\!\bullet \quad X_p(f) = \sum_{k=-\infty}^{\infty} c_k \delta(f - kf_0), \tag{2.113}$$

wobei:

$$f_0 = \frac{1}{T_0} \qquad \text{und} \qquad c_k = \begin{cases} \frac{\tau}{T_0} & : \ k = 0 \\ \frac{1}{k\pi} \sin(k\pi f_0 \tau) & : \ k \neq 0 \end{cases} . \tag{2.114}$$

Ein Dirac-Stoss bei der Frequenz $kf_0$ und dem Gewicht $c_k$ steht dabei für einen Drehzeiger $c_k e^{j2\pi k f_0 t}$ mit der Länge $|c_k|$, dem Nullphasenwinkel $\angle c_k$ und der Drehfrequenz $kf_0$. Ist die Drehfrequenz $kf_0$ positiv, dann dreht sich der Zeiger im Gegenuhrzeigersinn, ist die Drehfrequenz $kf_0$ negativ, dann dreht er im Uhrzeigersinn. Da bei einem reellen periodischen Signal die Fourier-Koeffizienten konjugiert komplex sind,

$$c_{-k} = c_k^* \,, \tag{2.115}$$

summieren sich zwei gegensinnig drehende Zeiger gemäß Gl.(2.50) zu einer Cosinusschwingung:

$$c_k e^{j2\pi k f_0 t} + c_{-k} e^{j2\pi(-kf_0)t} = 2|c_k| \cos(2\pi k f_0 t + \angle c_k) \,. \tag{2.116}$$

Ein $T_0$-periodisches Signal mit der Grundfrequenz $f_0 = \frac{1}{T_0}$ besteht demnach aus einer Summe von konjugiert komplexen Drehzeigern, die mit positiver Frequenz $kf_0$ ($k>0$) und negativer Frequenz $kf_0$ ($k<0$) drehen und sich derart zu einem reellen periodischen Signal summieren. ∎

### Linearität

Integraloperationen sind lineare Operationen, deshalb ist die Fourier- wie auch die Laplace-Transformation eine lineare Transformation:

$$k_1 x_1(t) + k_2 x_2(t) \quad \circ\!\!-\!\!\bullet \quad k_1 X_1(s) + k_2 X_2(s) \,. \tag{2.117}$$

### Ähnlichkeit und Verschiebung

Wie bei der Fourier-Transformation existieren auch bei der Laplace-Transformation ein Ähnlichkeits- und zwei Verschiebungstheoreme.

Das Ähnlichkeits- respektive das Skalierungstheorem lautet:

$$x(kt) \quad \circ\!\!-\!\!\bullet \quad \frac{1}{k} X(\frac{s}{k}) \,, \qquad \text{wobei:} \quad k > 0 \,, \tag{2.118}$$

und die Verschiebungstheoreme schreiben sich:

$$x(t - t_0) \quad \circ\!\!-\!\!\bullet \quad X(s) e^{-st_0} \,, \tag{2.119}$$

$$x(t) e^{at} \quad \circ\!\!-\!\!\bullet \quad X(s - a) \,. \tag{2.120}$$

### Differentiation im Zeitbereich

Bei der Fourier-Transformation geht die $n$-te Ableitung im Zeitbereich in eine Multiplikation mit der $n$-ten Potenz von $j\omega$ im Frequenzbereich über:

$$\frac{d^n}{dt^n}x(t) \quad \circ\!\!-\!\!\bullet \quad (j\omega)^n X(j\omega)\,. \tag{2.121}$$

Wegen der Einseitigkeit des Laplace-Integrals muss das entsprechende Theorem im Bildbereich mit Anfangsbedingungen ergänzt werden:

$$\frac{d^n}{dt^n}x(t) \quad \circ\!\!-\!\!\bullet \quad s^n X(s) - \sum_{i=1}^{n} s^{n-i} x^{(i-1)}(0^-)\,, \tag{2.122}$$

wobei unter $x^{(i-1)}(0^-)$ die $(i-1)$-te Ableitung von $x(t)$ an der Stelle $t=0^-$ zu verstehen ist.

Für die erste Ableitung erhalten wir daraus:

$$\frac{d}{dt}x(t) \quad \circ\!\!-\!\!\bullet \quad sX(s) - x(0^-)\,. \tag{2.123}$$

**Beispiel:** Die Theoreme der Laplace-Transformation lassen sich mithilfe der Definitionsgleichung (2.109) beweisen. Als Beispiel dafür wollen wir durch partielle Integration das obige Differentiationstheorem herleiten:

$$\begin{aligned}\int_{0^-}^{\infty} \frac{d}{dt}x(t)e^{-st}\,dt &= \left[x(t)e^{-st}\right]_{0^-}^{\infty} + s\int_{0^-}^{\infty} x(t)e^{-st}\,, \\ &= -x(0^-) + sX(s)\,.\end{aligned}$$

Repetitive Anwendung dieser Regel liefert Gl.(2.122). ■

### Faltungstheoreme

Für die Laplace-Transformation existieren ebenfalls zwei Faltungstheoreme:

$$h(t) * x(t) \quad \circ\!\!-\!\!\bullet \quad H(s)\cdot X(s) \qquad \text{und} \qquad h(t)\cdot x(t) \quad \circ\!\!-\!\!\bullet \quad H(s) * X(s)\,. \tag{2.124}$$

### Grenzwertsätze

Die Grenzwertsätze, die wegen der Zweiseitigkeit der Fourier-Transformation keine Entsprechung im Frequenzbereich haben, erlauben eine einfache Berechnung einer Funktion $x(t)$ für $t \to 0$ und $t \to \infty$, wenn ihre Transformierte $X(s)$ bekannt ist. Sie bestehen aus einem Anfangs- und Endwertsatz und lauten:

$$x(0^+) = \lim_{s\to\infty} sX(s) \qquad \text{und} \qquad x(\infty) = \lim_{s\to 0} sX(s)\,. \tag{2.125}$$

So wie $0^-$ einen infinitesimal kleinen negativen Wert darstellt, steht $0^+$ hier für einen infinitesimal kleinen positiven Wert.

**Beispiel:** Anfangs- und Endwert der Sprungfunktion $\varepsilon(t)$.

$$\varepsilon(0^+) = \lim_{s\to\infty} s\frac{1}{s} = 1 \qquad \text{und} \qquad \varepsilon(\infty) = \lim_{s\to 0} s\frac{1}{s} = 1\,. \tag{2.126}$$

Diese Werte sind in Übereinstimmung mit der Definition in Gl.(2.10). ∎

**Fazit**

1. Aufgrund des Differentiationssatzes (2.122) eignet sich die Laplace-Transformation zur Lösung linearer Differentialgleichungen, deren Anfangsbedingungen ungleich null sind. Wegen der einfachen Transformierbarkeit kausaler Signale wendet man die Laplace-Transformation ebenfalls an, um Einschwingvorgänge wie beispielsweise die Schrittantwort zu berechnen. Unter der Schrittantwort eines Systems versteht man das Ausgangssignal, wenn an den Eingang eine Schrittfunktion $\varepsilon(t)$ angelegt wird.

2. In vielen Gebieten der Technik, beispielsweise in der Signalverarbeitung, Nachrichtentechnik, Messtechnik, etc., ist das Spektrum $X(f)$, d. h. die Fourier-Transformierte eines Signals $x(t)$ von grossem Interesse. Das Spektrum beschreibt ein Signal im Frequenzbereich und gibt dessen frequenzmässige Zusammensetzung an. In der Praxis wird die Fourier-Transformierte meistens mit der FFT (engl: Fast Fourier Transform) berechnet, einem Algorithmus, den wir in Abschn. 6.4 kennenlernen werden.

3. Sowohl die Laplace- wie auch die Fourier-Transformierte dienen dazu, zeitkontinuierliche lineare zeitinvariante Systeme – so genannte kontinuierliche LTI-Systeme – im Bildbereich zu beschreiben. Diese Systeme sind Gegenstand des nächsten Unterkapitels.

## 2.5 Kontinuierliche Systeme

### 2.5.1 Grundlagen

Unter einem kontinuierlichen System verstehen wir ein System, welches ein zeitkontinuierliches Eingangssignal $x(t)$ zu einem zeitkontinuierlichen Ausgangssignal $y(t)$ verarbeitet[8] (Bild 2.36).

Die wichtigste Klasse unter den kontinuierlichen Systemen ist die Klasse der zeitkontinuierlichen linearen zeitinvarianten Systeme, kurz *kontinuierliche LTI-Systeme* genannt (engl: continuous *l*inear *t*ime *i*nvariant systems). Beispiele solcher Systeme sind elektrische Netzwerke mit linearen Bauelementen wie Widerständen, Kondensatoren, Spulen, Operationsverstärkern etc.

[8]Mathematisch gesehen ist ein System eine Transformation $\mathcal{T}$, die dem Eingangssignal $x(t)$ das Ausgangssignal $y(t)$ zuordnet: $y(t) = \mathcal{T}\{x(t)\}$, wobei i. Allg. angenommen wird, dass das Eingangs- und das Ausgangssignal reell sind.

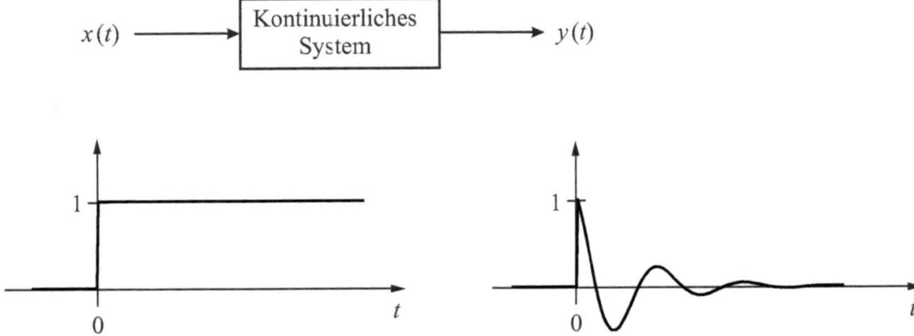


Bild 2.36: Kontinuierliches System mit Eingangs- und Ausgangssignal

Ein System heisst linear, falls es eine Summe von gewichteten Eingangssignalen[9] zu einer Summe von gleich gewichteten Ausgangssignalen verarbeitet:

$$x(t) = k_1 x_1(t) + k_2 x_2(t) \quad \Rightarrow \quad y(t) = k_1 y_1(t) + k_2 y_2(t)\,. \tag{2.127}$$

Dabei sind $k_1$ und $k_2$ zwei Konstanten, $x_1(t)$ und $x_2(t)$ beliebige Eingangssignale und $y_1(t)$ und $y_2(t)$ die dazugehörigen Ausgangssignale.

Zeitinvariante Systeme sind Systeme, deren Eigenschaften zeitunabhängig sind. Ein um die Zeit $\tau$ verzögertes Eingangssignal bewirkt dann ebenfalls ein um $\tau$ verzögertes Ausgangssignal:

$$x(t-\tau) \quad \Rightarrow \quad y(t-\tau)\,. \tag{2.128}$$

### 2.5.2 Impulsantwort und Faltung

Legt man an den Eingang eines kontinuierlichen LTI-Systems einen Dirac-Impuls, dann erzeugt das System ein Ausgangssignal, das man Impulsantwort $h(t)$ nennt (Bild 2.37):

$$x(t) = \delta(t) \quad \Rightarrow \quad y(t) = h(t)\,. \tag{2.129}$$

Die Impulsantwort ist eine fundamentale Beschreibungsmöglichkeit eines kontinuierlichen LTI-Systems. Sie hat aber auch eine praktische Bedeutung, sie beschreibt nämlich das Verhalten des Systems, wenn es mit einem kurzzeitigen Puls angeregt wird. Das System in Bild 2.37 beispielsweise (es handelt sich um ein Hochpass-Filter) reagiert auf einen kurzzeitigen Rechteckpuls ebenfalls mit einem kurzzeitigen Puls, gefolgt von einem Ausschwingen in Form einer gedämpften und phasenverschobenen Sinusfunktion.

---

[9]Eine Summe von gewichteten Signalen oder Vektoren wird auch als Linearkombination von Signalen oder Vektoren bezeichnet.

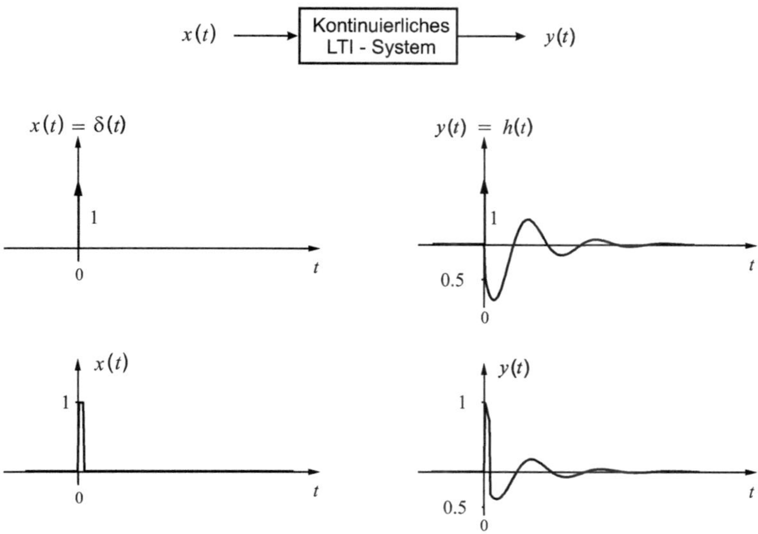


Bild 2.37: Kontinuierliches LTI-System mit Impulsantwort (oben) und Rechteckpuls-Antwort (unten)

Mithilfe der Impulsantwort kann man Kausalität und Stabilität eines kontinuierlichen LTI-Systems definieren. Ein kontinuierliches LTI-System heisst *kausal*, wenn seine Impulsantwort kausal ist:

$$h(t) = 0 \quad \text{für} \quad t < 0\,. \tag{2.130}$$

Alle physikalischen Systeme gehören zur Kategorie der kausalen Systeme. Nichtkausale Systeme kommen nur in der Theorie oder in der Simulationstechnik vor.

Ein kontinuierliches LTI-System heisst *stabil*, wenn seine Impulsantwort abklingt oder genauer, wenn das Integral der Betragsfunktion endlich ist:

$$\int_{-\infty}^{\infty} |h(t)|\, dt < \infty\,. \tag{2.131}$$

Stabile Systeme sind Standard, Ausnahmen bilden Oszillatoren oder Systeme bei falscher Dimensionierung.

Die Impulsantwort $h(t)$ eines kontinuierlichen LTI-Systems finden wir, indem wir seine Übertragungsfunktion bestimmen und diese in den Zeitbereich zurücktransformieren. Was die Übertragungsfunktion ist und wie sie berechnet werden kann, wird in Abschn. 2.5.3 erläutert.

Messtechnisch kann die Impulsantwort mithilfe der Kreuzkorrelationsfunktion gefunden werden, einer Methode, die in Abschn. 5.5.2 auf Seite 174 vorgestellt wird.

Bild 2.38 zeigt, wie sich ein Signal durch Rechteckpulse der Breite $\Delta\tau$, der Höhen $x(\tau_n)$ und der Positionen $t = \tau_n$ approximieren lässt:

$$x(t) \approx \sum_{n=-\infty}^{\infty} x(\tau_n)\mathrm{rect}\left(\frac{t-\tau_n}{\Delta\tau}\right) . \tag{2.132}$$

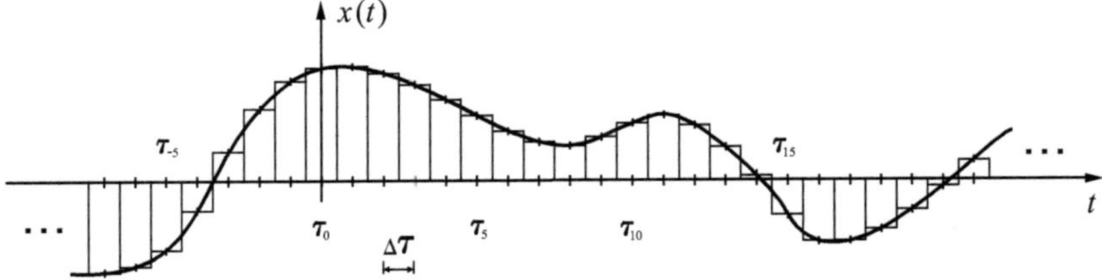


Bild 2.38: Zerlegung eines Signals in Rechteckpulse

Durch Erweitern mit $\Delta\tau$ erhalten wir:

$$x(t) \approx \sum_{n=-\infty}^{\infty} x(\tau_n)\frac{1}{\Delta\tau}\mathrm{rect}\left(\frac{t-\tau_n}{\Delta\tau}\right)\Delta\tau . \tag{2.133}$$

Die Funktion $\frac{1}{\Delta\tau}\mathrm{rect}\left(\frac{t-\tau_n}{\Delta\tau}\right)$ ist ein Rechteckimpuls der Höhe $\frac{1}{\Delta\tau}$, der Breite $\Delta\tau$ und der Fläche eins. Machen wir den Abstand zwischen zwei Abtastwerten infinitesimal klein, d. h. machen wir den Grenzübergang $\Delta\tau \to d\tau$, dann geht der Rechteckimpuls der Höhe $\frac{1}{\Delta\tau}$ und der Breite $\Delta\tau$ in einen Dirac-Impuls über und die Summe wird zu einem Integral:

$$x(t) = \int_{-\infty}^{\infty} x(\tau)\delta(t-\tau)\,d\tau . \tag{2.134}$$

In diesem Integral kann man die „Funktion" $x(\tau)\delta(t-\tau)d\tau$ als Rechteckpuls der Breite $d\tau$, der Höhe $x(\tau)$ und der Position $t=\tau$ interpretieren. Infolgedessen können wir uns das Signal $x(t)$ als eine Zerlegung in unendlich viele und unendlich dünne Rechteckpulse vorstellen.

Das Ausgangssignal $y(t)$ eines LTI-Systems mit der Impulsantwort $h(t)$ bei Anregung mit $x(t)$ finden wir dann durch folgende Überlegungen:

1. Der Dirac-Impuls $\delta(t)$ als Eingangssignal erzeugt das Ausgangssignal $h(t)$.

2. Der mit $x(\tau)$ gewichtete und um $\tau$ verschobene Dirac-Impuls $x(\tau)\delta(t-\tau)$ erzeugt aufgrund der Linearität und Zeitinvarianz die mit $x(\tau)$ gewichtete und um $\tau$ verschobene Impulsantwort $x(\tau)h(t-\tau)$.

3. Die Summe (das Integral) $\int_{-\infty}^{\infty} x(\tau)\delta(t-\tau)\,d\tau$ erzeugt aufgrund der Linearität die Summe (das Integral) $\int_{-\infty}^{\infty} x(\tau)h(t-\tau)\,d\tau$.

Zusammengefasst: Das Eingangssignal $x(t) = \int_{-\infty}^{\infty} x(\tau)\delta(t-\tau)\,d\tau$ erzeugt das Ausgangssignal

$$y(t) = \int_{-\infty}^{\infty} x(\tau)h(t-\tau)\,d\tau. \tag{2.135}$$

Dieses Integral heisst gemäß Gl.(2.82) Faltungsintegral. Es stellt eine fundamentale Beziehung bei LTI-Systemen dar, die in Worten wie folgt lautet:

*Das Ausgangssignal $y(t)$ eines LTI-Systems ist gleich dem Eingangssignal $x(t)$ gefaltet mit der Impulsantwort $h(t)$: $y(t) = x(t) * h(t)$.*

In Analogie zur Approximation (2.133) kann man das Ausgangssignal als gewichtete Summe von Impulsantworten

$$y(t) \approx \sum_{n=-\infty}^{\infty} x(\tau_n)\Delta\tau\, h(t-\tau_n) \tag{2.136}$$

auffassen, die beim Grenzübergang $\Delta\tau \to d\tau$ in das Faltungsintegral übergeht.

### 2.5.3 Frequenzgang und Übertragungsfunktion

#### Frequenzgang

Erregt man ein LTI-System mit der komplexen Exponentialfunktion $x(t) = e^{j\omega t}$, dann erhalten wir für das Ausgangssignal $y(t)$:

$$\begin{aligned} y(t) &= h(t) * x(t)\,, \\ &= h(t) * e^{j\omega t}\,, \\ &= \int_{-\infty}^{\infty} h(\tau)e^{j\omega(t-\tau)}\,d\tau\,, \\ &= e^{j\omega t}\int_{-\infty}^{\infty} h(\tau)e^{-j\omega\tau}\,d\tau\,. \end{aligned} \tag{2.137}$$

Das heisst, das Ausgangssignal $y(t)$ ist gleich dem Eingangssignal $e^{j\omega t}$ multipliziert mit dem komplexen Faktor

$$H(j\omega) = \int_{-\infty}^{\infty} h(t)e^{-j\omega t}\,dt\,. \tag{2.138}$$

Den komplexen Faktor $H(j\omega)$ nennt man *Frequenzgang* (engl: frequency response) des kontinuierlichen LTI-Systems. Er ist gemäß Definition (2.95) gleich der Fourier-Transformierten der Impulsantwort $h(t)$:

*Der Frequenzgang $H(j\omega)$ eines LTI-Systems ist gleich der Fourier-Transformierten seiner Impulsantwort $h(t)$.*

Die inverse Fourier-Transformierte liefert aus dem Frequenzgang wiederum die Impulsantwort, d. h. $h(t)$ und $H(j\omega)$ bilden ein Transformationspaar:

$$h(t) \quad \circ\!\!-\!\!\bullet \quad H(j\omega)\,. \tag{2.139}$$

Vielfach zieht man es vor, den Frequenzgang in Abhängigkeit der anschaulicheren Frequenzvariable $f$ auszudrücken. Man setzt $\omega = 2\pi f$ und sollte dann korrekterweise $H(j2\pi f)$ schreiben. Die übliche Schreibweise hingegen lautet $H(f)$:

$$H(f) = H(j\omega)|_{\omega=2\pi f}\,. \tag{2.140}$$

### Amplitudengang, Phasengang und Dämpfung

Der Frequenzgang $H(f)$ ist eine komplexe Grösse und kann demnach in der Polar- bzw. Betrags-Phasenform geschrieben werden:

$$H(f) = |H(f)|e^{j\angle H(f)}\,. \tag{2.141}$$

Den Betrag $|H(f)|$ nennt man *Amplitudengang* (engl: amplitude response or magnitude response) und den Winkel $\angle H(f)$ *Phasengang* (engl: phase response).

Mithilfe der Gleichungen (2.137) und (2.138) und des Theorems (2.50) lässt sich zeigen, dass ein kontinuierliches LTI-System ein sinusförmiges Eingangssignal zu einem sinusförmigen Ausgangssignal verarbeitet:

$$x(t) = \cos(2\pi ft) \quad \Rightarrow \quad y(t) = |H(f)|\cos(2\pi ft + \angle H(f))\,. \tag{2.142}$$

Das Ausgangssignal unterscheidet sich demnach nur in der Amplitude $|H(f)|$ und in der Phase $\angle H(f)$ vom sinusförmigen Eingangssignal.

**Beispiel:** Gl.(2.142) ist Grundlage einer Standardmethode zur Messung des Frequenzgangs eines LTI-Systems. Bild 2.39 illustriert diese Messmethode anhand eines linearen elektrischen Netzwerkes.

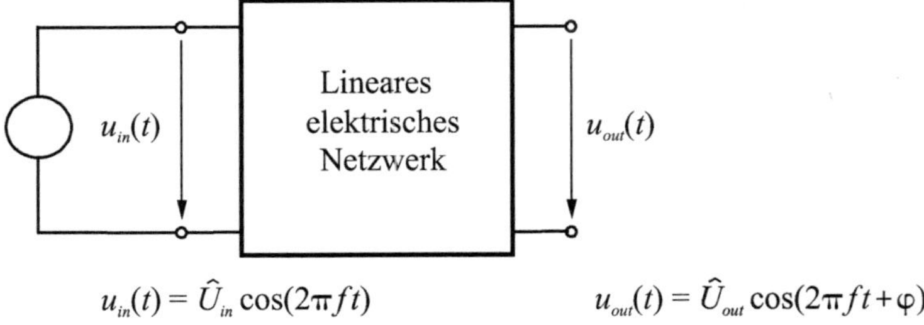


Bild 2.39: Messung des Frequenzgangs

Die Frequenz $f$ einer sinusförmigen Eingangsspannungsquelle bekannter Amplitude $\hat{U}_{in}$ wird in kleinen Schritten erhöht, der eingeschwungene Zustand abgewartet und am Ausgang Amplitude $\hat{U}_{out}$ und Phasenverschiebung $\varphi$ gemessen. Aus den gemessenen Punkten kann dann der Amplituden- und Phasengang einfach konstruiert werden.[10] ■

Der Amplitudengang wird häufig in dB angegeben:

$$|H(f)| \text{ in dB } = 20 \log (|H(f)|) \,. \tag{2.143}$$

Beim Phasengang sind zwei Einheiten gebräuchlich: rad und °. Wenn nichts anderes gesagt wird, versteht man unter $\angle H(f)$ immer den Phasengang in rad.[11] Wünscht man den Phasengang in °, muss folgende Umrechnungsformel angewandt werden:

$$\angle H(f) \text{ in } ° = \frac{180}{\pi} \angle H(f) \,. \tag{2.144}$$

Eine übliche grafische Darstellung des Frequenzgangs ist das Bodediagramm. Es stellt bei einer logarithmischen Einteilung der Frequenzachse den Amplitudengang in dB und den Phasengang in Grad oder rad dar.

Insbesondere im Zusammenhang mit Filtern wird manchmal anstelle des Amplitudengangs die *Dämpfung* $A(f)$ (engl: attenuation) verwendet. Diese wird meistens in dB angegeben und ist wie folgt definiert:

$$A(f) \text{ in dB } = 20 \log \left( \frac{1}{|H(f)|} \right) = -20 \log (|H(f)|) \,. \tag{2.145}$$

**Beispiel:** Bild 2.40 illustriert das Frequenzverhalten eines Hochpass-Systems. Links zeigt es den doppelt logarithmisch dargestellten Amplitudengang, in der Mitte den Phasengang und rechts die Dämpfung.

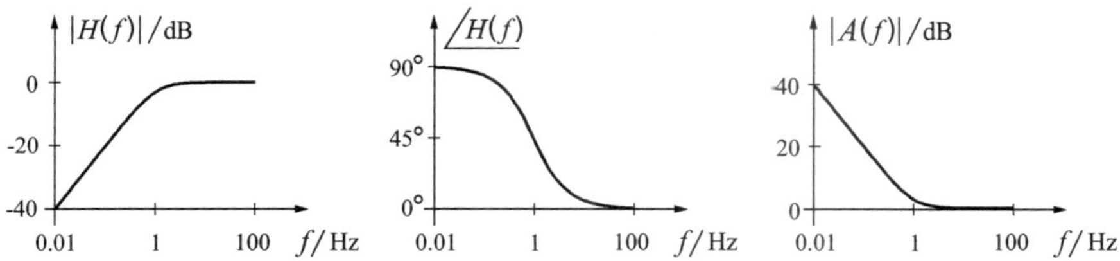


Bild 2.40: Bodediagramm und Dämpfung eines Hochpass-Systems

■

[10] Eine weitere Frequenzgang-Messmethode wird im Beispiel auf Seite 174 vorgestellt.

[11] Eigentlich handelt es sich bei dB, rad und ° um Pseudoeinheiten, die nur aussagen, wie die betreffende einheitslose Grösse definiert wurde.

### Gruppen- und Phasenlaufzeit

Gegeben sei ein LTI-System mit dem Frequenzgang $H(f)$, das mit einer modulierten Trägerschwingung der Form

$$x(t) = s(t)\cos(2\pi f_T t) \tag{2.146}$$

beaufschlagt wird. $s(t)$ ist ein Tieffrequenzsignal, dessen Bandbreite $\Delta f$ viel kleiner als die Trägerfrequenz $f_T$ ist. Die modulierte Trägerschwingung $x(t)$ bewirkt ein Ausgangssignal $y(t)$, das approximativ wie folgt gegeben ist [Pap84]:

$$y(t) \approx |H(f_T)|s(t - \tau_g(f_T))\cos(2\pi f_T(t - \tau_p(f_T)))\,. \tag{2.147}$$

Die Grössen $\tau_g$ und $\tau_p$ heissen *Gruppenlaufzeit* (engl: group delay), bzw. *Phasenlaufzeit* (engl: phase delay) und berechnen sich aus dem Phasengang wie folgt:

$$\tau_g(f) = -\frac{1}{2\pi}\frac{d\angle H(f)}{df} \quad \text{und} \quad \tau_p(f) = -\frac{1}{2\pi}\frac{\angle H(f)}{f}\,. \tag{2.148}$$

Aufgrund des Frequenzverschiebungstheorems (2.58) tritt das modulierte Spektrum von $s(t)$ an der Stelle $f = f_T$ auf. Dort belegt es – wegen $\Delta f << f_T$ – nur ein schmales Frequenzintervall und kann deshalb als Frequenzgruppe bezeichnet werden. Im Zeitbereich manifestiert sich $s(t)$ als Umhüllende (engl: envelope), die gemäß Gl.(2.147) eine Verzögerung um $\tau_g$ erleidet, wohingegen die Trägerschwingung eine solche um die Phasenlaufzeit $\tau_p$ erfährt.

**Beispiel:** Zur Illustration der beiden Laufzeiten betrachten wir ein LTI-System mit Bandpasscharakteristik, dessen Durchlassbereich sich von 95 Hz bis 105 Hz erstreckt. Bei der Mittenfrequenz von 100 Hz hat das Bandpass-Filter eine Gruppenlaufzeit von $\tau_p = 45\,\text{ms}$ und eine Phasenlaufzeit von $\tau_p = 54\,\mu\text{s}$. Wir erregen das System mit dem Signal

$$x(t) = [\sin(2\pi f_1 t) + \sin(2\pi f_2 t)]\varepsilon(t)\,,$$

wobei wir die beiden Frequenzen $f_1 = 98\,\text{Hz}$ und $f_2 = 102\,\text{Hz}$ innerhalb des Durchlassbereichs wählen. Durch trigonometrisches Umformen erhalten wir daraus:

$$x(t) = [2\cos(2\pi\frac{f_2 - f_1}{2}t)\sin(2\pi\frac{f_1 + f_2}{2}t)]\varepsilon(t)\,.$$

Das Tieffrequenzsignal $s(t)$ ist hier eine Cosinusschwingung mit dem Scheitelwert 2 und der Frequenz $\Delta f = \frac{f_2 - f_1}{2} = 2\,\text{Hz}$ und die Trägerschwingung besteht aus einem Sinus mit der Frequenz $f_T = \frac{f_1 + f_2}{2} = 100\,\text{Hz}$. Die Frequenzgruppe wird somit aus zwei Dirac-Pulsen bei den Frequenzen 98 Hz und 102 Hz gebildet. Da die beiden Frequenzen sehr nahe beieinander liegen, entsteht daraus ein Signal, das man auch als Schwebung bezeichnet (siehe Bild 2.41 oben links).

Nach abgeschlossenem Einschwingvorgang, der cirka 0.2 s dauert, antwortet das System ebenfalls mit einer Schwebung, dessen Umhüllende um die Gruppenlaufzeit $\tau_g = 45$ ms verzögert und dessen Phasenlaufzeit $\tau_p = 54\,\mu$s gleich der Zeitdifferenz zweier entsprechender Nulldurchgänge in der Trägerschwingung ist.

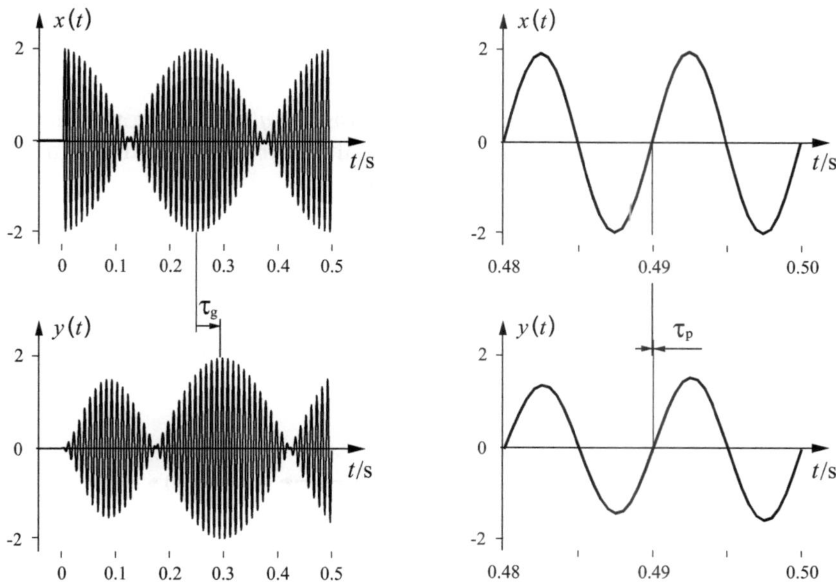


Bild 2.41: Illustration der Gruppen- und Phasenlaufzeit eines LTI-Systems. Oben: Eingangssignal, unten: Ausgangssignal

■

## Übertragungsfunktion

Analog zum Frequenzgang $H(f)$ definieren wir die Übertragungsfunktion $H(s)$ eines kontinuierlichen LTI-Systems wie folgt:

$$H(s) = \int_{0^-}^{\infty} h(t) e^{-st}\, dt\,. \tag{2.149}$$

Die *Übertragungsfunktion* (engl: transfer function) – auch als Systemfunktion bezeichnet – ist demnach die Laplace-Transformierte der als kausal vorausgesetzten Impulsantwort $h(t)$. Die Impulsantwort und die Übertragungsfunktion eines LTI-Systems bilden ein Laplace-Transformationspaar:

$$h(t) \quad \circ\!\!-\!\!\bullet \quad H(s)\,. \tag{2.150}$$

Ersetzen wir in Gl.(2.149) $s$ durch $j2\pi f$, dann erhalten wir den Frequenzgang $H(f)$. Mit anderen Worten: Der Frequenzgang ist gleich der Übertragungsfunktion, ausgewertet auf der imaginären Achse der $s$-Ebene:

$$H(f) = H(s)|_{s=j2\pi f} , \tag{2.151}$$

wobei das LTI-System hier nicht nur als kausal sondern auch als stabil vorausgesetzt wird. Für solche Systeme sind die Übertragungsfunktion und der Frequenzgang äquivalente Beschreibungen.

Wie wir gesehen haben, ist das Ausgangssignal $y(t)$ eines kontinuierlichen LTI-Systems gleich der Impulsantwort $h(t)$ gefaltet mit dem Eingangssignal $x(t)$. Aus dem Faltungstheorem (2.124) folgt dann:

$$y(t) = h(t) * x(t) \quad \circ\!\!-\!\!\bullet \quad Y(s) = H(s) \cdot X(s) . \tag{2.152}$$

Gl.(2.152) beschreibt den fundamentalen Zusammenhang zwischen dem Eingangs- und Ausgangssignal eines kontinuierlichen LTI-Systems. Seiner Wichtigkeit wegen stellen wir ihn noch grafisch dar:

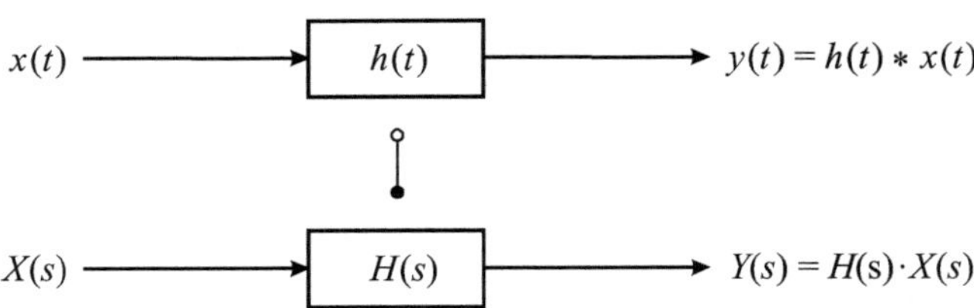


Bild 2.42: Übertragungsverhalten eines kontinuierlichen LTI-Systems im Zeit- und im Bildbereich

Ersetzen wir $s$ durch $j2\pi f$, dann erhalten wir:

$$Y(f) = H(f)X(f) . \tag{2.153}$$

In Worten:

> *Das Spektrum am Ausgang eines LTI-Systems ist gleich dem Eingangsspektrum multipliziert mit dem Frequenzgang.*

Der Frequenzgang des LTI-Systems modifiziert (verformt, filtert) demnach das Spektrum des Eingangssignals. Englischsprechende reden hier anschaulich von 'spectral shaping'. Dies ist der Grund, weshalb man ein LTI-System auch als lineares Filter bezeichnet.

**Beispiel:** Gegeben sei ein LTI-System mit der Übertragungsfunktion

$$H(s) = \frac{1}{1 + s\tau}\,, \tag{2.154}$$

an das ein kausaler Rechteckimpuls

$$x(t) = \hat{U}\mathrm{rect}(\frac{t - T_0/2}{T_0}) \quad \text{mit} \quad T_0 = 2\tau \tag{2.155}$$

gelegt wird, wobei $\hat{U}$ die Pulshöhe, $T_0$ die Pulsdauer und $\tau$ die Zeitkonstante des Systems ist.

Das Spektrum des kausalen Rechteckimpulses berechnet sich durch Anwendung der Beziehung (2.48) und des Zeitverschiebungs-Theorems (2.57):

$$X(f) = \hat{U}T_0 \mathrm{sinc}(fT_0)e^{-j\pi fT_0}\,. \tag{2.156}$$

Der Frequenzgang

$$H(f) = \frac{1}{1 + j2\pi f\tau} \tag{2.157}$$

des Systems, hergeleitet durch die Substitution $s = j2\pi f$ in $H(s)$, hat Tiefpass-Charakteristik. Für das Spektrum am seinem Ausgang finden wir durch Multiplikation von $H(f)$ mit $X(f)$:

$$Y(f) = \frac{\hat{U}T_0}{1 + j2\pi f\tau}\mathrm{sinc}(fT_0)e^{-j\pi fT_0}\,. \tag{2.158}$$

Bild 2.43 links zeigt das Eingangsspektrum, den Frequenzgang und das tiefpassgefilterte Ausgangsspektrum (alle in Betragsform).

Transformieren wir die Übertragungsfunktion $H(s)$ mittels Gl.(2.106) in den Zeitbereich, so erhalten wir die Impulsantwort des Systems:

$$h(t) = \frac{1}{\tau}e^{-\frac{t}{\tau}}\varepsilon(t)\,. \tag{2.159}$$

Die Impulsantwort $h(t)$ gefaltet mit dem kausalen Rechteckpuls $x(t)$ führt gemäß Beispiel auf Seite 54 zu folgendem Ausgangssignal:

$$y(t) = \begin{cases} \hat{U}[1 - e^{-\frac{t}{\tau}}] & : \quad 0 \le t \le T_0 \\ \hat{U}[e^{\frac{T_0}{\tau}} - 1]e^{-\frac{t}{\tau}} & : \quad t > T_0 \end{cases}\,. \tag{2.160}$$

Bild 2.43 rechts illustriert das Eingangsignal, die Impulsantwort und das Ausgangssignal $y(t) = h(t) * x(t)$.

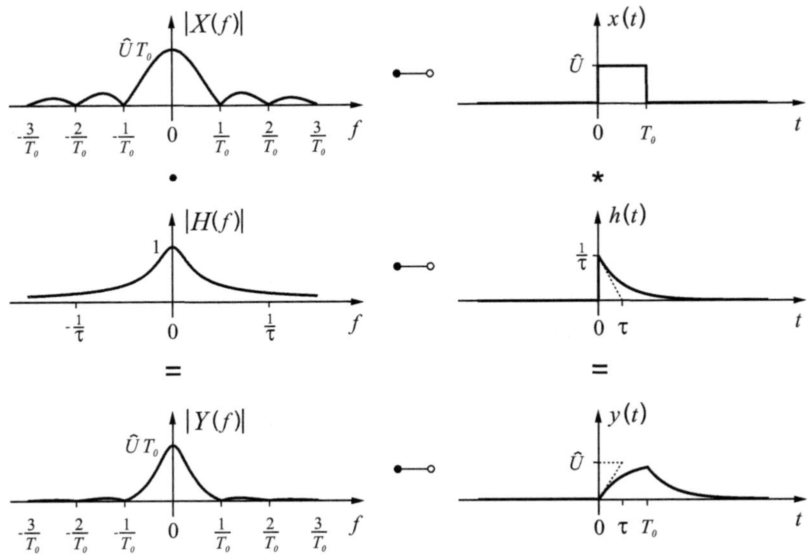


Bild 2.43: Filterung und Faltung eines Rechteckpulses

■

Wir haben die Übertragungsfunktion $H(s)$ des kontinuierlichen LTI-Systems als Laplace-Transformierte der Impulsantwort $h(t)$ definiert. Durch Auflösung der Beziehung $Y(s) = H(s)X(s)$ nach $H(s)$ kann man sie auch als Quotient der Laplace-Transformierten des Ausgangssignals und des Eingangssignals definieren:

$$H(s) = \frac{Y(s)}{X(s)} \,. \tag{2.161}$$

Wir wollen im Folgenden einige Übertragungsfunktionen betrachten und zeigen, wie man sie berechnen kann.

**Beispiel 1:** Die Impedanz $Z(s)$ und die Admittanz $Y(s)$ eines linearen, elektrischen Zweipols sind wie folgt definiert:

$$Z(s) = \frac{U(s)}{I(s)} \quad \text{und} \quad Y(s) = \frac{I(s)}{U(s)} \,. \tag{2.162}$$

Beide Grössen sind demnach Übertragungsfunktionen. $Z(s)$ ist die Übertragungsfunktion mit dem Quellenstrom als Eingangs- und der Klemmenspannung als Ausgangssignal (Bild 2.44 a). $Y(s)$ ist die Übertragungsfunktion mit der Quellenspannung als Eingangs- und dem Klemmenstrom als Ausgangssignal (Bild 2.44 b).

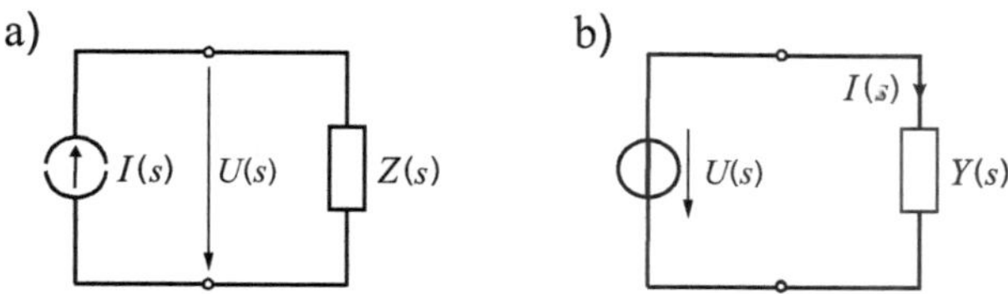


Bild 2.44: Impedanz $Z(s)$ und Admittanz $Y(s)$ als Übertragungsfunktionen

■

**Beispiel 2:** Die Impedanz einer Spule mit der Induktivität $L$ und die Admittanz eines Kondensators mit der Kapazität $C$ sind wie folgt gegeben:

$$Z(s) = sL \quad \text{und} \quad Y(s) = sC\,. \tag{2.163}$$

Diese Funktionen erhalten wir, indem wir die Differentialgleichung der Spule und des Kondensators (Bild 2.45) mithilfe des Ableitungstheorems (2.123) in den Laplace-Bereich transformieren, die Anfangsbedingungen null setzen und nach $U(s)$ bzw. $I(s)$ auflösen.

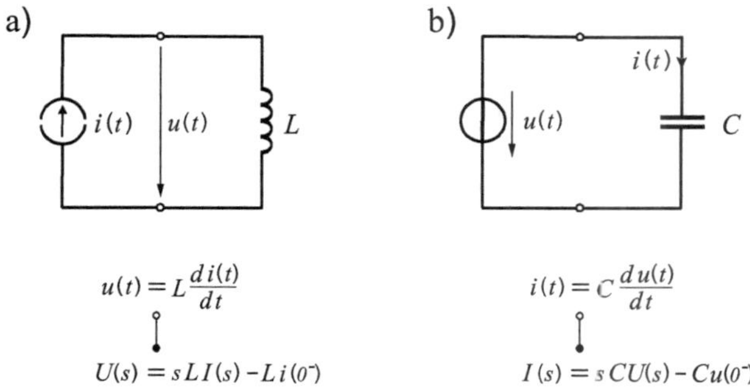


Bild 2.45: Spule und Kondensator mit ihren Strom-Spannungs-Gleichungen im Zeit- und Bildbereich

■

Die Übertragungsfunktion eines elektrischen Netzwerks mit linearen Bauelementen berechnet sich folgendermassen:

1. An den Eingang eine Spannungsquelle $U_{in}(s)$ oder Stromquelle $I_{in}(s)$ anschliessen und die Ausgangsgrösse mit $U_{out}(s)$ oder $I_{out}(s)$ bezeichnen.
2. Ein Knotengleichungssystem aufstellen und dieses nach $U_{out}(s)$ oder $I_{out}(s)$ auflösen.

**Beispiel 3:** Eine aktive RC-Schaltung ist eine lineare Schaltung mit aktiven Elementen, Widerständen und Kondensatoren. Üblich als aktives Element ist ein Operationsverstärker, der bei der Analyse i. Allg. als ideal angenommen wird. Am idealen, gegengekoppelten Operationsverstärker ist die Differenzen-Eingangsspannung null [Lie11], woraus folgt, dass die Knotenspannungen an seinen Eingängen gleich gross sind. Das Aufstellen der Knotengleichungen führt demnach zum Gleichungssystem in Bild 2.46.

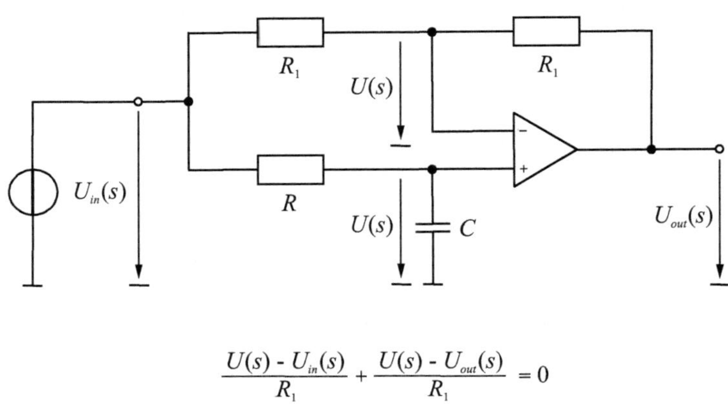


$$\frac{U(s) - U_{in}(s)}{R_1} + \frac{U(s) - U_{out}(s)}{R_1} = 0$$

$$\frac{U(s) - U_{in}(s)}{R} + sC\,U(s) = 0$$

Bild 2.46: Beispiel einer aktiven RC-Schaltung mit dazugehörigem Knotengleichungssystem

Aktive RC-Schaltungen werden in der Praxis vorwiegend als Filter eingesetzt. Von Interesse ist deshalb üblicherweise die Spannungsübertragungsfunktion (engl: voltage transfer function), die wie folgt definiert ist:

$$H(s) = \frac{U_{out}(s)}{U_{in}(s)} \,. \tag{2.164}$$

Lösen wir das Knotengleichungssystem in Bild 2.46 nach $U_{out}(s)$ auf, dann bekommen wir:

$$U_{out}(s) = \frac{1 - sRC}{1 + sRC}\, U_{in}(s) \tag{2.165}$$

und somit:

$$H(s) = \frac{1 - sRC}{1 + sRC} \,. \tag{2.166}$$

Daraus erhalten wir für den Amplitudengang, den Phasengang und die Gruppenlaufzeit:

$$|H(f)| = 1 \,, \quad \angle H(f) = -2\arctan(2\pi f RC) \,, \quad \tau_g(f) = \frac{2RC}{1 + (2\pi f RC)^2} \,. \tag{2.167}$$

Der Amplitudengang ist konstant, der Phasengang und die Gruppenlaufzeit hingegen sind frequenzabhängig. Ein LTI-System mit diesen Eigenschaften heisst Allpass und wird als Phasenschieber oder Signalverzögerer eingesetzt. ∎

**Beispiel 4:** Eine Serieschaltung aus einem Widerstand und einem Kondensator bezeichnet man als RC-Glied. Wir schliessen eine Spannungsquelle $U_{in}(s)$ an das RC-Glied, bezeichnen die Kondensatorspannung als $U_{out}(s)$ und stellen die Knotengleichung auf (Bild 2.47).

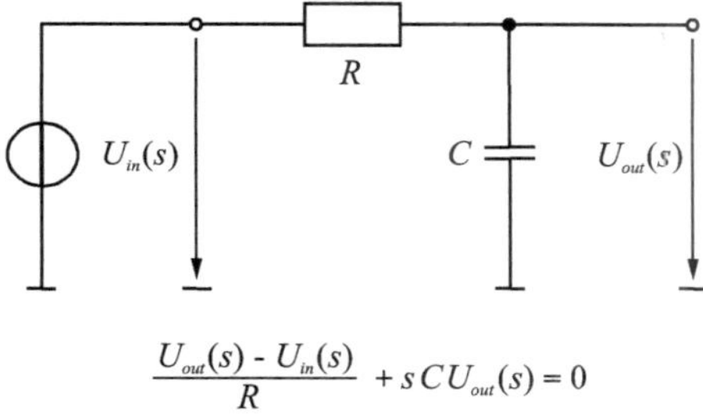


$$\frac{U_{out}(s) - U_{in}(s)}{R} + sCU_{out}(s) = 0$$

Bild 2.47: RC-Glied mit zugehöriger Knotengleichung

Die Knotengleichung nach $U_{out}(s)$ aufgelöst ergibt:

$$U_{out}(s) = \frac{1}{1 + sRC}\, U_{in}(s)\,. \tag{2.168}$$

Der Faktor vor $U_{in}(s)$ ist gemäß Definition (2.161) gleich der Spannungsübertragungsfunktion:

$$H(s) = \frac{1}{1 + sRC}\,. \tag{2.169}$$

Für den Amplitudengang, den Phasengang und die Gruppenlaufzeit finden wir daraus mit der Zeitkonstanten $\tau = RC$:

$$|H(f)| = \frac{1}{\sqrt{1 + (2\pi f\tau)^2}}, \quad \angle H(f) = -\arctan(2\pi f\tau), \quad \tau_g(f) = \frac{\tau}{1 + (2\pi f\tau)^2}. \tag{2.170}$$

Der Amplitudengang geht für tiefe Frequenzen $f \ll 1/\tau$ gegen 1 und für hohe Frequenzen $f \gg 1/\tau$ gegen 0. Das RC-Glied wirkt demnach als Tiefpassfilter (siehe dazu das Beispiel auf Seite 75). ∎

### 2.5.4 Differentialgleichung und Übertragungsfunktion

#### Differentialgleichung

Eine ausserordentlich wichtige Klasse kontinuierlicher LTI-Systeme sind Systeme, deren Ausgangsgrösse $y(t)$ mit der Eingangsgrösse $x(t)$ über eine lineare Differentialgleichung mit konstanten Koeffizienten verknüpft ist:

$$\sum_{i=0}^{M} a_i \frac{d^i y(t)}{dt^i} = \sum_{i=0}^{N} b_i \frac{d^i x(t)}{dt^i} . \tag{2.171}$$

Unter der Ordnung eines solchen Systems versteht man die Ordnung der höchsten Ableitung. Da $M$ meistens grösser oder ebenso gross ist wie $N$, bezeichnet normalerweise $M$ die Systemordnung. Die Parameter $a_i$ und $b_i$ nennt man die Koeffizienten des Systems.

Die Differentialgleichung eines Systems finden wir durch Anwendung der physikalischen Gesetze im Zeitbereich. Für elektrische Netzwerke mit linearen Elementen wenden wir dazu meistens das Knotengesetz an.

**Beispiel:** In Figur 2.48 ist das RC-Glied mit seiner Knotengleichung im Zeitbereich abgebildet.

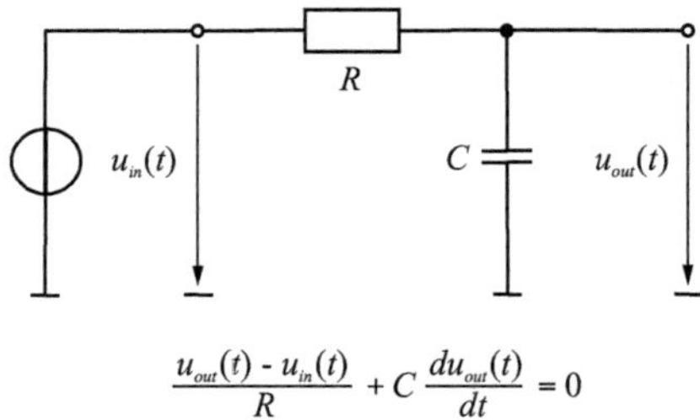


$$\frac{u_{out}(t) - u_{in}(t)}{R} + C\frac{du_{out}(t)}{dt} = 0$$

Bild 2.48: RC-Glied mit Knotengleichung im Zeitbereich

Durch Erweitern mit $R$ und anschliessendes Ordnen erhalten wir aus der Knotengleichung:

$$u_{out}(t) + RC\frac{du_{out}(t)}{dt} = u_{in}(t) . \tag{2.172}$$

Das RC-Glied ist demnach ein kontinuierliches LTI-System 1. Ordnung mit den Koeffizienten $a_0 = 1$, $a_1 = RC$ und $b_0 = 1$. ■

Lineare Differentialgleichungen mit konstanten Koeffizienten löst man, indem man die Differentialgleichung in den Laplace-Bereich transformiert, die Gleichung im Laplace-Bereich löst und die Lösung in den Zeitbereich zurücktransformiert. Analog dazu löst man lineare Differentialgleichungssysteme.

**Beispiel:** Wir schliessen eine Gleichspannungsquelle $U_{DC}$ an das RC-Glied und schalten sie zum Zeitpunkt $t = 0$ ein. Gesucht ist die Ausgangsspannung $u_{out}(t)$.

In einem ersten Schritt transformieren wir die Differentialgleichung (2.172) durch Anwendung des Ableitungstheorems (2.123) in den $s$-Bereich:

$$U_{out}(s) + sRCU_{out}(s) - RCu_{out}(0^-) = U_{in}(s)\,.$$

$u_{out}(0^-)$ ist die Anfangsbedingung. Sie ist gleich der Spannung am Kondensator unmittelbar vor dem Einschaltzeitpunkt. Wir lösen die Gleichung nach $U_{out}(s)$ auf:

$$U_{out}(s) = \frac{1}{1+sRC}U_{in}(s) + \frac{RCu_{out}(0^-)}{1+sRC}\,.$$

$U_{in}(s)$ ist durch $U_{DC}/s$ gegeben, da die Eingangsspannung $u_{in}(t)$ eine Schrittfunktion mit der Schritthöhe $U_{DC}$ darstellt. Die Lösung im Laplace-Bereich lautet demnach:

$$U_{out}(s) = \frac{1}{1+sRC} \cdot \frac{U_{DC}}{s} + \frac{RCu_{out}(0^-)}{1+sRC}\,.$$

Wir transformieren die beiden Summanden in den Zeitbereich, indem wir das Linearitätstheorem (2.117) und eine Tabelle [FHN11] anwenden:

$$u_{out}(t) = U_{DC}(1 - e^{-\frac{t}{RC}}) + u_{out}(0^-)e^{-\frac{t}{RC}}\,. \tag{2.173}$$

■

### Differentialgleichung und Übertragungsfunktion

Die Übertragungsfunktion $H(s)$ eines kontinuierlichen LTI-Systems, dessen Differentialgleichung

$$\sum_{i=0}^{M} a_i \frac{d^i y(t)}{dt^i} = \sum_{i=0}^{N} b_i \frac{d^i x(t)}{dt^i} \tag{2.174}$$

bekannt ist, lässt sich in zwei Schritten einfach bestimmen. Im ersten Schritt transformieren wir die Differentialgleichung (2.174) mithilfe des Differentiationstheorems (2.122) in den Laplace-Bereich, wobei wir alle Anfangsbedingungen null setzen:

$$\sum_{i=0}^{M} a_i s^i Y(s) = \sum_{i=0}^{N} b_i s^i X(s)\,.$$

Im zweiten Schritt lösen wir die Gleichung nach der Ausgangsgrösse $Y(s)$ auf:

$$Y(s) = \frac{b_0 + b_1 s + \cdots + b_N s^N}{a_0 + a_1 s + \cdots + a_M s^M} X(s)$$

und erhalten so die Übertragungsfunktion $H(s) = \frac{Y(s)}{X(s)}$:

$$H(s) = \frac{b_0 + b_1 s + \cdots + b_N s^N}{a_0 + a_1 s + \cdots + a_M s^M} \,. \qquad (2.175)$$

Die Übertragungsfunktion eines Systems mit der Differentialgleichung (2.174) ist eine rationale Funktion in $s$. Sie besteht aus einem Zählerpolynom der Ordnung $N$ und aus einem Nennerpolynom der Ordnung $M$ und hat die Ordnung des höheren Polynom-Grads. Sie beschreibt das Übertragungsverhalten eines LTI-Systems, dessen Anfangsbedingungen null sind.

**Beispiel:** Bild 2.49 zeigt einen aktiven RC-Integrator mit zugehöriger Knotengleichung (die Knotenspannung am invertierenden Operationsverstärker-Eingang ist null, weil wir einen idealen Operationsverstärker voraussetzen).

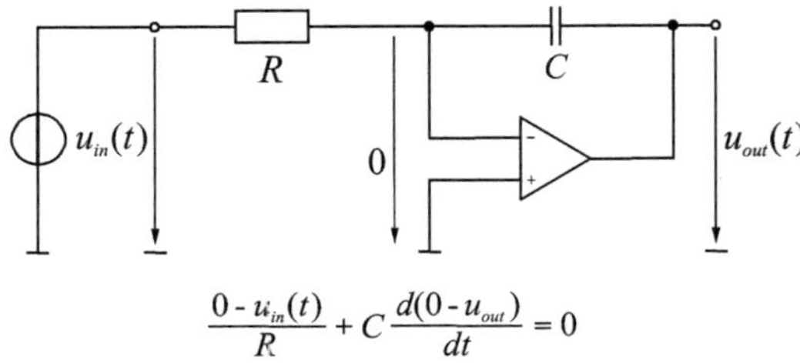


Bild 2.49: Integrator-Schaltung mit Knotengleichung

Wir bringen die Knotengleichung in die Form von Gl.(2.174):

$$-RC\frac{du_{out}(t)}{dt} = u_{in}(t) \,,$$

transformieren sie anschliessend in den Laplace-Bereich:

$$-RCsU_{out}(s) = U_{in}(s)$$

und bestimmen daraus die Übertragungsfunktion $H(s) = \frac{U_{out}(s)}{U_{in}(s)}$:

$$H(s) = \frac{-1}{RCs} \,. \qquad (2.176)$$

Der aktive RC-Integrator ist ein LTI-System 1. Ordnung mit dem Zählerpolynom-Koeffizient $b_0 = -1$ und den Nennerpolynom-Koeffizienten $a_0 = 0$ und $a_1 = RC$.

Durch Integration der Knotengleichung (siehe dazu Aufgabe 8) erhalten wir für die Ausgangsspannung im Zeitbereich:

$$u_{out}(t) = \frac{-1}{RC}\int_0^t u_{in}(\tau)\,d\tau + u_{out}(0) \qquad (2.177)$$

Es handelt sich um einen so genannt invertierenden Integrator, weil sein Vorzeichen invertiert, d. h. negativ ist. ■

**Pole und Nullstellen einer Übertragungsfunktion**

Gemäß dem Fundamentalsatz der Algebra kann man ein Polynom $N$-ter Ordnung

$$P(x) = c_0 + c_1 x + \cdots + c_N x^N \tag{2.178}$$

wie folgt in Faktoren zerlegen:

$$P(x) = c_N (x - z_1)(x - z_2) \cdots (x - z_N) \,. \tag{2.179}$$

Die komplexen Zahlen $z_i$ – in MATLAB bestimmbar mit dem Befehl `roots` – heissen Wurzeln bzw. Nullstellen von $P(x)$, weil an diesen Stellen das Polynom null ist:

$$P(z_i) = 0 \quad \text{für} \quad i = 1, 2, \ldots, N \,. \tag{2.180}$$

Die Übertragungsfunktion $H(s) = \frac{b_0 + b_1 s + \cdots + b_N s^N}{a_0 + a_1 s + \cdots + a_M s^M}$ kann man daher wie folgt darstellen:

$$H(s) = H_0 \frac{(s - z_1)(s - z_2) \cdots (s - z_N)}{(s - p_1)(s - p_2) \cdots (s - p_M)} \,. \tag{2.181}$$

Der Faktor

$$H_0 = \frac{b_N}{a_M} \tag{2.182}$$

heisst Skalierungskonstante, die Wurzeln $z_i$ des Zählerpolynoms werden als Nullstellen (engl: zeros) und die Wurzeln $p_i$ des Nennerpolynoms als Pole (engl: poles) bezeichnet.

Die Verteilung der Pole und Nullstellen in der komplexen $s$-Ebene heisst Pol-Nullstellen-Diagramm (abgekürzt PN-Diagramm), wobei die Pole mit einem Kreuz und die Nullstellen mit einem Kreis gekennzeichnet werden.

Bei einem stabilen, kausalen LTI-System gilt [SH94]:

1. Pole und Nullstellen sind reell und/oder konjugiert komplex.

2. Die Pole liegen in der linken $s$-Ebene.

3. Pole bzw. Nullstellen in der Nähe der $j\omega$-Achse bewirken im Amplitudengang Erhöhungen bzw. Vertiefungen.

4. Das konjugiert komplexe Polpaar, das sich am nächsten zur $j\omega$-Achse befindet, nennt man *dominant.* Es verursacht bei Einschaltvorgängen Schwingungen, die umso länger dauern, je näher das Polpaar bei der $j\omega$-Achse ist.

**Beispiel 1:** Ein Serieschwingkreis, an dessen Widerstand die Ausgangsspannung abgegriffen wird, funktioniert als Bandpassfilter. Die Parameter $\omega_0$ und $q$ der Übertragungsfunktion heissen Resonanzkreisfrequenz und Güte und sind durch die Formeln in Bild 2.50 gegeben.

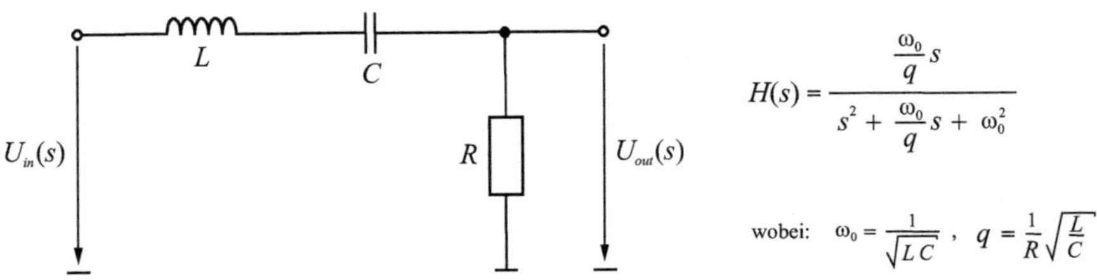


Bild 2.50: RLC-Glied als Bandpassfilter

Das Filter dimensionieren wir für eine Güte von $q = 5$ und eine Resonanzfrequenz von $f_0 = 1\,\text{Hz}$, was einer Resonanzkreisfrequenz von $\omega_0 = 2\pi \cdot 1\,\text{s}^{-1}$ entspricht. Aus der Übertragungsfunktion $H(s)$ leiten wir das Pol-Nullstellen-Diagramm, den Amplitudengang und die Schrittantwort her (Aufgabe 4) und stellen sie in Bild 2.51 dar.

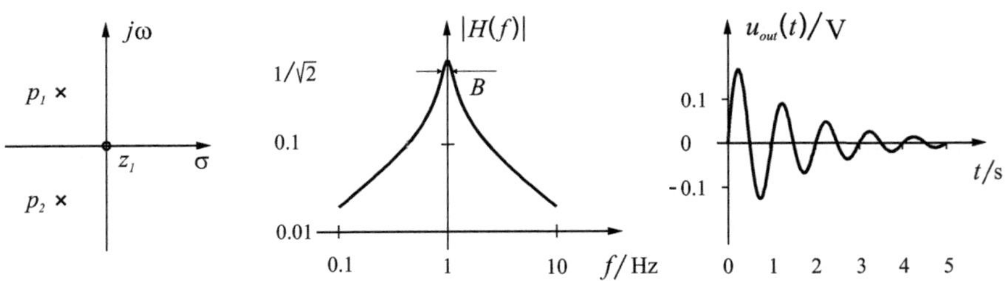


Bild 2.51: PN-Diagramm, Amplitudengang und Schrittantwort des BP-Filters

Wir stellen nach einigen Rechnungen fest (Aufgabe 4):

1. Der Bandpass ist 2. Ordnung, hat zwei konjugiert komplexe Pole $p_1 = (-0.628 + j6.252)\,\text{s}^{-1}$, $p_2 = (-0.628 - j6.252)\,\text{s}^{-1}$ und eine Nullstelle $z_1 = 0$ im Ursprung.
2. Die beiden Pole liegen in der linken s-Ebene und ihr Betrag $|p_1|$ und $|p_2|$ ist gleich der Resonanzkreisfrequenz $\omega_0 = 6.283\,\text{s}^{-1}$.
3. Der Amplitudengang ist null bei $f = 0$ und $f = \infty$ und maximal an der Stelle der Resonanzfrequenz $f_0 = 1\,\text{Hz}$. Die 3-dB-Bandbreite beträgt $B = f_0/q = 0.2\,\text{Hz}$.

4. Die Oszillationsfrequenz der Schrittantwort $u_{out}(t)$ – Eigenfrequenz (engl: natural frequency) genannt – ist gleich dem Imaginärteil $6.252\,\mathrm{s}^{-1}$ des oberen Poles geteilt durch $2\pi$, was einen Wert von 0.995 Hz ergibt. Die Eigenfrequenz ist somit kleiner als die Resonanzfrequenz, eine Feststellung, die allgemein gilt für stabile Systeme zweiter Ordnung mit einem konjugiert komplexen Polpaar. ■

**Beispiel 2:** Die Übertragungsfunktion

$$H(s) = \frac{\omega_0^2}{s^2 + 2\zeta\omega_0 s + \omega_0^2}\,.$$

stellt ein Tiefpasssystem 2. Ordnung dar, wobei $\omega_0$ die Resonanzkreisfrequenz und $\zeta$ der Dämpfungsfaktor ist, der bei konjugiert komplexen Polen – Stabilität vorausgesetzt – im Bereich $(0,1)$ liegt. Das M-File `Tiefpass2Ord` zeichnet aufgrund des eingegebenen PN-Diagramms die Übertragungsfunktion, die Impuls- und die Schrittantwort und das Bild 2.60 auf Seite 92 zeigt eine elektronische Realisierung. ■

**Zusammenfassung**

Ausgehend von der linearen Differentialgleichung eines LTI-Systems lassen sich die Beziehungen unter den vier Beschreibungsmöglichkeiten *D*ifferential*g*leichung *DG*, Übertragungsfunktion $H(s)$, Frequenzgang $H(f)$ und Impulsantwort $h(t)$ wie folgtzusammenfassen:

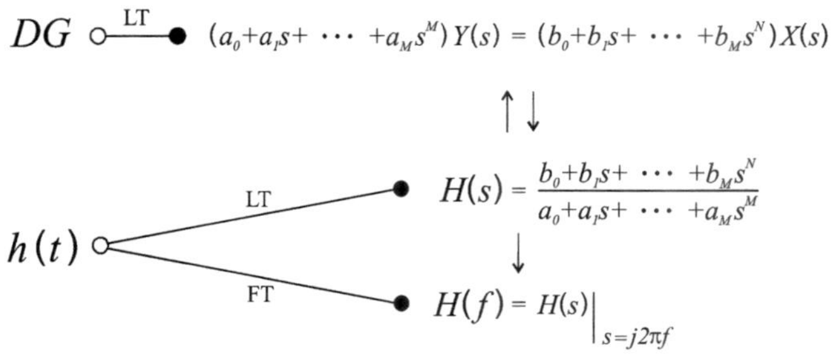

$DG$ ○—LT—● $(a_0+a_1s+\cdots+a_Ms^M)\,Y(s) = (b_0+b_1s+\cdots+b_Ms^N)\,X(s)$

↑↓

$h(t)$ ○—LT—● $H(s) = \dfrac{b_0+b_1s+\cdots+b_Ms^N}{a_0+a_1s+\cdots+a_Ms^M}$

↓

$h(t)$ ○—FT—● $H(f) = H(s)\big|_{s=j2\pi f}$

Bild 2.52: Beziehungen unter den 4 LTI-Systembeschreibungen

*Die Differentialgleichung DG in den Laplacebereich transformiert ergibt eine algebraische Gleichung im s-Bereich. Diese Gleichung nach $Y(s)$ aufgelöst führt zur Übertragungsfunktion $H(s)$und vice versa. $H(s)$ ausgewertet auf der imaginären Achse $s = j2\pi f$ liefert den Frequenzgang $H(f)$. $h(t)$ und $H(s)$, bzw. $h(t)$ und $H(f)$ bilden ein Laplace- bzw. Fourier-Transformationspaar.*

### 2.5.5 Bandbreite und Zeitspezifikationen

Ein wichtiger Parameter eines LTI-Systems mit Tiefpass- oder Bandpass-Charakteristik ist die *Bandbreite*. Ebenfalls von grossem Interesse sind Parameter, welche ein System im Zeitbereich charakterisieren. Wir wollen im Folgenden diskutieren, wie diese Parameter definiert sind und welche Bedeutung sie haben.

#### Bandbreite

Bereits im Abschnitt „Zeitgesetz der Nachrichtentechnik" wurde die Bandbreite definiert und erwähnt, dass es eine Vielzahl von Bandbreite-Definitionen gibt. Im Gegensatz zum erwähnten Abschnitt auf Seite 47, wo die Bandbreite eines Signals zur Diskussion stand, geht es hier um die Bandbreite eines Systems.

Bild 2.53 zeigt links den Amplitudengang eines Tiefpass- und rechts eines Bandpass-Systems. Schraffiert eingezeichnet ist ein Toleranzband, dessen obere Begrenzungslinie durch den Maximalwert $\hat{H}$ und dessen untere Begrenzungslinie durch den Wert $\hat{H}/\sqrt{2}$ des Amplitudengangs geht ($\sqrt{2}$ entspricht einem Verhältnis von 3 dB). Den Schnittpunkt der unteren Begrenzungslinie mit dem Amplitudengang des Tiefpasses bezeichnen wir mit $f_1$ und die entsprechenden Schnittpunkte beim Bandpass mit $f_1$ und $f_2$. In diesen Frequenzpunkten ist die Ausgangsleistung nur halb so gross wie die maximale Ausgangsleistung. Als 3 dB-Bandbreite oder „half power bandwidth" $B$ definiert man nun den $\hat{H}/\sqrt{2}$-Punkt $f_1$ beim Tiefpass und den Abstand der beiden $\hat{H}/\sqrt{2}$-Punkte $(f_2-f_1)$ beim Bandpass.

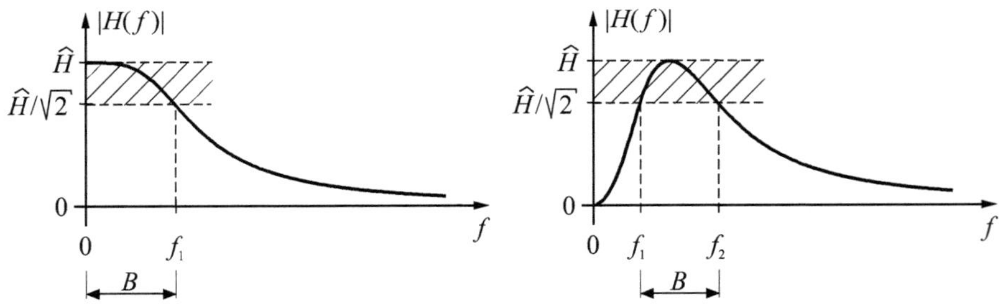


Bild 2.53: Tiefpass und Bandpass: Definition der 3 dB-Bandbreite $B$

#### Zeitspezifikationen

Die Geschwindigkeit eines Systems wird gewöhnlich anhand seiner Schrittantwort beurteilt und mithilfe der Parameter *Anstiegszeit* $T_r$ (engl: rise time), *Spitzenzeit* $T_p$ (engl: peak time) und *Einschwingzeit* $T_s$ (engl: settling time) charakterisiert.

Bild 2.54 illustriert anhand eines Tiefpass-Systems 2. Ordnung (Beispiel dazu auf Seite 85) die Definitionen der drei Zeitparameter: Die Anstiegszeit $T_r$ ist die Zeit, die das System benötigt, um 90 % seines Endwerts zu erreichen. Die Spitzenzeit $T_p$ ist diejenige Zeit, die bis zum Erreichen des Spitzenwerts verstreicht. Der Zeitpunkt, bei dem die Schrittantwort definitiv in das ±1 %-Endwert-Toleranzband übergeht, heisst Einschwingzeit $T_s$.

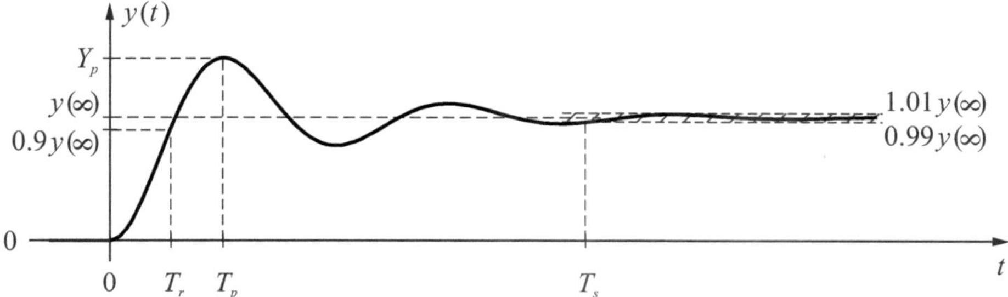


Bild 2.54: Schrittantwort eines Tiefpass-Systems: Definition der Zeitspezifikationsparameter

Nicht alle Systeme überschiessen und oszillieren wie das Tiefpass-System 2. Ordnung in Bild 2.54. Ein einfaches Gegenbeispiel ist das unten beschriebene RC-Glied mit kriechender Schrittantwort.

**Beispiel:** Das RC-Glied (Bild 2.47) ist ein Tiefpass-System 1. Ordnung mit der Übertragungsfunktion $H(s) = \frac{1}{1+RCs}$ und der Schrittanwort $y(t) = 1-e^{-\frac{t}{RC}}$. Es hat eine 3-dB-Bandbreite von $B=1/(2\pi RC)$, eine Anstiegszeit von $T_r = RC \ln(10)$ und eine Einschwingzeit von $T_s = RC \ln(100)$ (Aufgabe 5).

Bild 2.55 zeigt links den Amplitudengang und rechts die Schrittantwort des RC-Glieds. Das obere RC-Glied hat eine Zeitkonstante $RC$ von 2 Sekunden und das untere von 0.5 Sekunden. Das breitbandige System hat in Übereinstimmung mit dem Zeitgesetz der Nachrichtentechnik die schnellere Schrittantwort. Allgemein gilt:

*Ein System reagiert umso schneller, je grösser seine Bandbreite ist.*

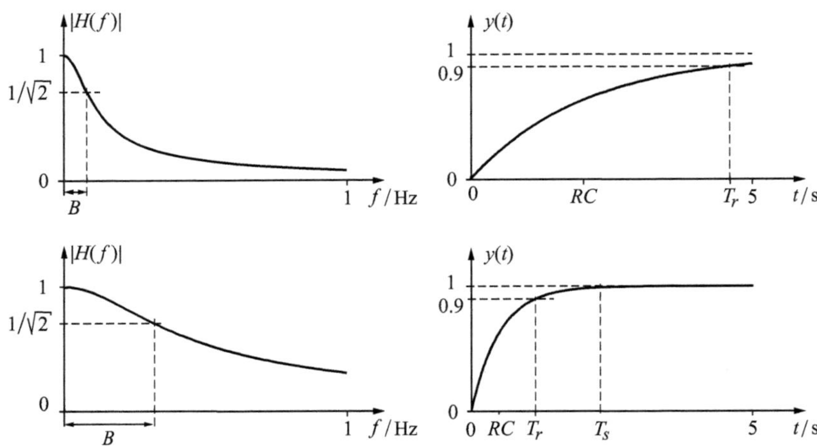


Bild 2.55: Amplitudengang und Schrittantwort zweier RC-Glieder mit verschiedenen Zeitkonstanten $\tau = RC$. Oben: $RC = 2\,\mathrm{s}$, unten: $RC = 0.5\,\mathrm{s}$

■

# Aufgaben

1. **Norm einer Sinusspannung**

   Berechnen Sie die Norm $\|u_p\|$ der Sinusspannung $u_p(t) = \hat{U}\sin(2\pi f_0 t)$.

2. **Spektrum eines periodischen Rechtecksignals**

   Gegeben ist ein $T_0$-periodisches Rechtecksignal $x_p(t)$ mit einem Tastverhältnis (engl: duty cycle) von $T_1/T_0$ gemäß Bild 2.56.

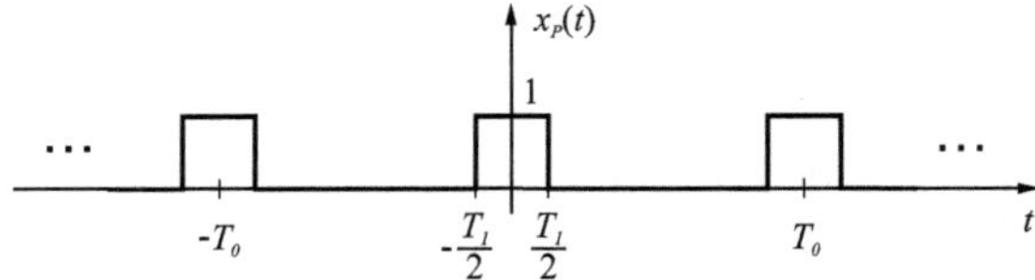


Bild 2.56: Periodisches Rechtecksignal mit dem Tastverhältnis $T_1/T_0$

   (a) Bestimmen Sie das Spektrum $X_p(f)$.

   (b) Zeichnen Sie das Spektrum im Frequenzbereich von $-10\,\mathrm{Hz}$ bis $+10\,\mathrm{Hz}$ für $T_0 = 1\,\mathrm{s}$, $T_1 = 0.25\,\mathrm{s}$ und bestimmen Sie das Gewicht des Dirac-Pulses bei $f = 0$.

3. **Energie und Laplace-Transformierte des Exponentialpulses**

   Berechnen Sie a) die Energie und b) die Laplace-Transformierte des in Bild 2.32 c) dargestellten Exponentialpulses $x(t) = e^{-\frac{t}{\tau}}\varepsilon(t)$.

4. **LCR-Bandpass**

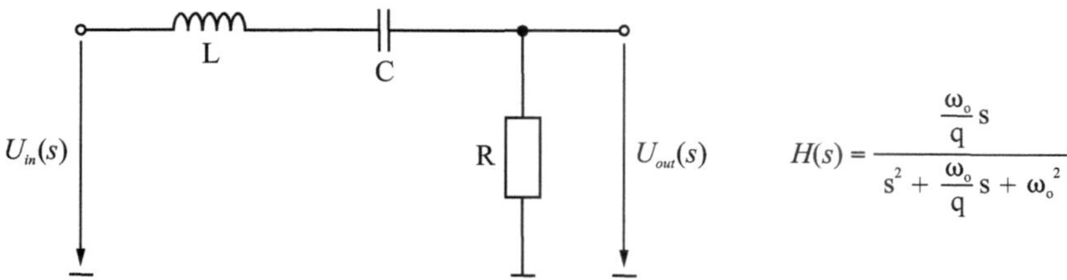


Bild 2.57: LCR-Bandpass mit zugehöriger Übertragungsfunktion

(a) Bestimmen Sie die Übertragungsfunktion $H(s)$ des LCR-Bandpasses und leiten Sie daraus die Dimensionierungsgleichungen

$$\omega_0 = \frac{1}{\sqrt{LC}} \quad \text{und} \quad q = \frac{1}{R}\sqrt{\frac{L}{C}}$$

her.

(b) Berechnen Sie die Skalierungskonstante sowie die Pole und Nullstellen der Übertragungsfunktion in Bild 2.57 (Annahme: $q > 0.5$). Zeigen Sie, dass der Betrag der Pole gleich $\omega_0$ ist.

(c) Bestimmen Sie den Amplitudengang $|H(f)|$. Zeigen Sie, dass er an der Stelle $f = f_0 = \frac{\omega_0}{2\pi}$ den Wert eins hat und dass die 3-dB-Bandbreite $B = \frac{f_0}{q}$ ist.

(d) Legen Sie eine 1-Volt-Sprungfunktion an den LCR-Bandpass und bestimmen Sie die Schrittantwort $u_{out}(t)$, indem Sie das Laplace-Transformationspaar

$$\frac{1}{\sqrt{1-\zeta^2}\omega_0} e^{-\zeta\omega_0 t} \sin(\sqrt{1-\zeta^2}\omega_0 t)\varepsilon(t) \quad \circ\!\!-\!\!\bullet \quad \frac{1}{s^2 + 2\zeta\omega_0 s + \omega_0^2}$$

verwenden (Annahme: $q > 0.5$).

(e) Spulen in Form eines Drahtwickels lassen sich nur schlecht für hohe Induktivitätswerte $L$ realisieren. Eine Alternative bilden elektronische Spulen [vGRM86], deren äquivalente Induktivität $L_{aeq}$ eine Funktion von Widerstands- und Kondensatorwerten ist.

Schliessen wir an den Eingang eines elektrischen, linearen Zweitors eine Spannungsquelle $U_1(s)$ und an den Ausgang eine Spannungsquelle $U_2(s)$ und berechnen wir die beiden Klemmenströme $I_1(s)$ und $I_2(s)$, dann erhalten wir folgendes Gleichungssystem:

$$\begin{bmatrix} I_1(s) \\ I_2(s) \end{bmatrix} = \begin{bmatrix} Y_{11}(s) & Y_{12}(s) \\ Y_{21}(s) & Y_{22}(s) \end{bmatrix} \begin{bmatrix} U_1(s) \\ U_2(s) \end{bmatrix} ,$$

wobei die Matrix mit den Elementen $Y_{11}(s), \cdots, Y_{22}(s)$ Admittanz-Matrix des Zweitors genannt wird.

Zeigen Sie durch Anwenden der Kirchhoff'schen Gesetze, dass für die schwimmende Spule und ihre elektronische Realisierung in Bild 2.58 die Admittanz-Matrix wie folgt gegeben ist:

$$\begin{bmatrix} Y_{11}(s) & Y_{12}(s) \\ Y_{21}(s) & Y_{22}(s) \end{bmatrix} = \begin{bmatrix} Y(s) & -Y(s) \\ -Y(s) & Y(s) \end{bmatrix} ,$$

wobei:

$$Y(s) = \begin{cases} \frac{1}{sL} & : \text{ Drahtspule} \\ \frac{1}{s\frac{R_1^2 R_3}{R_2} C_4} & : \text{ elektronische Spule} \end{cases} .$$

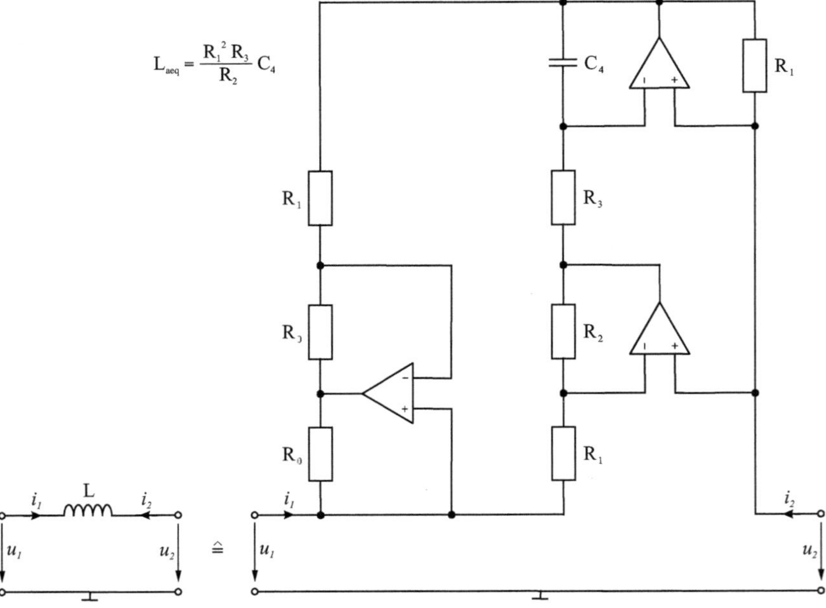


Bild 2.58: Schwimmende Spule und ihre elektronische Realisierung in Form einer aktiven RC-Schaltung

(f) Das M-File `Bandpass2Ord` berechnet und plottet das Pol-Nullstellen-Diagramm, den Amplitudengang und die Schrittantwort eines Bandpasses 2. Ordnung. Experimentieren Sie mit dem M-File, indem Sie verschiedene Resonanzkreisfrequenzen und Güten eingeben.

5. **RC-Glied als Tiefpass-System 1. Ordnung**

Das RC-Glied ist ein Tiefpass-System 1. Ordnung mit der Übertragungsfunktion $H(s) = \frac{1}{1+s\tau}$, wobei die Zeitkonstante $\tau$ durch das Produkt $RC$ gegeben ist.

(a) An das RC-Glied wird ein kausaler Rechteckpuls $u_{in}(t)$ der Höhe $\hat{U}$ und der Dauer $T_0$ gelegt.

i. Zerlegen Sie ihn in zwei geeignete Sprungfunktionen und bestimmen Sie daraus seine Laplace-Transformierte $U_{in}(s)$:

$$u_{in}(t) = \hat{U}\mathrm{rect}(\frac{t - T_0/2}{T_0}) \quad \circ\!\!-\!\!\bullet \quad U_{in}(s) = \hat{U}\frac{1 - e^{-sT_0}}{s}\,.$$

ii. Berechnen Sie das Ausgangsspektrum $U_{out}(f)$ und ermitteln Sie das Ausgangssignal $u_{out}(t)$, indem Sie das Laplace-Transformationspaar

$$\frac{1}{s(s+a)} \quad \bullet\!\!-\!\!\circ \quad \frac{1}{a}(1 - e^{-at})\varepsilon(t)$$

verwenden.

(b) Bestimmen Sie die 3-dB-Bandbreite $B$, die Anstiegszeit $T_r$ und die Einschwingzeit $T_s$ des RC-Gliedes.

6. **Verzögerungsglied als LTI-System**

Ein Verzögerungsglied (engl: delay) ist ein LTI-System, dessen Ausgangssignal gleich dem um $\Delta t$ verzögerten Eingangssignal ist (Bild 2.59).

Bestimmen Sie die Übertragungsfunktion $H(s)$, den Amplitudengang $|H(f)|$, den Phasengang $\angle H(f)$ und die Impulsantwort $h(t)$ des Verzögerungsglieds.

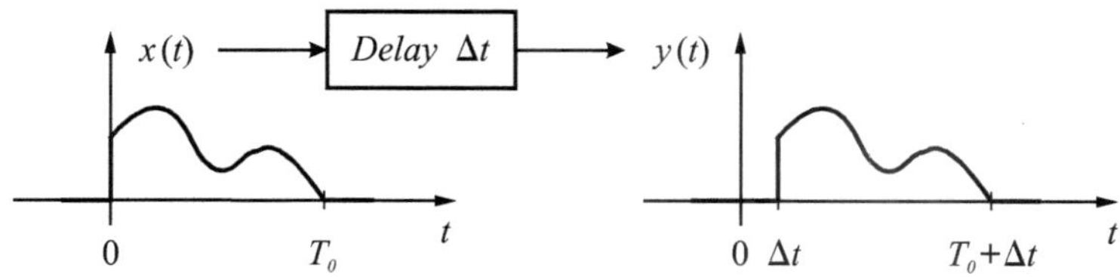


Bild 2.59: Verzögerungsglied

7. **Korrelation als Faltung**

   Beweisen Sie die Formel $r_{xy}(\tau) = x(-t) * y(t)|_{t=\tau}$ für die Korrelation, indem Sie in der Definition (2.88) $t$ durch $t - \tau$ substituieren und nachher die Definition (2.82) für die Faltung anwenden.

8. **Ausgangsspannung des invertierenden Integrators**

   Die Knotengleichung des invertierenden Integrators (Seite 82, Bild 2.49) lautet:

$$-RC\frac{du_{out}(t)}{dt} = u_{in}(t) .$$

   Integrieren Sie beide Seiten dieser Gleichung und zeigen Sie, dass sich die Ausgangsspannung nach folgender Formel berechnen lässt:

$$u_{out}(t) = \frac{-1}{RC}\int_0^t u_{in}(\tau)\,d\tau + u_{out}(0) .$$

9. **Tiefpassfilter 2. Ordnung**

   Ein Tiefpassfilter 2. Ordnung (siehe dazu auch Beispiel 2 auf Seite 85) wird häufig wie folgt als aktive RC-Schaltung realisiert:

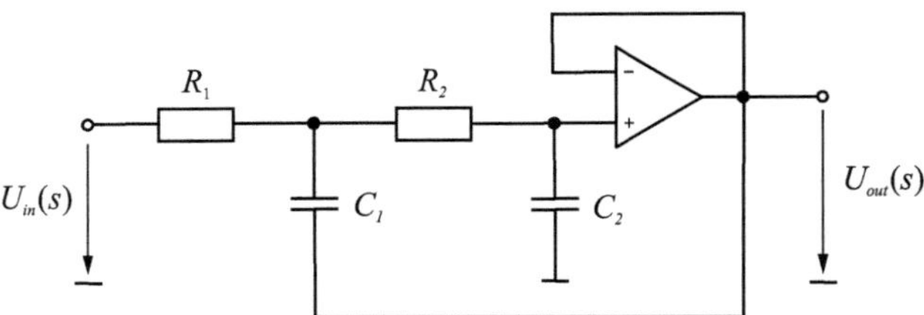


Bild 2.60: Analoges Tiefpassfilter 2. Ordnung

   Die Spannungsübertragungsfunktion lautet:

$$H(s) = \frac{\omega_0^2}{s^2 + 2\zeta\omega_0 s + \omega_0^2} ,$$

   wobei:

$$\omega_0 = \frac{1}{\sqrt{R_1C_1R_2C_2}} \quad \text{und} \quad \zeta = \frac{(R_1+R_2)C_2}{2\sqrt{R_1C_1R_2C_2}} .$$

   Leiten Sie die beiden Dimensionierungsgleichungen her.

# Kapitel 3

# Signalabtastung und Rekonstruktion

Rechner verarbeiten nur digitale Signale, d. h. Signale, die in Form von Zahlenwerten vorliegen. Analoge Signale müssen deshalb zur rechnerischen Verarbeitung in digitale Signale umgewandelt werden. In diesem Kapitel wird gezeigt, wie ein analoges in ein digitales Signal übergeführt wird, welche Problematik damit verbunden ist und wie das digitale wieder in ein analoges Signal umgewandelt werden kann.

## 3.1 Abtastung

Der Analog-Digital-Wandler (AD-Wandler) ist eine Vorrichtung, die ein analoges, d. h. zeitkontinuierliches Signal $x(t)$ in ein zeitdiskretes Signal $x[n]$ gemäß der Vorschrift

$$x[n] = x(t)|_{t=nT} \tag{3.1}$$

überführt. $x[n]$ ist der Abtastwert des Analogsignals $x(t)$ zum Zeitpunkt $t = nT$. $T$ ist der Abstand zweier aufeinanderfolgender Abtastwerte. $T$ heisst Abtastintervall, Abtastzeit oder Abtastperiode (engl: sampling period) und ist gleich dem Reziproken der Abtastrate oder Abtastfrequenz (engl: *s*ampling frequency) $f_s$:

$$T = \frac{1}{f_s}\,. \tag{3.2}$$

Im Gegensatz zur kontinuierlichen Zeitvariablen $t$, die eine reelle Variable ist, heisst $n$ diskrete Zeitvariable oder Zeitindex und gehört zum Bereich der ganzen Zahlen, d. h. $n \in \mathbb{Z}$. Mit den eckigen Klammern in der Schreibweise $x[n]$ will man den zeitdiskreten Charakter des Signals auch optisch hervorheben.

Verwendet man zur Darstellung eines Abtastwerts $x[n]$ eine endliche Anzahl von Ziffern oder Bits, dann spricht man von einem quantisierten oder digitalen Signal und schreibt $x_Q[n]$. Bei genauer Zahlendarstellung hingegen, spricht man von einem wertekontinuierlichen Signal $x[n]$. Ein realer AD-Wandler liefert an seinem Ausgang immer ein digitales Signal $x_Q[n]$, d. h. ein Signal, das sowohl zeit- wie auch wertediskret ist. In der Theorie ist es jedoch von Ausnahmen abgesehen zweckmässiger, ideale AD-Wandler anzunehmen und das zeitdiskrete Signal $x[n]$ als wertekontinuierlich aufzufassen.

Aus Gründen einer einfacheren Analyse hat es sich als nützlich erwiesen, den Übergang vom zeitkontinuierlichen Signal $x(t)$ zum zeitdiskreten Signal $x[n]$ in zwei Stufen zu unterteilen:

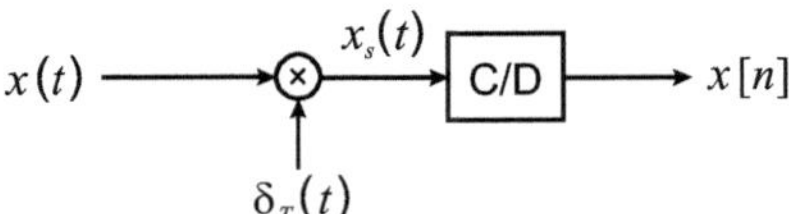


Bild 3.1: Signaltheoretisches Modell eines idealen Analog-Digital-Wandlers

Stufe 1 ist ein idealer Abtaster. Dieser besteht aus einem Multiplikator, der das analoge Eingangssignal $x(t)$ mit dem periodischen Dirac-Puls $\delta_T(t)$ (auch als Abtastfunktion oder Dirac-Impulsreihe bezeichnet) multipliziert. Ausgangssignal ist das abgetastete Signal $x_s(t)$ (engl: sampled signal):

$$\begin{aligned} x_s(t) &= x(t) \cdot \delta_T(t) , \\ &= x(t) \sum_{n=-\infty}^{+\infty} \delta(t - nT) , \\ &= \sum_{n=-\infty}^{+\infty} x(nT)\delta(t - nT) . \end{aligned} \tag{3.3}$$

Das abgetastete Signal $x_s(t)$ ist demnach eine mit den Abtastwerten $x(nT)$ gewichtete Dirac-Impulsreihe.

Die zweite Stufe besteht aus einem Block C/D (Continuous/Discrete), der die Gewichte $x(nT)$ der Dirac-Impulsreihe $x_s(t)$ im zeitlichen Abstand von $T$ an den Ausgang legt:

$$x[n] = x(nT) . \tag{3.4}$$

Abtaster und C/D-Block sind selbstverständlich nicht Bausteine eines realen AD-Wandlers. Sie dienen einzig dazu, den Abtastprozess theoretisch zu beschreiben. Praktische AD-Wandler sind elektronische Komponenten, deren schaltungstechnische Realisierungen z. B. in [Mit06] diskutiert sind.

Bild 3.2 zeigt ein Analogsignal $x(t)$, die Abtastfunktion $\delta_T(t)$, das abgetastete Signal $x_s(t)$ und das zeitdiskrete Signal $x[n]$.

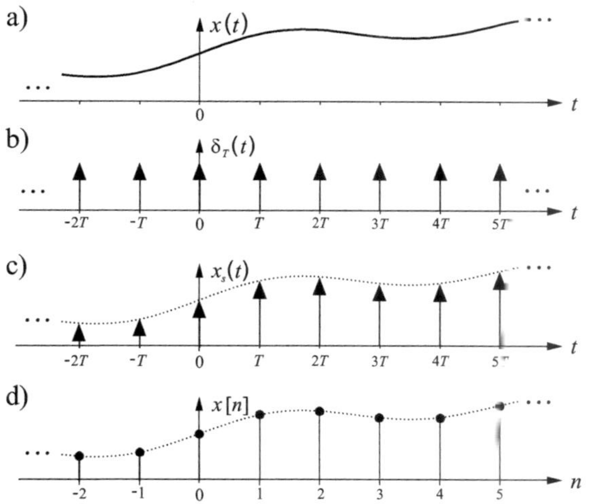


Bild 3.2: Signale des Abtastprozesses: a) Analogsignal, b) Abtastfunktion, c) abgetastetes Signal und d) zeitdiskretes Signal

Bei Betrachtung der Bilder c) und d) könnte man fälschlicherweise auf den Gedanken kommen, dass kein grosser Unterschied zwischen den Signalen $x_s(t)$ und $x[n]$ besteht. Das abgetastete Signal $x_s(t)$ ist prinzipiell ein zeitkontinuierliches Signal das im Allgemeinen null ist. Nur zu den Abtastzeitpunkten besteht es aus Dirac-Pulsen, deren Gewichte gleich den dazugehörigen Abtastwerten sind. Das zeitdikrete Signal $x[n]$ hingegen besteht aus einer Folge von Zahlen, deren Werte gleich den Abtastwerten sind. Der Mathematiker spricht hier von einer Sequenz (engl: sequence) oder Folge. Anstelle von einem zeitdiskreten spricht man oft nur von einem diskreten Signal und kennzeichnet es mit kleinen schwarzen Kugeln auf der Höhe der Abtastwerte. Einzig ein diskretes Signal $x[n]$ lässt sich digital verarbeiten, sein Spektrum und damit das Abtasttheorem hingegen lassen sich viel einfacher aus dem abgetasteten Signal $x_s(t)$ herleiten, wie wir gleich sehen werden.

Um das Spektrum $X_s(f)$ des abgetasteten Signals $x_s(t)$ in Erfahrung zu bringen, transformieren wir Gl.(3.3) in den Frequenzbereich, indem wir das Faltungstheorem (2.87) anwenden:

$$x_s(t) = x(t) \cdot \delta_T(t) \quad \circ\!\!-\!\!\bullet \quad X_s(f) = X(f) * \Delta_T(f)\,.$$

Wir erinnern uns, dass die Fourier-Transformierte $\Delta_T(f)$ des periodischen Dirac-Pulses $\delta_T(t)$ gemäß Gl.(2.53) ebenfalls ein periodischer Dirac-Puls ist. Daraus folgt:

$$X_s(f) = X(f) * \frac{1}{T} \sum_{k=-\infty}^{+\infty} \delta(f - kf_s) .$$

Gemäß Gl.(2.82) ist die Faltung eine Integraloperation:

$$X_s(f) = \int_{-\infty}^{\infty} X(\nu) \cdot \frac{1}{T} \sum_{k=-\infty}^{+\infty} \delta(f - kf_s - \nu) \, d\nu ,$$

wobei $\nu$ hier die Integrationsvariable bezeichnet.

Integration und Summation dürfen vertauscht und $\frac{1}{T}$ kann ausgeklammert werden:

$$X_s(f) = \frac{1}{T} \sum_{k=-\infty}^{+\infty} \int_{-\infty}^{\infty} X(\nu)\delta(f - kf_s - \nu) \, d\nu .$$

Die Funktion $\delta(f - kf_s - \nu)$ ist ein Dirac-Puls, der an der Stelle $\nu = f - kf_s$ auftritt. Aufgrund der Abtasteigenschaft (2.6) des Dirac-Pulses ist das Integral somit gleich der Funktion $X(\nu)$ ausgewertet an der Stelle $\nu = f - kf_s$:

$$X_s(f) = \frac{1}{T} \sum_{k=-\infty}^{+\infty} X(f - kf_s) . \tag{3.5}$$

Das Spektrum des mit der Abtastfrequenz $f_s$ abgetasteten Signals besteht demnach aus dem Spektrum des Originalsignals ($k = 0$) und aus $f_s$-verschobenen Kopien, alle skaliert mit der inversen Abtastzeit.

Bild 3.3 zeigt am Beispiel eines Analogsignals mit dreieckförmigem Spektrum $X(f)$ das durch den Abtastprozess entstandene $f_s$-periodische Spektrum $X_s(f)$.

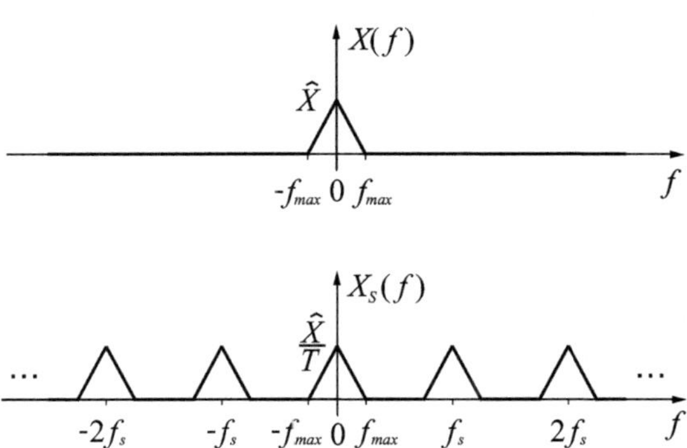


Bild 3.3: Spektrum eines Analogsignals (oben) und Spektrum des fs-abgetasteten Analogsignals (unten)

Ausgehend von der Definition der Fourier-Transformation lässt sich das Spektrum des abgetasten Signals auch in Abhängigkeit seiner Abtastwerte $x(nT)$ berechnen:

$$\begin{aligned}
X_s(f) &= \int_{-\infty}^{\infty} x_s(t)e^{-j2\pi ft}\,dt\,, \\
&= \int_{-\infty}^{\infty} \sum_{n=-\infty}^{+\infty} x(nT)\delta(t-nT)e^{-j2\pi ft}\,dt\,, \\
&= \sum_{n=-\infty}^{+\infty} x(nT) \int_{-\infty}^{\infty} \delta(t-nT)e^{-j2\pi ft}\,dt\,, \\
&= \sum_{n=-\infty}^{+\infty} x[n]e^{-j2\pi fnT}\,, \\
&= \sum_{n=-\infty}^{+\infty} x[n]e^{-j2\pi n\frac{f}{f_s}}\,. \qquad (3.6)
\end{aligned}$$

Gl.(3.6) bezeichnet man auch als Fourier-Transformierte des diskreten Signals $x[n]$ oder kurz DTFT, was die englische Abkürzung für Discrete Time Fourier Transform ist. Wegen $e^{-j2\pi n\frac{f}{f_s}} = e^{-j2\pi n\frac{f-kf_s}{f_s}}$ $(k \in \mathbb{Z})$ ist $X_s(f)$ $f_s$-periodisch und wir halten in Übereinstimmung mit Gl.(3.5) und Bild 3.3 fest:

> *Das Spektrum eines mit der Frequenz $f_s$ abgetasteten Signals ist $f_s$-periodisch.*

Diese wichtige Feststellung erlaubt uns die Herleitung des Abtasttheorems, wie wir im nächsten Abschnitt sehen werden.

# 3.2 Signalrekonstruktion

## 3.2.1 Ideale Rekonstruktion und Abtasttheorem

Im Folgenden geht es um die Frage, wie und unter welchen Bedingungen das ursprüngliche, analoge Signal $x(t)$ aus dem abgetasteten Signal $x_s(t)$ rekonstruiert werden kann. Diese Frage ist einfach zu beantworten, wenn wir Bild 3.4 betrachten: Das ursprüngliche Signal mit dem Spektrum $X(f)$ erhalten wir, indem wir das abgetastete Signal $x_s(t)$ mit einem idealen Tiefpass $H_{rect}(f)$ der Höhe $T$ und der Bandbreite $0.5f_s$ filtern. Dieses Filter liefert dann das Ausgangssignal $y(t) = x(t)$ mit dem Spektrum $Y(f) = X(f)$. Ein solches Filter, in Bild 3.4 gestrichelt eingezeichnet, nennt man ideales Rekonstruktions-Tiefpassfilter.

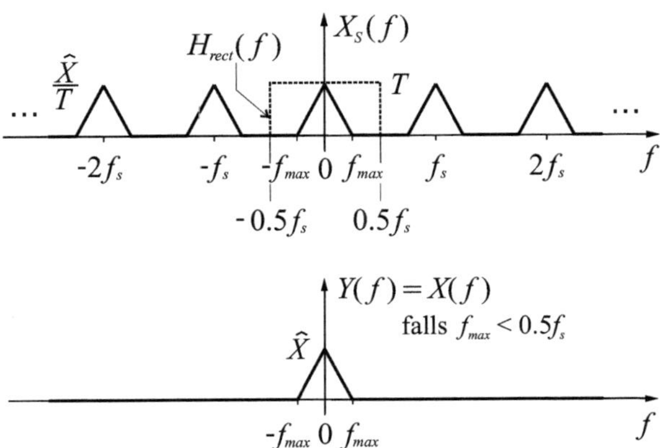


Bild 3.4: Spektrum des abgetasteten (oben) und Spektrum des rekonstruierten Signals (unten)

Mathematisch:

$$\begin{aligned} Y(f) &= H_{rect}(f)X_s(f)\,, \\ &= T\text{rect}(\frac{f}{f_s})X_s(f)\,, \\ &= T\text{rect}(\frac{f}{f_s}) \cdot \frac{1}{T}\sum_{k=-\infty}^{+\infty} X(f-kf_s)\,, \\ &= X(f)\,. \end{aligned} \tag{3.7}$$

Der Schritt von der zweitletzten zur letzten Zeile wird verständlich bei Betrachtung von Bild 3.4: Die Rechteckfunktion schneidet aus der Summe der $f_s$-verschobenen Spektren das Grundspektrum heraus (das Grund- oder Basisspektrum ist das Spektrum mit $k=0$).

Blockschema:

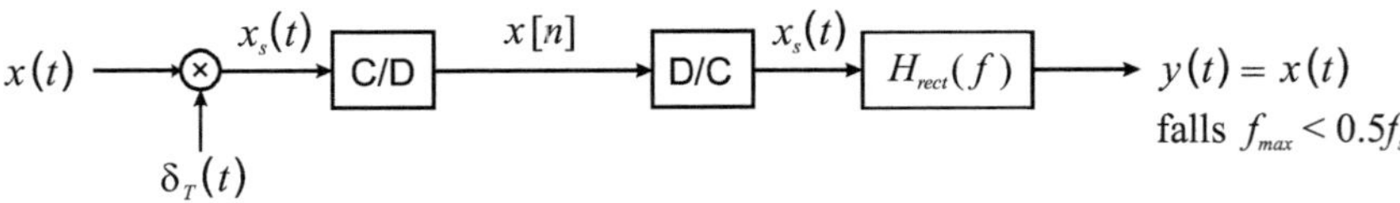


Bild 3.5: Ideale Signalabtastung und -rekonstruktion

Aus Bild 3.4 ist ersichtlich, dass eine korrekte Rekonstruktion nur möglich ist, wenn sich die einzelnen Teilspektren nicht überlappen. Überlappen sie sich wie in Bild 3.6, d. h. ist die Grenzfrequenz $f_{max}$ grösser als $0.5f_s$, dann ist eine fehlerfreie Rekonstruktion nicht möglich.

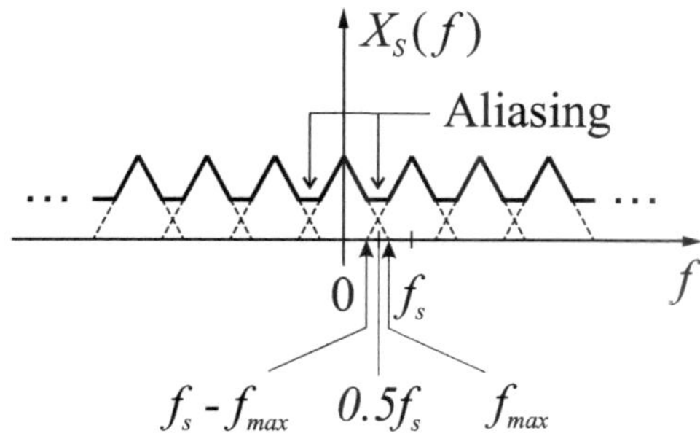


Bild 3.6: Spektrum eines unterabgetasteten Signals

Zur korrekten Rekonstruktion muss die so genannte Abtast- oder Nyquistbedingung

$$f_s > 2f_{max} \tag{3.8}$$

erfüllt sein. Aus ihr folgt das *Abtasttheorem* (engl: sampling theorem), ein zentrales Theorem der Signalverarbeitung:

> *Ein Signal ist eindeutig durch seine Abtastwerte $x(nT)$ bestimmt, wenn die Abtastfrequenz $f_s$ grösser ist als die zweifache Grenzfrequenz $f_{max}$.*

$T = 1/f_s$ ist die Abtastperiode und die Grenzfrequenz $f_{max}$ ist die höchste vorkommende Frequenz im ursprünglichen Signal $x(t)$, d. h. :

$$X(f) = 0 \quad \text{für} \quad |f| > |f_{max}| \,. \tag{3.9}$$

Den Frequenzbereich von $-0.5f_s$ bis $0.5f_s$ nennt man *Basisband* und die Frequenz $0.5f_s$ heisst *Nyquistfrequenz* oder Nyquistrate. Wenn die Nyquistfrequenz höher ist als die Grenzfrequenz, spricht man von Überabtastung (engl: oversampling) und sonst von Unterabtastung (engl: undersampling). Eine Abtastung mit der Nyquistrate wird als kritische Abtastung bezeichnet. In der Praxis ist die Überabtastung mit Faktor 1.1 bis etwa Faktor 10 üblich. In der digitalen Telefonie beispielsweise, wo $f_{max} = 3.4\,\text{kHz}$ beträgt, wird mit $f_s = 8\,\text{kHz}$ abgetastet.

Bild 3.6 zeigt das Spektrum eines unterabgetasteten Signals: Die periodischen Teilspektren überlappen sich. Diese Bandüberlappung wird im Englischen *Aliasing* genannt, ein Wort, das sich auch im Deutschen eingebürgert hat. Wegen dieser Bandüberlappung kann das ursprüngliche Signal nicht mehr fehlerlos rekonstruiert werden und es entsteht ein so genannter Unterabtastfehler.

**Beispiel:** Wie sich das Aliasing im Zeit- und Frequenzbereich auswirkt, ist in Bild 3.7 anhand einer unterabgetasteten Cosinusschwingung dargestellt.

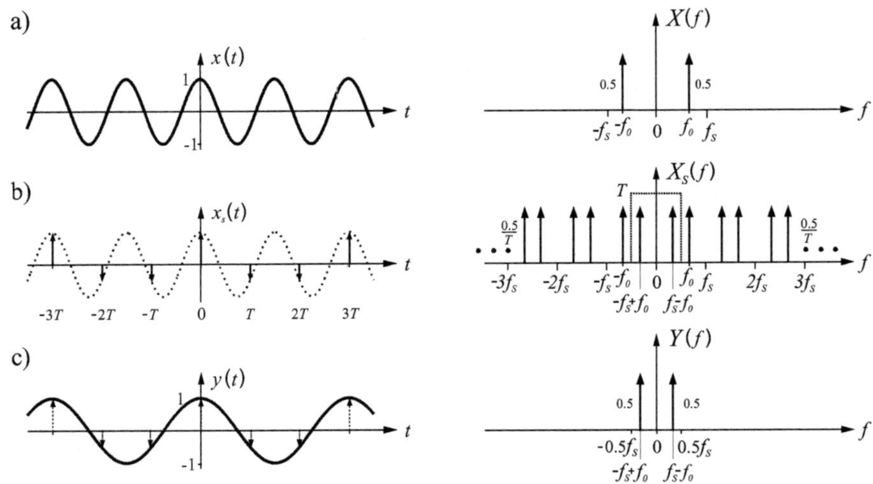


Bild 3.7: Signale (links) und ihre Spektren (rechts)
a) Cosinusschwingung $x(t)$ der Frequenz $f_0 = \frac{2}{3}f_s$
b) $f_s$-abgetastete Cosinusschwingung $x_s(t)$
c) Abtastverzerrte Cosinusschwingung $y(t)$ der Frequenz $\frac{1}{3}f_s$

Die Cosinusschwingung hat eine Frequenz von $f_0$ und wird mit einer Frequenz von $f_s = \frac{3}{2}f_0$ abgetastet. Die Abtastbedingung $f_s > 2f_0$ wird demnach verletzt. Durch das Abtasten wird das Spektrum $f_s$-periodisch, wie das Bild b) rechts zeigt. In diesem Bild ist auch der ideale Rekonstruktions-Tiefpass der Bandbreite $0.5f_s$ und der Höhe $T$ eingezeichnet. Dieser filtert aus dem periodischen Spektrum die beiden Spektrallinien bei $-(f_s - f_0)$ und $(f_s - f_0)$ heraus. Das rekonstruierte Signal in Bild c) ist demzufolge eine Cosinusschwingung mit der Aliasfrequenz von $(f_s - f_0) = \frac{1}{3}f_s$. ■

Wir haben in Gl.(3.7) festgestellt, dass unter Einhaltung der Abtastbedingung das Ausgangspektrum $Y(f) = H_{rect}(f)X_s(f)$ gleich dem Eingangsspektrum $X(f)$ ist. Transformieren wir die Gleichung $Y(f) = H_{rect}(f)X_s(f)$ in den Zeitbereich, dann erhalten wir durch Anwenden der inversen Fourier-Transformation folgendes Resultat (Details siehe Aufgabe 1):

$$\begin{aligned} y(t) &= h_{rect}(t) * x_s(t)\,, \\ &= \text{sinc}(\frac{t}{T}) * x_s(t)\,, \\ &= \sum_{n=-\infty}^{+\infty} x(nT)\text{sinc}(\frac{t-nT}{T})\,, \\ &= x(t)\,. \end{aligned} \tag{3.10}$$

Die rechte Seite von Gl.(3.10) wird Interpolations- oder Rekonstruktionsfunktion genannt. Demnach kann jedes bandbeschränkte Signal $x(t)$ durch eine Linearkombination von $T$-verschobenen und mit den Abtastwerten gewichteten Sinc-Funktionen dargestellt werden. Mit anderen Worten: Die Abtastwerte eines auf $\frac{0.5}{T}$ bandbeschränkten Signals enthalten die vollständige Signalinformation. Diese Feststellung, 1948 formuliert vom amerikanischen Mathematiker Claude Shannon, steht am Anfang einer äusserst erfolgreichen Entwickung der digitalen Signalverarbeitung, da Abtastwerte in Zahlen dargestellt und weiterverarbeitet werden können.

## 3.2.2 Signalrekonstruktion mittels Halteglied

Das ideale Rekonstruktions-Tiefpassfilter mit dem Frequenzgang $H_{rect}(f)$ der Höhe $T$ und der Bandbreite $0.5f_s$:

$$H_{rect}(f) = T\text{rect}(\frac{f}{f_s}) \quad \bullet\!\!-\!\!\circ \quad h_{rect}(t) = \text{sinc}(\frac{t}{T})\,, \tag{3.11}$$

hat eine sincförmige Impulsantwort $h_{rect}(t)$, die erstens unendlich lang und zweitens akausal ist. Filter mit solchen Eigenschaften sind nicht realisierbar. Einfach realisierbar hingegen ist ein Rekonstruktions-Tiefpassfilter, das ein diskretes Signal $x[n]$ in ein treppenförmiges, kontinuierliches Signal $y(t)$ gemäß Bild 3.8 überführt:

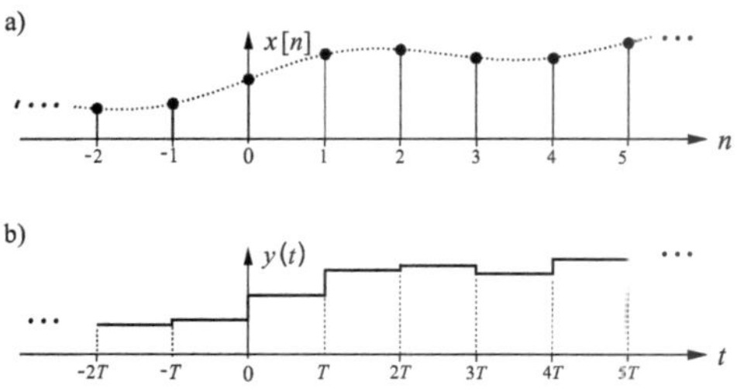


Bild 3.8: Signalrekonstruktion mittels Halteglied: a) diskretes Signal, b) rekonstruiertes Signal

Die Überführung des zeitdiskreten Signals $x[n]$ in das zeitkontinuierliche, stückweise konstante Ausgangssignal $y(t)$ lässt sich durch eine Kaskade zweier Blöcke gemäß Bild 3.9 modellieren:

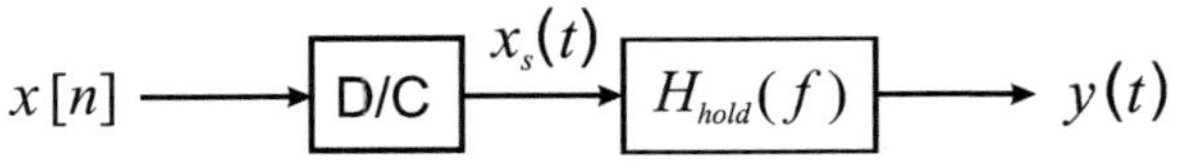

Bild 3.9: Modell der Signalrekonstruktion mittels Halteglied

Das Signal $x_s(t)$ besteht bekanntlich aus Dirac-Pulsen mit dem Abstand $T$ und den Gewichten $x[n]$. Das Halteglied mit dem Frequenzgang $H_{hold}(f)$ überführt diese Dirac-Pulse gemäß Bild 3.8 in Rechteckimpulse der Dauer $T$ und der Höhe $x[n]$. Seine Impulsantwort ist demnach ein kausaler Rechteckimpuls:

$$h_{hold}(t) = \text{rect}(\frac{t - 0.5T}{T}) \,. \tag{3.12}$$

Aus der Theorie (siehe Abschn. 2.5.3, Seite 69) wissen wir, dass der Frequenzgang eines LTI-Systems gleich der Fourier-Transformierten der Impulsantwort ist:

$$H_{hold}(f) \quad \bullet\!\!-\!\!\circ \quad h_{hold}(t) \,. \tag{3.13}$$

Die Fourier-Transformierte eines kausalen Rechteckimpulses findet sich aufgrund der untersten Beispiele auf den Seiten 35 und 41 wie folgt:

$$H_{hold}(f) = T\text{sinc}(fT)e^{-j\pi fT} \,. \tag{3.14}$$

Das Spektrum $Y(f)$ des per Halteglied rekonstruierten Ausgangssignals $y(t)$ ist somit gleich dem $f_s$-periodischen Spektrum $X_s(f)$ gefiltert mit dem Frequenzgang $H_{hold}(f)$ des Halteglieds:

$$Y(f) = H_{hold}(f)X_s(f) \,. \tag{3.15}$$

In der Praxis wird die Signalrekonstruktion per Halteglied durch einen Digital-Analog-Wandler (DA-Wandler) bewerkstelligt, dessen Schaltungstechnik z. B. in Lit. [Mit06] beschrieben ist.

**Beispiel:** Bild 3.8 veranschaulicht die Wirkung des Halteglieds im Zeitbereich und Bild 3.10 illustriert seine Wirkung im Frequenzbereich anhand eines abgetasteten Analogsignals mit dreieckförmigem Spektrum.

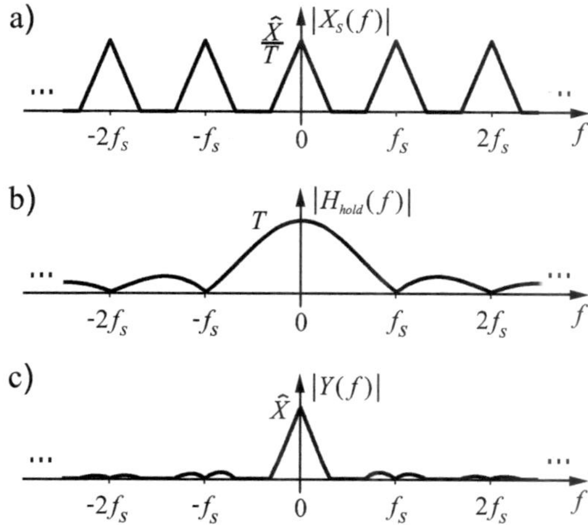


Bild 3.10: Signalrekonstruktion mittels Halteglied:
a) Betragsspektrum $|X_s(f)|$ eines abgetasteten Analogsignals
b) Amplitudengang $|H_{hold}(f)|$ des Halteglieds
c) Betragsspektrum $|Y(f)|$ des rekonstruierten Signals

■

Das Halteglied ist kein ideales Rekonstruktionsfilter. Im Zeitbereich rekonstruiert es das Analogsignal durch horizontale Strecken der Länge $T$, die untereinander abrupt verbunden sind. Im Frequenzbereich dämpft es das erwünschte Basisspektrum leicht und unterdrückt die unerwünschten, bei Vielfachen von $f_s$ zentrierten Spiegelspektren (engl: images) nur unvollständig. Besonders bei kurzer Abtastzeit $T$ sind diese Mängel vielfach tolerierbar und falls nicht, werden wir im Unterkapitel 3.3.2 sehen, wie man sie korrigieren kann.

### 3.2.3 Rekonstruktion mittels linearer Interpolation

Eine weitere einfache Rekonstruktionsmethode, die insbesondere bei der graphischen Darstellung von Funktionen angewandt wird, ist die lineare Interpolation. Diese Methode verbindet die Abtastwerte mittels gerader Linien, wie Bild 3.11 illustriert.

Im Intervall $nT \leq t < (n+1)T$ berechnet sich das rekonstruierte Signal $y(t)$ folglich nach der Vorschrift

$$y(t) = x[n] + \frac{x[n+1] - x[n]}{T}(t - nT)\,. \tag{3.16}$$

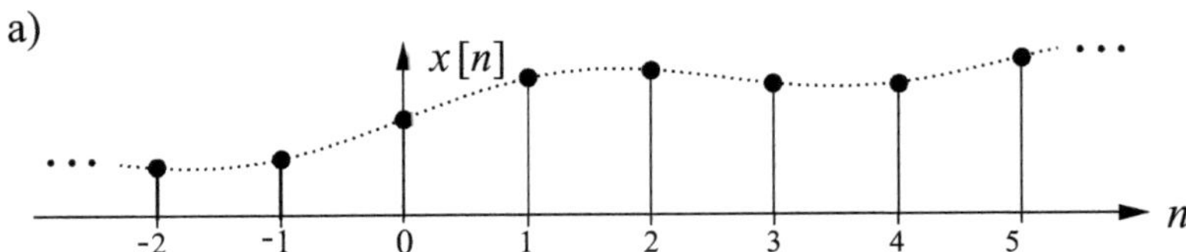


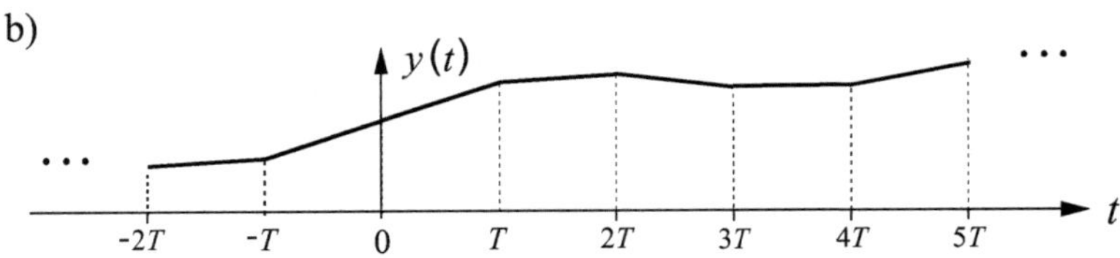


Bild 3.11: Signalrekonstruktion mittels linearer Interpolation:
a) diskretes Signal, b) rekonstruiertes Signal

In Aufgabe 3 wird gezeigt, dass ein Rekonstruktionsfilter mit dreieckförmiger Impulsantwort

$$h_{lin}(t) = \begin{cases} 0 & : \quad t \leq -T \\ 1 + t/T & : \quad -T < t \leq 0 \\ 1 - t/T & : \quad 0 < t \leq T \\ 0 & : \quad t > T \end{cases} \tag{3.17}$$

und dem Frequenzgang

$$H_{lin}(f) = T\mathrm{sinc}^2(fT) \tag{3.18}$$

die Abtastwerte gemäß der erwähnten Vorschrift (3.16) linear interpoliert.

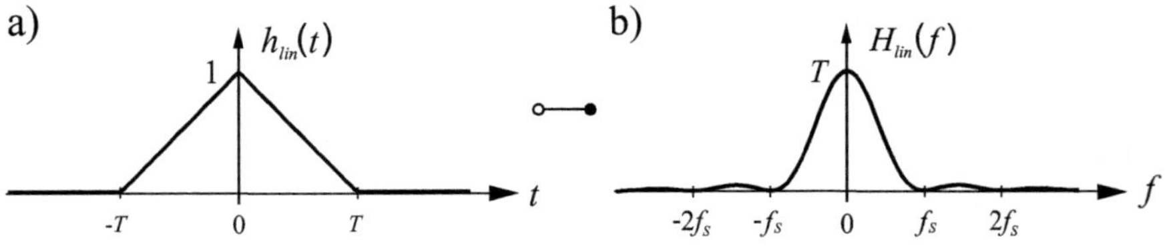


Bild 3.12: Filter zur linearen Interpolation: a) Impulsantwort, b) Frequenzgang

## 3.3 Antialiasing- und Glättungsfilter

Vor der AD- respektive nach der DA-Wandlung müssen die Analogsignale bei Bedarf gefiltert werden:

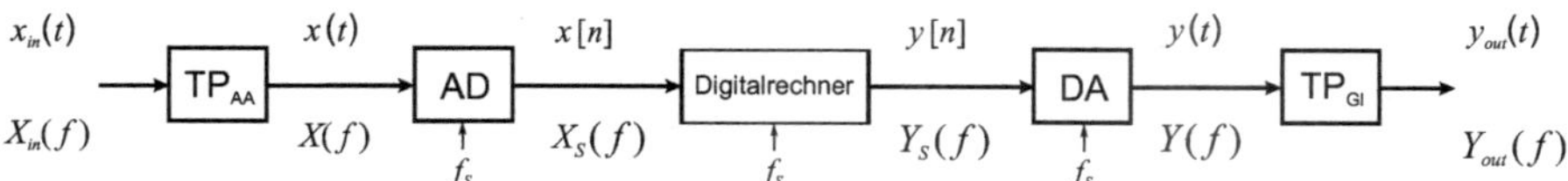


Bild 3.13: Signalverarbeitungskette mit Antialiasingfilter $TP_{AA}$ und Glättungsfilter $TP_{Gl}$, sowie Signalen im Zeit- und Frequenzbereich

Wir wollen in den beiden nächsten Abschnitten diskutieren, wie die beiden Tiefpassfilter, Antialiasing- und Glättungsfilter (engl: smoothing filter) genannt, bei einem eventuellen Einsatz zu dimensionieren sind.

### 3.3.1 Antialiasingfilter

Ausgangsspunkt unserer Diskussion ist ein Signal $x_{in}(t)$ dessen Nutzsignalspektrum (engl: spectrum of the useful signal) im Bereich $|f| \leq f_u$ liegt und das im Bereich $f_u < |f| \leq f_{max}$ aus Rauschen besteht (Bild 3.14 a). Die auf dem Rechner implementierte digitale Signalverarbeitung soll das Signal im Nutzfrequenzbereich auswerten. Eine Bandüberlappung, d. h. ein Aliasing in den Nutzfrequenzbereich ist daher durch eine passende Wahl der Abtastfrequenz und den eventuellen Einsatz eines Antialiasingfilters zu vermeiden.

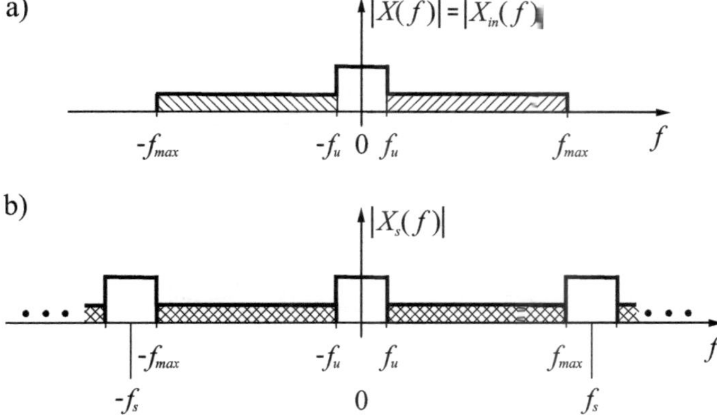


Bild 3.14: a) Betragsspektrum eines Eingangssignals, b) Betragsspektrum des mit der Frequenz $f_s = f_{max} + f_u$ abgetasteten Eingangssignals

Verzichten wir auf ein Antialiasingfilter, dann ist das Signal $x(t)$ am Eingang des AD-Wandlers gleich dem Eingangssignal $x_{in}(t)$. Das Spektrum $X_s(f)$ des abgetasteten Signals ist demnach gleich dem Spektrum $X_{in}(f)$ des Eingangssignals, periodisch fortgesetzt mit der Abtastfrequenz $f_s$ (Bild 3.14 b). Zur Vermeidung von Aliasing muss, wie aus Bild 3.14 b) hervorgeht, $f_s$ gleich oder grösser als $f_{max} + f_u$ gewählt werden:

$$f_s \geq f_{max} + f_u \,. \tag{3.19}$$

Bei breitem Eingangsspektrum, d. h. bei hohem $f_{max}$, muss gemäß Gl.(3.19) auch die Abtastfrequenz $f_s$ hoch gewählt werden. Eine hohe Abtastfrequenz ist jedoch im Allgemeinen unerwünscht, weil dadurch das Abtastintervall $T$ klein wird und damit auch die dem Rechner zur Verfügung stehende Rechenzeit während einer Abtastperiode. Zudem werden wir später sehen, dass die Ansprüche an die Zahlen- und Rechengenauigkeit bei zunehmender Abtastfrequenz ebenfalls steigen.

Die Lösung dieses Dilemmas – Vermeidung von Aliasing und Vermeidung einer hohen Abtastfrequenz – bietet der Einsatz eines Antialiasingfilters, wie Bild 3.15 illustriert. Für die Wahl der Abtastfrequenz finden wir dann analog zu Gl.(3.19):

$$f_s \geq f_{stop} + f_u \,. \tag{3.20}$$

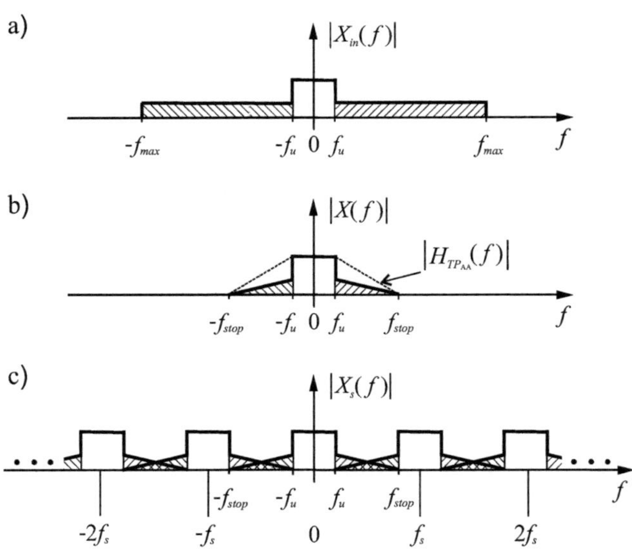


Bild 3.15: a) Betragsspektrum eines Eingangssignals, b) Betragsspektrum des gefilterten Eingangssignals c) Betragsspektrum des mit der Frequenz $f_s = f_{stop} + f_u$ abgetasteten Eingangssignals

Ist die Abtastfrequenz gegeben und die Dimensionierung des Antialiasingfilters gesucht, dann führt das Studieren von Bild 3.15 zu folgenden Formeln:

$$f_{pass} = f_u \qquad \text{und} \qquad f_{stop} = f_s - f_u \,, \tag{3.21}$$

dabei ist $f_{pass}$ die Durchlass- und $f_{stop}$ die Sperrfrequenz des Antialiasingfilters.

Ergibt die Dimensionierung des Antialiasingfilters eine Sperrfrequenz, die nur wenig grösser als die Durchlassfrequenz ist, dann resultiert daraus ein Analogfilter grosser Steilheit. Solche Filter sind aufwändig und werden dementsprechend kaum eingesetzt. Als Lösung dieses Problems bietet sich ein AD-Wandler an, der das Eingangssignal einerseits mit einer hohen Frequenz $f_s$ abtastet und andererseits das Ausgangssignal mit einer tiefen Abtastfrequenz dem Digitalrechner zur Verfügung stellt. Die Dimensionierungsungleichung $f_{stop} = f_s - f_u$ führt dann zu einer hohen Sperrfrequenz und damit zu einem einfachen oder bei $f_{stop} > f_{max}$ sogar verzichtbaren Antialiasingfilter. Der Digitalrechner seinerseits arbeitet mit tiefer Abtastfrequenz, woraus die erwähnten Vorzüge bezüglich Rechengeschwindigkeit und Rechengenauigkeit resultieren. Solche sogenannte Sigma-Delta-AD-Wandler sind Multiraten-Systeme und z. B. in Lit. [vG08b] und [Mit06] beschrieben.

## 3.3.2 Glättungsfilter

Um die Wirkung des Glättungsfilters zu erklären, gehen wir davon aus, dass der Digitalrechner in Bild 3.13 ein Nutzsignal liefert, dessen Basisspektrum im Frequenzbereich $[-f_u, f_u]$ angesiedelt ist (Bild 3.16 a).

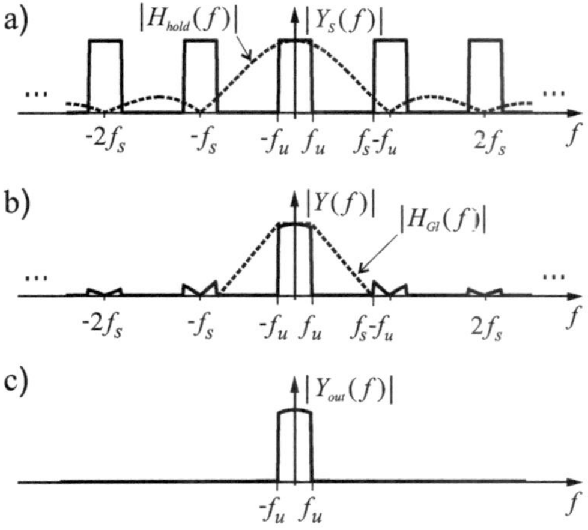


Bild 3.16: a) Betragsspektrum am Eingang des DA-Wandlers, b) Betragsspektrum am Ausgang des DA-Wandlers c) Betragsspektrum am Ausgang des Glättungsfilters

Bekannterweise arbeitet der DA-Wandler als Halteglied mit sincförmigem Amplitudengang $|H_{hold}(f)|$. Das DA-Wandler-Ausgangssignal $y(t)$ ist demnach treppenförmig (Bild 3.8 b) und sein Spektrum $Y(f)$ besteht aus dem schwach bedämpften Basisspektrum und aus stark, aber unvollständig gedämpften Spiegelspektren bei ganzen Vielfachen von $f_s$ (Bild 3.16 b). Stören die Treppenstufen, die sich in Form von Restspektren bei ganzen Vielfachen von $f_s$ manifestieren, dann muss ein Glättungsfilter eingesetzt werden. Seine Dimensionierung ergibt sich unmittelbar aus Betrachtung von Bild 3.16 b):

$$f_{pass} = f_u \qquad \text{und} \qquad f_{stop} = f_s - f_u \,. \tag{3.22}$$

Die schwache Dämpfung des Basisspektrums im Nutzfrequenzbereich kann durch eine entsprechende Verstärkung im Durchlassbereich des Glättungsfilters kompensiert werden. Diese unerwünschte Dämpfung im Nutzfrequenzbereich als auch die unvollständige Spiegelspektren-Unterdrückung sind häufig tolerierbar, insbesondere dann, wenn der DA-Wandler mit hoher Abtastfrequenz betrieben wird. Unter diesen Umständen ist der Einsatz eines Glättungsfilters selbstverständlich überflüssig.

# Aufgaben

1. **Herleitung des rekonstruierten Ausgangssignals**

   Leiten Sie die Rekonstruktionsformel (3.10),

   $$y(t) = \sum_{n=-\infty}^{+\infty} x(nT)\mathrm{sinc}(\frac{t-nT}{T})\,,$$

   analog zu Gl.(3.5) und Gl. (3.6) her.

2. **Signalzerlegungen**

   Listen Sie alle Signalzerlegungen im Zeitbereich auf, die Sie in Kapitel 2 und 3 kennengelernt haben.

3. **Rekonstruktion mittels linearer Interpolation**

   Die Filterung des abgetasteten Signals $x_s(t)$ mit einem Rekonstruktionsfilter, das eine dreieckförmige Impulsantwort

   $$h_{lin}(t) = \begin{cases} 1+t/T & : \quad -T < t \leq 0 \\ 1-t/T & : \quad 0 < t \leq T \\ 0 & : \quad \text{sonst} \end{cases}$$

   hat, führt zu folgender linearer Interpolationsvorschrift:

   $$y(t) = x[n] + \frac{x[n+1]-x[n]}{T}(t-nT)\,.$$

   Leiten Sie dieses Ergebnis her, indem Sie die Faltung $y(t) = h_{lin}(t) * x_s(t)$ im Intervall $nT \leq t < (n+1)T$ berechnen.

4. **Dimensionierung eines Antialiasingfilters**

Ein reelles Nutzsignal $x_1(t)$ mit einem rechteckförmigen Betragsspektrum $|X_1(f)| = U_1T_1\text{rect}(\frac{f}{2f_{max}})$ und ein sägezahnförmiges Störsignal mit der Fourier-Reihe $x_2(t) = -\Sigma_{k=1}^{\infty}(-1)^kU_2\sin(2\pi kf_0t)/(\pi k)$ bilden das Eingangssignal $x_{in}(t) = x_1(t) + x_2(t)$ des Systems in Bild 3.13.

(a) Unter der Annahme, dass der Amplitudengang des Antialiasingfilters stückweise gerade gemäß Bild 3.17 ist, skizziere man die Spektren $|X_{in}(f)|$, $|X(f)|$ und $|X_s(f)|$ für folgende Parameter: $f_0 = 1\,\text{kHz}$, $f_{max} = 0.5\,\text{kHz}$ und $f_s = 3.25\,\text{kHz}$. Skizieren Sie zudem das Spektrum $|Y(f)|$ für einen inaktiven Digitalrechner, d. h. $y[n] = x[n]$.

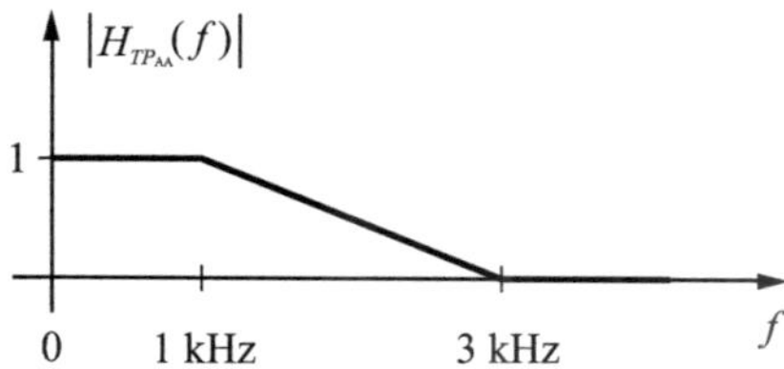


Bild 3.17: Antialiasingfilter zu Aufgabe 4a)

(b) Als Antialiasingfilter werde ein RC-Glied eingesetzt. Bestimmen Sie dessen Zeitkonstante *RC* so, dass die Dämpfung bei $f_{max}$ 0.5 dB ist.

(c) Überprüfen Sie den Amplitudengang des RC-Glieds mithilfe des MATLAB-Befehls `freqs` .

(d) Bei einer Abtastfrequenz von $f_s = 1\,\text{MHz}$ und einer Sägezahnfrequenz von $f_0 = 10.10\,\text{kHz}$ tritt im Nutzfrequenzbereich von 0... 500 Hz Aliasing auf. Bei welcher Frequenz $f_a$ tritt der Alias auf und wie gross ist seine Amplitude $\hat{U}_a$? ($U_2 = 12\,\text{V}$ und $RC = 111\,\mu\text{s}$.)

5. **Aliasing-Demonstration**

Gegeben ist das das Spektrum $X(f)$ eines Audiosignals $x(t)$:

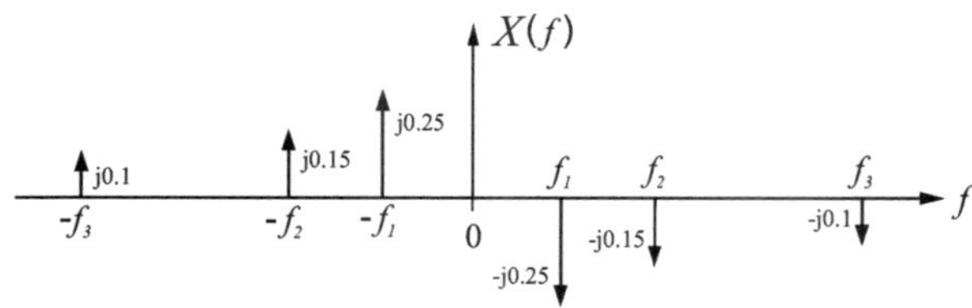


Bild 3.18: Spektrum des gesuchten Signals $x(t)$

(a) Wie lautet das Signal $x(t)$?

(b) Das Signal $x(t)$ wird mit der Frequenz $f_s = 2\,\text{kHz}$ abgetastet. Zeichnen Sie das Betragsspektrum $|X_s(f)|$ des abgetasteten Signals $x_s(t)$ im Nyquistbereich, d. h. im Frequenzbereich von 0 bis $0.5f_s$.

   i. Für $f_1 = 200\,\text{Hz}$, $f_2 = 400\,\text{Hz}$ und $f_3 = 800\,\text{Hz}$.

   ii. Für $f_1 = 1200\,\text{Hz}$, $f_2 = 1400\,\text{Hz}$ und $f_3 = 1800\,\text{Hz}$.

   iii. Für $f_1 = 2200\,\text{Hz}$, $f_2 = 2400\,\text{Hz}$ und $f_3 = 2800\,\text{Hz}$.

(c) Das M-File `DemoAliasing` ist ein Programm, das drei Töne mit den Frequenzen $f_1 = 200\,\text{Hz}$, $f_2 = 400\,\text{Hz}$ und $f_3 = 800\,\text{Hz}$ erzeugt und ihre Frequenzen kontinuierlich auf $f_1 = 2200\,\text{Hz}$, $f_2 = 2400\,\text{Hz}$ und $f_3 = 2800\,\text{Hz}$ erhöht. Das Audiosignal, bestehend aus der Summe dieser drei Töne, wird zunächst mit der Frequenz $f_s = 20\,\text{kHz}$ und nachher mit der Frequenz $f_s = 2\,\text{kHz}$ abgetastet. Das Programm demonstriert in Bild und Ton die beiden unterschiedlich abgetasteten Signale mit ihren Betragsspektren. Experimentieren Sie mit dem M-File und versuchen Sie, die Aliasingeffekte zu verstehen.

# Kapitel 4

# Zeitdiskrete Signale und Systeme

In diesem Kapitel wollen wir uns mit den theoretischen Grundlagen der zeitdiskreten Signalverarbeitung auseinandersetzen.

## 4.1 Zeitdiskrete Signale

### 4.1.1 Grundlagen

Unter einem *diskreten* oder *zeitdiskreten* Signal versteht man eine Folge (engl: sequence) von reellen oder komplexen Zahlen:

$$\{x[n]\}_{n\in\mathbb{Z}} = \{\ldots, x[-2], x[-1], x[0], x[1], x[2], \ldots\} \ . \tag{4.1}$$

Mit $n \in \mathbb{Z}$ (sprich $n$ in $\mathbb{Z}$) will man ausdrücken, dass $n$ eine ganze Zahl ist und den Bereich von minus bis plus unendlich durchläuft: $-\infty < n < \infty$. Da dies als Selbstverständlichkeit betrachtet wird, lässt man die Mengenbezeichnung meistens weg, so dass alleine die geschweiften Klammern eine Folge charakterisieren.

Eine Folge oder eine Sequenz entsteht in der Praxis beispielsweise durch die Abtastung eines zeitkontinuierlichen Signals $x(t)$, so wie sie in Abschn. 3.1 beschrieben ist:

$$x[n] = x(t)|_{t=nT} \ . \tag{4.2}$$

Der $n$-te Abtastwert $x[n]$ ist identisch mit dem Gewicht $x(nT)$ des abgetasteten Signals in Gl.(3.3). Der Wert $x[n]$ wird aber auch dann Abtastwert genannt, wenn er durch Generierung auf einem Digitalrechner oder durch Lesen eines Speichers gewonnen wurde. $T$ ist das Abtastintervall und gleich dem Reziproken der Abtastfrequenz $f_s$:

$$T = \frac{1}{f_s} \ . \tag{4.3}$$

**Beispiele von Abtastfrequenzen:** CD-Audio-Aufzeichnung: 44.1 kHz, Signalprozessor: bis 720 MHz, Speicheroszilloskop: bis 10 GHz. ∎

Da die Schreibweise mit den geschweiften Klammern unhandlich ist, hat sich eingebürgert, mit $x[n]$ nicht nur den $n$-ten Abtastwert zu bezeichnen, sondern *auch* die ganze Sequenz. Dies in Analogie zum zeitkontinuierlichen Signal, wo man unter $x(t)$ entweder den Signalwert zum Zeitpunkt $t$ oder den Signalverlauf auf der ganzen Zeitachse versteht. Es wird dann jeweils aus dem Zusammenhang klar, ob mit $x[n]$ ein Abtastwert oder die ganze Sequenz gemeint ist. Auf alle Fälle ist daran zu denken, dass $x[n]$ nur für ganzzahlige Werte von $n$ definiert ist. Dies im Gegensatz zum abgetasteten Signal $x_s(t)$, das zwischen den Abtastzeitpunkten null ist. Um ein diskretes Signal von einem kontinuierlichen Signal unterscheiden zu können, hat sich zudem eingebürgert, die unabhängige Variable $n$ – Zeitindex oder diskrete Zeitvariable genannt – zwischen eckige Klammern [ ] zu setzen. Des Weiteren ist es üblich, ein diskretes Signal $x[n]$ als einheitslos anzunehmen.

Will man betonen, dass eine Folge eine endliche Anzahl von Abtastwerten umfasst, dann kann man dafür die Notation $\{x[n]\}_{n=0}^{N-1}$ verwenden. Darunter versteht man eine Sequenz der Länge $N$, die wie folgt definiert ist:

$$\{x[n]\}_{n=0}^{N-1} = \{x[0], x[1], \ldots, x[N-1]\} \ . \tag{4.4}$$

Bei numerischer Angabe der Abtastwerte bezeichnet das erste Element den Abtastwert zum Zeitpunkt $n = 0$, andernfalls muss der Nullzeitpunkt durch einen senkrechten Pfeil gekennzeichnet werden.

**Beispiel:** $\{x[n]\} = \{\ldots, -0.82, 0.37, \underset{\substack{\uparrow \\ n=0}}{0.15}, -0.49, 0.63, \ldots\}$ . ∎

Die drei Punkte am Anfang und Ende einer Sequenz drücken aus, dass sich das diskrete Signal links und rechts fortsetzt. Fehlen die drei Anfangs- und Endpunkte, dann handelt es sich um ein Signal endlicher Länge.

Wie die Sequenzschreibweise in Gl.(4.1) vermuten lässt, können wir ein zeitdiskretes Signal auch als Vektor betrachten. Vektoren können endlich oder unendlich viele Elemente enthalten und in Form einer Zeile oder Spalte dargestellt werden. Wenn nichts anderes gesagt wird, versteht man unter einem Vektor $\boldsymbol{x}$ (beachten Sie die fette Schreibweise) immer einen Spaltenvektor. Das Umwandeln eines Zeilenvektors in einen Spaltenvektor und umgekehrt nennt man Transponierung und braucht dafür das Symbol $^T$. Für das diskrete Signal $\boldsymbol{x}$ in Vektorform schreibt man daher:

$$\boldsymbol{x} = [\cdots, x[-2], x[-1], x[0], x[1], x[2], \cdots]^T \ . \tag{4.5}$$

Signale endlicher Länge schreibt man ohne Anfangs- und Endfortsetzungspunkte:

$$\boldsymbol{x} = [x[n_1], x[n_1+1], x[n_1+2], \cdots, x[n_2]]^T \ . \tag{4.6}$$

$n_1$ ist der Anfangszeitpunkt, $n_2$ ist der Endzeitpunkt und die Signallänge berechnet sich demnach zu $N = n_2 - n_1 + 1$. Vielfach entspricht der Anfangszeitpunkt dem Nullzeitpunkt, der bei numerisch vorgegebenen Abtastwerten auch in der Vektordarstellung mit einem senkrechten Pfeil gekennzeichnet werden kann.

Zeitdiskrete Signale lassen sich ähnlich einteilen wie zeitkontinuierliche Signale. Wir können die Klassifizierung kontinuierlicher Signale auf die Klassifizierung diskreter Signale übertragen und betrachten im Folgenden deshalb nur diejenigen Beispiele, bei denen diese Übertragung nicht trivial ist.

### 4.1.2 Zeitdiskrete Elementarsignale

Zu den zeitdiskreten Elementarsignalen zählen wir die Impulsfolge, die Sprungfolge und die komplexe Exponentialfolge.

Die Impulsfolge (Einheitspuls, diskreter Dirac-Impuls) ist wie folgt definiert:

$$\delta[n] = \begin{cases} 0 & : \quad n \neq 0 \\ 1 & : \quad n = 0 \end{cases} . \tag{4.7}$$

Analog zur Schrittfunktion definieren wir die Sprungfolge oder den Einheitsschritt:

$$\varepsilon[n] = \begin{cases} 0 & : \quad n < 0 \\ 1 & : \quad n \geq 0 \end{cases} . \tag{4.8}$$

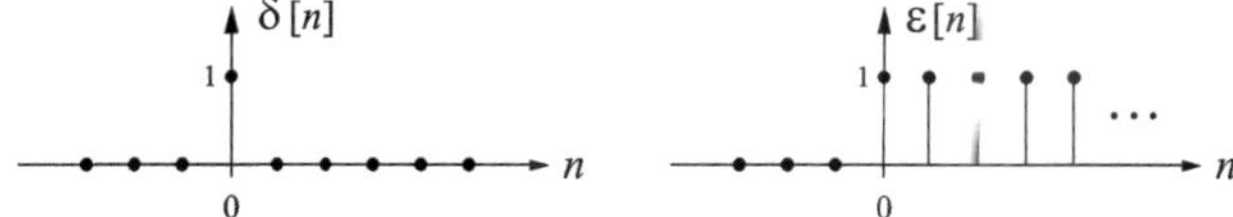


Bild 4.1: Einheitspuls und Einheitsschritt

Unter $\delta[n-i]$ versteht man den um $i$ Abtastintervalle verschobenen Einheitspuls. Mit seiner Hilfe lässt sich jedes diskrete Signal $x[n]$ wie folgt zerlegen:

$$x[n] = \sum_{i=-\infty}^{\infty} x[i]\delta[n-i] . \tag{4.9}$$

Wir werden sehen, dass uns diese Zerlegung bei der Herleitung der zeitdiskreten Faltung dienlich sein wird. Zur Illustration ist im folgenden Beispiel die Zerlegung eines Sägezahnimpulses dargestellt.

**Beispiel:** Sägezahnpuls in Sequenzschreibweise:

$$\{x[n]\} = \{1, \tfrac{2}{3}, \tfrac{1}{3}\} .$$

Sägezahnpuls als Zerlegung in zeitverschobene Einheitspulse:

$$x[n] = \delta[n] + \tfrac{2}{3}\delta[n-1] + \tfrac{1}{3}\delta[n-2]\,.$$

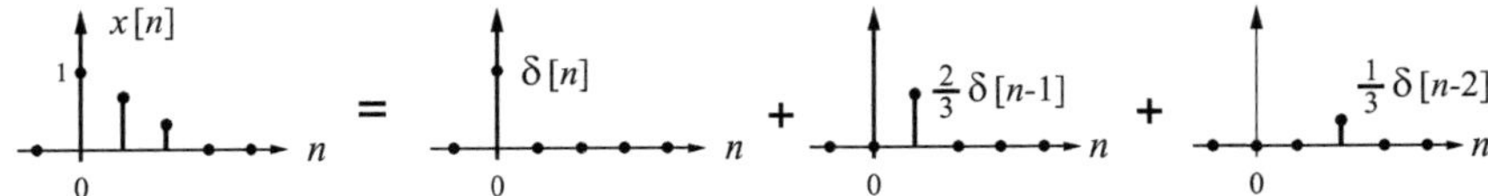


Bild 4.2: Zerlegung eines Sägezahnimpulses in zeitverschobene Einheitspulse

■

Die komplexe Exponentialfolge, auch unter dem Namen „diskrete, komplexe Sinusschwingung“ bekannt, definiert sich als Abtastung der komplexen Exponentialfunktion:

$$x[n] = \hat{X}e^{j2\pi f_0 nT}\,, \tag{4.10}$$

wobei $\hat{X}$ der Scheitelwert und $f_0$ die Frequenz der komplexen Exponentialfunktion ist. $x[n]$ kann man sich als einen Zeiger der Länge $\hat{X}$ in der komplexen Ebene vorstellen, der sich – gleichsam wie der Zeiger einer Bahnhofsuhr – schrittweise mit dem Winkel $2\pi f_0 T$ in Gegenuhrzeigerrichtung bewegt. Wegen $T = \frac{1}{f_s}$ bezeichnet man diesen Winkel auch als normierte Kreisfrequenz $\Omega_0$, weil er gleich der Kreisfrequenz $2\pi f_0$ normiert auf die Abtastfrequenz $f_s$ ist:

$$\Omega_0 = \frac{2\pi f_0}{f_s}\,. \tag{4.11}$$

Bildet man den Real- und den Imaginärteil der komplexen Exponentialfolge, so erhält man die Cosinus- und die Sinusfolge:

$$\Re\{\hat{X}e^{j2\pi f_0 nT}\} = \hat{X}\cos(2\pi f_0 nT) \quad \text{und} \quad \Im\{\hat{X}e^{j2\pi f_0 nT}\} = \hat{X}\sin(2\pi f_0 nT)\,. \tag{4.12}$$

### 4.1.3 Periodische und kausale diskrete Signale

Ein diskretes Signal $x_p[n]$ heisst periodisch mit der Periode $N$, wenn es folgende Bedingung erfüllt:

$$x_p[n] = x_p[n+N]\,. \tag{4.13}$$

$N$ ist eine natürliche Zahl, d. h. $N \in \mathbb{N}$. Die fundamentale Periode (engl: fundamental period) ist die kleinste natürliche Zahl $N$, die die Bedingung (4.13) erfüllt. I. Allg. ist mit dem Begriff Periode die fundamentale Periode gemeint.

**Beispiel 1:** Die diskrete Sinusschwingung $x[n] = \sin(2\pi f_0 nT)$ ist i. Allg. kein periodisches diskretes Signal, wie das Bild 4.3 links ($f_0 = 95\,\text{Hz}$, $T = 1\,\text{ms}$) zeigt. Hingegen ist die Sinusschwingung $x_p[n]$ rechts ($f_0 = 100\,\text{Hz}$, $T = 1\,\text{ms}$) periodisch mit der Periode $N = 10$, da die Bedingung für die Periodizität erfüllt ist (siehe dazu Aufgabe 1).

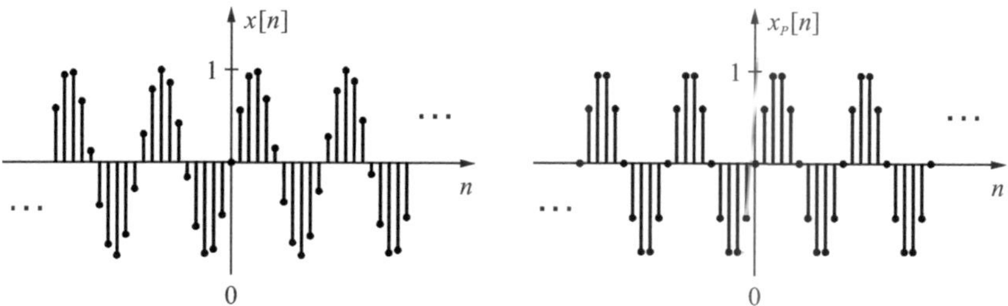


Bild 4.3: Nichtperiodische und periodische diskrete Sinusschwingung

■

**Beispiel 2:** Ein weiteres diskretes Signal, das periodisch ist und im Zusammenhang mit der diskreten Fourier-Transformation eine wichtige Rolle spielt, ist die $N$-periodische Exponentialfolge:

$$x_p[n] = W_N^{kn}, \qquad \text{wobei:} \quad W_N = e^{-j2\pi/N}\,. \tag{4.14}$$

$W_N$ heisst Drehfaktor und $k$ ist eine ganze Zahl, d. h. $k \in \mathbb{Z}$. ■

Unter einem kausalen diskreten Signal $x_{cs}[n]$ verstehen wir ein diskretes Signal, das auf der negativen Zeitachse null ist:

$$x_{cs}[n] = \begin{cases} x[n] & : \quad n \geq 0 \\ 0 & : \quad n < 0 \end{cases}\,. \tag{4.15}$$

Das bekannteste kausale diskrete Signal ist der Einheitsschritt $\varepsilon[n]$ (Bild 4.1). Mit ihm kann man mittels Multiplikation jedes Signal kausal machen.

### 4.1.4 Diskrete Energie- und Leistungssignale

Das Skalarprodukt zweier diskreter Signale $\boldsymbol{x}$ und $\boldsymbol{y}$ ist wie folgt definiert:

$$\langle \boldsymbol{x}, \boldsymbol{y} \rangle = \sum_{n=-\infty}^{\infty} x[n] y^*[n]\,, \tag{4.16}$$

wobei $y^*[n]$ der konjugiert komplexe Wert von $y[n]$ ist. Für reelle Signale, wie sie in der Praxis meistens vorkommen, sind die beiden Werte identisch, d. h. es gilt: $y^*[n] = y[n]$.

Bei Signalen endlicher Dauer, d. h. bei Signalen, welche nur innerhalb zweier diskreter Zeitgrenzen $n_1$ und $n_2$ existieren oder ungleich null sind, besteht das Skalarprodukt aus einer Summe mit endlich vielen Summanden:

$$\langle \boldsymbol{x}, \boldsymbol{y} \rangle = \sum_{n=n_1}^{n_2} x[n] y^*[n] \,. \tag{4.17}$$

Das Skalarprodukt lässt sich eleganter als Produkt eines Zeilenvektors mit einem Spaltenvektor ausdrücken:

$$\langle \boldsymbol{x}, \boldsymbol{y} \rangle = \boldsymbol{y}^H \boldsymbol{x} \,. \tag{4.18}$$

Darin ist $\boldsymbol{y}^H$ der Hermitische Vektor, d. h. ein Vektor, der durch Konjugation und Transponierung aus $\boldsymbol{y}$ entstanden ist:

$$\boldsymbol{y}^H = \boldsymbol{y}^{*T} \,. \tag{4.19}$$

Bei reellen Signalen ist der Imaginärteil null und es gilt daher $\boldsymbol{y}^H = \boldsymbol{y}^T$.

**Beispiel 1:** $\boldsymbol{x} = [1-j, \;\; 1+j]^T$ und $\boldsymbol{y} = [1, \;\; j]^T$.

$$\begin{aligned} \langle \boldsymbol{x}, \boldsymbol{y} \rangle &= \boldsymbol{y}^H \boldsymbol{x} \,, \\ &= \begin{bmatrix} 1, & -j \end{bmatrix} \begin{bmatrix} 1-j \\ 1+j \end{bmatrix} , \\ &= (1-j) + (-j)(1+j) \,, \\ &= 2 - j2 \,. \end{aligned}$$

■

**Beispiel 2:** $\boldsymbol{x} = [1, \;\; -1]^T$ und $\boldsymbol{y} = [-1, \;\; 1]^T$.

$$\begin{aligned} \langle \boldsymbol{x}, \boldsymbol{y} \rangle &= \boldsymbol{y}^T \boldsymbol{x} \,, \\ &= \begin{bmatrix} -1, & 1 \end{bmatrix} \begin{bmatrix} 1 \\ -1 \end{bmatrix} , \\ &= (-1) + (-1) \\ &= -2 \end{aligned}$$

■

Die Energie $E$ eines diskreten Signals $x[n]$ ist definiert als

$$E = \sum_{n=-\infty}^{\infty} |x[n]|^2 \,. \tag{4.20}$$

In Vektorform:

$$E = \langle \boldsymbol{x}, \boldsymbol{x} \rangle = \boldsymbol{x}^{\boldsymbol{H}} \boldsymbol{x} \,. \tag{4.21}$$

Ist die Energie $E$ endlich, d. h. $0 < E < \infty$, dann spricht man von einem *Energiesignal*. Beispiele dafür sind der Einheitspuls (Bild 4.1) und der Sägezahnpuls (Bild 4.2).

Aus der Definition (4.21) der Energie wird ersichtlich, weshalb im Skalarprodukt ein Vektor hermitisch genommen werden muss: Die Energie eines Signals ist eine positive, reelle Grösse. Damit diese Eigenschaft auch für komplexe Signale zutrifft, müssen die Elemente eines der beiden Vektors konjugiert komplex genommen werden.

Wenn wir wie üblich voraussetzen, dass ein diskretes Signal $\boldsymbol{x}$ dimensionslos ist, dann hat auch seine Energie keine Einheit. Wie man von der Energie $E$ eines diskreten Signals auf die physikalische Energie $W$ schliessen kann, zeigt das nachfolgende Beispiel.

**Beispiel:** Durch einen Widerstand mit dem Wert von $R = 100\,\Omega$ fliesst ein dreieckpulsförmiger Strom $i(t)$ mit einem Scheitelwert von $\hat{I} = 5\,\text{mA}$ und einer Pulsbreite von $2T_0 = 20\,\text{ms}$. Das Signal und sein Betragsspektrum, berechnet aufgrund des Beispiels auf Seite 50, haben das Aussehen gemäß Bild 4.4.

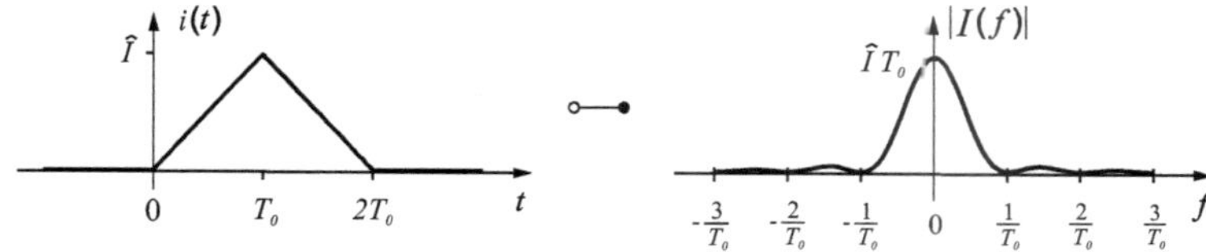


Bild 4.4: Stromdreieckpuls mit Betragsspektrum

Die physikalische Energie $W$ ist gleich dem Integral der Momentanleistung $p(t)$:

$$W = \int_{-\infty}^{\infty} p(t)\,dt\,.$$

Die Momentanleistung in einem Widerstand ist gleich $Ri^2(t)$. Somit:

$$W = \int_{0}^{2T_0} Ri^2(t)\,dt\,.$$

Setzen wird für $i(t)$ den Stromdreieckpuls ein, dann erhalten wir (Details siehe Aufgabe 2a):

$$W = \tfrac{2}{3}R\hat{I}^2T_0 = 16.67\,\mu Ws\,.$$

Zur Berechnung der Energie $W$ mittels digitaler Signalverarbeitung gehen wir von folgendem Beispielszenario aus: Die elektrische Spannung $u(t)$ am Widerstand wird an einen AD-Wandler angelegt, der sie im Intervall $0 \leq t \leq 2T_0$ mit der Abtastperiode $T$ abtastet, der einen Aussteuerbereich von $\pm 2\,\text{V}$ hat und dem ein Signalprozessor angeschlossen ist. Der Aussteuerbereich von $\pm 2\,\text{V}$ bedeutet, dass eine Spannung zwischen $-2\,\text{V}$ und $+2\,\text{V}$ proportional in eine Zahl zwischen $-1$ und $+1$ umgesetzt wird.

Der Abtastprozess generiert ein endlich langes Signal

$$\boldsymbol{x} = [x[0], x[1], x[2], \cdots, x[N-1]]^T \ ,$$

dessen Energie $E = \boldsymbol{x}^T\boldsymbol{x}$ im angeschlossenen Signalprozessor berechnet wird.

Die physikalische Energie $W$ kann wie folgt approximiert werden:

$$\begin{aligned} W &\approx \sum_{n=0}^{N-1} Ri^2(nT)T = \sum_{n=0}^{N-1} \tfrac{1}{R}u^2(nT)T \ , \\ &\approx \sum_{n=0}^{N-1} \tfrac{1}{100\Omega}T(2\,\mathrm{V}x[n])^2 = \tfrac{4V^2}{100\Omega}\tfrac{1}{f_s}\textstyle\sum_{n=0}^{N-1} x^2[n] = cE \ . \end{aligned}$$

Um das Aliasing gering zu halten, wählen wir aufgrund des Spektrums in Bild 4.4 $f_s = \frac{10}{T_0} = 1\,\mathrm{kHz}$ und bekommen so ein Abtastintervall $T = 1\,\mathrm{ms}$, eine Anzahl Abtastwerte von $N = \frac{2T_0}{T} = 20$, eine Konstante $c = 40\,\mu\mathrm{Ws}$ und einen Signalvektor $\boldsymbol{x} = [0, 0.025, 0.05, \cdots, 0.025]^T$ (Details siehe Aufgabe 2a). Als Resultat erhalten wir daraus die Werte $E = 0.41875$ und

$$W = 16.75\,\mu Ws \ ,$$

woraus, verglichen mit dem korrekten Resultat von 16.67 $\mu$Ws, ein geringer Fehler von 0.5 % resultiert. ■

Viele Signale mit unendlicher Energie haben eine endliche mittlere Leistung $P$, definiert als:

$$P = \lim_{N\to\infty} \frac{1}{2N+1} \sum_{n=-N}^{N} |x[n]|^2 \ . \tag{4.22}$$

Für periodische Signale $x_p[n]$ mit der Periode $N$ folgt daraus:

$$P = \frac{1}{N} \sum_{n=0}^{N-1} |x_p[n]|^2 \ . \tag{4.23}$$

Wenn die mittlere Leistung endlich und ungleich null ist, spricht man von einem diskreten *Leistungssignal*. Beispiele dafür sind die Sprungfolge (Bild 4.1) und die diskrete Sinusschwingung (Bild 4.3).

Die Energie eines Signals kann man auch durch seine Norm ausdrücken. Unter der Norm eines diskreten Energiesignals versteht man folgenden Ausdruck:

$$\|\boldsymbol{x}\| = \sqrt{\langle \boldsymbol{x}, \boldsymbol{x} \rangle} \ . \tag{4.24}$$

Aus Gl.(4.21) folgt damit:

$$E = \|\boldsymbol{x}\|^2 \ . \tag{4.25}$$

Die Norm ist somit gleich der Wurzel aus der Signalenergie. Die Norm kann als 'Signalstärke' oder 'Signallänge' aufgefasst werden, wie das folgende Beispiel illustriert.

**Beispiel:** $\boldsymbol{x} = [3,\ 4]^T \quad \Longrightarrow \quad \|\boldsymbol{x}\| = 5$. Dieses Resultat kann man sich wie folgt veranschaulichen: ein Vektor mit den Komponenten 3 und 4 entspricht der Hypotenuse eines rechtwinkligen Dreiecks mit den Kathetenlängen 3 und 4. Die Hypotenuse eines solchen Dreiecks hat aufgrund des pythagoräischen Lehrsatzes die Länge 5. ∎

Mithilfe der Norm lässt sich der Abstand $d(\boldsymbol{x}, \boldsymbol{y})$ zweier Signale definieren [Mer10]:

$$d(\boldsymbol{x}, \boldsymbol{y}) = \|\boldsymbol{x} - \boldsymbol{y}\| \,. \tag{4.26}$$

Die Definitionen (4.25) und (4.26) führen auf eine elegante Darstellung des Signal-Geräusch-Verhältnisses, (engl: signal to noise ratio, SNR), einem wichtigen Qualitätsmass in der Nachrichtentechnik:

$$\text{SNR} = \frac{\|\boldsymbol{x}\|}{\|\hat{\boldsymbol{x}} - \boldsymbol{x}\|} \,. \tag{4.27}$$

Dabei verstehen wir unter $\boldsymbol{x}$ das Nutzsignal und unter $\hat{\boldsymbol{x}}$ das gestörte Nutzsignal. Die Differenz $\boldsymbol{e} = \hat{\boldsymbol{x}} - \boldsymbol{x}$ der beiden Signale kann man dann als Fehlersignal (engl: error signal) $\boldsymbol{e}$ interpretieren und die Norm $\|\hat{\boldsymbol{x}} - \boldsymbol{x}\|$ als Abstand des gestörten zum ungestörten Nutzsignal.

Für das SNR in dB folgt daraus:

$$\text{SNR in dB} = 10 \, \log(\frac{\boldsymbol{x}^H \boldsymbol{x}}{\boldsymbol{e}^H \boldsymbol{e}}) \,. \tag{4.28}$$

Zur Berechnung des SNR Bei Leistungssignalen, ersetzt man in Formel (4.28) den Zähler durch die Leistung des Nutzsignals und den Nenner durch die Leistung des Fehlersignals.

Die Darstellung zeitdiskreter Signale in Form von Vektoren bringt eine Reihe von Vorteilen mit sich:

- Signale und Operationen mit Signalen lassen sich kompakt und elegant darstellen.
- Programmsysteme, welche in der DSV verwendet werden, wie z. B. MATLAB und LabVIEW, stellen diskrete Signale in Form von Vektoren dar.
- Das ganze Instrumentarium der linearen Algebra (das Rechnen mit Vektoren und Matrizen) kann für die DSV eingesetzt werden.
- Der Trend in der DSV – sowohl in der Theorie wie in der Praxis – geht eindeutig in Richtung Matrizenrechnung.

## 4.2 Lineare zeitinvariante diskrete Systeme

### 4.2.1 Grundlagen

Die meisten Digitalfilter sind Realisierungen linearer zeitinvarianter diskreter Systeme. Diese Klasse von Systemen, kurz diskrete LTI-Systeme (engl: *l*inear *t*ime *i*nvariant discrete-time systems) genannt, stellt deshalb die wichtigste Klasse zeitdiskreter Systeme dar. Unter einem zeitdiskreten System verstehen wir ein System, das ein zeitdiskretes Eingangssignal $x[n]$ zu einem zeitdiskreten Ausgangssignal $y[n]$ verarbeitet (Bild 4.5). Ein zeitdiskretes LTI-System ist ein diskretes System, das zusätzlich die Bedingungen der Linearität und der Zeitinvarianz erfüllt.

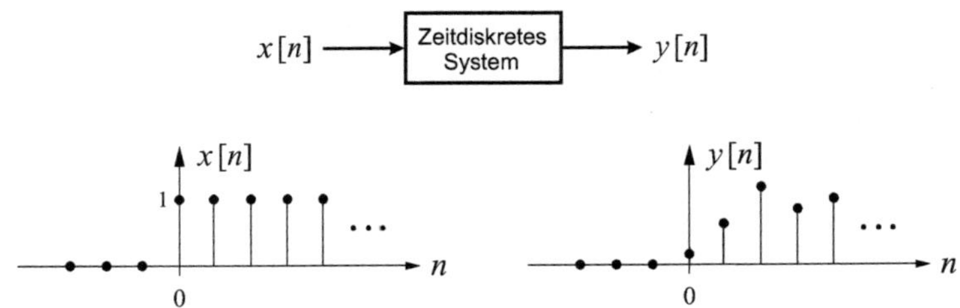


Bild 4.5: Beispiel eines zeitdiskreten Systems

Die Linearitätsbedingung lautet:

$$x[n] = k_1 x_1[n] + k_2 x_2[n] \quad \Rightarrow \quad y[n] = k_1 y_1[n] + k_2 y_2[n] \,. \tag{4.29}$$

In Worten:

> *Ein System ist linear, falls das Eingangssignal $x[n] = k_1 x_1[n] + k_2 x_2[n]$ das Ausgangssignal $y[n] = k_1 y_1[n] + k_2 y_2[n]$ bewirkt.*

Dabei sind $k_1$, $k_2$ zwei Konstanten, $x_1[n]$, $x_2[n]$ zwei beliebige Eingangssignale und $y_1[n]$, $y_2[n]$ die dazugehörigen Ausgangssignale.

Die Zeitinvarianzbedingung lautet:

$$x[n-i] \quad \Rightarrow \quad y[n-i] \,. \tag{4.30}$$

In Worten:

> *Ein System ist zeitinvariant, falls ein um $i$ Abtastintervalle verzögertes Eingangssignal $x[n-i]$ ein um $i$ Abtastintervalle verzögertes Ausgangssignal $y[n-i]$ bewirkt.*

Dabei ist $i$ eine beliebige ganze Zahl und $y[n]$ das zum Eingangssignal $x[n]$ zugehörige Ausgangssignal.

### 4.2.2 Impulsantwort

Ein LTI-System können wir durch seine Impulsantwort $h[n]$ charakterisieren. Darunter versteht man das Ausgangssignal $y[n]$ eines LTI-Systems, wenn an seinen Eingang der Einheitpuls $x[n] = \delta[n]$ angelegt wird (siehe Bild 4.6):

$$x[n] = \delta[n] \quad \Rightarrow \quad y[n] = h[n] \,. \tag{4.31}$$

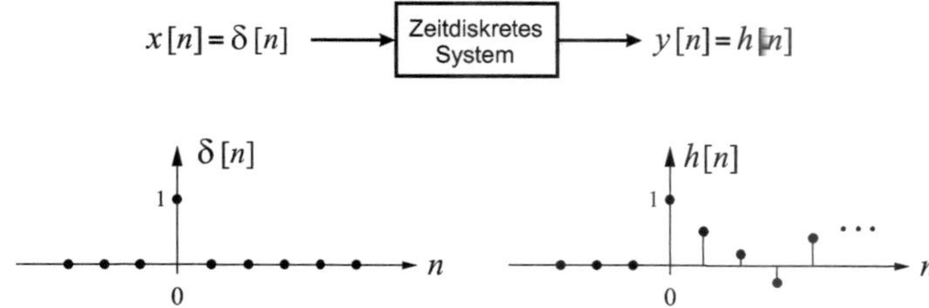


Bild 4.6: Impulsantwort $h[n]$ eines zeitdiskreten LTI-Systems

Die Impulsantwort ist eine klassische Beschreibungsmöglichkeit eines zeitdiskreten LTI-Systems. Darüber hinaus hat sie auch eine praktische Bedeutung: Form und Dauer eines Einschwing- oder eines Übergangvorgangs haben Ähnlichkeiten mit der Impulsantwort. Zur Illustration dieser Aussage ist in Bild 4.7 oben links die Impulsantwort $h[n]$ und rechts davon die Schrittantwort eines LTI-Systems dargestellt. Der untere Teil des Bildes zeigt links ein Eingangssignal und rechts davon das zugehörige Ausgangssignal.

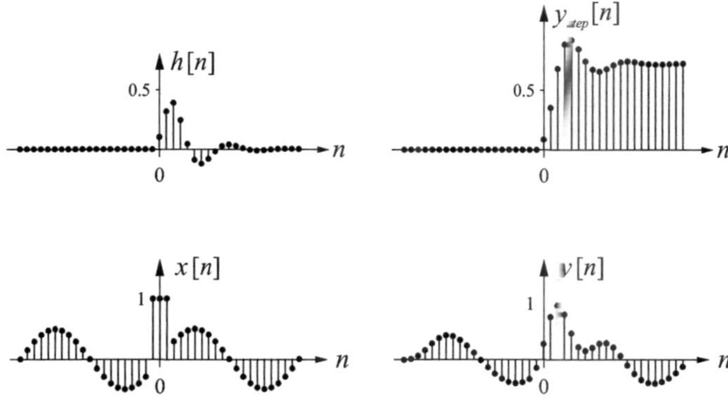


Bild 4.7: Impulsantwort, Schrittantwort und Übergangsvorgang bei einem LTI-System

Mithilfe der Impulsantwort lassen sich Kausalität und Stabilität eines zeitdiskreten LTI-Systems definieren. Ein zeitdiskretes LTI-System heisst *kausal*, wenn seine Impulsantwort kausal ist:

$$h[n] = 0 \quad \text{für} \quad n < 0\,. \tag{4.32}$$

Alle DSV-Echtzeitsysteme sind kausal. Ein nichtkausales System ist ein hellseherisches System, weil sein Ausgangssignal vor dem Eingangssignal erscheint. Nichtkausale Systeme spielen vorallem in der Systemtheorie eine Rolle, in der Praxis hingegen trifft man sie nur in Form von Offline-Anwendungen an (siehe dazu Aufgabe 4).

Ein zeitdiskretes LTI-System heisst *stabil*, wenn seine Impulsantwort absolut summierbar ist:

$$\sum_{n=-\infty}^{\infty} |h[n]| < \infty\,. \tag{4.33}$$

Sämtliche Digitalfilter, realisiert als zeitdiskrete LTI-Systeme, müssen stabil sein. Gegenbeispiele dazu sind LTI-Systeme als Signalgeneratoren, wie wir sie im letzten Kapitel kennenlernen werden.

### 4.2.3 Diskrete Faltung

Gegeben sei ein zeitdiskretes LTI-System mit der Impulsantwort $h[n]$. Gemäß Definition verursacht dann ein Einheitspuls $\delta[n]$ an seinem Eingang die Impulsantwort $h[n]$ an seinem Ausgang:

$$\delta[n] \quad \Rightarrow \quad h[n]\,.$$

Aufgrund der Zeitinvarianz folgt daraus:

$$\delta[n-i] \quad \Rightarrow \quad h[n-i]\,.$$

Gewichten wir den obigen Einheitspuls, der zum Zeitpunkt $n = i$ auftritt, mit dem dazugehörigen Abtastwert $x[i]$, dann folgt aus der Linearität:

$$x[i]\delta[n-i] \quad \Rightarrow \quad x[i]h[n-i]\,.$$

Legen wir eine gewichtete Summe von zeitverschobenen Einheitsimpulsen an, dann folgt ebenfalls aufgrund der Linearität:

$$\underbrace{\sum_{i=-\infty}^{\infty} x[i]\delta[n-i]}_{x[n]} \quad \Rightarrow \quad \underbrace{\sum_{i=-\infty}^{\infty} x[i]h[n-i]}_{y[n]}\,.$$

Wir haben in Gl.(4.9) und in Bild 4.2 gesehen, dass die Summe links nichts anderes als das Eingangssignal $x[n]$ ist. Die Summe rechts ist demnach das dazugehörige zeitdiskrete Ausgangssignal $y[n]$ des LTI-Systems:

$$y[n] = \sum_{i=-\infty}^{\infty} x[i]h[n-i]\,. \tag{4.34}$$

Diese Summe heisst Faltungssumme oder diskrete Faltung (engl: discrete convolution) und man stellt sie in abgekürzter Form wie folgt dar:

$$y[n] = x[n] * h[n]\,. \tag{4.35}$$

In Worten:

> *Das Ausgangssignal eines linearen zeitinvarianten Systems ist gleich dem Eingangsignal, gefaltet mit der Impulsantwort des Systems.*

Wie die kontinuierliche ist auch die diskrete Faltung kommutativ:

$$x[n] * h[n] = h[n] * x[n]\,. \tag{4.36}$$

Um den Faltungsprozess zu verstehen, ist es wichtig, zwischen einem Signal und einem Abtastwert zu unterscheiden. Für ein Signal $y$, das auf der diskreten $n$-Achse definiert ist, schreiben wir im Folgenden der Klarheit wegen $\{y[n]\}$ und mit $y[n]$ bezeichnen wir den Abtastwert zum Zeitpunkt $n$. Analog dazu verfahren wir mit den restlichen Signalen. Der Faltungsprozess kann dann durch folgende sechs Schritte veranschaulicht werden (Bild 4.8):

1. Ersetze die diskrete Zeitvariable $n$ durch die Summationsvariable $i$.

2. Falte, d. h. klappe $\{h[i]\}$ um die Ordinate: Dies ergibt das gespiegelte Signal $\{h[-i]\}$.

3. Verschiebe $\{h[-i]\}$ um $n_2$ Abtastpunkte nach rechts: Dies ergibt $\{h[n_2 - i]\}$ (in Bild 4.8 ist $n_2 = 2$.)

4. Multipliziere $\{x[i]\}$ mit $\{h[n_2 - i]\}$: Dies ergibt das Produktsignal $\{x[i]h[n_2 - i]\}$.

5. Addiere für $i = -\infty$ bis $i = +\infty$ alle Abtastwerte des Produktsignals $\{x[i]h[n_2 - i]\}$ zusammen: Dies ergibt $y[n_2]$.

6. Führe die Schritte 3 bis 5 für alle Punkte $n$ auf der diskreten Zeitachse aus: Dies ergibt das zeitdiskrete Ausgangssignal $\{y[n]\}$.

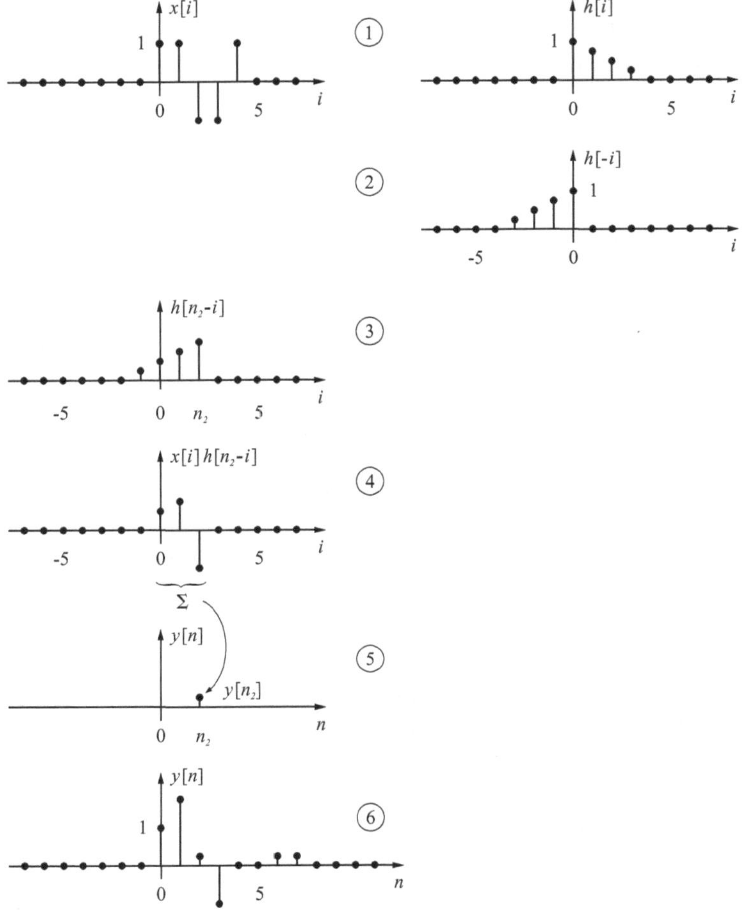


Bild 4.8: Illustration des Faltungsprozesses

Wenn wir das Ausgangssignal in Bild 4.8 betrachten, könnte man etwas salopp sagen, dass das Eingangssignal mit der Impulsantwort des LTI-Systems verschmiert worden ist. Diese Ausdrucksweise begründet sich auch durch die Tatsache, dass das Ausgangssignal um $(N_h - 1)$ Abtastintervalle länger geworden ist. Allgemein gilt für die Faltung zweier endlich langer, zeitdiskreter Signale:

$$N_y = N_x + N_h - 1 \,. \tag{4.37}$$

In Worten: Die Länge $N_y$ des Ausgangssignals ist gleich der Länge $N_x$ des Eingangssignals plus die Länge $N_h$ der Impulsantwort minus 1.

Die Faltungssumme (4.34) kann auch als Rechenvorschrift zur Bestimmung des Ausgangssignals betrachtet werden. Wir werden im übernächsten Unterkapitel allerdings sehen, dass es i. Allg. effizientere Verfahren gibt, um das Ausgangssignal eines LTI-Systems zu berechnen.

# 4.3 Die z-Transformation

## 4.3.1 Von der Fourier- zur z-Transformation

Für die Fourier-Transformierte eines abgetasteten Signals haben wir auf Seite 97 gefunden:

$$X_s(f) = \sum_{n=-\infty}^{+\infty} x[n] e^{-j2\pi n \frac{f}{f_s}} \,. \tag{4.38}$$

$X_s(f)$ bezeichnet man auch als Fourier-Transformierte des zeitdiskreten Signals $x[n]$. Normalerweise wird der Index $_s$ weggelassen und die normierte Kreisfrequenzvariable

$$\Omega = 2\pi \frac{f}{f_s} \tag{4.39}$$

eingeführt, die etwa auch als digitale Frequenz bezeichnet wird. Die Bezeichnung „normierte Kreisfrequenz" ist jedoch sinnvoller, da $\Omega$ die bezüglich der Abtastfrequenz $f_s$ normierte Kreisfrequenz $2\pi f$ ist. Wir erhalten dann: [1]

$$X(e^{j\Omega}) = \sum_{n=-\infty}^{+\infty} x[n] e^{-j\Omega n} \,. \tag{4.40}$$

Dies ist die übliche Definition der Fourier-Transformierten eines zeitdiskreten Signals. Sie wird auch *zeitdiskrete Fourier-Transformierte* DTFT (Discrete-Time Fourier-Transform) genannt. Ihre wichtigsten Eigenschaften lauten:

> *Die zeitdiskrete Fourier-Transformierte (DTFT) beschreibt das zeitdiskrete Signal im Frequenzbereich. Sie ist eine kontinuierliche und $2\pi$-periodische Funktion von $\Omega$.*

Aus Gl.(4.40) findet man wiederum $x[n]$ (siehe Aufgabe 6):

$$x[n] = \frac{1}{2\pi} \int_{-\pi}^{\pi} X(e^{j\Omega}) e^{j\Omega n} \, d\Omega \,. \tag{4.41}$$

Diese Transformation heisst *inverse zeitdiskrete Fourier-Transformation* (IDTFT) und wird im Gegensatz zur Analysegleichung (4.40) als Synthesegleichung bezeichnet. Zusammen bilden das zeitdiskrete Signal $x[n]$ und seine Fourier-Transformierte $X(e^{j\Omega})$ ein Transformationspaar:

$$x[n] \quad \circ\!\!-\!\!\bullet \quad X(e^{j\Omega}) \,. \tag{4.42}$$

---

[1] Um zu betonen, dass die Fourier-Transformierte eines diskreten Signals eine Funktion von $e^{j\Omega}$ und damit $2\pi$-periodisch ist, hat sich die Schreibweise $X(e^{j\Omega})$ gegenüber der Schreibweise $X(\Omega)$ durchgesetzt.

Zur zeitdiskreten Fourier-Transformation gibt es eine ganze Reihe von Eigenschaften und Theoremen. Da wir diese bei der zeitkontinuierlichen Fourier-Transformation schon diskutiert haben, verzichten wir hier auf ihre Aufzählung und verweisen den interessierten Leser auf die Literatur [OSB04]. Intensiver hingegen wollen wir uns im Folgenden mit der z-Transformation beschäftigen, die für die Theorie der diskreten LTI-Systeme die grössere Bedeutung als die zeitdiskrete Fourier-Transformation hat.

Es gibt zeitdiskrete Signale, wie z. B. der Einheitschritt, die keine Fourier-Transformierte haben, weil die unendliche Summe in Gl.(4.40) nicht konvergiert. Multipliziert man solche Signale mit der Exponentialfolge $r^{-n}$, dann kann man durch eine geeignete Wahl von $r$ dafür sorgen, dass die unendliche Summe

$$\sum_{n=-\infty}^{+\infty} x[n] r^{-n} e^{-j\Omega n}$$

konvergiert. Wir vereinfachen diesen Ausdruck, indem wir $re^{j\Omega}$ durch die komplexe Variable $z$ ersetzen:

$$\sum_{n=-\infty}^{+\infty} x[n] r^{-n} e^{-j\Omega n} = \sum_{n=-\infty}^{+\infty} x[n] (re^{j\Omega})^{-n} = \sum_{n=-\infty}^{+\infty} x[n] z^{-n} .$$

Die Summe rechts ist eine komplexwertige Funktion von $z$ und wird z-*Transformierte* $X(z)$ des diskreten Signals $x[n]$ genannt:

$$X(z) = \sum_{n=-\infty}^{+\infty} x[n] z^{-n} . \tag{4.43}$$

Der Bereich von $r$, in dem die unendliche Summe konvergiert, heisst Konvergenzgebiet ROC (Region of Convergence).

Mithilfe des Cauchy Integral Theorems [PM07] kann aus $X(z)$ das zeitdiskrete Signal $x[n]$ zurückgewonnen werden:

$$x[n] = \frac{1}{2\pi j} \oint X(z) z^{n-1} dz . \tag{4.44}$$

Diese Transformation heisst inverse z-Transformation.

Das zeitdiskrete Signal $x[n]$ und die komplexe Funktion $X(z)$ bilden ein Transformationspaar. D. h. aus $x[n]$ findet man über Gl.(4.43) $X(z)$ und aus $X(z)$ findet man über Gl.(4.44) wiederum $x[n]$. Graphisch drücken wir diese Beziehung bekanntlich durch das Transformationssymbol aus:

$$x[n] \quad \circ\!\!-\!\!\bullet \quad X(z) . \tag{4.45}$$

Die z-Transformation verallgemeinert die Fourier-Transformation. Sie spielt für zeitdiskrete Signale und Systeme die gleiche Rolle, wie die Laplace-Transformation für zeitkontinuierliche Signale und Systeme.

Um ein Gefühl für die z-Transformation zu bekommen, betrachten wir im Folgenden einige Beispiele.

**Beispiel 1: z-Transformierte des Einheitspulses $\delta[n]$**

$$\Delta(z) = \sum_{n=-\infty}^{\infty} \delta[n] z^{-n} = z^0 = 1 \tag{4.46}$$

Die z-Transformierte des diskreten Diracstosses ist 1 und lautet somit gleich wie die Laplace-Transformierte des kontinuierlichen Diracstosses $\delta(t)$.

**Beispiel 2: z-Transformierte des Einheitsschrittes $\varepsilon[n]$**

$$E(z) = \sum_{n=-\infty}^{\infty} \varepsilon[n] z^{-n} = \sum_{n=0}^{\infty} z^{-n} .$$

Der Ausdruck $\sum_{n=0}^{\infty} z^{-n}$ heisst unendliche geometrische Reihe. Für $|z| > 1$ konvergiert sie zu folgendem Wert [FF09]:

$$E(z) = \frac{1}{1 - z^{-1}} , \qquad \text{ROC: } |z| > 1 . \tag{4.47}$$

Die z-Transformierte des Einheitsschrittes $\varepsilon[n]$ unterscheidet sich somit wesentlich von der Laplace-Transformierten $\frac{1}{s}$ der Schrittfunktion $\varepsilon(t)$.

**Beispiel 3: z-Transformierte der komplexen Exponentialfolge**

Die z-Transformierte der komplexen Exponentialfolge $x[n] = e^{j\Omega n}$ existiert nicht, da die Reihe $\sum_{n=-\infty}^{+\infty} e^{j\Omega n} z^{-n}$ nicht konvergiert. Hingegen existiert die z-Transformierte der kausalen komplexen Exponentialfolge $x[n] = e^{j\Omega n}\varepsilon[n]$ und damit der kausalen Cosinus- und Sinusfolge (siehe Aufgabe 7).

**Beispiel 4: z-Transformierte der kausalen Exponentialfolge**

Die kausale Exponentialfolge $x[n] = ka^n \varepsilon[n]$ ist ein diskretes Signal, das recht häufig in der DSV vorkommt. Ihre z-Transformierte finden wir analog zur z-Transformierten des Einheitsschrittes:

$$X(z) = \frac{k}{1 - az^{-1}} , \qquad \text{ROC: } |z| > |a| . \tag{4.48}$$

**Beispiel 5: z-Transformierte einer endlich langen Impulsantwort**

Viele LTI-Systeme haben eine endlich lange Impulsantwort, die sich zusammen mit ihrer z-Transformierten wie folgt schreiben lässt:

$$\begin{gathered} \{h[n]\} = \{b_0, b_1, b_2, \ldots, b_N\} \\ \circ\!\!-\!\!\bullet \\ H(z) = b_0 + b_1 z^{-1} + b_2 z^{-2} + \cdots + b_N z^{-N} . \end{gathered} \tag{4.49}$$

In der Praxis werden die z- und die inversen z-Transformierten nicht über die Definitionsgleichungen (4.43) und (4.44) bestimmt. Vielmehr braucht man dazu Tabellen [SH94], verwendet Programme für symbolisches Rechnen oder zerlegt $X(z)$ in einen Partialbruch mit Termen der Form $\frac{k_i}{z-p_i}$, die dann einfach in den diskreten Zeitbereich zurücktransformiert werden können (siehe dazu Aufgabe 7).

Im nächsten Unterkapitel wollen wir die wichtigsten Eigenschaften der z-Transformation beschreiben. Die Beschreibung und Herleitung sämtlicher Eigenschaften kann z. B. in Lit.[OSB04], [PM07] oder [FG08] nachgelesen werden.

### 4.3.2 Eigenschaften der z-Transformation

**Linearität**

Die z-Transformation ist eine lineare Transformation, d. h. sind $x_1[n]$, $X_1(z)$ und $x_2[n]$, $X_2(z)$ zwei z-Transformationspaare und sind $k_1$ und $k_2$ zwei Konstanten, dann gilt:

$$k_1 x_1[n] + k_2 x_2[n] \quad \circ\!\!-\!\!\bullet \quad k_1 X_1(z) + k_2 X_2(z)\,. \tag{4.50}$$

In Worten: Die z-Transformierte einer Linearkombination von Signalen ist gleich der Linearkombination ihrer z-Transformierten.

**Zeitverschiebung**

Verzögert man das zeitdiskrete Signal $x[n]$ um $i$-Abtastintervalle, dann erhält man folgendes z-Transformationspaar:

$$x[n-i] \quad \circ\!\!-\!\!\bullet \quad z^{-i} X(z)\,. \tag{4.51}$$

Die Multiplikation mit $z^{-i}$ entspricht somit einer Verzögerung um $i$ Abtastintervalle.

**Beispiel:** In Beispiel 5 haben wir eine Impulsantwort in Sequenzschreibweise dargestellt: $\{h[n]\} = \{b_0, b_1, b_2, \ldots, b_N\}$. Bei Verwendung von Gl.(4.9) können wir $h[n]$ auch als Linearkombination von zeitverschobenen Einheitspulsen schreiben:

$$h[n] = b_0\delta[n] + b_1\delta[n-1] + b_2\delta[n-2] + \cdots + b_N\delta[n-N]\,.$$

Aus Gl.(4.46) kennen wir die Transformierte des Einheitspulses: $\delta[n] \circ\!\!-\!\!\bullet 1$. Die Anwendung dieser Korrespondenz, des Verschiebungstheorems (4.51) und der Linearitätseigenschaft (4.50) führt dann zum zum gleichen Resultat wie in Gl.(4.49):

$$H(z) = b_0 + b_1 z^{-1} + b_2 z^{-2} + \cdots + b_N z^{-N}\,.$$

■

**Faltung**

Die Faltung im diskreten Zeitbereich geht über in eine Multiplikation im z-Bereich:

$$h[n] * x[n] \quad \circ\!\!-\!\!\bullet \quad H(z)X(z)\,. \tag{4.52}$$

Diese Eigenschaft heisst *Faltungstheorem*.

**Fourier-Transformierte**

Gemäß Gl.(4.40) gilt:

$$X(e^{j\Omega}) = X(z)|_{z=e^{j\Omega}}\,. \tag{4.53}$$

Die Gleichung $z = e^{j\Omega}$ mit $\Omega$ als Variable beschreibt einen Kreis mit dem Radius 1 in der komplexen z-Ebene. Die Fourier-Transformierte eines zeitdiskreten Signals ist demnach gleich der z-Transformierten, ausgewertet auf dem Einheitskreis.

**Beispiel:** Der kausale diskrete Rechteckpuls $\mathrm{crect}[\frac{n}{N}]$ der Länge $N$ lässt sich aus der Überlagerung eines Einheitsschrittes und eines negativen und $N$-verzögerten Einheitsschrittes konstruieren:

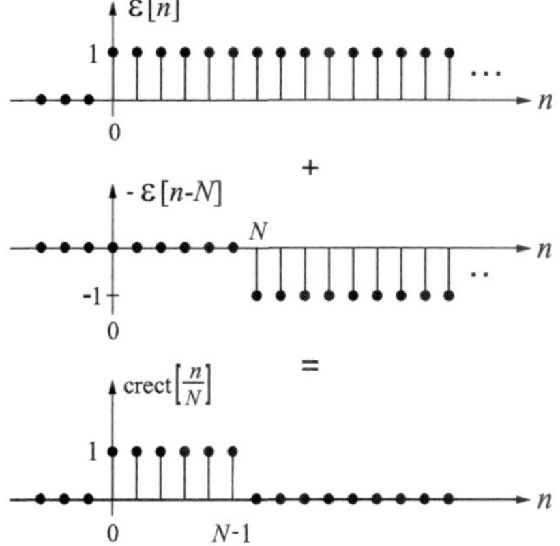


Bild 4.9: Kausaler diskreter Rechteckpuls als Summe zweier Schrittfolgen

$$\mathrm{crect}[\frac{n}{N}] = \varepsilon[n] - \varepsilon[n-N]\,. \tag{4.54}$$

Bei Anwendung des Linearitäts- und Zeitverschiebungs-Theorems finden wir daraus für die z-Transformierte:

$$CRECT(z) = \frac{1}{1-z^{-1}} - \frac{z^{-N}}{1-z^{-1}} = \frac{1-z^{-N}}{1-z^{-1}}\,. \tag{4.55}$$

Aus dem Rechteckpuls der Länge $N$ kann man einen symmetrischen Dreieckpuls der Länge $2N - 1$ erzeugen (Bild 4.10 links), indem man den Rechteckpuls mit sich selber faltet und durch $N$ dividiert:

$$x[n] = \frac{1}{N}\text{crect}[\frac{n}{N}] * \text{crect}[\frac{n}{N}]\,. \tag{4.56}$$

Faltungstheorem und Auswertung auf dem Einheitskreis führen zur Fourier-Transformierten des Dreieckpulses:

$$X(e^{j\Omega}) = \frac{1}{N}\left(\frac{1 - e^{-j\Omega N}}{1 - e^{-j\Omega}}\right)^2\,. \tag{4.57}$$

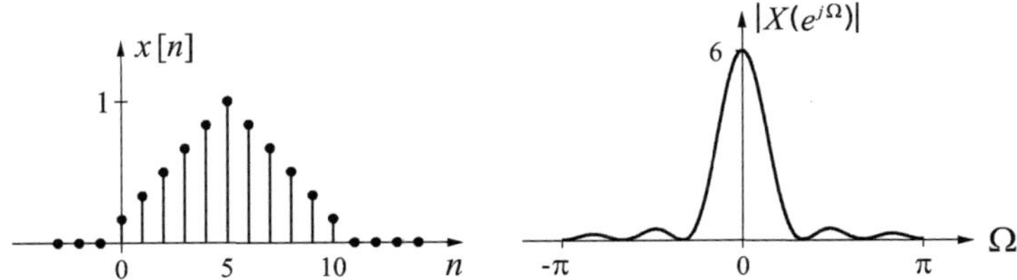


Bild 4.10: Diskreter Dreieckpuls der Länge 11 und dazugehöriges Betrags-Spektrum

■

### 4.3.3 Frequenzgang und Übertragungsfunktion

**Frequenzgang**

Wir haben in Abschn. 4.2.3 gesehen, dass das Ausgangssignal eines zeitdiskreten LTI-Systems durch die Faltung der Impulsantwort mit dem Eingangssignal gegeben ist:

$$y[n] = h[n] * x[n]\,. \tag{4.58}$$

Ist das Eingangssignal eine diskrete komplexe Sinusschwingung $e^{j\Omega n}$ mit der normierten Kreisfrequenz $\Omega$, so folgt daraus:

$$\begin{aligned} y[n] &= h[n] * e^{j\Omega n}\,, \\ &= \sum_{i=-\infty}^{\infty} h[i] e^{j\Omega(n-i)}\,, \\ &= \underbrace{\left[\sum_{i=-\infty}^{\infty} h[i] e^{-j\Omega i}\right]}_{H(e^{j\Omega})} e^{j\Omega n}\,. \end{aligned} \tag{4.59}$$

Das Ausgangssignal ist somit gleich der diskreten komplexen Sinusschwingung $e^{j\Omega n}$ multipliziert mit dem Faktor $H(e^{j\Omega})$, den man *Frequenzgang* (engl: frequency response) des LTI-Systems nennt:

$$H(e^{j\Omega}) = \sum_{i=-\infty}^{\infty} h[i]e^{-j\Omega i} . \tag{4.60}$$

Wir stellen fest, dass er gleich der Fourier-Transformierten der Impulsantwort $h[n]$ ist. Die Impulsantwort und der Frequenzgang bilden daher ein Fourier-Transformationspaar:

$$h[n] \quad \circ\!\!-\!\!\bullet \quad H(e^{j\Omega}) . \tag{4.61}$$

Die Funktion $e^{j\Omega}$ ist $2\pi$-periodisch. Daraus folgt, dass der Frequenzgang ebenfalls $2\pi$-periodisch ist:

$$H(e^{j\Omega}) = H(e^{j(\Omega+2\pi)}) . \tag{4.62}$$

Diese Eigenschaft deckt sich mit der Aussage (2.66), die besagt, dass zeitdiskrete Signale immer ein periodisches Spektrum haben.

### Amplituden- und Phasengang

Der Frequenzgang eines zeitdiskreten LTI-Systems ist eine komplexe Grösse und kann daher in der Betrags-Phasenform geschrieben werden:

$$H(e^{j\Omega}) = |H(e^{j\Omega})|e^{j\angle H(e^{j\Omega})} . \tag{4.63}$$

Den Betrag $|H(e^{j\Omega})|$ des Frequenzgangs nennt man *Amplitudengang* (engl: amplitude response oder magnitude response) und das Argument $\angle H(e^{j\Omega})$ des Frequenzgangs heisst *Phasengang* (engl: phase response).

Reelle LTI-Systeme, d. h. LTI-Systeme mit einer reellen Impulsantwort, verarbeiten ein sinusförmiges Eingangssignal zu einem sinusförmigen Ausgangssignal derselben Frequenz (siehe Aufgabe 8):

$$x[n] = \cos(\Omega n) \quad \Rightarrow \quad y[n] = |H(e^{j\Omega})| \cos(\Omega n + \angle H(e^{j\Omega})) . \tag{4.64}$$

Dabei erfährt das sinusförmige Ausgangssignal eine Amplitudenänderung mit dem Faktor $|H(e^{j\Omega})|$ und eine Phasenverschiebung um den Wert $\angle H(e^{j\Omega})$. Mithilfe eines Sinus-Generators und eines Amplituden- und Phasen-Messgerätes lässt sich daher der Frequenzgang eines LTI-Systems praktisch ermitteln.

Der Amplituden- und der Phasengang sind ebenfalls $2\pi$-periodisch und aus Gl.(2.59) folgt zudem, dass der Amplitudengang eine gerade und der Phasengang eine ungerade Funktion ist:

$$|H(e^{j\Omega})| = |H(e^{j(-\Omega)})| \quad \text{und} \quad \angle H(e^{j\Omega}) = -\angle H(e^{j(-\Omega)}) . \tag{4.65}$$

**Beispiel:** Gegeben sei ein zeitdiskretes LTI-System mit der Impulsantwort $h[n]$ und dem Frequenzgang $H(e^{j\Omega})$:

$$h[n] = e^{-\frac{nT}{\tau}} \sin(2\pi f_0 nT)\varepsilon[n]$$

$$\circ\!\!-\!\!\bullet$$

$$H(e^{j\Omega}) = \frac{e^{j\Omega} e^{-\frac{T}{\tau}} \sin(2\pi f_0 T)}{e^{j2\Omega} - 2e^{j\Omega} e^{-\frac{T}{\tau}} \cos(2\pi f_0 T) + e^{-\frac{2T}{\tau}}},$$

wobei $T = 1\,\text{s}$, $\tau = 5\,\text{s}$ und $f_0 = 0.08\,\text{Hz}$. Impulsantwort, Amplituden- und Phasengang sind aus Bild 4.11 ersichtlich.

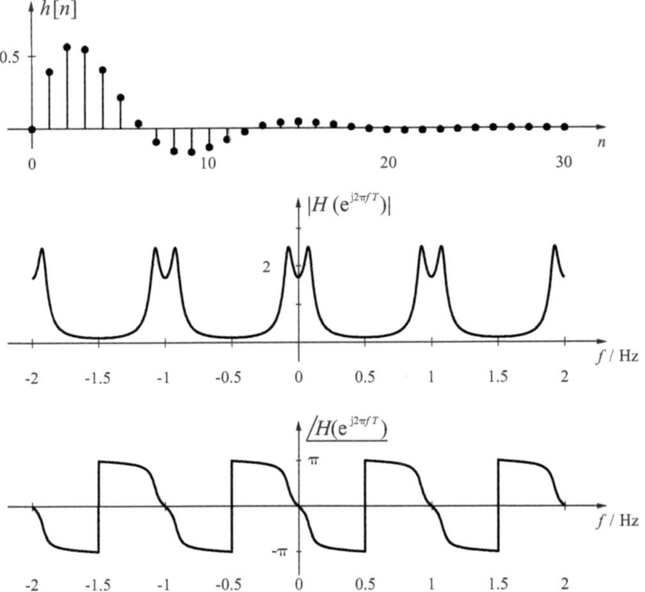


Bild 4.11: Impulsantwort, Amplituden- und Phasengang eines LTI-Systems

Wir stellen fest:

- Die Impulsantwort ist diskret und die Abtastfrequenz $f_s$ hat den Wert $1/T = 1\,\text{Hz}$. Demzufolge sind der Amplituden- und Phasengang periodisch, wobei die Periode $f_s = 1\,\text{Hz}$ beträgt.
- Die Impulsantwort ist reell, demnach ist der Amplitudengang gerade und der Phasengang ungerade.

Aus diesen beiden Gründen wird der Frequenzgang üblicherweise nur im Nyquistbereich, d. h. im Frequenzbereich von 0 bis $f_s/2$ dargestellt. ∎

### Dämpfung, Phasen- und Gruppenlaufzeit

Anstatt mit dem Amplitudengang $|H(e^{j\Omega})|$ arbeiten Filterspezialisten vielfach lieber mit der Dämpfung $A(e^{j\Omega})$ (engl: attenuation), die wie folgt definiert ist:

$$A(e^{j\Omega}) \text{ in dB } = 20\log\left(\frac{1}{|H(e^{j\Omega})|}\right) = -20\log\left(|H(e^{j\Omega})|\right) . \quad (4.66)$$

Um die Verzögerung eines LTI-Systems anzugeben, werden zwei Grössen verwendet. Die gebräuchlichere ist die Gruppenlaufzeit

$$\tau_g(e^{j\Omega}) = -\frac{d\angle H(e^{j\Omega})}{d\Omega} \quad (4.67)$$

und die andere, weniger gebräuchliche, ist die Phasenlaufzeit (engl: phase delay)

$$\tau_p(e^{j\Omega}) = -\frac{\angle H(e^{j\Omega})}{\Omega} . \quad (4.68)$$

Diese Gleichung, aufgelöst nach $\angle H(e^{j\Omega})$ und eingesetzt in Gl.(4.64), ergibt:

$$x[n] = \cos(\Omega n) \quad \Rightarrow \quad y[n] = |H(e^{j\Omega})| \cos\left(\Omega(n - \tau_p)\right) . \quad (4.69)$$

Die Phasenlaufzeit $\tau_p$ ist somit gleich der Anzahl Abtastintervalle, mit der eine Sinusschwingung beim Durchlaufen eines zeitdiskreten LTI-Systems verzögert wird.

Die Gruppenlaufzeit hingegen, hergeleitet z. B. in [OSB04], ist diejenige Zeit, mit der die Umhüllende eines Signals verzögert wird (siehe dazu Bild 2.41 auf Seite 73 und Aufgabe 9 auf Seite 145).

Möchte man die Laufzeiten in Sekunden ausdrücken, dann müssen die Werte in Gl.(4.67) und Gl.(4.68) noch mit dem Abtastintervall $T$ skaliert werden.

### Übertragungsfunktion

Wie wir gesehen haben, ist das Ausgangssignal $y[n]$ eines diskreten LTI-Systems gleich der Impulsantwort $h[n]$, gefaltet mit dem Eingangssignal $x[n]$. Aufgrund des Faltungstheorems (4.52) können wir dann schreiben:

$$y[n] = h[n] * x[n] \quad \circ\!\!-\!\!\bullet \quad Y(z) = H(z)X(z) . \quad (4.70)$$

Daraus folgt für $H(z)$:

$$H(z) = \frac{Y(z)}{X(z)} . \quad (4.71)$$

Die Funktion $H(z)$ heisst *Übertragungs-* oder *Systemfunktion* (engl: transfer or system function) des diskreten LTI-Systems. Die Übertragungsfunktion ist die z-Transformierte der Impulsantwort $h[n]$:

$$H(z) \quad \bullet\!\!-\!\!\circ \quad h[n] . \quad (4.72)$$

Die beiden Gleichungen (4.70) beschreiben den fundamentalen Zusammenhang zwischen dem Eingangs- und Ausgangssignal eines diskreten LTI-Systems. Der Deutlichkeit halber sind sie in Bild 4.12 nochmals graphisch dargestellt.

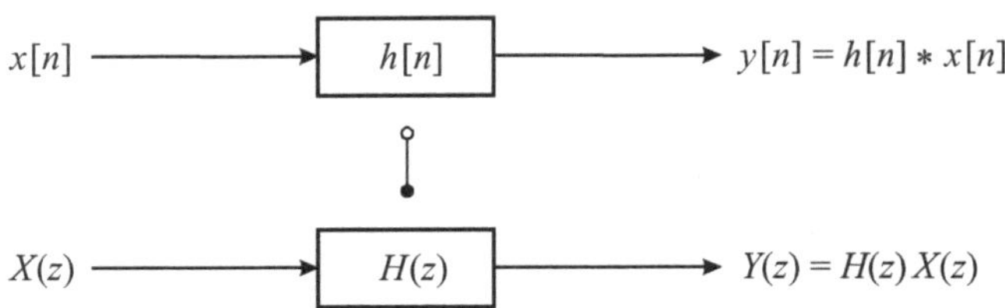


Bild 4.12: Übertragungsverhalten eines diskreten LTI-Systems im Zeit- und im Bildbereich

Bei kausalen und stabilen Systemen konvergiert die Übertragungsfunktion $H(z)$ auf dem Einheitskreis der komplexen z-Ebene. Aus Gl.(4.53) folgt dann:

$$H(e^{j\Omega}) = H(z)|_{z=e^{j\Omega}} \; . \tag{4.73}$$

In Worten:

> *Der Frequenzgang eines diskreten LTI-Systems ist gleich der Übertragungsfunktion ausgewertet auf dem Einheitskreis der komplexen z-Ebene.*

Kennt man das Abtastintervall $T$ und möchte man den Frequenzgang $H$ wie in Bild 4.11 in Abhängigkeit der Frequenzvariablen $f$ darstellen, so muss man $\Omega$ durch $2\pi fT$ ersetzen:

$$H(e^{j2\pi fT}) = H(z)|_{z=e^{j2\pi fT}} \; . \tag{4.74}$$

Jeder Punkt auf der Frequenzachse zwischen 0 und $f_s$ entspricht demnach einem Punkt auf dem Einheitskreis der z-Ebene. Die Frequenz 0 entspricht dem Punkt 1, die Frequenz $0.25f_s$ dem Punkt $j$, die Frequenz $0.5f_s$ dem Punkt $-1$, etc. Den Punkt $z = 0$ bzw. $z = -1$ nennen wir deshalb DC- bzw. Nyquistpunkt.

Wie wir wissen, ist der Frequenzgang $f_s$-periodisch und konjugiert symmetrisch.[2] Deshalb wird der Frequenzgang wie bereits erwähnt nur im Nyquistbereich von 0 bis $0.5f_s$ dargestellt. Dieser Frequenzbereich entspricht dem Bereich 0 bis $\pi$ auf der normierten Frequenzachse $\Omega$.

Die Übertragungsfunktion $H(z)$ beschreibt das Übertragungsverhalten vollständig und ist traditionell die wichtigste Grösse eines diskreten LTI-Systems. Wir werden im Kapitel über Digitalfilter erfahren, wie sie für eine gegebene Aufgabenstellung gefunden werden kann.

[2] Konjugierte Symmetrie bedeutet, dass der Amplitudengang eine gerade und der Phasengang eine ungerade Funktion von $f$ ist.

**Beispiel:** Ein LTI-System mit der Impulsantwort $h[n] = \delta[n]$ und der Übertragungsfunktion $H(z) = 1$ bewirkt das Ausgangssignal

$$y[n] = \delta[n] * x[n] = x[n] \quad \circ\!\!-\!\!\bullet \quad Y(z) = X(z)\,.$$

Ein solches System verändert das Eingangssignal nicht und hat somit keine Filterwirkung. Je mehr die Impulsantwort vom Einheitspuls abweicht, desto grösser wird die Filterwirkung des Systems. Zur Illustration dieser Aussage ist in Bild 4.13 der Amplitudengang der drei Systeme $\{h_1[n]\} = \{1\}$, $\{h_2[n]\} = \{1, 1\}$ und $\{h_3[n]\} = \{1, 1, 1\}$ dargestellt.

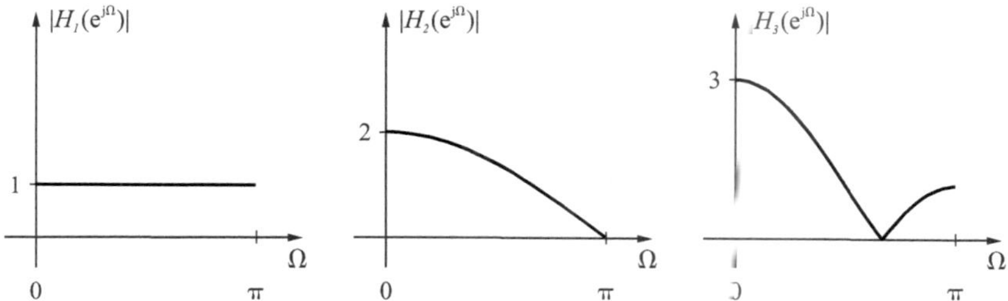


Bild 4.13: Amplitudengang dreier zeitdiskreter LTI-Systeme mit den Impulsantworten {1}, {1,1}, {1,1,1} und den Übertragungsfunktionen 1, $1+z^{-1}$, $1 + z^{-1} + z^{-2}$

■

# 4.4 Nichtrekursive und rekursive Systeme

## 4.4.1 Differenzengleichung

Die wichtigste Unterklasse zeitdiskreter LTI-Systeme besteht aus jenen kausalen Systemen, welche die lineare Differenzengleichung

$$\sum_{i=0}^{M} a_i y[n-i] = \sum_{i=0}^{N} b_i x[n-i] \tag{4.75}$$

erfüllen.

Löst man diese Gleichung unter der Annahme von $a_0 = 1$ nach $y[n]$ auf, so ergibt sich:[3]

$$y[n] = -\sum_{i=1}^{M} a_i y[n-i] + b_0 x[n] + \sum_{i=1}^{N} b_i x[n-i]\,. \tag{4.76}$$

[3]Sollte $a_0$ ungleich 1 sein, dann sind beide Seiten der Differenzengleichung (4.75) mit $a_0$ zu dividieren.

Bei diesen Systemen ist der momentane Ausgangsabtastwert zum Zeitpunkt $n$ somit gleich einer Linearkombination von vergangenen Ausgangs- und Eingangsabtastwerten plus dem momentanen Eingangsabtastwert gewichtet mit $b_0$. Die erste Summe repräsentiert den rekursiven Teil und die zweite Summe, inklusive des Summanden $b_0 x[n]$, repräsentiert den nichtrekursiven Teil der Differenzengleichung. Sind alle Koeffizienten $a_i$ des rekursiven Teils gleich null, dann spricht man von einem *nichtrekursiven* System, beschrieben durch die nichtrekursive Differenzengleichung

$$y[n] = \sum_{i=0}^{N} b_i x[n-i] \,. \tag{4.77}$$

Ist mindestens ein Koeffizient $a_i$ des rekursiven Teils ungleich null, dann handelt es sich um ein *rekursives* System. $N$, bzw. die grössere der beiden natürlichen Zahlen $N$ und $M$ heisst *Ordnung* der Differenzengleichung oder des Systems. Die Differenzengleichung hat für diskrete LTI-Systeme die gleiche Bedeutung wie die Differentialgleichung für kontinuierliche LTI-Systeme.

Nichtrekursive und rekursive LTI-Systeme haben die attraktive Eigenschaft, dass sie mit den drei Grundbausteinen „Addierer“, „Multiplizierer“ und „Verzögerungselement“ (engl: delay element) gemäß Bild 4.14 aufgebaut werden können, alles Elemente, die auf einem digitalen Rechner einfach implementierbar sind und einen Echtzeitbetrieb möglich machen.

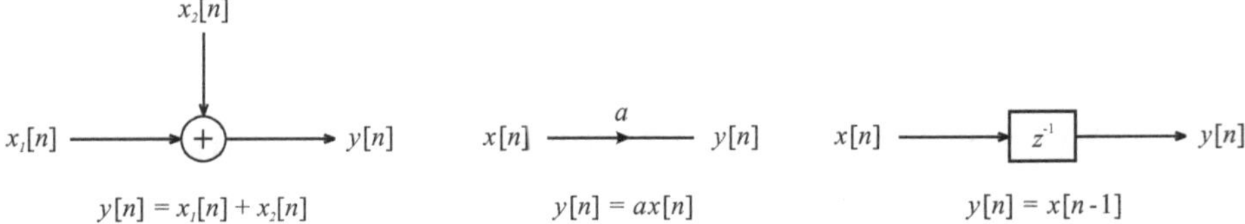


Bild 4.14: Addierer, Multiplizierer und Verzögerungselement

Die Differenzengleichung kann graphisch durch ein Blockdiagramm dargestellt werden, welches aus den drei Grundelementen zusammengesetzt ist.

**Beispiel:** Bild 4.15 zeigt das Blockdiagramm eines rekursiven LTI-Systems 2. Ordnung mit der Differenzengleichung

$$y[n] = -a_1 y[n-1] - a_2 y[n-2] + b_0 x[n] + b_1 x[n-1] + b_2 x[n-2] \,.$$

■

Das Blockdiagramm dient zur Veranschaulichung eines Systems und beinhaltet zudem die Rechenanweisungen – in der Fachsprache *Algorithmus* genannt – nach denen ein Ausgangsabtastwert zu berechnen ist. Mit anderen Worten: Das Blockdiagramm repräsentiert das Programm, das auf einem digitalen Rechner zu implementieren ist, um ein Digitalfilter zu realisieren. Als Illustration dazu betrachten wir das nächste Beispiel.

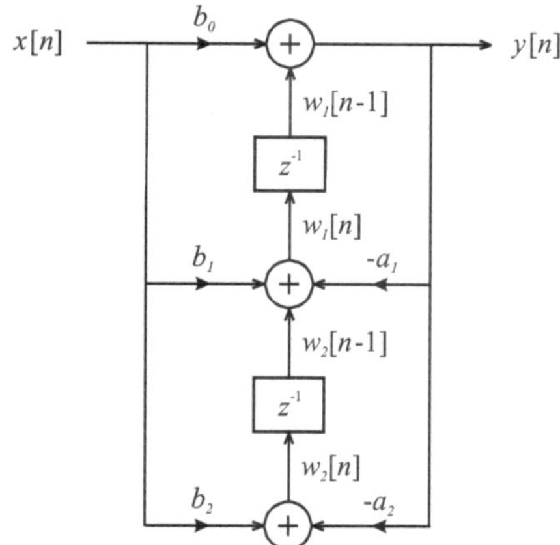


Bild 4.15: Blockdiagramm eines rekursiven LTI-Systems 2. Ordnung

**Beispiel:** Verzögerungselemente realisiert man durch Speicherzellen, in denen Zustandsvariablenwerte abgespeichert werden. In unserem Beispiel Bild 4.15 speichern wir in Zelle 1 die Zustandsvariable $w_1[n]$ und in Zelle 2 die Zustandsvariable $w_2[n]$ ab. Das Programm, das der Digitalrechner zum $n$-ten Zeitpunkt abzuarbeiten hat, besteht aus folgenden 3 Zeilen:

$$\begin{aligned} y[n] &= b_0 x[n] + w_1[n-1] \\ w_1[n] &= b_1 x[n] - a_1 y[n] + w_2[n-1] \\ w_2[n] &= b_2 x[n] - a_2 y[n] \end{aligned}$$

Erste Zeile: Nimm den Eingangsabtastwert $x[n]$, multipliziere ihn mit $b_0$ und addiere dazu den Wert in Zelle 1 $\Rightarrow$ dies ergibt den Ausgangsabtastwert $y[n]$. Zweite Zeile: Nimm den Eingangsabtastwert, multipliziere ihn mit $b_1$, nimm den Ausgangsabtastwert und multipliziere ihn mit $-a_1$, addiere die beiden Produkte sowie den Inhalt von Zelle 2 $\Rightarrow$ dies ergibt den Abtastwert $w_1[n]$, der in Zelle 1 abzuspeichern ist. Dritte Zeile: Nimm den Eingangsabtastwert, multipliziere ihn mit $b_2$, nimm den Ausgangsabtastwert und multipliziere ihn mit $-a_2$, addiere die beiden Produkte $\Rightarrow$ dies ergibt den Abtastwert $w_2[n]$, der in Zelle 2 abzuspeichern ist. Ein Computer, der diese 3-Zeilen-Prozedur zu jedem Abtastzeitpunkt durchzuführt, arbeitet als rekursives Digitalfilter 2. Ordnung.

Wir wollen im Folgenden überprüfen, ob die drei Zeilen tatsächlich auf eine Differenzengleichung 2. Ordnung führen. Zu diesem Zweck verzögern wir beide Seiten der Differenzengleichung in Zeile 2 um ein Abtastintervall:

$$w_1[n-1] = b_1 x[n-1] - a_1 y[n-1] + w_2[n-2]$$

und substituieren $w_1[n-1]$ in der ersten Zeile durch die rechte Seite der obigen Differenzengleichung. Wir erhalten:

$$y[n] = b_0 x[n] + b_1 x[n-1] - a_1 y[n-1] + w_2[n-2] \,.$$

Analog verzögern wir beide Seiten der Differenzengleichung in Zeile 3 um zwei Abtastintervalle:

$$w_2[n-2] = b_2x[n-2] - a_2y[n-2]$$

und erhalten durch entsprechende Substitution:

$$y[n] = b_0x[n] + b_1x[n-1] - a_1y[n-1] + b_2x[n-2] - a_2y[n-2] \,.$$

Geordnet:

$$y[n] = -a_1y[n-1] - a_2y[n-2] + b_0x[n] + b_1x[n-1] + b_2x[n-2] \,.$$

Somit haben wir die ursprüngliche Differenzengleichung wieder gefunden.

■

Aus dem Blockdiagramm wie auch aus der Differenzengleichung ist ersichtlich, dass bei rekursiven Systemen das Ausgangssignal zurückgekoppelt wird. Diese Rückkopplung führt dazu, dass die Antwort auf einen Einheitspuls bei stabilen Systemen theoretisch erst nach unendlich langer Zeit abklingt. Deshalb werden rekursive zeitdiskrete LTI-Systeme auch *IIR-Systeme* oder *IIR-Filter*, (engl: infinite impulse response filter) genannt. Im Gegensatz dazu nennt man nichtrekursive zeitdiskrete LTI-Systeme auch *FIR-Systeme* oder *FIR-Filter*, weil sie eine endlich lange Impulsantwort haben (engl: finite impulse response). Das unten stehende Beispiel illustriert ein solches FIR-System.

**Beispiel:** Bild 4.16 zeigt das Blockdiagramm eines nichtrekursiven LTI-Systems 3. Ordnung mit der Differenzengleichung

$$y[n] = b_0x[n] + b_1x[n-1] + b_2x[n-2] + b_3x[n-3]$$

und der Impulsantwort

$$\{h[n]\} = \{b_0, b_1, b_2, b_3\} \,.$$

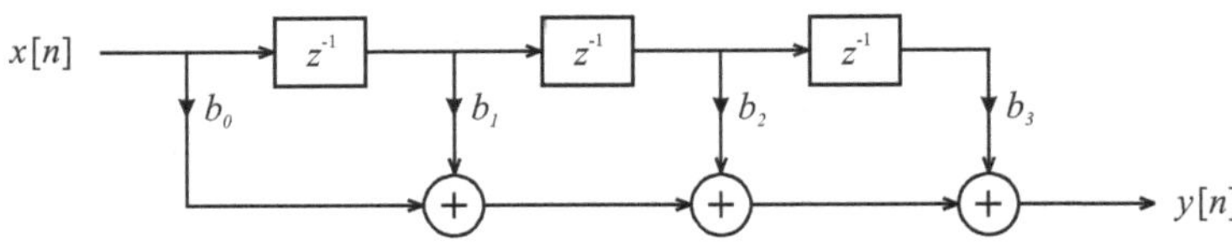


Bild 4.16: Blockdiagramm eines nichtrekursiven LTI-Systems 3. Ordnung

■

Allgemein:

$$\{h[n]\} = \{b_0, b_1, \cdots, b_N\} \,. \tag{4.78}$$

In Worten:

*Die Impulsantwort eines nichtrekursiven LTI-Systems N-ter Ordnung ist durch die Koeffizienten seiner Differenzengleichung gegeben.*

Man kann diese schöne Eigenschaft sofort anhand des Blockdiagramms in Bild 4.16 überprüfen, indem man in Gedanken zum Abtastzeitpunkt $n = 0$ eine 1 einspeist. Diese 1 wandert im Takt der Abtastfrequenz durch die Kette von Verzögerungselementen und wird zum Abtastzeitpunkt $n = i$ mit dem $i$-ten $b$-Koeffizienten multipliziert, so dass am Ausgang das Signal $\{b_0, b_1, b_2, \ldots, b_N\}$ erscheint. Die Kette aus Verzögerungselementen wird deshalb auch diskrete Verzögerungsleitung (engl: discrete delay line) genannt. Nach $N$ Abtastintervallen ist die 1 aus der Verzögerungsleitung verschwunden und die Impulsantwort ist abgeklungen.

Die Impulsantwort ist demnach durch die ($N$+1) Filter-Koeffizienten gegeben und man sagt deshalb, dass das FIR-Filter eine Länge von $N$+1 habe. Allgemein gilt:

*Die Länge eines FIR-Filters der Ordnung N ist gleich N+1.*

Bekanntlich ist das Ausgangssignal eines LTI-Systems gleich der Impulsantwort, gefaltet mit dem Eingangssignal:

$$y[n] = h[n] * x[n] = \sum_{i=-\infty}^{\infty} h[i]x[n-i] \,.$$

Daraus folgt für ein FIR-Filter $N$-ter Ordnung mit der Impulsantwort $\{h[n]\} = \{b_0, b_1, \cdots, b_N\}$:

$$y[n] = \sum_{i=0}^{N} b_i x[n-i] \,. \tag{4.79}$$

Dies ist aber nichts anderes als die Differenzengleichung eines nichtrekursiven LTI-Systems. Mit anderen Worten: Faltung und Differenzengleichung sind bei einem FIR-Filter identisch.

Definieren wir einen Datenvektor

$$\boldsymbol{x}[n] = [x[n], x[n-1], \cdots, x[n-N]]^T \tag{4.80}$$

und einen Filter-Koeffizientenvektor

$$\boldsymbol{b} = [b_0, b_1, \cdots, b_N]^T \,, \tag{4.81}$$

beide der Länge $N+1$, dann kann man die Differenzengleichung (4.79) in Form eines Skalarprodukts schreiben:

$$y[n] = \boldsymbol{b}^T \boldsymbol{x}[n] \,. \tag{4.82}$$

Zusammengefasst:

*Die Durchführung der Faltung, das Auswerten der Differenzengleichung und die Berechnung des Skalarprodukts sind bei einem FIR-Filter $N$-ter Ordnung identische Operationen. Zur Bestimmung eines Ausgangsabtastwertes $y[n]$ erfordern sie $(N+1)$ Multiplikationen und $N$ Additionen.*

### 4.4.2 Übertragungsfunktion

#### Grundlagen

In Abschn. 4.4.1 haben wir kausale zeitdiskrete LTI-Systeme untersucht, deren Eingangs- und Ausgangssignale die Differenzengleichung

$$y[n] = -\sum_{i=1}^{M} a_i y[n-i] + \sum_{i=0}^{N} b_i x[n-i]$$

erfüllen. Diese Systemklasse erlaubt die Realisierung echtzeitfähiger IIR- und FIR-Filter und ist deshalb von grosse Bedeutung für die Praxis.

Zur Herleitung der zugehörigen Übertragungsfunktion transformieren wir beide Seiten der Differenzengleichung in den z-Bereich, indem wir die Linearitätseigenschaft (4.50) und die Zeitverschiebungseigenschaft (4.51) anwenden. Wir erhalten:

$$Y(z) = -\sum_{i=1}^{M} a_i z^{-i} Y(z) + \sum_{i=0}^{N} b_i z^{-i} X(z)\,.$$

Aufgelöst nach $Y(z)$ ergibt:

$$Y(z) = \underbrace{\frac{b_0 + b_1 z^{-1} + \cdots + b_N z^{-N}}{1 + a_1 z^{-1} + \cdots + a_M z^{-M}}}_{H(z)} X(z)\,.$$

Der Faktor

$$H(z) = \frac{b_0 + b_1 z^{-1} + \cdots + b_N z^{-N}}{1 + a_1 z^{-1} + \cdots + a_M z^{-M}}\,, \tag{4.83}$$

der $Y(z)$ mit $X(z)$ verknüpft heisst bekanntlich *Übertragungsfunktion*. Sie beschreibt das Übertragungsverhalten des LTI-Systems (Bild 4.12), wobei die $b$- und $a$-Koeffizienten des Zähler- und Nennerpolynoms Koeffizienten der Übertragungsfunktion genannt werden. Wie man diese Koeffizienten für eine gegebene Filteraufgabe bestimmen kann, werden wir dann in Abschnitt 7.3 erfahren.

#### Pole und Nullstellen

Pole und Nullstellen einer Übertragungsfunktion liefern nützliche System-Informationen, wie wir im Folgenden sehen werden. Zur ihrer Bestimmung formen wir die Übertragungsfunktion um und definieren Pole und Nullstellen anschliessend analog zu denjenigen kontinuierlicher Systeme:

$$\begin{aligned} H(z) &= \frac{b_0 + b_1 z^{-1} + \cdots + b_N z^{-N}}{1 + a_1 z^{-1} + \cdots + a_M z^{-M}}, \\ &= b_0 \frac{z^{-N}}{z^{-M}} \cdot \frac{z^N + (b_1/b_0) z^{N-1} + \cdots + (b_N/b_0)}{z^M + a_1 z^{M-1} + \cdots + a_M}, \\ &= b_0 z^{M-N} \frac{(z - z_1)(z - z_2) \cdots (z - z_N)}{(z - p_1)(z - p_2) \cdots (z - p_M)}. \end{aligned} \tag{4.84}$$

Die komplexen Zahlen $z_i$ heissen *Nullstellen* (engl: zeros) von $H(z)$, weil an diesen Stellen die Übertragungsfunktion null ist:

$$H(z_i) = 0 \quad \text{für} \quad i = 1, 2, \ldots, N. \tag{4.85}$$

Die komplexen Zahlen $p_i$ heissen *Pole* (engl: poles) von $H(z)$, weil an diesen Stellen die Übertragungsfunktion unendlich ist:

$$|H(p_i)| = \infty \quad \text{für} \quad i = 1, 2, \ldots, M. \tag{4.86}$$

Gemäß Gl.(4.84) ist eine Übertragungsfunktion – bis auf die Konstante $b_0$ – vollständig durch die Pole und Nullstellen bestimmt. Die Anzahl Nullstellen ist gleich dem Grad $N$ des Zählerpolynoms, die Anzahl Pole ist gleich dem Grad $M$ des Nennerpolynoms und die Ordnung der Übertragungsfunktion ist gegeben durch den grösseren der beiden Grade. Zusätzlich zu den $M$ Polen gibt es $N$–$M$ Pole im Ursprung, falls $N > M$ ist, respektive zusätzliche $M$–$N$ Nullstellen im Ursprung, falls $M > N$ ist. Da diese zusätzlichen Pole, repektive Nullstellen, selten von Interesse sind, werden sie in einem Pol-Nullstellen-Diagramm meistens nicht dargestellt. In einem Pol-Nullstellen-Diagramm werden die Pole durch kleine Kreuze und die Nullstellen durch kleine Kreise in der komplexen $z$-Ebene gekennzeichnet (Bild 4.17 nächste Seite).

Ohne Herleitung wollen wir einige Eigenschaften der Pole und Nullstellen eines rekursiven, kausalen LTI-Systems angeben [PM07] und diese anhand eines Beispiels überprüfen.

1. Systeme mit reellen $a$- und $b$-Koeffizienten haben reelle und/oder konjugiert komplexe Pole und Nullstellen.

2. Bei einem stabilen System müssen die Pole innerhalb des Einheitskreises liegen.

3. Pole und Nullstellen in der Nähe des Einheitskreises verursachen im Amplitudengang Erhöhungen und Vertiefungen.

4. Das konjugiert komplexe Polpaar, das sich am nächsten des Einheitskreises befindet, nennt man *dominant*. Es verursacht bei Einschaltvorgängen Schwingungen, die umso länger dauern, je näher das Polpaar beim Einheitskreis ist.

Vergleichen wir diese Eigenschaften mit den entsprechenden Eigenschaften eines kontinuierlichen LTI-Systems (siehe dazu Seite 83), dann stellen wir Übereinstimmung fest mit dem Unterschied, dass der Einheitskreis die Rolle der $j\omega$-Achse spielt und das Innere des Einheitskreises der linken Halbebene entspricht.

**Beispiel:** Wir betrachten ein IIR-System 4. Ordnung mit der Übertragungsfunktion

$$H(z) = \frac{0.032 - 0.053z^{-1} + 0.047z^{-2} - 0.053z^{-3} + 0.032z^{-4}}{1 - 2.742z^{-1} + 3.735z^{-2} - 2.578z^{-3} + 0.885z^{-4}}$$

und der Abtastfrequenz $f_s = 1\,\text{kHz}$, was ein Abtastintervall von $T = 1\,\text{ms}$ ergibt. Mithilfe des MATLAB-Befehls `roots` finden wir die dazugehörigen Pole und Nullstellen

$$\begin{array}{ll} z_1 = 1e^{j0.046\cdot 2\pi}\,, & z_4 = 1e^{-j0.046\cdot 2\pi}\,, \\ p_1 = 0.974e^{j0.106\cdot 2\pi}\,, & p_4 = 0.974e^{-j0.106\cdot 2\pi}\,, \\ p_2 = 0.967e^{j0.143\cdot 2\pi}\,, & p_3 = 0.967e^{-j0.143\cdot 2\pi}\,, \\ z_2 = 1e^{j0.272\cdot 2\pi}\,, & z_3 = 1e^{-j0.272\cdot 2\pi} \end{array}$$

und mit `zplane` das Pol- Nullstellen-Diagramm in Bild 4.17.

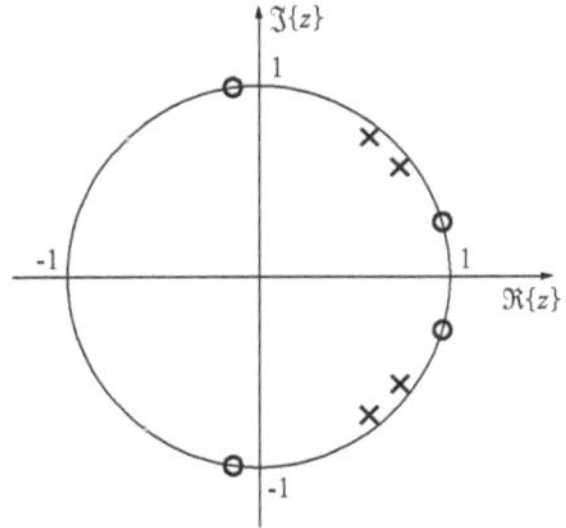


Bild 4.17: Pol- Nullstellen-Diagramm des IIR-Systems 4. Ordnung

Die Befehle `freqz` und `impz` liefern den Amplitudengang und die Impulsantwort in Bild 4.18. Wir stellen fest:

1. Die Pole und Nullstellen sind konjugiert komplex, da die $a$- und $b$-Koeffizienten reell sind.
2. Die Impulsantwort klingt gegen null ab, da die Pole innerhalb des Einheitskreises liegen.
3. Die beiden Nullstellen $z_1$ und $z_2$ auf dem Einheitskreis bewirken Kerben bei $f_{z_1} = 46\,\text{Hz}$ und $f_{z_2} = 272\,\text{Hz}$ und die beiden Pole $p_1$ und $p_2$ in Einheitskreisnähe verursachen Überhöhungen im Amplitudengang bei $f_{p_1} = 106\,\text{Hz}$ und $f_{p_2} = 143\,\text{Hz}$, wobei die Nullstellen- und Polfrequenzen $f_{z_1}, f_{z_2}$ und $f_{p_1}, f_{p_2}$ sich nach den Formeln $f_{z_i} = (\angle z_i/2\pi)f_s$ und $f_{p_i} = (\angle p_i/2\pi)f_s$ berechnen lassen.

4. Der Abstand der beiden Polpaare zum Einheitskreis ist ungefähr gleich gross, infolgedessen sind die Polpaare ähnlich dominant. Da die Pole für das Einschwingen der Impulsantwort verantwortlich sind, erwartet man eine Oszillationsfrequenz im Bereich von 106 Hz bis 143 Hz. Durch Messen der Schwingungsperiode erhalten wir eine tatsächliche Oszillationsfrequenz von 1/8 ms, was eine Frequenz von 125 Hz ergibt.

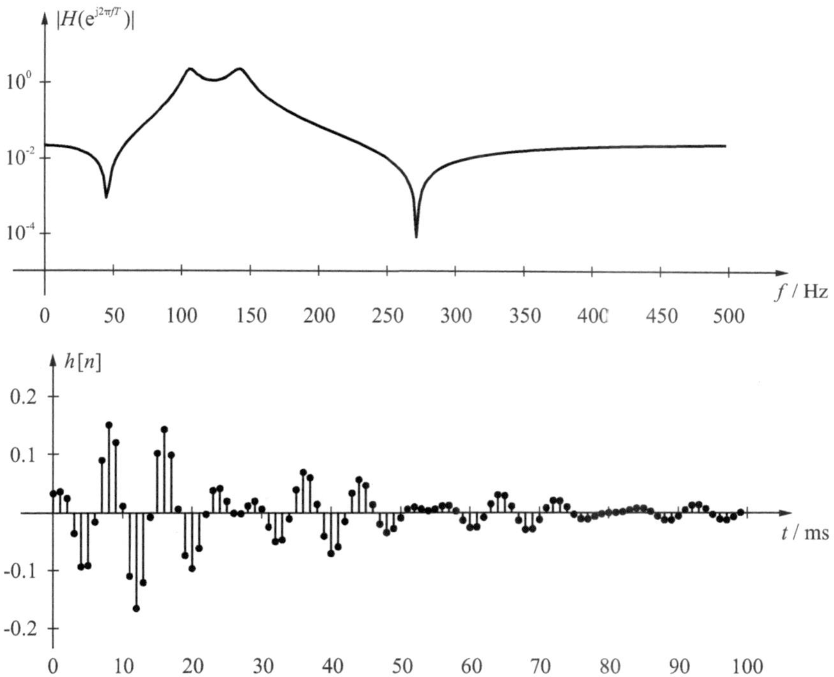


Bild 4.18: Amplitudengang und Impulsantwort des IIR-Systems 4. Ordnung

∎

# Aufgaben

1. **Periodizitätsbedingung einer Sinusschwingung**

   Damit $N$ die fundamentale Periode einer zeitdiskreten Sinusschwingung $x[n] = \sin(2\pi f_0 nT)$ ist, muss gelten: $f_0TN = 1$. Leiten Sie diese Bedingung her.

2. **Energie- und Leistungsberechnung**

   (a) i. Ein symmetrischer, dreieckförmiger Strompuls $i(t)$ mit dem Scheitelwert $\hat{I}$ und der Pulsbreite $2T_0$ fliesst durch einen Widerstand $R$. Zeigen Sie, dass die umgesetzte Energie den Wert $W = \frac{2}{3}R\hat{I}^2T_0$ hat.

   ii. Berechnen Sie die Energie $W$ für $R = 100\,\Omega$, $\hat{I} = 5\,\text{mA}$, $T_0 = 10\,\text{ms}$ und $T = 1\,\text{ms}$ mittels der Approximationsformel $W = cE$, wobei $c$ eine Konstante mit der Einheit Ws und $E$ die Energie des Signalvektors $\boldsymbol{x}$ ist. Dieser Vektor entsteht durch Abtastung der Spannung am Widerstand mit dem Abtastintervall $T$, wobei eine Spannung von 2 V einem Abtastwert von 1 erzeugt.

   (b) Berechnen Sie die mittlere Leistung $P$ des Einheitsschrittes $\varepsilon[n]$.

3. **SNR eines gestörten Sinussignals**

   Erzeugen Sie mit MATLAB ein diskretes Sinussignal der Länge $L = 1000$, der Amplitude $\hat{X} = 1$, der Frequenz $f_0 = 20\,\text{Hz}$ und dem Abtastintervall $T = 0.1\,\text{ms}$. Stören Sie es mit Rauschen beliebiger Leistung und berechnen Sie das SNR in dB.

   Zur Erzeugung des Rauschens soll der Befehl `randn` benutzt werden, der mit der Wurzel der gewünschten Leistung multipliziert werden muss (siehe dazu Abschn. 5.3.2).

4. **Impulsantwort eines kausalen und nichtkausalen LTI-Systems**

   Entwerfen Sie mit `sptool` von MATLAB ein kausales LTI-System Ihrer Wahl, exportieren Sie den Zählerkoeffizientenvektor unter dem Namen 'Num' und den Nennerkoeffizientenvektor unter dem Namen 'Den' in den Speicher und plotten Sie mit `impz` seine Impulsantwort. Kreieren Sie einen Einheitspuls, wenden Sie auf ihn den Filterbefehl `filtfilt` an und zeichnen Sie mit `stem` die so entstandene Impulsantwort. Was stellen Sie fest?

5. **Faltung zweier diskreter Signale**

   Falten Sie die beiden Folgen $\{x[n]\} = \{0, 0.5, 1, 1, 1, 1\}$ und $\{h[n]\} = \{0, -0.5, -0.5, 1\}$.

   (a) Benutzen Sie die „Papierstreifenmethode“, indem Sie die Folgenwerte von $\{x[i]\}$ auf eine Zeile schreiben und die Folgenwerte von $\{h[-i]\}$ auf einen Papierstreifen notieren. Positionieren Sie den Papierstreifen unter die Sequenz $\{x[i]\}$, multiplizieren Sie die Werte in den Spalten und bilden Sie die Summe: So erhalten Sie $y[0]$ (siehe Bild 4.19). Verschieben Sie den Papierstreifen um einen Abtastwert nach rechts, multiplizieren und addieren Sie wie oben beschrieben: So erhalten Sie $y[1]$. Fahren Sie so weiter bis die Länge der Faltung $L_y = L_x + L_h - 1$ ist.

   (b) Verwenden Sie den MATLAB-Befehl `conv`.

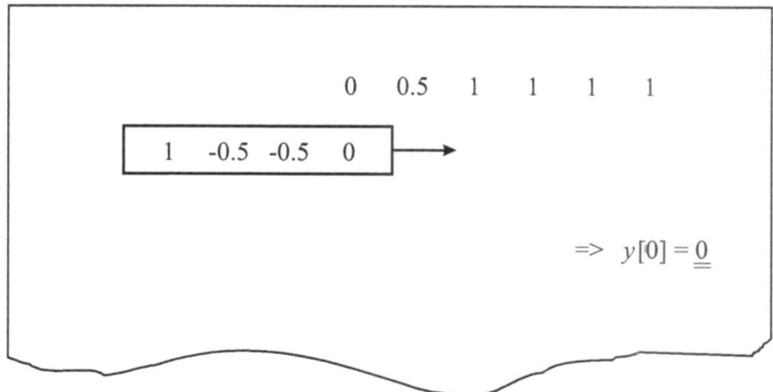


Bild 4.19: Faltung mit der Papierstreifenmethode

(c) Verwenden Sie die MATLAB-Funktion `gconv`. Diese Funktion liefert eine graphische Dokumentation der Faltung von $h[n]$ mit $x[n]$, was aufgrund der Kommutativität dasselbe ist wie $x[n]$ gefaltet mit $h[n]$.

6. **Herleitung der inversen zeitdiskreten Fourier-Transformierten**

   Leiten Sie die Synthesegleichung (4.41) her, indem Sie wie folgt vorgehen: Multiplizieren Sie beide Seiten der Analysegleichung (4.40) mit $e^{j\Omega k}$ und integrieren Sie nachher beide Seiten über $\Omega$ von $-\pi$ bis $+\pi$. Vertauschen Sie Integration und Summierung und wenden Sie anschliessend die Orthogonalitätseigenschaft (2.32) der komplexen Exponentialfunktion an.

7. **z-Transformierte kausaler Folgen**

   Bestimmen Sie mithilfe des MATLAB-Befehls `ztrans` die z-Transformierte der kausalen Sinusfolge, der kausalen Cosinusfolge und der kausalen komplexen Exponentialfolge.

8. **Ausgangssignal eines LTI-Systems bei cosinusförmiger Anregung**

   Leiten Sie die Beziehung (4.64) her, die wie folgt lautet: $x[n] = \cos(\Omega n) \Rightarrow y[n] = |H(e^{j\Omega})| \cos(\Omega n + \angle H(e^{j\Omega}))$. Gehen Sie wie folgt vor: 1. $\cos(\Omega n)$ gemäß der Eulerschen Formel (2.50) zerlegen. 2. Faltung durchführen. 3. Definition (4.60) des Frequenzgangs anwenden. 4. $H(e^{j\Omega})$ und $H(e^{j(-\Omega)})$ in Betrags-Phasenform darstellen. 5. Eulersche Formel anwenden.

9. **Experiment zur Gruppenlaufzeit**

   Mit dem M-File `A1_4_9` kann man ein LTI-System mit Bandpass-Charakteristik entwerfen, eine Schwebung erzeugen, die Schwebung filtern, das Eingangssignal und das Ausgangssignal darstellen und daraus die Gruppenlaufzeit messen. Experimentieren Sie mit diesem M-File.

10. **Ausgangssignal eines FIR-Filters**

    Zum Auswerten der Faltung, der Differenzengleichung und des Skalarprodukts kennt MATLAB die Befehle `conv`, `filter` und $*$. Zeigen Sie, dass bei einem FIR-Filter diese drei Befehle auf das gleiche Ausgangssignal führen. Die b-Koeffizienten und das Eingangssignal generieren Sie nach Ihrer Wahl.

11. **Beschreibung eines LTI-Systems**

    Bestimmen Sie zum LTI-System in Bild 4.20

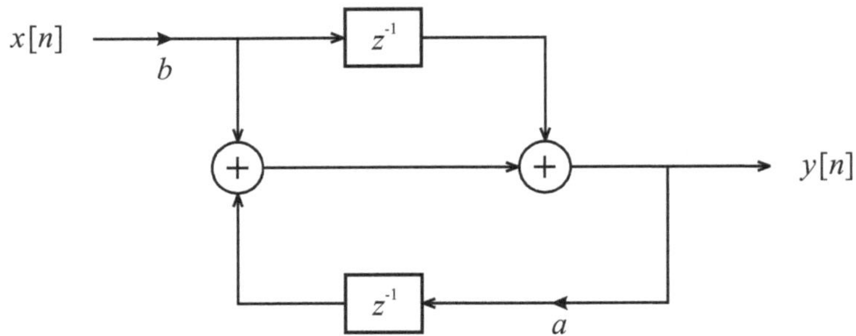


Bild 4.20: Rekursives LTI-System 1. Ordnung

    (a) die Differenzengleichung,
    (b) die Übertragungsfunktion $H(z)$,
    (c) die Pole und Nullstellen inklusive Stabilitätsbedingung,
    (d) den Frequenzgang $H(e^{j2\pi fT})$ und
    (e) die Impulsantwort $h[n]$.

12. **Amplitudengang und Impulsantwort in Abhängigkeit der Pole und Nullstellen**

    Starten Sie das MATLAB-Werkzeug `fdatool` (Filter Design and Analysis Tool). Entwerfen Sie ein IIR-Tiefpassfilter elliptic und betrachten Sie das Pol-Nullstellen-Diagramm, den Amplitudengang und die Impulsantwort. Verschieben Sie Pole und Nullstellen und überprüfen Sie die vier Eigenschaften der Pole und Nullstellen auf Seite 141.

# Kapitel 5

# Zeitdiskrete stochastische Signale

Zeitdiskrete *stochastische* Signale sind diskrete Signale, deren Abtastwerte vom Zufall abhängen und die demnach nicht vorhersehbar sind. Beispiele für stochastische Signale sind Sprachsignale, Videosignale, Messsignale, Rauschsignale, etc., alles Signale, die in der digitalen Signalverarbeitung eine bedeutende Rolle spielen. Im vorliegenden Kapitel geht es darum, die grundlegenden Kenngrössen dieser Signale zu erarbeiten, einige Anwendungen aufzuzeigen und das Fundament zum Verständnis des Quantisierungsrauschens (Abschn. 7.4.6), der Rauschgeneratoren (Abschn. 8.5) sowie weiterführender Themen [vG08b] zu legen. Wer sich intensiver mit Zufallssignalen auseinandersetzen möchte, dem sei das Studium von Lit. [MI11] empfohlen.

## 5.1 Die Zufallsvariable

Eine wichtige Grösse in der Wahrscheinlichkeitstheorie ist die *Zufallsvariable*, die in der Fachliteratur zur Unterscheidung von determinierten Variablen meistens mit einem Grossbuchstaben bezeichnet wird. Da wir mit Grossbuchstaben Grössen im Bildbereich bezeichnen und eine Verwechslungsgefahr vermeiden wollen, verwenden wir für Zufallsvariablen serifenlose, fettgedruckte Buchstaben, wie beispielsweise $\mathsf{x}$ oder $\mathsf{y}$.

Die Zufallsvariable (engl: random variable) ist eine Grösse, deren Wert vom Zufall abhängt, wie die folgenden drei Beispiele illustrieren.

**Werfen einer Münze.** Das Ereignis „Zahl“ bezeichnen wir mit einer 1 und das Ereignis „Kopf“ mit einer 0. Die Zufallsvariable $\mathsf{x}$ hat dann den Wert 1 oder 0.

**Betriebszeit einer LED-Leuchte.** Eine LED-Leuchte werde spätestens nach 10'000 Betriebsstunden ausgewechselt, so dass ihre maximale Betriebszeit $10^4$ Stunden beträgt. Ordnen wir der Zufallsvariablen $\mathsf{x}$ die Betriebszeit zu, dann nimmt sie Werte zwischen 0 und $10^4$ h an.

**Messen einer Spannung.** Mit einem Voltmeter soll eine Gleichspannung zwischen $-5$ V und $+5$ V gemessen werden. Die Zufallsvariable $\mathsf{x}$ liegt dann im Bereich $-5$ Volt und $+5$ Volt. ∎

Eine Zufallsvariable wird durch ihre *Wahrscheinlichkeitsverteilungsfunktion*

$$F_x(x) = P\{\mathsf{x} \leq x\} \tag{5.1}$$

oder durch ihre *Wahrscheinlichkeitsdichtefunktion*

$$f_x(x) = \tfrac{d}{dx} F_x(x) \tag{5.2}$$

beschrieben. Hierin ist $P\{\mathsf{x} \leq x\}$ die Wahrscheinlichkeit dafür, dass die Zufallsvariable $\mathsf{x}$ kleiner gleich dem Variablenwert $x$ ist. Diese Wahrscheinlichkeit ist gleich dem Integral $\int_{-\infty}^{x} f_x(u)\, du$ der Dichtefunktion. Da das sichere Ereignis $\{\mathsf{x} \leq \infty\}$ die Wahrscheinlichkeit 1 hat, gilt $\int_{-\infty}^{\infty} f_x(u)\, du = 1$.

Die Wahrscheinlichkeitsverteilungsfunktion (engl: probability distribution function) nennt man auch *Verteilungsfunktion* und die Wahrscheinlichkeitsdichtefunktion (engl: probability density function) – abgekürzt WDF – auch *Dichtefunktion.*

**Beispiel:** In Bild 5.1 sind die Dichte- und Verteilungsfunktionen der drei Beispiele dargestellt.

Die Zufallsvariable des Münzenwurf-Experiments nimmt die Werte 0 und 1 gleichwahrscheinlich an. Da die Zufallsvariable nur endlich viele Werte annimmt – im vorliegenden Beispiel zwei – spricht man von einer diskreten Zufallsvariablen. Ihre Dichtefunktion besteht demnach aus zwei Diracpulsen mit den Gewichten von je 0.5 und ihre Verteilungsfunktion setzt sich aus drei horizontalen Geradenstücken zusammen.

Die badewannenförmige Dichtefunktion der LED-Betriebszeit erklärt sich mit einer hohen Ausfallwahrscheinlichkeit am Anfang der Lebensdauer (begründet durch Fabrikationsfehler), einer langen Phase mit konstanter Dichtfunktion (begründet durch spontane Ausfälle) und einer hohen Ausfallwahrscheinlichkeit am Ende der Lebensdauer (begründet durch Verschleiss am Ende der Betriebszeit). Der Diracstoss mit dem Gewicht von 0.8 erklärt sich durch die Annahme, dass unmittelbar vor der Auswechslung im Mittel noch 80% der LEDs funktionieren. Da die Zufallsvariable einen beliebigen Wert im Intervall $[0, 10^4\, h)$ annehmen kann, spricht man hier von einer gemischt kontinuierlich-diskreten Zufallsvariablen.

Beim Experiment „Spannungsmessung“ wird angenommen, dass alle Spannungswerte zwischen −5 Volt und +5 Volt gleich wahrscheinlich vorkommen. Demnach handelt es sich hier um eine kontinuierliche Zufallsvariable, deren Dichtefunktion rechteckförmig ist und die damit eine rampenförmige Verteilungsfunktion hat.

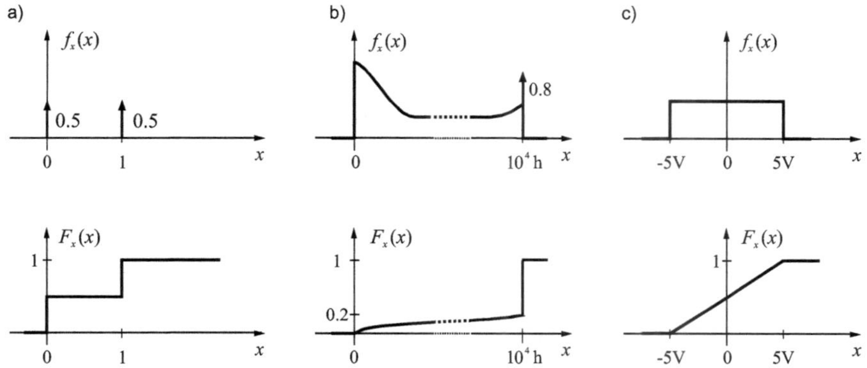


Bild 5.1: Dichte- und Verteilungsfunktion der Experimente a) Werfen einer Münze, b) Betriebszeit einer LED-Leuchte und c) Messen einer Spannung

■

Die beiden wichtigsten Zufallsvariablen sind die *gleichverteilte* Zufallsvariable (engl: uniform distributed random variable) mit der Dichtefunktion

$$f_x(x) = \begin{cases} \frac{1}{b-a} & : \quad a < x < b \\ 0 & : \quad \text{sonst} \end{cases} \tag{5.3}$$

und die *gaussverteilte* Zufallsvariable (engl: gaussian distributed random variable) mit der Dichtefunktion

$$f_x(x) = \frac{1}{\sqrt{2\pi}\sigma} e^{-\frac{1}{2}(\frac{x-\mu}{\sigma})^2} \,. \tag{5.4}$$

Beide Dichtefunktionen (siehe Bild 5.2) sind durch je zwei Parameter $a$ und $b$, bzw. $\mu$ und $\sigma$ ($\sigma > 0$) charakterisiert. $\mu$ heisst Mittelwert und $\sigma$ heisst Streuung der Gaussverteilung, wobei die Gaussverteilung manchmal auch als Normalverteilung (engl: normal distribution) bezeichnet wird.

**Beispiel:** Die Spannung zwischen den Anschlüssen eines metallischen Widerstandes, verursacht durch die thermische Bewegung der Elektronen, ist eine gaussverteilte Zufallsvariable $\mathbf{x}$ mit dem Mittelwert null. ■

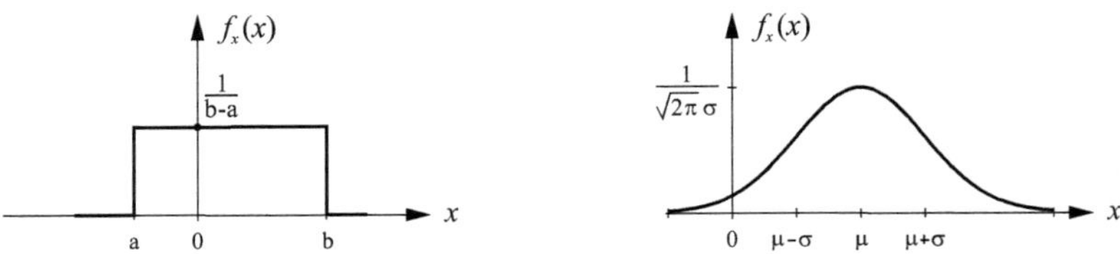


Bild 5.2: Dichtefunktion der gleich- und der gaussverteilten Zufallsvariablen

Zusammengesetzte Zufallsexperimente führen auf *mehrdimensionale* Zufallsvariablen.

**Beispiel:** Gegeben seien ein weisser und ein schwarzer Würfel. Der Augenzahl wird die Zufallsvariable $\mathbf{x_1}$ und der Farbe die Zufallsvariable $\mathbf{x_2}$ (0 für weiss und 1 für schwarz) zugeordnet. Nach dem Zufallsprinzip wird einer der beiden Würfel genommen und geworfen. Die Dichtefunktion ist dann eine Funktion zweier Variablen und besteht aus zwölf Diracpulsen mit den Gewichten $\frac{1}{12}$ gemäß Bild 5.3.

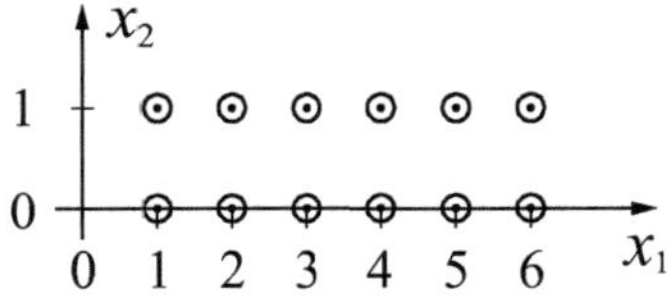


Bild 5.3: Dichtefunktion des Zwei-Würfel-Experiments (die Pfeilspitzen der Diracpulse werden durch Kreise mit Punkten veranschaulicht)

■

Das Beispiel beschreibt eine zweidimensionale Zufallsvariable $(\mathbf{x_1}, \mathbf{x_2})$. Die Verteilungsfunktion (engl: joint probability distribution function) einer zweidimensionale Zufallsvariablen ist definiert als Wahrscheinlichkeit $P$:

$$F_{x_1,x_2}(x_1, x_2) = P\{(\mathbf{x}_1 \leq x_1) \cap (\mathbf{x}_2 \leq x_2)\} \; . \tag{5.5}$$

Die Wahrscheinlichkeitsdichtefunktion (auch Verbund-WDF, engl: joint probability density function ) erhält man durch Ableitung der Verteilungsfunktion:

$$f_{x_1,x_2}(x_1, x_2) = \frac{\partial}{\partial x_1} \frac{\partial}{\partial x_2} F_{x_1,x_2}(x_1, x_2) \; . \tag{5.6}$$

Die Verteilungsfunktion ist somit gleich dem Integral $\int_{-\infty}^{x_1} \int_{-\infty}^{x_2} f_{x_1,x_2}(u_1, u_2)\, du_1$ $du_2$ der Dichtefunktion.

Definition und Beschreibung zweidimensionaler Zufallsvariablen $(\mathbf{x}_1, \mathbf{x}_2)$ lassen sich auf $N$-dimensionale Zufallsvariablen $(\mathbf{x}_1, \mathbf{x}_2, \cdots, \mathbf{x}_N)$ erweitern. Die Dichte- und die Verteilungsfunktion sind dann $N$-dimensionale Funktionen.

## 5.2 Erwartungswerte

Vielfach genügt es, eine Zufallsvariable durch die Momente erster und zweiter Ordnung ihrer Wahrscheinlichkeitsdichtefunktion zu beschreiben, wobei unter dem Moment $n$-ter Ordnung einer Dichtefunktion das Integral $\int_{-\infty}^{\infty} x^n f_x(x)\,dx$ verstanden wird.

Der *Erwartungswert* oder *Mittelwert* $\mu_x$ (engl: expectation oder mean) einer Zufallsvariablen $\mathbf{x}$ ist als Moment erster Ordnung der Dichtefunktion definiert:

$$\mu_x = \mathrm{E}\{\mathbf{x}\} = \int_{-\infty}^{\infty} x f_x(x)\,dx\ . \tag{5.7}$$

$\mathrm{E}\{\cdot\}$ ist der Erwartungswertoperator, der der Zufallsvariablen ihren Mittelwert zuordnet. Der Erwartungswert $\mu_x$ kann als „mittlerer Wert" der Zufallsvariablen $\mathbf{x}$ gedeutet werden, physikalisch als Schwerpunkt der Dichtefunktion und elektrisch als DC- oder Gleichwert.

**Beispiel:** Der Erwartungswert der gleichverteilten Zufallsvariablen in Bild 5.2 ist $\mu_x = \frac{a+b}{2}$. Somit ist der DC-Wert der gleichverteilten Spannung in Bild 5.1 c) gleich null. ■

Bezeichnen wir mit $x_i$ den Ausgang eines Experiments, das wir in einer grossen Anzahl $N$ durchführen, dann folgt eine weitere Interpretation des Erwartungswerts:

$$\mu_x = \lim_{N\to\infty} \frac{1}{N} \sum_{i=1}^{N} x_i\ . \tag{5.8}$$

Den Erwartungswert kann man somit als „mittleren Ausgang" eines Experiments verstehen. Man spricht in diesem Zusammenhang auch von einer Mittelung über die Schar.

**Beispiel:** Wirft man einen Würfel unendlich mal, dann erhalten wir als mittlere Augenzahl den Wert $\mu_x = 3.5$. ■

Ist die Zufallsvariable $\mathbf{y}$ eine Funktion $g$ der Zufallsvariablen $\mathbf{x}$ mit der Dichtefunktion $f_x(x)$, dann berechnet sich ihr Erwartungswert nach folgender Vorschrift:

$$\mathrm{E}\{\mathbf{y}\} = \int_{-\infty}^{\infty} g(x) f_x(x)\,dx\ . \tag{5.9}$$

**Beispiel:** Gesucht sei der Erwartungswert von $\mathbf{y} = \sin(\mathbf{x})$, wenn $\mathbf{x}$ eine zwischen $-\pi$ und $+\pi$ gleich verteilte Zufallsvariable ist.

$$\mu_y = \int_{-\pi}^{\pi} \sin(x) \frac{1}{2\pi}\,dx\ = 0.$$

■

Der Erwartungswertoperator ist linear:

$$\mathrm{E}\{k_1\mathbf{x}_1 + k_2\mathbf{x}_2\} = k_1\mathrm{E}\{\mathbf{x}_1\} + k_2\mathrm{E}\{\mathbf{x}_2\}\ . \tag{5.10}$$

In Worten: Der Erwartungswert einer gewichteten Summe von Zufallsvariablen ist gleich der gewichteten Summe der einzelnen Erwartungswerte.

Den *quadratischen Mittelwert* $\rho_x^2$ definiert man als zweites Moment von $\mathbf{x}$:

$$\rho_x^2 = \mathrm{E}\{\mathbf{x}^2\} = \int_{-\infty}^{\infty} x^2 f_x(x)\,dx\ . \tag{5.11}$$

Aufgrund dieser Definition spricht man auch vom Mittelwert des Quadrats oder von der mittleren Leistung der Zufallsgrösse $\mathbf{x}$. Seine positive Wurzel $\rho_x$ nennt man *Effektivwert* oder *RMS-Wert* von $\mathbf{x}$ (engl: root mean square value).

**Beispiel:** Betrachten wir eine Spannungsquelle mit gleichverteilter Quellenspannung gemäß Bild 5.1 c), die an einen Widerstand von $1\,\Omega$ angeschlossen ist, dann erhalten wir einen Effektivwert von $U_{RMS} = 2.89\,V$ und eine mittlere Leistung von $P = 8.33\,W$. ∎

Die *Varianz* $\sigma_x^2$ (engl: variance) schliesslich definieren wir als mittlere quadratische Abweichung der Zufallsvariablen $\mathbf{x}$ vom Mittelwert $\mu_x$:

$$\sigma_x^2 = \mathrm{E}\{(\mathbf{x} - \mu_x)^2\} = \int_{-\infty}^{\infty} (x - \mu_x)^2 f_x(x)\,dx\ . \tag{5.12}$$

Analog zum Mittelwert des Quadrats kann man sie als mittlere Leistung des Wechselanteils, bzw. als mittlere AC-Leistung der Zufallsgrösse $\mathbf{x}$ interpretieren. Die positive Wurzel $\sigma_x$ der Varianz heisst *Standardabweichung* (engl: standard deviation) oder *Streuung* der Zufallsvariablen $\mathbf{x}$. Sie ist ein Mass für die Breite der Wahrscheinlichkeitsdichteverteilung.

**Beispiel:** Gegeben sei eine gleichverteilte Zufallsvariable gemäß Bild 5.2. Für ihre Varianz finden wir:

$$\begin{aligned}
\sigma_x^2 &= \int_{-\infty}^{\infty} (x - \mu_x)^2 f_x(x)\,dx\ , \\
&= \int_a^b \left(x - \frac{b+a}{2}\right)^2 \frac{1}{b-a}\,dx\ , \\
&= \frac{1}{3}\left(x - \frac{b+a}{2}\right)^3 \frac{1}{b-a}\Bigg|_a^b\ , \\
&= \frac{(b-a)^2}{12}\ .
\end{aligned}$$

∎

Aus Kenntnis des Mittelwerts und der Varianz kann einfach der quadratische Mittelwert $\rho_x^2$ berechnet werden (siehe Aufgabe 2):

$$\rho_x^2 = \mu_x^2 + \sigma_x^2 \,. \tag{5.13}$$

Diese Gleichung erinnert an die entsprechende Formel aus der elektrischen Messtechnik [MFLM96], die besagt, dass der Effektivwert einer Spannung im Quadrat gleich der Summe aus dem DC-Wert im Quadrat und dem AC-Wert im Quadrat ist: $U_{RMS}^2 = U_{DC}^2 + U_{AC}^2$. Tatsächlich kann gezeigt werden [Hof98], dass zwischen den beiden Formeln ein direkter Zusammenhang besteht.

Eine Zufallsvariable $\mathbf{x}$ heisst *mittelwertfrei* (engl: zero mean), wenn ihr Mittelwert $\mu_x = 0$ ist. In diesem Fall sind die Varianz $\sigma_x^2$ und der quadratische Mittelwert $\rho_x^2$ identisch, wie im Beipiel der mittelwertfreien Spannungsquelle gemäß Bild 5.1 c).

Der Mittelwert $\mu_x$ und die Varianz $\sigma_x^2$ beschreiben eine Zufallsvariable $\mathbf{x}$ grob. Eine detaillierte Beschreibung hingegen erfordert die Kenntnis der Dichte- oder der Verteilungsfunktion.

Sind *zwei* Zufallsvariablen $\mathbf{x}_1$ und $\mathbf{x}_2$ gegeben, dann definiert man zwei zusätzliche Kenngrössen: 1. Die *Korrelation* (engl: correlation) als Erwartungswert des Produkts der beiden Zufallsvariablen:

$$R_{x_1 x_2} = \mathrm{E}\{\mathbf{x}_1 \mathbf{x}_2\} \,, \tag{5.14}$$

wobei:

$$\mathrm{E}\{\mathbf{x}_1 \mathbf{x}_2\} = \int_{-\infty}^{\infty} \int_{-\infty}^{\infty} x_1 x_2 f_{x_1,x_2}(x_1, x_2) \, dx_1 \, dx_2$$

und 2. die *Kovarianz* (engl: covariance) als Erwartungswert des Produkts der beiden mittelwertbefreiten Zufallsvariablen:

$$C_{x_1 x_2} = \mathrm{E}\{(\mathbf{x}_1 - \mu_{x_1})(\mathbf{x}_2 - \mu_{x_2})\} \,, \tag{5.15}$$

wobei:

$$\mathrm{E}\{(\mathbf{x}_1 - \mu_{x_1})(\mathbf{x}_2 - \mu_{x_2})\} = \int_{-\infty}^{\infty} \int_{-\infty}^{\infty} (x_1 - \mu_{x_1})(x_2 - \mu_{x_2}) f_{x_1,x_2}(x_1, x_2) \, dx_1 \, dx_2 \,.$$

Die Korrelation $R_{x_1 x_2}$ und die Kovarianz $C_{x_1 x_2}$ drücken einen Zusammenhang zwischen zwei Zufallsvariablen aus. Eine positive Korrelation, bzw. Kovarianz liegt vor, wenn die Zunahme des Wertes einer Variablen mit der Zunahme des Wertes der anderen Variablen einhergeht. Nimmt bei der Zunahme der einen Variablen die andere ab, dann ist die Korrelation, bzw. Kovarianz negativ.

**Beispiel:** Am Eingang eines Spannungsverstärkers mit der Verstäkung $-2$ liegt mit einer Wahrscheinlichkeit von 0.25 die Spannung $-5\,$V, mit einer Wahrscheinlickkeit von 0.5 die Spannung $0\,$V und mit einer Wahrscheinlichkeit von 0.25 die Spannung $5\,$V. Bezeichnen wir die Eingangsspanung mit der Zufallsvariablen $\mathbf{x_1}$ und die Ausgangsspannung mit der Zufallsvariablen $\mathbf{x_2}$, dann dann besteht die zweidimensionale Dichtefunktion $f_{x_1,x_2}(x_1, x_2)$ aus drei Diracpulsen mit den Gewichten 0.25, 0.5 und 0.25 gemäß Bild 5.4, woraus sich eine Korrelation von $R_{x_1x_2} = -25\,V^2$ ergibt.

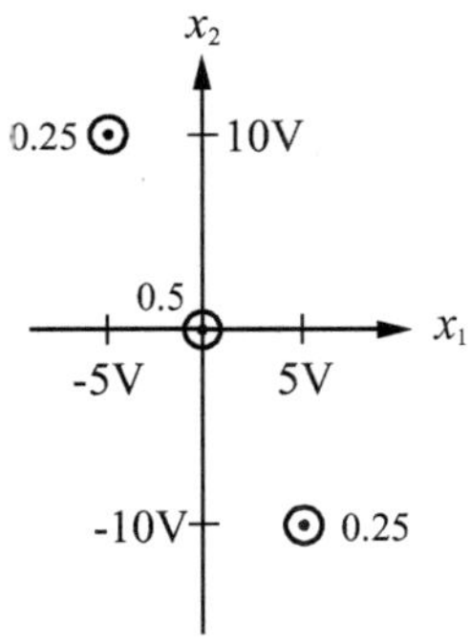


Bild 5.4: Dichtefunktion des Spannungsverstärker-Experiments

■

Das Spannungsverstärker-Experiment ist ein Beispiel negativer Korrelation. Positive Korrelation hingegen besteht zwischen den Variablen Grösse und Gewicht beim Menschen oder der Treibhausgaskonzentration und der Temperatur auf der Erde.

Korrelation und Kovarianz sind kommutativ, d. h. $R_{x_1x_2} = R_{x_2x_1}$ und $C_{x_1x_2} = C_{x_2x_1}$. Sie sind wie folgt miteinander verknüpft (siehe Aufgabe 3):

$$C_{x_1x_2} = R_{x_1x_2} - \mu_{x_1}\mu_{x_2} \; . \tag{5.16}$$

Daraus folgt sofort, dass Korrelation und Kovarianz identisch sind, falls eine der beiden Zufallsvariablen mittelwertfrei ist.

Sind die beiden Zufallsvariablen $\mathbf{x}_1$ und $\mathbf{x}_2$ identisch, d. h. ist $\mathbf{x}_1 = \mathbf{x}_2 = \mathbf{x}$, dann ist die Korrelation gleich dem quadratischen Mittelwert und die Kovarianz gleich der Varianz der Zufallsvariable $\mathbf{x}$:

$$R_{xx} = \rho_x^2 \; , \qquad C_{xx} = \sigma_x^2 \; . \tag{5.17}$$

Die Korrelation und die Kovarianz benötigt man insbesondere zur Berechnung des quadratischen Mittelwerts und der Varianz einer Linearkombination $\mathbf{x} = k_1\mathbf{x}_1 + k_2\mathbf{x}_2$ von Zufallsvariablen:

$$\rho_x^2 = k_1^2\rho_{x_1}^2 + k_2^2\rho_{x_2}^2 + 2k_1k_2R_{x_1x_2} \; , \qquad \sigma_x^2 = k_1^2\sigma_{x_1}^2 + k_2^2\sigma_{x_2}^2 + 2k_1k_2C_{x_1x_2} \; . \tag{5.18}$$

Zwei Zufallsvariablen $\mathbf{x}_1$ und $\mathbf{x}_2$ heissen *statistisch unabhängig*, wenn die Verbund-WDF gleich dem Produkt der einzelnen WDFs ist:

$$f_{x_1,x_2}(x_1,x_2) = f_{x_1}(x_1)f_{x_2}(x_2) \ . \tag{5.19}$$

**Beispiele:**

-**Würfeln**. Gegeben seien ein weisser und ein schwarzer Würfel. Der Farbe wird die Zufallsvariable $\mathbf{x_1}$ (0 für weiss und 1 für schwarz) und der Augenzahl die Zufallsvariable $\mathbf{x_2}$ zugeordnet. Blind wird ein Würfel genommen und geworfen. Die Wahrscheinlichkeit den schwarzen Würfel zu nehmen ist $\frac{1}{2}$. Die Wahrscheinlichkeit eine sechs zu werfen ist $\frac{1}{6}$. Da sich die beiden Ereignisse gegenseitig nicht beeinflussen, sind sie statistisch unabhängig und die Wahrscheinlichkeit für das Verbundereignis „schwarzer Würfel und Augenzahl 6“ ist $\frac{1}{12}$.

- **Sterberisiko**. Gegeben sei die Population eines Landes. Die Wahrscheinlichkeit für eine Person ein Raucher zu sein sei $\frac{1}{10}$ und die Wahrscheinlichkeit für eine Person an Lungenkrebs zu sterben sei $\frac{1}{1000}$. Da Rauchen das Krebsrisiko erhöht, sind die beiden Ereignisse nicht unabhängig voneinander und die Wahrscheinlichkeit für eine Person „ein Raucher zu sein und an Krebs zu sterben“ ist grösser als $\frac{1}{10000}$. ■

Zwei Zufallsvariablen $\mathbf{x}_1$ und $\mathbf{x}_2$ heissen *unkorreliert*, wenn ihre Kovarianz

$$C_{x_1x_2} = 0 \tag{5.20}$$

ist. Unkorreliertheit bedeutet also verschwindende Kovarianz und nicht – wie wir es vom Wort „unkorreliert“ her erwarten würden – verschwindende Korrelation. Man kann einfach zeigen (siehe dazu Aufgabe 4), dass statistisch unabhängige Variablen immer unkorreliert sind.

Aus der Unkorreliertheit und Gl.(5.18) folgt für die Summe zweier Zufallsvariablen:

$$\sigma_x^2 = \sigma_{x_1}^2 + \sigma_{x_2}^2 \ . \tag{5.21}$$

In Worten: Die Varianz der Summe $\mathbf{x} = \mathbf{x}_1 + \mathbf{x}_2$ zweier unkorrelierter Zufallsvariablen ist gleich der Summe der beiden Varianzen. Interpretieren wir die Varianz als AC-Leistung einer Zufallsvariablen, dann kann man auch sagen: Die AC-Leistung der Summe zweier unkorrelierter Zufallsvariablen ist gleich der Summe ihrer AC-Leistungen.

Zwei Zufallsvariablen $\mathbf{x}_1$ und $\mathbf{x}_2$ heissen *orthogonal*, wenn

$$R_{x_1x_2} = 0 \tag{5.22}$$

ist.

Der Begriff der Orthogonalität lässt sich wie folgt erklären: Die Korrelation $R_{x_1x_2}$ zweier Zufallsvariablen ist gemäß Gl.(5.14) als Erwartungswert $\mathrm{E}\{\mathsf{x}_1\mathsf{x}_2\}$ des Produktes dieser Zufallsvariablen definiert. Der Erwartungswert oder Mittelwert dieses Produktes kann als Skalarprodukt gedeutet werden. Verschwindet das Skalarprodukt zweier Grössen, dann stehen die beiden Grössen bekanntlich senkrecht, d. h. orthogonal zueinander.

Aus Gl.(5.18) folgt:

$$\rho_x^2 = \rho_{x_1}^2 + \rho_{x_2}^2 \,. \tag{5.23}$$

Interpretieren wir den quadratischen Mittelwert als Leistung einer Zufallsvariablen, dann kann man die obige Gleichung wie folgt deuten: Die Leistung der Summe zweier orthogonaler Zufallsvariablen ist gleich der Summe ihrer Leistungen.

Vielfach sind in der Praxis Zufallsvariablen mittelwertfrei. Sind mittelwertfreie Zufallsgrössen unkorreliert, dann haben sie aufgrund von Gl.(5.16) auch eine verschwindende Korrelation.

## 5.3 Stochastische Signale

Unter einem zeitdiskreten *stochastischen* Signal – auch zeitdiskreter stochastischer Prozess oder zeitdiskretes Zufallssignal genannt (engl: time discrete random process or time discrete random signal) – verstehen wir eine Sequenz $\{\mathsf{x}[n]\}_{n\in\mathbb{Z}}$ von Zufallsvariablen $\{\ldots, \mathsf{x}[-1], \mathsf{x}[0], \mathsf{x}[1], \mathsf{x}[2], \ldots\}$. Die Zufallsvariablen sind i. Allg. reell und untereinander korreliert.

Ein zeitdiskretes Zufallssignal kann entweder durch Abtastung eines zeitkontinuierlichen Zufallssignals:

$$\mathsf{x}[n] = \mathsf{x}(t)\big|_{t=nT} \tag{5.24}$$

oder auf einem Digitalrechner durch Generierung von Zufallszahlen gewonnen werden. Der zeitliche Abstand zweier Signalwerte ist gleich dem Abtastintervall $T$, wobei $1/T$ gleich der Abtastfrequenz $f_s$ ist.

**Beispiel 1:** Ein zeitdiskretes stochastisches Signal sei durch folgende Gleichung definiert:

$$\mathsf{x}[n] = \hat{X}\sin(2\pi f_0 nT + \varphi)\,.$$

$\hat{X}$ und $f_0$ sind zwei deterministische Parameter und $\varphi$ sei eine zwischen $-\pi$ und $+\pi$ gleichverteilte Zufallsvariable. Bild 5.5 zeigt drei von unendlich vielen Proben des sinusförmigen Zufallssignals. Man kann sich das Zustandekommen einer Probe – auch als Muster oder Realisierung (engl: realization) des stochastisches Prozesses bezeichnet – wie folgt vorstellen: Man hat einen fairen Würfel mit unendlich vielen, aber unendlich kleinen Flächen, der alle reellen Zahlen im Bereich $[-\pi, \pi)$ enthält. Man würfelt und erhält z. B. die Zahl $\pi/3$ und damit die Probe im Bild 5.5 oben.

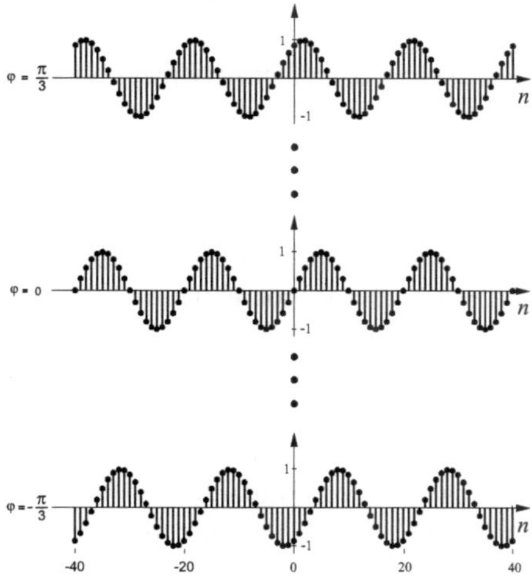


Bild 5.5: Drei Proben des sinusförmigen Zufallssignals

■

Das europäische Niederspannungsnetz mit $\hat{X} = 400\,\text{V}$ und $f_0 = 50\,\text{Hz}$, übrigens, kann mit dem entsprechenden zeitkontinuierlichen stochastischen Prozess $\mathbf{x}(t) = \hat{X}\sin(2\pi f_0 t + \varphi)$ recht praxisnah modelliert werden.

**Beispiel 2:** Bild 5.6 zeigt Muster zweier stochastischer Signale. Im Bild links ist ein Rauschsignal dargestellt, dessen Abtastwerte mit dem Mittelwert 0 und der Streuung 1 gaussverteilt sind. Rechts ist eine Realisierung eines binären Datensignals abgebildet, das ausschließlich die Werte −1 und +1 mit einer Wahrscheinlichkeit von je 0.5 annimmt.

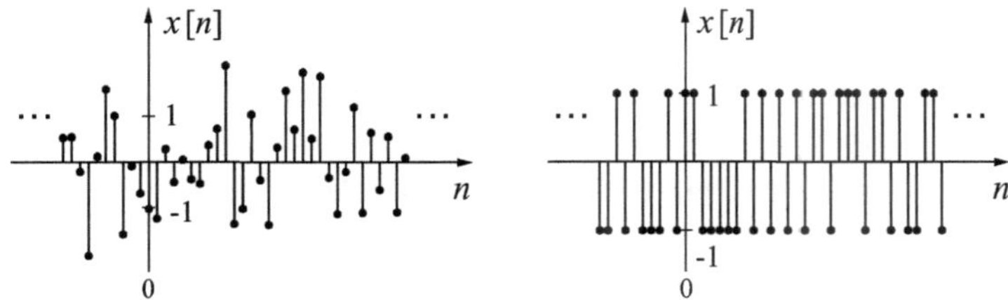


Bild 5.6: Zwei Muster zeitdiskreter stochastischer Signale: gaussverteiltes Rauschen und binäres Datensignal

■

### 5.3.1 Mittelwert und Korrelation stochastischer Signale

Ein zeitdiskretes stochastisches Signal $\mathsf{x}[n]$ wird üblicherweise durch zwei Erwartungswerte beschrieben, nämlich durch seinen Mittelwert

$$\mu_x[n] = \mathrm{E}\{\mathsf{x}[n]\} \tag{5.25}$$

und durch seine *Autokorrelationsfunktion* (auch AKF, Autokorrelationsfolge, engl: autocorrelation function or autocorrelation sequence)

$$r_{xx}[n_1, n_2] = \mathrm{E}\{\mathsf{x}[n_1]\mathsf{x}[n_2]\} \; . \tag{5.26}$$

Beim Bilden der Erwartungswerte wird ein Zeitpunkt $n$, bzw. werden zwei Zeitpunkte $n_1$ und $n_2$ betrachtet und danach wird über den ganzen Prozess gemittelt; man spricht daher auch von einer Mittelung über die Schar. Im Beispiel auf Seite 157 besteht diese Schar aus unendlich vielen, über den Phasenbereich von $-\pi$ bis $+\pi$ gleich verteilten Sinusschwingungen gleicher Amlitude und gleicher Frequenz, wobei in Bild 5.5 nur drei Proben gezeichnet und die restlichen durch Fortsetzungspunkte angedeutet sind.

Die Autokorrelationsfunktion $r_{xx}[n_1, n_2]$ ist die Korrelation der Zufallsvariable $\mathsf{x}[n_1]$ mit der Zufallsvariable $\mathsf{x}[n_2]$. Sie ist demnach eine Funktion, die von den beiden diskreten Zeitpunkten $n_1$ und $n_2$ abhängt. Um kennzuzeichnen, dass es sich bei der Korrelationsfunktion um eine Funktion im Zeitbereich handelt, wird der Kleinbuchstabe $r$ als Symbol gewählt.

Die Autokorrelationsfunktion ist der Erwartungswert und damit das mittlere oder gemittelte Produkt der beiden Zufallsvariablen $\mathsf{x}[n_1]$ und $\mathsf{x}[n_2]$. Sie ist ein Mass für die Verbundenheit der beiden Zufallsvariablen.

Anstelle der Autokorrelationsfunktion kann auch die *Autokovarianzfunktion* (auch Autokovarianzfolge, engl: autocovariance function or autocovariance sequence)

$$c_{xx}[n_1, n_2] = \mathrm{E}\{(\mathsf{x}[n_1] - \mu_x[n_1])(\mathsf{x}[n_2] - \mu_x[n_2])\} \tag{5.27}$$

verwendet werden. Aufgrund ihrer Definition kann man sie auch als Korrelationsfunktion der beiden mittelwertbefreiten Variablen $\mathsf{x}[n_1]$ und $\mathsf{x}[n_2]$ bezeichnen. Die Autokovarianzfunktion hängt mit der Autokorrelationsfunktion wie folgt zusammen:

$$c_{xx}[n_1, n_2] = r_{xx}[n_1, n_2] - \mu_x[n_1]\mu_x[n_2] \; . \tag{5.28}$$

Der quadratische Mittelwert $\rho_x^2[n]$ und die Varianz $\sigma_x^2[n]$ eines stochastischen Signals $\mathsf{x}[n]$ sind wie folgt definiert:

$$\rho_x^2[n] = \mathrm{E}\big\{\mathsf{x}^2[n]\big\} = r_{xx}[n, n] \quad \text{und} \quad \sigma_x^2[n] = \mathrm{E}\big\{(\mathsf{x}[n] - \mu_x[n])^2\big\} = c_{xx}[n, n] \; . \tag{5.29}$$

Den quadratischen Mittelwert $\rho_x^2[n]$ bezeichnet man auch als mittlere Leistung (engl: average power) und die Varianz $\sigma_x^2[n]$ als mittlere AC-Leistung (mittlere Leistung des Wechselanteils) eines stochastischen Signals. Aufgrund der beiden

Gleichungen könnte man die Korrelationsfunktion auch als Verallgemeinerung der mittleren Leistung und die Kovarianzfunktion als Verallgemeinerung der mittleren AC-Leistung eines Zufallssignals verstehen.

Ein stochastisches Signal heisst *mittelwertfrei* (engl: zero mean), wenn sein Mittelwert für alle diskreten Zeitpunkte $n$ verschwindet. Für mittelwertfreie stochastische Signale sind die Varianz und die Leistung, sowie die Autokovarianz- und Autokorrelationsfunktion identisch.

**Beispiel:** Das stochastische Signal $\mathsf{x}[n] = \mathsf{A}\sin(2\pi f_0 nT)$ hat den Mittelwert

$$\mu_x[n] = \mathrm{E}\{\mathsf{A}\sin(2\pi f_0 nT)\} = \mathrm{E}\{\mathsf{A}\}\sin(2\pi f_0 nT) = \mu_A \sin(2\pi f_0 nT)$$

und die Autokorrelationsfunktion

$$\begin{aligned} r_{xx}[n_1, n_2] &= \mathrm{E}\{\mathsf{A}\sin(2\pi f_0 n_1 T)\mathsf{A}\sin(2\pi f_0 n_2 T)\}\,, \\ &= \mathrm{E}\{\mathsf{A}^2\}\sin(2\pi f_0 n_1 T)\sin(2\pi f_0 n_2 T)\,, \\ &= \rho_A^2 \sin(2\pi f_0 n_1 T)\sin(2\pi f_0 n_2 T)\,. \end{aligned}$$

Für die Leistung und die Varianz finden wir daraus:

$$\rho_x^2[n] = r_{xx}[n, n] \quad = \quad \rho_A^2 \sin^2(2\pi f_0 nT)$$

und

$$\begin{aligned} \sigma_x^2[n] = c_{xx}[n, n] &= r_{xx}[n, n] - \mu_x[n]\mu_x[n]\,, \\ &= \rho_A^2 \sin^2(2\pi f_0 nT) - \mu_A^2 \sin^2(2\pi f_0 nT)\,, \\ &= \sigma_A^2 \sin^2(2\pi f_0 nT)\,. \end{aligned}$$

■

## 5.3.2 Stationäre und ergodische Signale

Ein stochastisches Signal heisst *stationär* (genau: schwach stationär, engl: wide sense stationary), wenn sein Mittelwert zeitunabhängig ist, d. h.

$$\mu_x[n] = \mu_x \tag{5.30}$$

und seine Autokorrelationsfunktion nur von der diskreten *Verschiebungszeit* (engl: lag) $m$ abhängt:

$$r_{xx}[n, n+m] = r_{xx}[m]\,. \tag{5.31}$$

$m$ ist der Zeitunterschied zwischen der Zufallsvariablen $\mathsf{x}[n]$ und der Zufallsvariablen $\mathsf{x}[n+m]$. Aus Gl.(5.28) folgt dann für die Autokovarianzfunktion eines stationären Signals:

$$c_{xx}[n, n+m] = c_{xx}[m]\,. \tag{5.32}$$

Die Autokorrelations- und Autokovarianzfunktion eines stationären Zufallssignals $\mathsf{x}[n]$ sind demnach nur Funktionen der diskreten Verschiebungszeit $m$. Sie sind aufgrund der Gleichungen (5.14) und (5.15) wie folgt definiert:

$$r_{xx}[m] = \mathrm{E}\{\mathsf{x}[n]\mathsf{x}[n+m]\}\,, \tag{5.33}$$

$$c_{xx}[m] = \mathrm{E}\{(\mathsf{x}[n] - \mu_x)(\mathsf{x}[n+m] - \mu_x)\}\,. \tag{5.34}$$

**Beispiele:** Die Sinusschwingung $\mathbf{x}[n] = \mathbf{A}\sin(2\pi f_0 nT)$, deren Scheitelwert eine Zufallsvariable ist, hat – wie wir im Beispiel auf der vorherigen Seite gesehen haben – den Mittelwert

$$\mu_x[n] = \mu_A \sin(2\pi f_0 nT)\,.$$

Er ist demnach eine Funktion der diskreten Zeitvariablen $n$, woraus folgt, dass die Sinusschwingung mit dem stochastischen Scheitelwert nicht stationär ist.

Die Sinusschwingung $\mathbf{x}[n] = \hat{X}\sin(2\pi f_0 nT + \boldsymbol{\varphi})$ mit gleichverteiltem Nullphasenwinkel $\boldsymbol{\varphi}$ hingegen, hat gemäß dem Beipiel auf Seite 151 unten den Mittelwert

$$\mu_x = \int_{-\pi}^{\pi} \hat{X}\sin(2\pi f_0 nT + \varphi)\frac{1}{2\pi}\,d\varphi \;= 0$$

und die Korrelationsfunktion

$$\begin{aligned}
r_{xx}[n_1, n_2] &= \mathrm{E}\Big\{\hat{X}\sin(2\pi f_0 n_1 T + \boldsymbol{\varphi})\hat{X}\sin(2\pi f_0 n_2 T + \boldsymbol{\varphi})\Big\}\,,\\
&= \hat{X}^2\mathrm{E}\{\tfrac{1}{2}\cos(2\pi f_0(n_1 - n_2)T) - \tfrac{1}{2}\cos(2\pi f_0(n_1 + n_2)T + 2\boldsymbol{\varphi})\}\,,\\
&= \frac{\hat{X}^2}{2}\cos(2\pi f_0(n_1 - n_2)T)\,.
\end{aligned}$$

Daraus folgt:

$$r_{xx}[n, n+m] = \frac{\hat{X}^2}{2}\cos(2\pi f_0(n - n - m)T) = \frac{\hat{X}^2}{2}\cos(2\pi f_0 mT)\,.$$

In Worten: Mittelwert und Korrelationsfunktion sind unabhängig von $n$ und somit ist die stochastische Sinusschwingung mit gleichverteiltem Nullphasenwinkel stationär. ■

Stationäre Zufallssignale sind demnach Signale, deren statistische Eigenschaften – im Sinne von Mittelwert und Autokorrelationsfunktion – konstant sind über die Zeit.

Analog zur Autokorrelations- und Autokovarianzfunktion kann man auch die *Kreuzkorrelationsfunktion* (engl: crosscorrelation function) und *Kreuzkovarianzfunktion* (engl: crosscovariance function) zweier stationärer stochastischer Signale $\mathbf{x}[n]$ und $\mathbf{y}[n]$ definieren:

$$r_{xy}[m] = \mathrm{E}\{\mathbf{x}[n]\mathbf{y}[n+m]\}\,, \tag{5.35}$$

$$c_{xy}[m] = \mathrm{E}\{(\mathbf{x}[n] - \mu_x)(\mathbf{y}[n+m] - \mu_y)\}\,. \tag{5.36}$$

Aus Gl.(5.28) findet man für die Beziehung zwischen Kovarianz- und Korrelationsfunktion:

$$c_{xx}[m] = r_{xx}[m] - \mu_x^2\,, \tag{5.37}$$

$$c_{xy}[m] = r_{xy}[m] - \mu_x\mu_y\,. \tag{5.38}$$

Daraus folgt, dass für mittelwertfreie Prozesse – wie sie in der Praxis vorwiegend vorkommen – Korrelations- und Kovarianzfunktionen identisch sind und von *unkorrelierten* Zufallssignalen spricht man, falls ihre Kreuzkovarianzfunktion null ist.

Korrelationsfunktionen stationärer Zufallssignale haben folgende Eigenschaften:

$$r_{xx}[0] \geq |r_{xx}[m]|\,, \tag{5.39}$$

$$r_{xx}[-m] = r_{xx}[m]\,, \tag{5.40}$$

$$r_{xy}[-m] = r_{yx}[m]\,. \tag{5.41}$$

Die Autokorrelationsfunktion ist demnach eine gerade Funktion, die bei $m = 0$ ihr Maximum hat. Gemäß Gl.(5.29) ist dieses Maximum gleich der Leistung des Zufallssignals $\mathbf{x}[n]$:

$$r_{xx}[0] = \rho_x^2\,. \tag{5.42}$$

Die Kreuzkorrelationsfunktion $r_{xy}[m]$ hingegen ist keine gerade Funktion. Spiegeln wir sie an der Ordinate, dann erhalten wir daraus die Kreuzkorrelationsfunktion $r_{yx}[m]$. Bei der Korrelation zweier verschiedener Signale $\mathbf{x}[n]$ und $\mathbf{y}[n]$ muss ihre Reihenfolge daher berücksichtigt werden.[1]

Für ein stationäres stochastisches Signal $\mathbf{x}[n]$ kann man eine $L\times L$-*Autokorrelationsmatrix* $\boldsymbol{R}_{xx}$ wie folgt definieren:

$$\boldsymbol{R}_{xx} = \begin{bmatrix} r_{xx}[0] & r_{xx}[1] & \cdots & r_{xx}[L-1] \\ r_{xx}[1] & r_{xx}[0] & \cdots & r_{xx}[L-2] \\ \vdots & \vdots & \vdots\vdots\vdots & \vdots \\ r_{xx}[L-1] & r_{xx}[L-2] & \cdots & r_{xx}[0] \end{bmatrix}. \tag{5.43}$$

Die Korrelationsmatrix $\boldsymbol{R}_{xx}$, die z. B. im Zusammenhang mit Adaptivfiltern eine Rolle spielt [vG08b], hat identische Elemente auf ihren Diagonalen. Eine Matrix mit dieser Eigenschaft heisst *Toeplitz*-Matrix. Ein lineares Gleichungssystem, dessen Systemmatrix Toeplitz ist, lässt sich mit einem schnellen Algorithmus – dem sogenannten Levinson-Algorithmus – lösen. Dies ist mit ein Grund, weshalb Toeplitz-Matrizen in der DSV auch eine praktische Bedeutung bekommen haben.

Eines der wichtigsten stochastischen Signale ist *weisses Rauschen* (engl: white noise). Darunter verstehen wir ein stationäres, mittelwertfreies und unkorreliertes Zufallssignal $\mathbf{x}[n]$, dessen Autokorrelationsfunktion demnach ein Diracpuls ist:

$$r_{xx}[m] = \sigma_x^2\delta[m]\,. \tag{5.44}$$

[1] Es gibt Autoren, die die Kreuzkorrelationsfunktion als $r_{xy}[m] = \mathrm{E}\{\mathbf{x}[n+m]\mathbf{y}[n]\}$ definieren [OSB04]. Diese Definition bezeichnen wir hier mit $r_{yx}[m]$.

Der Parameter $\sigma_x^2$ ist die Varianz des weissen Rauschens und wegen der Mittelwertfreiheit ist die Varianz gleich der mittleren Leistung:

$$\sigma_x^2 = \rho_x^2 = \mathrm{E}\{\mathbf{x}^2[n]\}\,. \tag{5.45}$$

Die positive Wurzel aus der Varianz bezeichnen wir als Streuung oder Standardabweichung (engl: standard deviation) und die positive Wurzel aus der mittleren Leistung als Effektivwert oder RMS-Wert (engl: root mean square value). Aus Gl.(5.45) folgt demnach, dass die Streuung $\sigma_x$ des weissen Rauschens gleich seinem Effektivwert $\rho_x$ ist.

**Beispiel:** Bild 5.7 zeigt drei Realisierungen weissen Rauschens, wobei alle drei Signale dieselbe Varianz $\sigma_x^2 = 1$ haben. Ihre Korrelationsfunktion $r_{xx}[m] = \sigma_x^2\delta[m]$ ist im untersten Bild gezeichnet. Das oberste Rauschsignal hat normalverteilte Abtastwerte, das zweite hat zwischen den Grenzen $-\sqrt{3}$ und $+\sqrt{3}$ gleichverteilte Abtastwerte und das dritte besteht aus den gleichwahrscheinlichen Abtastwerten $+1$ und $-1$.

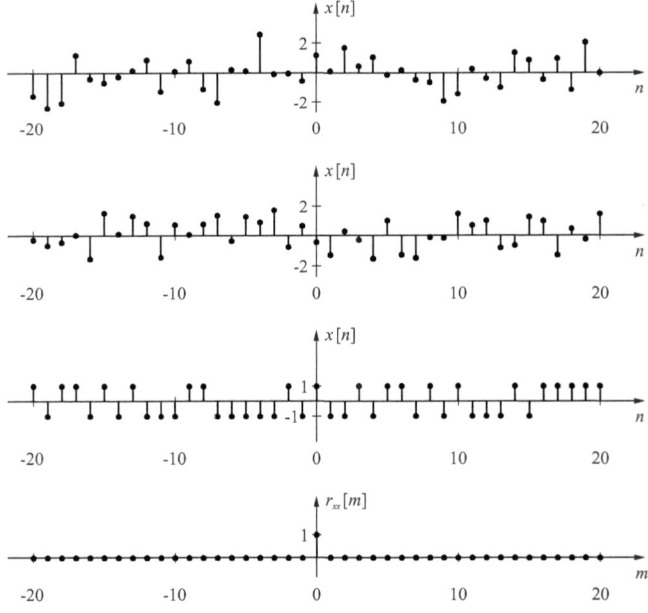


Bild 5.7: Drei weisse Rauschsignale mit zugehöriger Korrelationsfunktion

■

Bei Betrachtung der drei doch recht unterschiedlichen weissen Rauschsignale mag erstaunen, dass alle die gleiche Korrelationsfunktion haben. Es ist offensichtlich, dass die Korrelationsfunktion nicht genügt, um ein stochastisches Signal vollständig zu beschreiben. Eine vollständige Beschreibung erfordert die Verbund-WDF $f_{x[0],x[1],\ldots,x[N-1]}(x[0], x[1], \ldots, x[N-1])$ für ein aus $N$ Abtastwerten bestehendes Zufallssignal $\{\mathbf{x}[0], \mathbf{x}[1], \mathbf{x}[2], \mathbf{x}[3], \ldots, \mathbf{x}[N-1]\}$. Die Verbund-Wahrscheinlichkeitsdichtefunktion wird jedoch selten benötigt und die Beschreibung eines stationären Zufallssignals mittels des Mittelwerts $\mu_x$ und der Autokorrelationsfolge $r_{xx}[m]$ genügt in den meisten Fällen.

MATLAB stellt die beiden Befehle `randn` und `rand` zur Verfügung um normal- und gleichverteiltes weisses Rauschen zu generieren (siehe dazu Aufgabe 6) und Abschn. 8.5 zeigt, wie Rauschen auf einem digitalen Signalprozessor erzeugt wird. Woher der Begriff „weisses Rauschen“ stammt, wird im nachfolgenden Unterkapitel mit dem Titel „Leistungsdichtespektrum und Filterung“ erläutert.

Unter einem *ergodischen* stochastischen Signal versteht man ein stationäres Zufallssignal $\mathsf{x}[n]$, welches folgende zwei Bedingungen erfüllt:

$$\mu_x = \overline{\mu}_x \,, \quad \text{wobei: } \overline{\mu}_x = \lim_{N\to\infty} \frac{1}{2N+1} \sum_{n=-N}^{N} x_i[n] \tag{5.46}$$

und

$$r_{xx}[m] = \overline{r}_{xx}[m] \,, \quad \text{wobei: } \overline{r}_{xx}[m] = \lim_{N\to\infty} \frac{1}{2N+1} \sum_{n=-N}^{N} x_i[n]x_i[n+m] \,. \tag{5.47}$$

Das Signal $x_i[n]$ ist eine beliebige Realisierung des Zufallssignals $\mathsf{x}[n]$, oder – wie man auch sagt – die $i$-te *Musterfunktion* oder die $i$-te Probe des stationären stochastischen Prozesses. Wie bereits erwähnt, kann man sich unter einem solchen Prozess eine Schar (grosse Menge) von Zufallssignalgeneratoren mit identischen statistischen Eigenschaften vorstellen. Ein Beispiel dafür ist der stochastische Prozess $\mathsf{x}[n] = \hat{X}\sin(2\pi f_0 nT + \varphi)$, wie er in Beipiel 1 auf Seite 156 definiert und anhand von drei Musterfunktionen in Bild 5.5 illustriert wurde. Der $i$-te Zufallssignalgenerator erzeugt das Signal – oder eben die Musterfunktion – $x_i[n]$. Eine Musterfunktion gemittelt bzw. korreliert über die Zeit führt zum Zeitmittelwert $\overline{\mu}_x$ bzw. zur Zeitkorrelationsfunktion $\overline{r}_{xx}[m]$. Die Ergodizität besagt nun, dass man den Mittelwert $\mu_x$ und die Korrelationsfunktion $r_{xx}[m]$ unabhängig davon bestimmen kann, ob man über die Schar (engl: ensemble) oder über die Zeit mittelt.

Anhand eines Beispiels aus der Meteorologie, wo die Tagesmitteltemperatur $x[n]$ am Tag $n$ als $[x(0\,Uhr)+x(1\,Uhr)+x(2\,Uhr)+\cdots+x(23\,Uhr)]/24$ definiert ist, lässt sich dieser Sachverhalt veranschaulichen: Messen alle $I$ Wetterstationen eines Landes am Tag $n$ die Temperaturen $x_i[n]$ $(i = 1, 2, \ldots, I)$ und mitteln wir über $i$, dann erhalten wir den Scharmittelwert $\mu_x[n]$ oder mit anderen Worten, die Tagesmitteltemperatur des betreffenden Landes am Tag $n$. Misst die $i$-te Messstation während eines Jahres die Tagestemperatur $x_i[n]$ $(n = 1, 2, \ldots, 365)$ und mitteln wir über $n$, dann erhalten wir Jahresmitteltemperatur $\overline{\mu}_{x_i}$ der $i$-ten Messstation. Es ist offensichtlich, dass der Landesmittelwert am Tag $n$ mit dem Jahresmittelwert der Messstation $i$ im Allgemeinen nicht übereinstimmt und dass demzufolge der Prozess nicht ergodisch ist. Zudem ist der Prozess nicht stationär, woraus folgt, dass man auch deshalb nicht von Ergodizität sprechen darf.

**Beispiel:** Das stationäre stochastische Signal $\mathsf{x}[n] = \hat{X}\sin(2\pi f_0 nT + \varphi)$ in Beispiel 1 auf Seite 156 hat identische Mittelwerte und Korrelationsfunktionen:

$$\mu_x = \overline{\mu}_x = 0 \quad \text{und} \quad r_{xx}[m] = \overline{r}_{xx}[m] = \frac{\hat{X}^2}{2}\cos(2\pi f_0 mT)\,.$$

Es ist demnach auch ein ergodisches Zufallssignal. ■

Damit ist am Schluss dieses Unterkapitels nochmals deutlich gemacht worden, dass bei Bildung von Erwartungswerten und damit der Kenngrössen „Mittelwert", „Korrelationsfunktion" und „Kovarianzfunktion" immer über die Schar eines Prozesses gemittelt wurde. Dies ist in erster Linie ein theoretisches Konzept. In der Praxis haben wir es meistens mit Musterfunktionen, d. h. mit gemessenen Signalen wie in den Bildern 5.5, 5.6 und 5.7 zu tun. Die Annahme der Ergodizität erlaubt dann, Mittelwerte und Korrelationsfunktionen durch Mittelung über die Zeit zu erhalten, wie wir in Abschn. 5.5 nochmals sehen werden.

## 5.4 Leistungsdichtespektrum und Filterung

### 5.4.1 Leistungsdichtespektrum

Wertet man die z-Transformierte der Autokorrelationsfunktion

$$S_{xx}(z) = \sum_{m=-\infty}^{\infty} r_{xx}[m]z^{-m} \tag{5.48}$$

auf dem Einheitskreis $z = e^{j\Omega}$ der z-Ebene aus:

$$S_{xx}(e^{j\Omega}) = \sum_{m=-\infty}^{\infty} r_{xx}[m]e^{-j\Omega m}\,, \tag{5.49}$$

dann erhält man – wie gleich plausibel wird – das *Leistungsdichtespektrum* $S_{xx}(e^{j\Omega})$ des stationären Zufallssignals $\mathsf{x}[n]$. Das Leistungsdichtespektrum ist die Fourier-Transformierte der Autokorrelationsfunktion und heisst auf Englisch power spectrum, power density spectrum oder power spectral density.

Das Leistungsdichtespektrum und seine inverse Fourier-Transformierte

$$r_{xx}[m] = \frac{1}{2\pi}\int_{-\pi}^{\pi} S_{xx}(e^{j\Omega})e^{j\Omega m}\,d\Omega \tag{5.50}$$

bilden ein Fourier-Transformationspaar:

$$r_{xx}[m] \quad \circ\!\!-\!\!\bullet \quad S_{xx}(e^{j\Omega})\,. \tag{5.51}$$

Zur Erinnerung: Omega ist die auf die Abtastfrequenz $f_s$ normierte Kreisfrequenzvariable $\Omega = 2\pi f/f_s$ und wird manchmal auch digitale Frequenz genannt.

Setzen wir $m = 0$, dann erhalten wir gemäß Gl.(5.42) die mittlere Leistung $\rho_x^2 = \mathrm{E}\{\mathbf{x}^2[n]\}$ des stationären stochastischen Signals $\mathbf{x}[n]$:

$$\mathrm{E}\{\mathbf{x}^2[n]\} = r_{xx}[0] = \frac{1}{2\pi}\int_{-\pi}^{+\pi} S_{xx}(e^{j\Omega})\,d\Omega\,. \tag{5.52}$$

$\mathrm{E}\{\mathbf{x}^2[n]\}$ ist die mittlere Leistung des stationären Zufallssignals $\mathbf{x}[n]$ und demnach muss auch das skalierte Integral auf der rechten Seite der Gleichung die mittlere Leistung des stationären Zufallssignals $\mathbf{x}[n]$ sein. Folglich ist die Funktion $S_{xx}(e^{j\Omega})$ eine Leistungsdichte – oder genauer, ein Leistungsdichtespektrum. In Worten:

> *Das Leistungsdichtespektrum $S_{xx}(e^{j\Omega})$, skaliert mit $1/2\pi$, beschreibt die Verteilung der Leistung eines stationären Zufallssignals $\mathbf{x}[n]$ über den digitalen Frequenzbereich von $-\pi$ bis $+\pi$.*

Zur Erinnerung: Der digitale Frequenzbereich von $-\pi$ bis $+\pi$ entspricht dem Bereich von $-0.5f_s$ bis $+0.5f_s$ auf der Frequenzachse.

**Beispiel 1:** Weisses Rauschen hat bekanntlich den mit der Varianz gewichteten Einheitspuls als Autokorrelationsfunktion. Aus Gl.(5.49) folgt dann:

$$r_{xx}[m] = \sigma_x^2\delta[m] \quad \circ\!\!-\!\!\bullet \quad S_{xx}(e^{j\Omega}) = \sigma_x^2 1(e^{j\Omega})\,. \tag{5.53}$$

Das Leistungsdichtespektrum in Abhängigkeit der Frequenz ist eine konstante Funktion. Wie das weisse Licht enthält es alle Frequenzkomponenten und wird deshalb weisses Rauschen genannt.

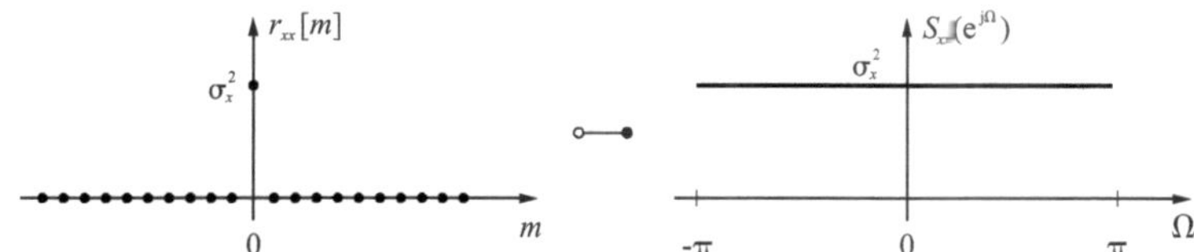


Bild 5.8: Autokorrelationsfunktion und Leistungsdichtespektrum weissen Rauschens

■

Das Leistungsdichtespektrum eines stationären stochastischen Signals $\mathbf{x}[n]$ hat folgende Eigenschaften (Aufgabe 7):

$$S_{xx}(e^{j\Omega}) = S_{xx}(e^{-j\Omega})\,, \tag{5.54}$$

$$S_{xx}(e^{j\Omega}) \geq 0\,, \tag{5.55}$$

$$S_{xx}(e^{j\Omega}) = S_{xx}(e^{j(\Omega+2\pi)})\,. \tag{5.56}$$

In Worten:

> *Das Leistungsdichtespektrum eines stationären Zufallssignals ist eine gerade, positiv reelle und $2\pi$-periodische Funktion.*

**Beispiel 2:** Ein stationäres Zufallssignal $\mathbf{x}[n]$, dessen Autokorrelationsfolge eine symmetrische Exponentialsequenz ist, heisst exponentiell korreliert. Sein Leistungsdichtespektrum hat Tiefpasscharakteristik (siehe Bild 5.9 und Aufgabe 8).

$$r_{xx}[m] = \sigma_x^2 e^{-\Omega_0|m|} \quad \circ\!\!-\!\!\bullet \quad S_{xx}(e^{j\Omega}) = \frac{\sigma_x^2(1-e^{-2\Omega_0})}{1-2e^{-\Omega_0}\cos(\Omega)+e^{-2\Omega_0}} \,. \tag{5.57}$$

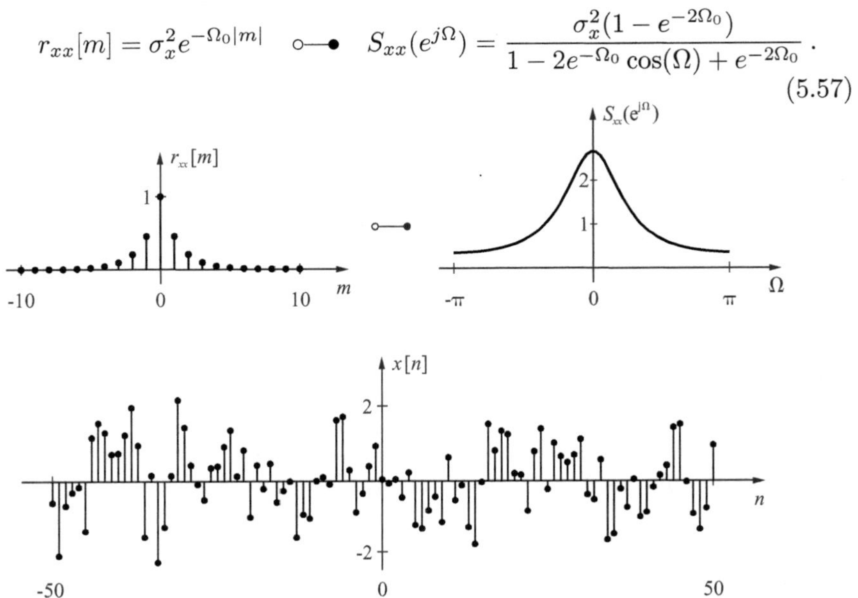


Bild 5.9: Autokorrelationsfunktion, Leistungsdichtespektrum und Muster eines exponentiell korrelierten Zufallssignals ■

Im Gegensatz zum weissen Rauschen hat das korrelierte Zufallssignal ein farbiges, d. h. nicht konstantes Leistungsdichtespektrum. Wir werden im nächsten Unterkapitel sehen, wie sich ein solches Signal erzeugen lässt.

## 5.4.2 Filterung stochastischer Signale

An ein linares Filter – definiert als LTI-System mit dem Frequenzgang $H(e^{j\Omega})$ – legen wir ein stationäres stochastisches Signal $\mathbf{x}[n]$ mit dem Mittelwert $\mu_x$ und dem Leistungsdichtespektrum $S_{xx}(e^{j\Omega})$. Der Ausgang des Filters liefert ein stationäres stochastisches Signal $\mathbf{y}[n]$, dessen Mittelwert $\mu_y$, Leistungsdichtespektrum $S_{yy}(e^{j\Omega})$ sowie Kreuzleistungsdichtespektrum $S_{xy}(e^{j\Omega})$ interessieren. Das Kreuzleistungsdichtespektrum (engl: cross power spectral density) beschreibt den statistischen Zusammenhang zwischen dem Eingangs- und Ausgangssignal im Frequenzbereich und ist als Fourier-Transformierte der Kreuzkorrelationsfunktion $r_{xy}[m]$ definiert:

$$S_{xy}(e^{j\Omega}) = \sum_{m=-\infty}^{\infty} r_{xy}[m]e^{-j\Omega m}\,, \qquad \text{wobei:} \quad r_{xy}[m] = \mathrm{E}\{\mathbf{x}[n]\mathbf{y}[n+m]\}\,. \tag{5.58}$$

Im Gegensatz zu den Leistungsdichtespektren $S_{yy}(e^{j\Omega})$ und $S_{xx}(e^{j\Omega})$ ist das Kreuzleistungsdichtespektrum $S_{xy}(e^{j\Omega})$ komplex. Sein Amplitudengang $|S_{xy}(e^{j\Omega})|$ beschreibt, wie stark Frequenzkomponenten in $\mathbf{x}[n]$ auch in $\mathbf{y}[n]$ vertreten sind. Sein Phasengang $\angle S_{xy}(e^{j\Omega})$ sagt aus, um welchen Winkel die Frequenzkomponenten in $\mathbf{y}[n]$ gegenüber den Frequenzkomponenten in $\mathbf{x}[n]$ verschoben sind. Das Kreuzleistungsdichtespektrum ist $2\pi$-periodisch und hat die Symmetrie-Eigenschaft (Aufgabe 9):

$$S_{xy}(e^{j\Omega}) = S_{yx}^*(e^{j\Omega})\,. \tag{5.59}$$

Man kann sofort zeigen (Aufgabe 10), dass der Mittelwert $\mu_y$ des Ausgangssignals $\mathbf{y}[n]$ wie folgt gegeben ist:

$$\mu_y = H(e^{j0})\mu_x\,. \tag{5.60}$$

Interpretiert man $\mu_x$ und $\mu_y$ als DC-Anteile des Eingangs- und Ausgangssignals, sowie $H(e^{j0})$ als DC-Verstärkung $H(e^{j\Omega})|_{\Omega=0}$, dann kann man sagen:

*Der DC-Anteil des Ausgangssignals ist gleich dem DC-Anteil des Eingangsignals multipliziert mit der DC-Verstärkung des linearen Filters.*

Aufwendiger gestaltet sich die Herleitung [KK12] der Beziehung

$$S_{yy}(e^{j\Omega}) = |H(e^{j\Omega})|^2 S_{xx}(e^{j\Omega})\,. \tag{5.61}$$

In Worten:

*Das Ausgangsleistungsdichtespektrum eines linearen Filters ist gleich dem Eingangsleistungsdichtespektrum multipliziert mit dem Quadrat des Amplitudengangs.*

Insbesondere gilt für weisses Rauschen mit der Varianz $\sigma_x^2$:

$$S_{yy}(e^{j\Omega}) = |H(e^{j\Omega})|^2 \sigma_x^2\,. \tag{5.62}$$

Diese Gleichung legt dar, wie farbiges Rauschen erzeugt werden kann: Man nimmt ein lineares Filter und schliesst an den Eingang eine weisse Rauschquelle. Am Ausgang erhält man dann ein korreliertes Rauschsignal, dessen Leistungsdichtespektrum proportional zum quadratischen Amplitudengang des Filters ist.

Durch Anwenden der inversen Fourier-Transformation analog zu Gl. (5.50) finden wir für die Autokorrelationsfunktion des Ausgangssignals

$$r_{yy}[m] = \frac{1}{2\pi}\int_{-\pi}^{\pi} S_{yy}(e^{j\Omega})e^{j\Omega m}\,d\Omega\,. \tag{5.63}$$

Setzen wir $m = 0$, dann erhalten wir gemäß Gl.(5.52) die mittlere Leistung $\rho_y^2$ des stationären stochastischen Ausgangssignals $\mathbf{y}[n]$. Diese ist gleich der Varianz $\sigma_y^2$, da das Rauschsignal mittelwertfrei ist.

$$\begin{aligned}
\sigma_y^2 &= \mathrm{E}\{\mathbf{y}^2[n]\}\,, \\
&= r_{yy}[0]\,, \\
&= \frac{1}{2\pi}\int_{-\pi}^{\pi} S_{yy}(e^{j\Omega})\,d\Omega\,, \\
&= \sigma_x^2 \frac{1}{2\pi}\int_{-\pi}^{\pi} |H(e^{j\Omega})|^2\,d\Omega\,. \qquad (5.64)
\end{aligned}$$

Die Grösse $\frac{1}{2\pi}\int_{-\pi}^{\pi} |H(e^{j\Omega})|^2\,d\Omega$ heisst Rauschverstärkung (engl: noise gain). Sie erlaubt die Berechnung der Rauschleistung, falls der Amplitudengang $|H(e^{j\Omega})|$ des linearen Filters und und die Varianz $\sigma_x^2$ der Eingangsrauschquelle bekannt sind. Bei gegebenen $a$- und $b$-Koeffizienten der Übertragungsfunktion $H(z)$ kann die Rauschverstärkung mithilfe der MATLAB-Funktion `nsgain` berechnet werden.

**Beispiel:** Das Bild 5.10 oben zeigt analog zum Bild 5.7 ein weisses Rauschsignal der Varianz $\sigma_x^2 = 1$. Das Signal wird auf ein Bandpassfilter der Bandbreite 100 Hz, der Rauschverstärkung 0.026 und der Abtastfrequenz $f_s = 8\,\mathrm{kHz}$ geführt. Sein Amplitudengang ist in Bildmitte und sein Ausgangssignal der Varianz $\sigma_y^2 = 0.026$ ist im Bild unten dargestellt.

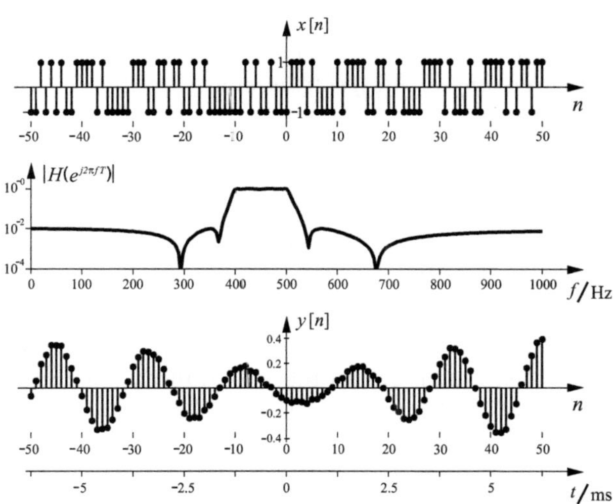


Bild 5.10: Bandpassfilterung: weisses Rauschen als Eingangssignal, Amplitudengang und farbiges Rauschen als Ausgangssignal

■

Analog zu Gl.(5.61) lässt sich die Formel zur Bestimmung des Kreuzleistungsdichtespektrums $S_{xy}(e^{j\Omega})$ herleiten:

$$S_{xy}(e^{j\Omega}) = H(e^{j\Omega})S_{xx}(e^{j\Omega})\,. \tag{5.65}$$

Legen wir an den Eingang eine weisse Rauschquelle mit der Varianz $\sigma_x^2$, dann folgt aus obiger Gleichung:

$$S_{xy}(e^{j\Omega}) = H(e^{j\Omega})\sigma_x^2 \quad \bullet\!\!-\!\!\circ \quad r_{xy}[m] = h[m]\sigma_x^2\,. \tag{5.66}$$

Das Kreuzleistungsdichtespektrum bzw. die Kreuzkorrelationsfunktion ist demnach proportional zum Frequenzgang $H(e^{j\Omega})$ bzw. zur Impulsantwort $h[m]$. Diese Eigenschaft ist Grundlage zur Bestimmung der Impulsantwort und des Frequenzgangs eines unbekannten linearen Systems, wie wir im Beispiel auf Seite 174 sehen werden.

## 5.5 Schätzung von Erwartungswerten

### 5.5.1 Eigenschaften von Schätzfunktionen

In der Praxis ist es vielfach so, dass wir von einem stochastischen Signal $\mathbf{x}[n]$ nur $N$ gemessene Abtastwerte

$$\{x[n]\} = \{x[0], x[1], \ldots, x[N-1]\} \tag{5.67}$$

kennen. Aufgrund dieser Messwerte, die man als *Stichprobe* des Zufallssignals bezeichnet, möchten wir einen interessierenden Parameter $\theta$ – beispielsweise den Mittelwert oder die Leistung – bestimmen. Da die Bestimmung des Parameters auf einer Stichprobe beruht, spricht man von einer Schätzung und die Funktion, die der Stichprobe den *Schätzwert* $\hat{\theta}$ (engl: estimate) zuordnet, heisst *Schätzfunktion*.

Da viele Stichproben denkbar sind, die zu unterschiedlichen Schätzwerten führen, fassen wir die Stichprobe als eine $N$-dimensionale Zufallsvariable auf. Die Schätzfunktion ordnet dann der $N$-dimensionalen Zufallsvariablen ebenfalls eine Zufallsvariable zu, die wir Schätzer $\hat{\boldsymbol{\theta}}$ nennen (engl: estimator). Ideal wäre natürlich, wenn der Schätzer $\hat{\boldsymbol{\theta}}$ gleich dem tatsächlichen Parameter $\theta$ wäre. Dies würde voraussetzen, dass der Erwartungswert

$$\mu_{\hat{\theta}} = \mathrm{E}\Big\{\hat{\boldsymbol{\theta}}\Big\} \tag{5.68}$$

gleich dem tatsächlichen Wert $\theta$ und die Varianz

$$\sigma_{\hat{\theta}}^2 = \mathrm{E}\Big\{(\hat{\boldsymbol{\theta}} - \mu_{\hat{\theta}})^2\Big\} \tag{5.69}$$

gleich null wäre. In mathematischer Notation:

$$\mu_{\hat{\theta}} = \theta \qquad \text{und} \qquad \sigma_{\hat{\theta}}^2 = 0\,. \tag{5.70}$$

Dieser Fall ist bei stochastischen Signalen unmöglich. Für einen guten Schätzer fordern wir jedoch, dass der Erwartungswert $\mu_{\hat{\theta}}$ dem richtigen Parameterwert $\theta$ möglichst nahe kommt und die Varianz $\sigma^2_{\hat{\theta}}$ möglichst klein ist. Wichtige Kenngrössen eines Schätzers sind daher der *Bias* und die Varianz:

$$b = \mu_{\hat{\theta}} - \theta \qquad \text{und} \qquad \sigma^2_{\hat{\theta}} \,. \tag{5.71}$$

Sowohl der Bias wie auch die Varianz alleine sind kein gutes Mass für die Qualität einer Schätzung. Ein Mass, welches sowohl den Bias wie auch die Varianz umfasst, ist der *mittlere quadratische Fehler* (engl: mean square error MSE). Er ist definiert als die mittlere quadratische Abweichung des Schätzers $\hat{\boldsymbol{\theta}}$ vom tatsächlichen Parameterwert $\theta$ :

$$e^2 = \mathrm{E}\Big\{(\hat{\boldsymbol{\theta}} - \theta)^2\Big\} \,. \tag{5.72}$$

Für den mittleren quadratischen Fehler gilt (siehe Aufgabe 11):

$$e^2 = b^2 + \sigma^2_{\hat{\theta}} \,. \tag{5.73}$$

**Beispiel:** Bild 5.11 zeigt die Dichtefunktionen zweier Schätzer zur Schätzung des Parameters $\theta$. Der Schätzer links ist biasfrei (engl: unbiased) hat aber eine grosse Varianz. Der rechte Schätzer ist zwar biasbehaftet (engl: biased), hat jedoch eine kleinere Varianz und einen kleineren MSE und ist deshalb im Allgemeinem dem linken Schätzer vorzuziehen.

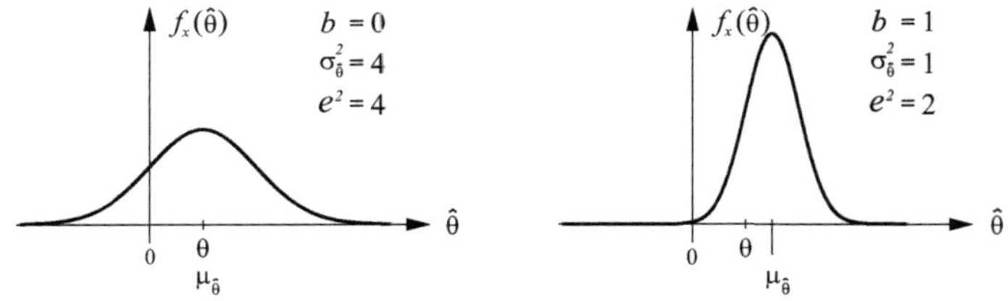


Bild 5.11: Dichtefunktionen zweier Schätzer

■

Aufgrund der definierten Grössen lässt sich ein Schätzer wie folgt qualifizieren:

- Er ist *erwartungstreu* (engl: unbiased), wenn der Bias verschwindet. Der Erwartungswert des Schätzers ist dann gleich dem tatsächlichen Parameter und der mittlere quadratische Fehler ist gleich der Varianz:

$$\mu_{\hat{\theta}} = \theta \qquad \text{und} \qquad e^2 = \sigma^2_{\hat{\theta}} \,. \tag{5.74}$$

- Er ist *asymptotisch erwartungstreu* (engl: asymptotically unbiased), wenn für eine unendlich grosse Stichprobe der Bias verschwindet:

$$\lim_{N\to\infty} \mu_{\hat{\theta}} - \theta = 0\,. \tag{5.75}$$

- Er ist *konsistent* (engl: consistent), wenn für eine unendlich grosse Stichprobe sowohl der Bias wie auch die Varianz verschwinden:

$$\lim_{N\to\infty} \mu_{\hat{\theta}} - \theta = 0 \qquad \text{und} \qquad \lim_{N\to\infty} \sigma^2_{\hat{\theta}} = 0\,. \tag{5.76}$$

- Er ist *wirksam* (engl: efficient), wenn er erwartungstreu ist und es keinen anderen erwartungstreuen Schätzer mit kleinerer Varianz gibt.

### 5.5.2 Schätzung des Mittelwerts und der Korrelationsfunktion

Wie bereits erwähnt, setzt man bei stationären Prozessen in der Praxis voraus, dass sie auch ergodisch sind. Unter dieser Voraussetzung erhält man den Mittelwert und die Autokorrelationsfunktion durch eine Mittelung über die Zeit:

$$\mu_x = \lim_{N\to\infty} \frac{1}{2N+1} \sum_{n=-N}^{N} x[n] \quad \text{und} \quad r_{xx}[m] = \lim_{N\to\infty} \frac{1}{2N+1} \sum_{n=-N}^{N} x[n]x[n+m]. \tag{5.77}$$

Als praxisorientierte Schätzfunktionen sind die obigen Gleichungen unbrauchbar, man ersetzt sie deshalb durch folgende Formeln:

$$\hat{\mu}_x = \frac{1}{N} \sum_{n=0}^{N-1} x[n] \quad \text{und} \quad \hat{r}'_{xx}[m] = \frac{1}{N-|m|} \sum_{n=0}^{N-1-|m|} x[n]x[n+|m|]\,. \tag{5.78}$$

1. Die unendliche Anzahl muss durch eine endliche Zahl $x[0], x[1], \ldots, x[N-1]$ von Abtastwerten ersetzt werden. 2. Die Autokorrelationsfunktion ist gerade, d. h. $r_{xx}[-m] = r_{xx}[m]$, deshalb dürfen wir die diskrete Verschiebungszeitvariable durch ihren Betrag ersetzen. 3. Der Definitionsbereich erstreckt sich von $m = -(N-1)$ bis $m = (N-1)$. 4. Damit die Korrelationssumme auswertbar ist, muss die obere Grenze der Summation den Wert $N-1-|m|$ haben. 5. Gemäß Gl.(5.77) muss die Korrelationssumme durch die Anzahl Summanden und somit durch $N-|m|$ geteilt werden.

Die Punkte 4. und 5. werden verständlich, wenn wir als Beipiel die Korrelationsfunktion für $N = 4$ schätzen.

**Beispiel:** Schätzung der Autokorrelationsfunktion für eine Stichprobe der Länge $N = 4$ (seiner Spiegelsymmetrie wegen wird ein Autokorrelationschätzer üblicherweise nur für $m \geq 0$ ausgewertet).

$$N=4: \quad \{x[n]\} = \{x[0], x[1], x[2], x[3]\}$$

$$m=0: \quad \hat{r}'_{xx}[0] = \tfrac{1}{4}(x[0]x[0] + x[1]x[1] + x[2]x[2] + x[3]x[3])$$

$$m=1: \quad \hat{r}'_{xx}[1] = \tfrac{1}{3}(x[0]x[1] + x[1]x[2] + x[2]x[3])$$

$$m=2: \quad \hat{r}'_{xx}[2] = \tfrac{1}{2}(x[0]x[2] + x[1]x[3])$$

$$m=3: \quad \hat{r}'_{xx}[3] = \tfrac{1}{1}(x[0]x[3])$$

Bild 5.12: Berechnung der Autokorrelationsschätzfunktion für $m = 0, 1, 2, 3$

■

Es kann gezeigt werden, dass der Schätzer $\hat{r}'_{xx}[m]$ zwar erwartungstreu ist (Aufgabe 12), dass er aber für grosse $|m|$ eine hohe Varianz hat. Dies leuchtet sofort ein, wenn man Bild 5.12 betrachtet: Für grosse $|m|$ ist die Anzahl Summanden klein und dementsprechend ist die Schätzung ungenau.

Um die Varianz zu verkleinern, wird bei der Schätzfunktion der Divisor auf $N$ gesetzt:

$$\hat{r}_{xx}[m] = \frac{1}{N} \sum_{n=0}^{N-1-|m|} x[n]x[n+|m|], \qquad \text{wobei: } m = -(N-1), \ldots, -1, 0, 1, \ldots, (N-1). \tag{5.79}$$

Dieser Schätzer ist zwar nur asymptotisch erwartungstreu (Aufgabe 12), er weist dafür aber i. Allg. einen kleineren quadratischen Fehler auf. Da er ausserdem zu Autokorrelationsmatrizen mit günstigeren Eigenschaften führt [Cla93], wird er meistens gegenüber dem Schätzer $\hat{r}'_{xx}[m]$ bevorzugt. Wird darauf geachtet, dass $|m|$ viel kleiner als $N$ ist (z. B. $|m| < \frac{N}{4}$), dann zeigen beide Schätzer gute Ergebnisse.

Sind Stichproben der Länge $N$ zweier stochastischer Signale gegeben:

$$\begin{aligned} \{x[n]\} &= \{x[0], x[1], \ldots, x[N-1]\} \quad \text{und} \\ \{y[n]\} &= \{y[0], y[1], \ldots, y[N-1]\}, \end{aligned}$$

dann kann man analog zur Autokorrelationsfunktion einen Schätzer für die Kreuzkorrelationsfunktion $r_{xy}[m]$ herleiten:

$$\hat{r}_{xy}[m] = \begin{cases} k \sum_{n=-m}^{N-1} x[n]y[n+m] & \text{für } m = -(N-1), \ldots, -1, 0 \\ k \sum_{n=0}^{N-1-m} x[n]y[n+m] & \text{für } m = 0, 1, \ldots, (N-1) \end{cases} \tag{5.80}$$

Die Summen bestehen wiederum aus $N-|m|$ Summanden. Dividiert man sie deshalb mit $N-|m|$, dann erhält man eine erwartungstreue Schätzung, dividiert man sie hingegen durch $N$, dann führt das zu einer nur asymptotisch erwartungstreuen Schätzung. Ihrer kleineren Varianz wegen wird die asymptotisch erwartungstreue Schätzung mit

$$k = \frac{1}{N} \tag{5.81}$$

der erwartungstreuen Schätzung mit

$$k = \frac{1}{N-|m|} \tag{5.82}$$

i. Allg. vorgezogen. Auch hier sollte $|m|$ kleiner als ungefähr $\frac{N}{4}$ sein, damit der quadratische Fehler (5.73) nicht zu gross wird. In Bild 5.13 oben sind zwei gemessene Signale (Stichproben) $\{x[n]\}$ und $\{y[n]\}$ der Länge $N=512$ dargestellt. Unten sind die beiden Schätzungen der Kreuzkorrelationsfunktion $r_{xy}[m]$ ersichtlich. Wie vermutet, hat die erwartungstreue Schätzung $\hat{r}_{xy}[m]$ für $|m| \longrightarrow N$ eine untolerierbar grosse Varianz.

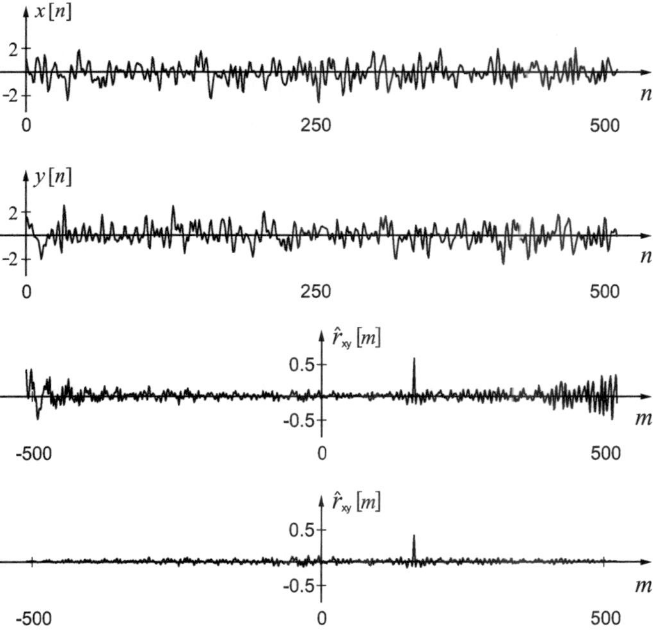


Bild 5.13: Zwei Signale der Länge $N = 512$ mit den Schätzungen ihrer Kreuzkorrelierten. Mitte unten, die erwartungstreue Schätzung mit $k = \frac{1}{N-|m|}$ und ganz unten die asymptotisch erwartungstreue Schätzung mit $k = \frac{1}{N}$

MATLAB stellt den Befehl `xcorr` zur Verfügung, um die Korrelationsfunktion entweder erwartungstreu oder asymptotisch erwartungstreu zu schätzen.

Es gibt Autoren [MI11] und Programme wie MATLAB, die die Kreuzkorrelationsfunktion gemäß $r_{xy}[m] = \mathrm{E}\{\mathbf{x}[n+m]\mathbf{y}[n]\}$ definieren. Dementsprechend muss man dann in der Schätzformel (5.80) $x$ durch $y$ und $y$ durch $x$ ersetzen oder das Ergebnis aus Gl.(5.80) aufgrund der Symmetrieeigenschaft (5.41) an der vertikalen Achse spiegeln.

Für grosse $N$ erfordert die Berechnung der Korrelationsfunktion eine beträchtliche Anzahl von Multiplikationen und Additionen. Der hohe Rechenaufwand reduziert sich drastisch, wenn man ein Verfahren anwendet, das auf dem Korrelationstheorem und der FFT (siehe dazu Abschn. 6.4) beruht. Es ist unter den Namen *schnelle Korrelation* (engl: fast correlation) oder *FFT-Korrelation* bekannt und wird auch vom MATLAB-Befehl `xcorr` angewandt (für Details siehe z. B. Lit. [IJ02]).

**Beispiel 1: Systemidentifikaton**

Die Bestimmung der Impulsantwort ist eine klassische Aufgabe der Systemidentifikation. Für diskrete kausale LTI-Systeme ist diese Aufgabe einfach zu bewältigen: Zum Zeitpunkt $n = 0$ wird eine 1 am Eingang eingespiesen (entspricht dem diskreten Diracpuls $\delta[n]$) und für $n \geq 0$ das diskrete Ausgangssignal abgespeichert. Diese Messmethode der Impulsantwort ist für kontinuierliche LTI-Systeme ungeeignet, da der zeitkontinuierliche Diracpuls $\delta(t)$ unendlich kurz, unendlich hoch und damit unrealisierbar ist. Für kontinuierliche Systeme bietet sich daher die Korrelationsmethode in Bild 5.14 an, die auf der auf Seite 169 oben besprochenen Gleichung beruht:

$$S_{xy}(e^{j\Omega}) = H(e^{j\Omega})\sigma_x^2 \quad \bullet\!\!-\!\!\circ \quad r_{xy}[m] = h[m]\sigma_x^2 \tag{5.83}$$

Das zeitkontinuierliche LTI-System wird am Eingang mit einem DA-Wandler und am Ausgang mit einem AD-Wandler ergänzt, wobei vorausgesetzt wird, dass deren Frequenzgänge vernachlässigbar sind. Um Aliasing zu vermeiden, muss das zeitkontinuierliche LTI-System zudem bandbegrenzt sein und seine Grenzfrequenz $f_{stop}$ sollte unterhalb der halben Abtastfrequenz $0.5f_s$ liegen.

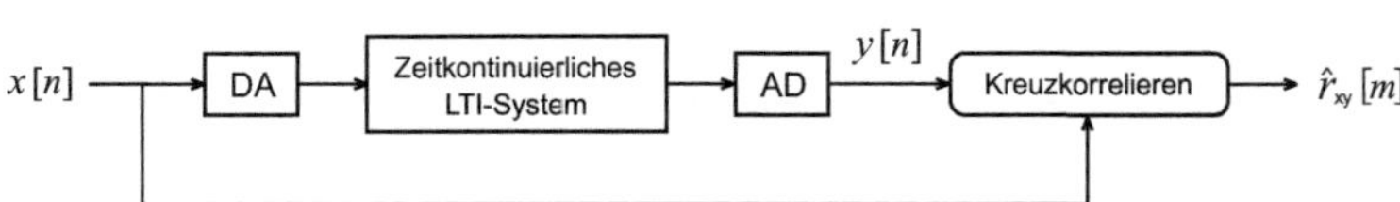


Bild 5.14: Systemidentifikation durch Kreuzkorrelation

Das zeitdiskrete LTI-System – bestehend aus dem zeitkontinuierlichen LTI-System inklusive DA- und AD-Wandler – wird mit einer weissen

Rauschquelle $\mathsf{x}[n]$ betrieben, deren Autokorrelierte bekanntlich gleich dem Einheitspuls ist:

$$r_{xx}[m] = \sigma_x^2 \delta[m]\,. \tag{5.84}$$

Wird die Varianz $\sigma_x^2$ der weissen Rauschquelle gleich 1 gewählt, dann folgt aus Gl.(5.83), dass die Kreuzkorrelierte am Ausgang gleich der Impulsantwort des diskreten LTI-Systems ist:

$$r_{xy}[m] = h[m]\,. \tag{5.85}$$

Demnach können wir durch Schätzung der Kreuzkorrelierten $r_{xy}[m]$ die Impulsantwort $h[m]$ des LTI-Systems bestimmen. Transformieren wir die Impulsantwort in den Frequenzbereich (siehe dazu Abschn. 6.3.3) und setzen wir $\Omega = 2\pi f/f_s$, dann erhalten wir den Frequenzgang $H(f)$ des zeitkontinuierlichen Systems im Bereich $-0.5f_s \leq f \leq 0.5f_s$.

Bei einem Echtzeitsystem ist die Impulsantwort kausal und demzufolge null für $m < 0$. Ist das System stabil, dann klingt sie ab und darf nach einer endlichen Anzahl von $L$ Taktintervallen zu null gesetzt werden. Somit:

$$h[m] = 0 \quad \text{für} \quad m < 0 \quad \text{und} \quad m \geq L\,. \tag{5.86}$$

Mit anderen Worten, es genügt, die Kreuzkorrelierte im Bereich $0 \leq m < L$ zu schätzen.

Um eine gute Schätzung zu erhalten, sollte die Länge $N$ des Eingangsignals $\{x[n]\} = \{x[0], x[1], \ldots, x[N-1]\}$ viel grösser als $L$ sein, d. h. die Schätzung wird umso genauer, je besser die Ungleichung

$$N \gg L \tag{5.87}$$

erfüllt ist (Aufgabe 13). ∎

**Beispiel 2: Geschwindigkeitsmessung**

Eine klassische Anwendung der Korrelation ist die berührungslose Geschwindigkeitsmessung [Weh80]. Das Prinzip dieser Messmethode sei am Beispiel eines rollenden Schienenfahrzeugs (Bild 5.15) erläutert.

Zwei Lichtquellen, die an der Unterseite des Fahrzeugs angebracht sind, beleuchten in einem festen Abstand $a$ die Schiene. Das Licht wird von der Schienenoberfläche je nach Oberflächenzustand mehr oder weniger reflektiert. Die reflektierten und in ihrer Helligkeit modulierten Lichtstrahlen werden von zwei Photodioden detektiert, in den Empfängern analog vorverarbeitet und im Korrelator kreuzkorreliert.

Da die zweite Photodiode zeitverschoben die gleiche Oberflächenstruktur wie die erste Photodiode abtastet, ist das Signal $y(t)$ des zweiten Empfängers, abgesehen von Störungen, gleich dem zeitverzögerten Signal $x(t)$ des ersten Empfängers:

$$y(t) \approx x(t - T_v)\,. \tag{5.88}$$

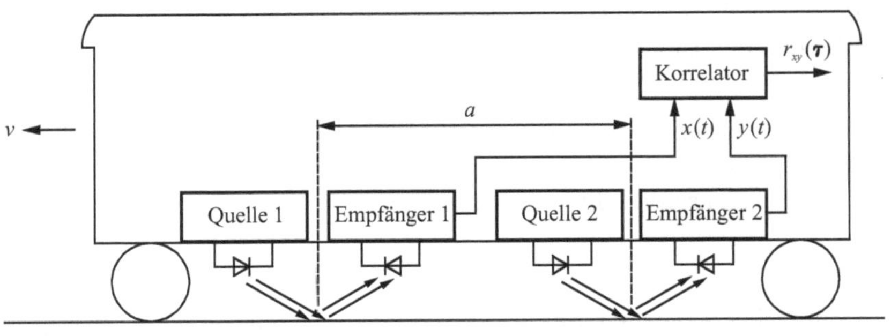


Bild 5.15: Prinzip der berührungslosen Geschwindigkeitsmessung

Die annähernde Gleichheit der beiden Signale drückt sich in ihrer Korrelationsfunktion durch ein Maximum bei $\tau = T_v$ aus (Bild 5.16 unten), wobei $T_v$ die Zeitverzögerung ist. Aus der Lage des Maximums und aus dem Abstand $a$ der beiden Reflexionsstellen (Bild 5.15) kann anschliessend die Geschwindigkeit $v$ mit der Gleichung

$$v = \frac{a}{T_v} \tag{5.89}$$

ermittelt werden.

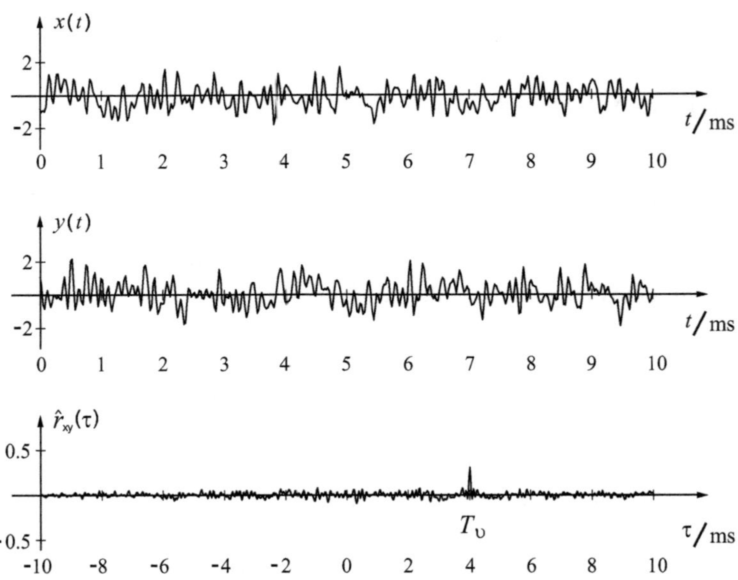


Bild 5.16: Die beiden Messignale und ihre Korrelation

Bild 5.16 zeigt die Ausgangssignale $x(t)$ und $y(t)$ der beiden Empfänger und die Schätzung $\hat{r}_{xy}(\tau)$ ihrer Kreuzkorrelierten. In Wirklichkeit sind diese drei Signale natürlich nicht zeitkontinuierlich, wie das Bild 5.16 suggeriert. Alle drei sind zeitdiskrete Signale mit einer Abtastfrequenz von $f_s = 40\,\text{kHz}$. $x[n]$ und $y[n]$ bestehen aus je $N = 512$ Abtastwerten und das Ergebnis der Korrelation umfasst demnach 1023 Abtastwerte.

Verschiebt man das y-Signal um 4 ms nach links, dann stellt man die Ähnlichkeit der beiden Signalen fest. In der Korrelationsfunktion drückt sich diese Ähnlichkeit durch das Maximum bei $T_v = 4\,\text{ms}$ aus. Für $a = 0.1\,\text{m}$ ergibt sich damit aus Gl.(5.89) eine Geschwindigkeit von $v = 25\,\text{m/s}$.

■

**Beispiel 3: Messung der Phasenverschiebung**

Eine weitere Anwendung der Korrelation ist die Messung der Phasenverschiebung zweier gleichfrequenter Sinus- oder Rechteckschwingungen. In diesem Verfahren werden die Schwingungen zuerst in zwei symmetrische Rechteckschwingungen übergeführt und anschliessend wird deren Kreuzkorrelierte an der Stelle $m = 0$ bestimmt. Es kann gezeigt werden, dass die Phasenverschiebung eine stückweise lineare Funktion von $r_{xy}[0]$ ist und dass sie daraus relativ einfach bestimmt werden kann.

Mehr zu diesem Thema ist in Aufgabe 15 zu erfahren. ■

# Aufgaben

1. **Wahrscheinlichkeitsdichtefunktion einer Verstärker-Ausgangsspannung**

   Die Eingangsspannung $\mathbf{u}_{in}$ eines Verstärkers sei gemäß der Wahrscheinlichkeitsdichtefunktion (WDF) in Bild 5.17 a) dreieckverteilt. Der Verstärker weist im Bereich $-1\,\text{V} < u_{in} < +1\,\text{V}$ eine Verstärkung von 10 auf und befindet sich ausserhalb dieses Bereichs in der Sättigung (Bild 5.17 b). Die Ausgangsspannung $\mathbf{u}_{out}$ ist dann gemäß der WDF in Bild 5.17 c) verteilt.

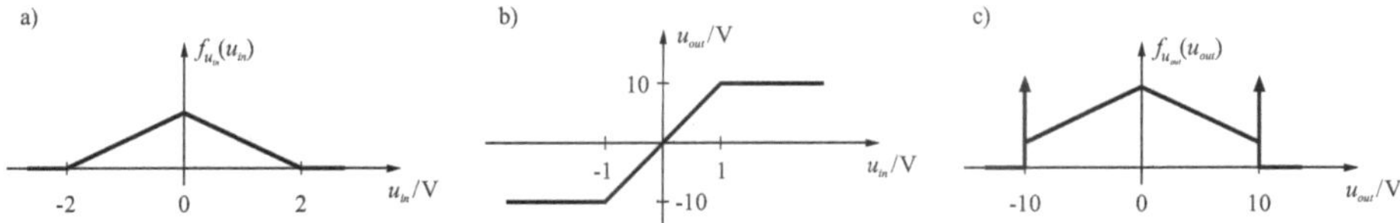


Bild 5.17: a) WDF der Eingangsspannung, b) Kennlinie des Verstärkers, c) WDF der Ausgangsspannung

Bestimmen Sie:

(a) Den Wert der WDF $f_{u_{in}}(u_{in})$ an der Stelle $u_{in} = 0\,\mathrm{V}$.
(b) Die Werte der WDF $f_{u_{out}}(u_{out})$ an den Stellen $u_{out} = -10\,\mathrm{V}$, $0\,\mathrm{V}$ und $+10\,\mathrm{V}$.
(c) Die Gewichte der beiden Diracpulse der WDF $f_{u_{out}}(u_{out})$.

2. **Effektivwert in Abhängigkeit des Mittelwertes und der Streuung**

   Zeigen Sie mithilfe des Ansatzes $\rho_x^2 = \mathrm{E}\{\mathsf{x}^2\} = \mathrm{E}\{(\mathsf{x} - \mu_x + \mu_x)^2\}$, dass die Leistung einer Zufallsvariablen gleich der Summe aus der DC-Leistung und der AC-Leistung ist: $\rho_x^2 = \mu_x^2 + \sigma_x^2$.

3. **Zusammenhang zwischen Kovarianz und Korrelation**

   Leiten Sie die Beziehung $C_{x_1x_2} = R_{x_1x_2} - \mu_{x_1}\mu_{x_2}$ her.

4. **Unkorreliertheit von statistisch unabhängigen Zufallsvariablen**

   Beweisen Sie, dass die Kovarianz von statistisch unabhängigen Zufallsvariablen null ist.

5. **Verknüpfung zwischen Kovarianz- und Korrelationsfunktionen**

   Leiten Sie die Beziehungen (5.37) und (5.38) her.

6. **Erzeugung von weissem Rauschen mit MATLAB**

   Erzeugen Sie mit MATLAB die drei Rauschsignale in Bild 5.7.

7. **Eigenschaften des Leistungsdichtespektrums**

   (a) Erklären Sie, weshalb das Leistungsdichtespektrum reell und periodisch ist.
   (b) Wie sieht die Phase des Leistungsdichtespektrums aus?

8. **Berechnung eines Leistungsdichtespektrums**

   Bestimmen Sie das Leistungsdichtespektrum des stationären Zufallssignals $\mathsf{x}[n]$ mit der Autokorrelationsfolge $r_{xx}[m] = \sigma_x^2 e^{-\Omega_0|m|}$. Überprüfen Sie Ihr Resultat anhand von Gl. (5.57).

   Hinweis: Benutzen Sie die Eigenschaft, dass die unendliche geometrische Reihe $\sum_{m=1}^{\infty} x^m$ für $|x| < 1$ gegen $\frac{x}{1-x}$ konvergiert.

9. **Symmetrie-Eigenschaft des Kreuzleistungsdichtespektrums**

   Zeigen Sie, dass eine Vertauschung der Signalreihenfolge das Kreuzleistungsdichtespektrum konjugiert komplex macht. Mit anderen Worten, zeigen Sie dass gilt: $S_{xy}(e^{j\Omega}) = S_{yx}^*(e^{j\Omega})$.

10. **Mittelwert am Ausgang eines diskreten LTI-Systems**

    Berechnen Sie den Mittelwert $\mu_y$ des Ausgangssignals, wenn an den Eingang eines LTI-Systems mit der Übertragungsfunktion $H(z)$ ein stationäres Zufallssignal mit dem Mittelwert $\mu_x$ angelegt wird.

11. **Mittlerer quadratischer Fehler einer Schätzung**

    Der mittlere quadratische Fehler MSE einer Schätzung ist gleich dem Bias im Quadrat plus der Varianz: $e^2 = b^2 + \sigma_{\hat{\theta}}^2$. Leiten Sie diese Beziehung her.

12. **Erwartungswerte der Autokorrelations-Schätzfunktionen**

    Zeigen Sie, dass der Autokorrelations-Schätzer (5.78)

$$\hat{r}'_{xx}[m] = \frac{1}{N-|m|} \sum_{n=0}^{N-1-|m|} x[n]x[n+|m|] .$$

    erwartungstreu und der Autokorrelations-Schätzer (5.79)

$$\hat{r}_{xx}[m] = \frac{1}{N} \sum_{n=0}^{N-1-|m|} x[n]x[n+|m|]$$

    asymptotisch erwartungstreu ist.

13. **System-Identifikation durch Kreuzkorrelation**

    Simulieren Sie mit dem M-File `A1_5_13` die Kreuzkorrelations-Methode zur System-Identifikation gemäß Bild 5.14. Dabei wird das kontinuierliche LTI-System mit dem DA-Wandler am Eingang und dem AD-Wandler am Ausgang durch ein diskretes LTI-System mit der Übertragungsfunktion

$$H(z) = \frac{b_0 + b_1 z^{-1} + \cdots + b_{N_N} z^{-N_N}}{1 + a_1 z^{-1} + \cdots + a_{N_D} z^{-N_D}}$$

    ersetzt.

    Geben Sie die $b$- und $a$-Koeffizienten (z. B. $\boldsymbol{b} = [0.2, 0, -0.2]^T$ und $\boldsymbol{a} = [1, -1.1, 0.5]^T$) und die Abtastfrequenz $f_s$ des diskreten LTI-Systems $H(z)$ ein. Wählen Sie die Länge $N$ des weissen Eingangrauschsignals und aufgrund der Impulsantwort-Länge die maximale diskrete Verschiebungszeit $m_{max}$ der Kreuzkorrelationsfunktion $r_{xy}[m]$. Als Resultat erhalten Sie die Impulsantwort, sowie die erwartungstreue und die asymptotisch erwartungstreue Schätzung $\hat{r}_{xy}[m]$ der Kreuzkorrelationsfolge. Zusätzlich ist der Amplitudengang des LTI-Systems, sowie der Betrag der Fourier-Transformierten der beiden Schätzfolgen dargestellt.

    Experimentieren Sie mit verschiedenen Parametern und kommentieren Sie das Ergebnis.

14. **Schätzung von Mittelwerten und Korrelationen mit MATLAB**

    (a) Erzeugen Sie mit `randn` weisses, normalverteiltes Rauschen mit der Varianz $\sigma_x^2 = 1$ und der Länge $N = 64$ und schätzen Sie den Mittelwert $\mu_x$ und die Leistung $\rho_x^2$ mithilfe der Funktion `mean` und die Varianz $\sigma_x^2$ mithilfe der Funktion `cov`. Berechnen Sie die Differenz $\hat{\rho}_x^2 - \hat{\mu}_x^2$, wobei $\hat{\rho}_x^2$ und $\hat{\mu}_x$ die entsprechenden Schätzwerte sind. Was stellen Sie fest?

(b) Schätzen Sie zu obigem Rauschen die Autokorrelationsfunktion mit Hilfe der beiden Schätzer $\hat{r}'_{xx}$ und $\hat{r}_{xx}$. Verwenden Sie dazu die Funktion `xcorr`. Überprüfen Sie, ob die Schätzung der Leistung mit den Schätzungen der Korrelationsfunktion an der Stelle $m = 0$ übereinstimmt, d. h. überprüfen Sie die Gleichungen $\hat{\rho}_x^2 = \hat{r}'_{xx}[0]$ und $\hat{\rho}_x^2 = \hat{r}_{xx}[0]$.

(c) Weisses Rauschen mit der Varianz 1 ist definiert als ein stochastisches Signal, welches den Einheitspuls als Autokorrelationsfunktion hat. Überprüfen Sie diese Aussage, indem Sie z. B. $I = 1000$ Rauschsignale der Varianz 1 erzeugen, deren Autokorrelationsfunktionen schätzen und über die geschätzten Autokorrelationsfunktionen mitteln.

(d) Bei Erhöhung von $N$ werden die Schätzungen genauer. Wählen Sie deshalb eine Signallänge $N$ von beispielsweise 512 und verifizieren Sie, ob die Schätzungen $\hat{\mu}_x$ und $\hat{\sigma}_x^2$ jetzt näher bei 0 und 1 liegen. Schätzen Sie auch die Autokorrelationsfunktion mithilfe der beiden Schätzer $\hat{r}'_{xx}$ und $\hat{r}_{xx}$.

(e) Erzeugen Sie eine Sinusschwingung der Länge $N = 100$ und der Abtastfrequenz 20 Hz. Die Frequenz soll 1 Hz und der Scheitelwert soll 1 betragen. Der DC-Wert einer Sinusschwingung ist bekanntlich 0 und der Effektivwert $1/\sqrt{2}$. Stimmen die Schätzwerte $\hat{\mu}_x$ und $\hat{\rho}_x$ mit diesen Werten überein?

(f) Korrelieren Sie die obige Sinusschwingung mit der Cosinusschwingung gleicher Frequenz und Amplitude, d. h. schätzen Sie $r_{xy}[m]$ erwartungstreu und asymptotisch erwartungstreu. Welche Schätzung ziehen Sie vor?

15. **Messung der Phasenverschiebung**

Das M-File `A1_5_15` schätzt die Phasenverschiebung zweier Sinusschwingungen mithilfe der Kreuzkorrelierten. Studieren Sie seine Funktionsweise und experimentieren Sie mit dem M-File, indem Sie verschiedene Parameterwerte eingeben.

16. **Leckortung per Korrelation**

Auf Seite 8 ist ein Korrelationsverfahren zur Ortung eines Lecks in einer Wasserröhre beschrieben. Das M-File `A1_5_16` simuliert dieses Verfahren. Starten Sie das M-File, geben Sie verschiedene Parameterwerte ein und testen Sie die Methode.

# Kapitel 6

# Diskrete Fourier-Transformation

## 6.1 Einführung

### 6.1.1 Motivation

Es gibt zahlreiche Gründe, auf zeitdiskrete Signale die diskrete Fourier-Transformation (engl: Discrete Fourier Transform, DFT) anzuwenden. Die vier wichtigsten sind:

- Ermittlung des Spektrums, d. h. des Frequenzgehalts eines Signals.
- Berechnung der Faltung und der Korrelation zweier Signale.
- Teilbandfilterung bei DFT-Filterbänken.
- Demodulation beim Mehrträgerverfahren OFDM (Orthogonal Frequency-Division Multiplexing).

Beispiele zum ersten Punkt sind die Berechnung der Harmonischen eines Netzstroms (Bild 1.12), die Ermittlung des Spektrums eines Nachrichtensignals (Bild 1.16), die Schwingungsanalyse an mechanischen Objekten, die Bestimmung der Oberschwingungen am Ausgang eines Verstärkers zwecks Berechnung seines Klirrfaktors, das Suchen von Sinussignalen in Rauschen, das Berechnen des Frequenzgangs eines LTI-Systems durch Fourier-Transformation seiner Impulsantwort, etc. In den erwähnten Beispielen besteht die Aufgabe darin, die Fourier-Transformierte des Signals zu finden. Die DFT ist eine Approximation der Fourier-Transformierten mit dem Vorteil, dass sie auf einem digitalen Rechner effizient berechnet werden kann.

Das zweite Anwendungsfeld ist die schnelle Berechnung der Faltung und der Korrelation zweier diskreter Signale. Die Berechnungsmethode beruht auf dem Faltungs- und Korrelationstheorem und wird vor allem dann angewandt, wenn lange Sequenzen in Echtzeit gefaltet oder korreliert werden müssen [IJ02].

Das dritte Einsatzgebiet stellen DFT-Filterbänke dar. Dabei spaltet die DFT das Signal in Teilbänder auf, in denen die Verarbeitung mit tiefer Abtastrate erfolgt. Filterbänke gehören zum Gebiet der Multiratentechnik, wo sie interessante Anwendungsmöglichkeiten insbesondere in der Audiosignalverarbeitung eröffnen [vG08b].

Die vierte Anwendung findet ihren Einsatz in der drahtlosen Übertragung digitaler Signale [Kam11], wie zum Beipiel bei WLAN (Wireless Local Area Network) und bei DAB (Digital Audio Broadcasting).

Wir beschränken uns im Folgenden auf die Spektralanalyse und verweisen die Interessenten der restlichen Anwendungsgebiete auf die Literatur.

### 6.1.2 Definition

Ausgangspunkt zur Herleitung der DFT ist die Fourier-Transformierte $X(f)$ eines zeitkontinuierlichen Signals $x(t)$:

$$X(f) = \int_{-\infty}^{\infty} x(t)e^{-j2\pi ft}\,dt\,. \tag{6.1}$$

Wir ersetzen das zeitkontinuierliche Signal durch seine Abtastwerte $x(nT)$ (engl: *s*amples), das Differential *dt* durch das Abtastintervall $T$ und approximieren das Integral durch die Summe

$$X_s(f) = \sum_{n=-\infty}^{\infty} x(nT)e^{-j2\pi fnT}T\,. \tag{6.2}$$

Aus der unendlichen Anzahl von Abtastwerten schneiden wir eine endliche Anzahl $N$ heraus (engl: *w*indowing), lassen der Bequemlichkeit halber den Faktor $T$ weg und ersetzen im Exponenten das Abtastintervall $T$ durch das Inverse der Abtastfrequenz $1/f_s$. Wir erhalten derart das Spektrum des abgetasteten (engl: *s*ampled) und gefensterten (engl: *w*indowed) Signals:

$$X_{sw}(f) = \sum_{n=0}^{N-1} x(nT)e^{-j2\pi n\frac{f}{f_s}}\,. \tag{6.3}$$

Die Funktion $X_{sw}(f)$ ist $f_s$-periodisch und hat – wie man zeigen kann [SH94] – nur an $N$ Frequenzstellen linear unabhängige Funktionswerte. Wir werten $X_{sw}(f)$ an $N$ äquidistanten Frequenzstellen $f = 0, \frac{f_s}{N}, 2\frac{f_s}{N}, \ldots, \ldots, (N-1)\frac{f_s}{N}$ aus:

$$X_{sw}(k\frac{f_s}{N}) = \sum_{n=0}^{N-1} x(nT)e^{-j2\pi n\frac{k\frac{f_s}{N}}{f_s}}, \qquad k = 0, 1, 2, \ldots, N-1\,. \tag{6.4}$$

Der Einfachheit halber lässt man die Kennzeichnung $_{sw}$ weg, verzichtet der Bequemlichkeit wegen auf die Terme $\frac{f_s}{N}$ und $T$ in den runden Klammern und ersetzt die runden durch eckige Klammern:

$$X[k] = \sum_{n=0}^{N-1} x[n] e^{-jkn\frac{2\pi}{N}}, \qquad k = 0, 1, 2, \ldots, N-1\,. \tag{6.5}$$

Dies ist die Definition der DFT (*diskrete Fourier-Transformierte*). Sie erscheint auf den ersten Blick abstrakt und der Leser wird vermutlich nicht viel mit ihr anfangen können. Wir werden sie deshalb im nächsten Unterkapitel anhand einer Graphik zu interpretieren versuchen.

Ohne Herleitung [SH94] definieren wir noch die inverse DFT, abgekürzt IDFT:

$$x[n] = \frac{1}{N} \sum_{k=0}^{N-1} X[k] e^{jkn\frac{2\pi}{N}}, \qquad n = 0, 1, 2, \ldots, N-1\,. \tag{6.6}$$

Diese Gleichung heisst Synthesegleichung, dies im Gegensatz zu Gl.(6.5), die man Analysegleichung nennt.

$x[n]$ und $X[k]$ bilden ein Transformationspaar, das heisst, ist die Sequenz $\{x[n]\}_{n=0}^{N-1}$ im diskreten Zeitbereich bekannt, dann finden wir über die diskrete Fourier-Transformation (6.5) die Sequenz $\{X[k]\}_{k=0}^{N-1}$ im diskreten Frequenzbereich. Ist umgekehrt die DFT gegeben, d. h. die Sequenz $\{X[k]\}_{k=0}^{N-1}$, dann finden wir über die inverse diskrete Fourier-Transformation (6.6) wiederum die ursprüngliche Sequenz $\{x[n]\}_{n=0}^{N-1}$.

Für ein Transformationspaar schreiben wir bekanntlich:

$$x[n] \quad \circ\!\!-\!\!\bullet \quad X[k]\,. \tag{6.7}$$

Die Werte $X[k]$, die im Allgemeinen komplex sind, nennt man häufig auch DFT-Koeffizienten. $n$ ist die diskrete Zeitvariable oder der Zeitindex. Analog dazu heisst $k$ *diskrete Frequenzvariable* oder *Frequenzindex*.

## 6.2 Interpretationen und Eigenschaften der DFT

### 6.2.1 Matrix-Interpretation der DFT

Mit Einführung des Drehfaktors (engl: twiddle factor)

$$W_N = e^{-j2\pi/N}\,, \tag{6.8}$$

kann man die DFT und die IDFT wie folgt schreiben:

$$X[k] = \sum_{n=0}^{N-1} x[n] W_N^{kn}, \qquad k = 0, 1, 2, \ldots, N-1\,, \tag{6.9}$$

$$x[n] = \frac{1}{N} \sum_{k=0}^{N-1} X[k] W_N^{-kn}, \qquad n = 0, 1, 2, \ldots, N-1\,. \tag{6.10}$$

Stellt man die beiden Sequenzen $\{x[n]\}_{n=0}^{N-1}$ und $\{X[k]\}_{k=0}^{N-1}$ in Vektorform dar:

$$\boldsymbol{x}_N = \begin{bmatrix} x[0] \\ x[1] \\ \vdots \\ x[N-1] \end{bmatrix}, \qquad \boldsymbol{X}_N = \begin{bmatrix} X[0] \\ X[1] \\ \vdots \\ X[N-1] \end{bmatrix} \tag{6.11}$$

und definiert man die DFT-Matrix

$$\boldsymbol{W}_N = \begin{bmatrix} 1 & 1 & \cdots & 1 \\ 1 & W_N^1 & \cdots & W_N^{N-1} \\ \vdots & \vdots & \vdots\vdots\vdots & \vdots \\ 1 & W_N^{N-1} & \cdots & W_N^{(N-1)(N-1)} \end{bmatrix}, \tag{6.12}$$

dann kann man die $N$-Punkte-DFT in Form einer Matrizenmultiplikation schreiben:

$$\boldsymbol{X}_N = \boldsymbol{W}_N \boldsymbol{x}_N\,. \tag{6.13}$$

Um die IDFT zu erhalten, müssen wir nur die DFT mit der inversen DFT-Matrix multiplizieren:

$$\boldsymbol{x}_N = \boldsymbol{W}_N^{-1} \boldsymbol{X}_N\,, \tag{6.14}$$

wobei die inverse DFT-Matrix gemäß Gl.(6.10) und der Definition (6.8) wie folgt gegeben ist:

$$\boldsymbol{W}_N^{-1} = \frac{1}{N} \boldsymbol{W}_N^*\,. \tag{6.15}$$

Das $^*$-Zeichen will sagen, dass die Elemente von $\boldsymbol{W}_N$ konjugiert komplex genommen werden müssen.

Wir halten fest:

- *Die diskrete Fourier-Transformation ist eine Multiplikation, nämlich des Signalvektors mit der DFT-Matrix. Das Resultat ist der DFT-Koeffizientenvektor.*

- *Die inverse diskrete Fourier-Transformation ist ebenfalls eine Multiplikation, nämlich des DFT-Koeffizientenvektors mit der inversen DFT-Matrix. Das Resultat ist der Signalvektor.*

- *Die inverse DFT-Matrix erhält man durch eine einfache Operation aus der DFT-Matrix, nämlich durch Skalierung mit dem Faktor $1/N$ und durch elementweises Konjugiert-Komplex-Bilden.*

### 6.2.2 Die DFT-Koeffizienten als Korrelationen

In Abschn. 5.5.2 haben wir die Kreuzkorrelation zweier reeller zeitdiskreter Signale der Dauer $N$ wie folgt geschätzt:

$$\hat{r}_{xy}[m] = \begin{cases} k_c \sum_{n=-m}^{N-1} x[n]y[n+m] & \text{für} \quad m = -(N-1), \ldots, -1, 0 \\ k_c \sum_{n=0}^{N-1-m} x[n]y[n+m] & \text{für} \quad m = 0, 1, \ldots, (N-1) \end{cases} .$$

Werten wir die Kreuzkorrelation an der Stelle $m = 0$ aus und setzen wir die Konstante $k_c = 1$, dann erhalten wir

$$\hat{r}_{xy}[0] = \sum_{n=0}^{N-1} x[n]y[n] . \tag{6.16}$$

Betrachten wir nun die Definition des $k$-ten DFT-Koeffizienten:

$$\begin{aligned} X[k] &= \sum_{n=0}^{N-1} x[n]e^{-jkn\frac{2\pi}{N}} , \\ &= \sum_{n=0}^{N-1} x[n]\cos(-kn\frac{2\pi}{N}) + j\sum_{n=0}^{N-1} x[n]\sin(-kn\frac{2\pi}{N}) , \\ &= \underbrace{\sum_{n=0}^{N-1} x[n]\cos(kn\frac{2\pi}{N})}_{\Re\{X[k]\}} + j\underbrace{\sum_{n=0}^{N-1} x[n](-1)\sin(kn\frac{2\pi}{N})}_{\Im\{X[k]\}} , \end{aligned} \tag{6.17}$$

dann können wir sagen:

> *Der Realteil des $k$-ten DFT-Koeffizienten ist gleich der Korrelation des Signals $x[n]$ mit der Cosinusfolge $\cos(kn\frac{2\pi}{N})$, ausgewertet an der Stelle $m = 0$ und der Imaginärteil des $k$-ten DFT-Koeffizienten ist gleich der Korrelation des Signals $x[n]$ mit der negativen Sinusfolge $-\sin(kn\frac{2\pi}{N})$, ebenfalls ausgewertet an der Stelle $m = 0$.*

Die Korrelation ist bekanntlich ein Mass der Übereinstimmung zweier Signale. Der Realteil $\Re\{X[k]\}$ des $k$-ten DFT-Koeffizienten sagt demnach aus, wie stark die Cosinusschwingung – mit der Länge $N$, der diskreten Frequenz $k$ und der Phase null – im Signal der Länge $N$ enthalten ist und der Imaginärteil $\Im\{X[k]\}$ sagt aus, wie stark die negative Sinusschwingung – mit der der Länge $N$, der diskreten Frequenz $k$ und der Phase null – im Signal der Länge $N$ enthalten ist (siehe dazu Aufgabe 8).

### 6.2.3 Graphische Interpretation

Um ein Gefühl für die DFT zu vermitteln, wollen wir sie anhand des Beispiels in Bild 6.1 graphisch herleiten und dabei die Fehler diskutieren, die bei der Approximation der Fourier-Transformierten durch die DFT entstehen.

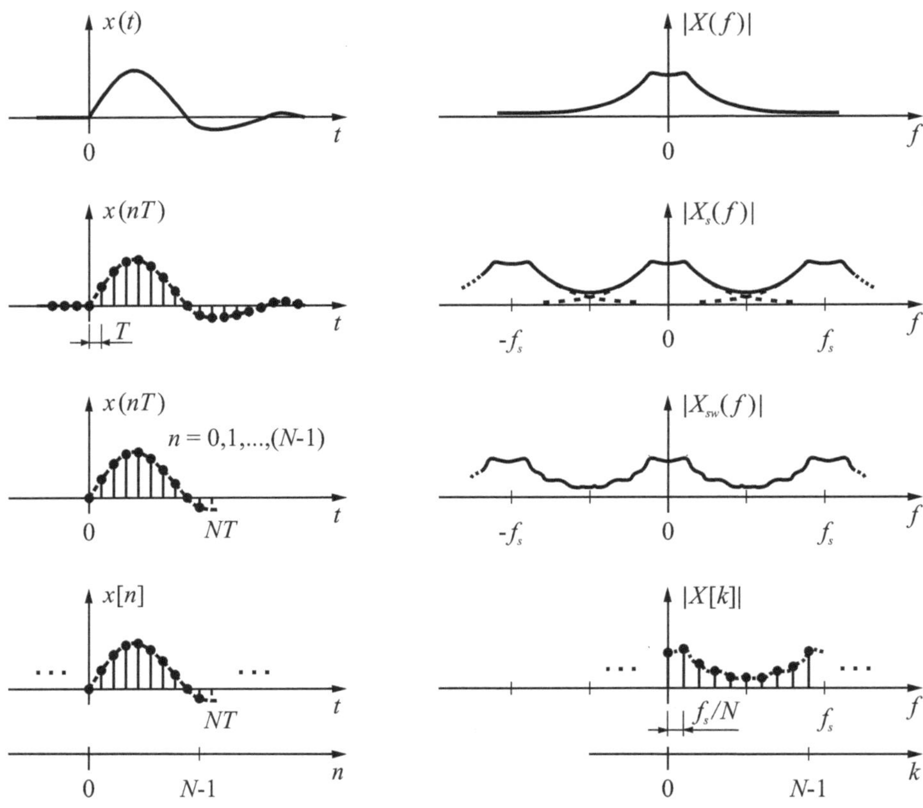


Bild 6.1: Graphische Herleitung der DFT

Durch die Abtastung des Signals entsteht ein $f_s$-periodisches Spektrum. Wird dabei die Abtastbedingung verletzt, so entsteht Aliasing, angedeutet durch die gestrichelt eingezeichneten Bandüberlappungen. Aus dem abgetasteten Signal werden $N$ Abtastwerte herausgeschnitten. Dieses Herausschneiden wird auch Rechteckfensterung genannt, wobei die Länge des Rechteckfensters $NT$ beträgt. Die Fensterung ist mathematisch gesehen eine Multiplikation des Signals mit einer Rechteckfunktion, deren Spektrum bekanntlich $\sin(x)/x$-förmig ist. Einer Multiplikation im Zeitbereich entspricht gemäß Faltungstheorem (2.87) einer Faltung im Frequenzbereich. Das periodische Spektrum des abgetasteten Signals wird demnach mit dem $\sin(x)/x$-Spektrum der Rechteckfunktion gefaltet, oder – etwas salopp ausgedrückt – verschmiert. Die Verschmierung ist durch die Rippel im Spektrum angedeutet. Dieses Spektrum wird $N$-mal im Abstand von $f_s/N$

abgetastet. Die Gesamtheit der Abtastwerte stellt nun die DFT $\{X[k]\}_{k=0}^{N-1}$ dar. Wir stellen fest, dass die DFT im Bereich von 0 bis $f_s/2$ tatsächlich eine Approximation der Fourier-Transformierten darstellt. Mit den drei Fortsetzungspunkten in den beiden untersten Graphen deuten wir an, dass – aufgrund der Periodizitäts- und Diskretizitäts-Theoreme (2.65) und (2.66) – $x[n]$ und $X[k]$ $N$-periodisch fortzusetzen sind.

Der Abstand $\Delta f$ zweier Frequenzpunkte nennt man Frequenzauflösung der DFT und die Dauer $NT$ des Rechteckfensters heisst Messdauer, Messintervall oder Fensterlänge. Wir haben gesehen, dass der Abstand zweier Frequenzpunkte gleich $f_s/N$ ist, damit folgt aus $f_s = 1/T$:

$$\Delta f = \frac{f_s}{N} = \frac{1}{NT} \,. \tag{6.18}$$

In Worten:

> *Die Frequenzauflösung der DFT ist gleich der Abtastfrequenz geteilt durch N und somit gleich dem Inversen der Messdauer.*

Der Begriff „Auflösung" bezieht sich hier auf den Abstand zweier Frequenzpunkte im DFT-Spektrum. Er darf nicht verwechselt werden mit dem minimalen Frequenzabstand, den zwei Sinusschwingungen haben müssen, damit man sie im DFT-Spektrum erkennt. Mehr zu diesem Thema in Abschn. 6.6.3.

### 6.2.4 Eigenschaften der DFT

Wir wollen im Folgenden die wichtigsten Eigenschaften der DFT zusammenstellen. Eine vollständige Zusammenstellung findet sich z. B. in [OSB04].

#### Linearität

Die DFT ist eine lineare Transformation, d. h. sind $x_1[n]$, $X_1[k]$ und $x_2[n]$, $X_2[k]$ zwei DFT-Paare und sind $k_1$ und $k_2$ zwei Konstanten, dann gilt:

$$k_1 x_1[n] + k_2 x_2[n] \quad \circ\!\!-\!\!\bullet \quad k_1 X_1[k] + k_2 X_2[k] \,. \tag{6.19}$$

In Worten: Die DFT einer Linearkombination von Signalen ist gleich der Linearkombination ihrer DFTs.

#### Periodizität

Die Exponentialfolge $W_N^{kn} = e^{-j2\pi kn/N}$ ist $N$-periodisch. Daraus folgt:

$$X[k] = X[k+N] \,. \tag{6.20}$$

Ist $x[n]$ die inverse DFT, dann gilt ebenfalls:

$$x[n] = x[n+N] \,. \tag{6.21}$$

In Worten: Die DFT und die IDFT sind $N$-periodisch.

**Parceval-Theorem**

Mithilfe der Gleichungen (6.13) bis (6.15) kann man sofort zeigen, dass gilt:

$$\sum_{n=0}^{N-1} |x[n]|^2 = \frac{1}{N} \sum_{k=0}^{N-1} |X[k]|^2 . \tag{6.22}$$

In Worten: Die Energie des Signals im Zeitbereich ist gleich der mit $\frac{1}{N}$ skalierten Energie des Signals im Frequenzbereich.

**Symmetrie**

Die DFT eines reellen Signals ist bezüglich dem Punkt $k = N/2$ konjugiert symmetrisch:

$$X[\frac{N}{2} + l] = X^*[\frac{N}{2} - l] , \qquad l = \begin{cases} 0, 1, 2, \ldots & : \ N \text{ gerade} , \\ 0.5, 1.5, 2.5, \ldots & : \ N \text{ ungerade} . \end{cases} \tag{6.23}$$

Wegen der Periodizität und der Symmetrie wird die DFT in der Praxis meistens nur in den Bereichen $k = 0, 1, 2, \ldots, N/2$ ($N$ gerade) oder $k = 0, 1, 2, \ldots,$ $\ldots, N/2{-}0.5$ ($N$ ungerade) dargestellt. Diese Bereiche entsprechen dem positiven Nyquistbereich, d. h. dem Frequenzbereich zwischen 0 und $f_s/2$. In diesem Bereich ist die DFT eine Approximation der Fourier-Transformierten, wie in Bild 6.1 rechts unten ersichtlich ist.

## 6.3 Die DFT als Approximation

Wie bereits erwähnt, besteht eine häufige Aufgabe in der Messtechnik darin, den Frequenzgehalt zeitkontinuierlicher Signale zu bestimmen. Beispielsweise möchte man die Fourier-Transformierte eines Pulses in Erfahrung bringen oder die Fourier-Koeffizienten eines periodischen Geräusches bestimmen. Gehen wir davon aus, dass nur eine beschränkte Anzahl von Abtastwerten eines zeitkontinuierlichen Signals zur Verfügung steht, dann können wir problemlos die zugehörige DFT auf einem Computer berechnen. Die Frage ist allerdings, inwiefern die DFT eine Approximation für die Fourier-Transformierte oder die Fourier-Koeffizienten darstellt. Diese Frage wollen wir im vorliegenden Unterkapitel untersuchen.

### 6.3.1 Die DFT als Approximation der Fourier-Transformierten

Unter der Voraussetzung, dass das zeitkontinuierliche Signal $x(t)$ auf ein Intervall der Dauer $T_0$ beschränkt ist, kann man die Fourier-Transformierte $X(f)$ an den diskreten Frequenzpunkten $f_k = k\frac{f_s}{N}$ wie folgt durch die DFT $X[k]$ approximieren:

$$X(f)|_{f=k\frac{f_s}{N}} \approx TX[k], \qquad k = \begin{cases} -\frac{N}{2}, \ldots, -1, 0, 1, \ldots \frac{N}{2} - 1 & : \; N \text{ gerade}, \\ -\frac{N-1}{2}, \ldots, -1, 0, 1, \ldots \frac{N-1}{2} & : \; N \text{ ungerade}. \end{cases} \tag{6.24}$$

Dabei muss die Messdauer $NT$ gleich lang oder länger als die Signaldauer $T_0$ gewählt werden. Ist das Messfenster länger als die Signaldauer, dann ergänzt man den Signalvektor mit Nullen, bis er die Länge $N$ hat. Durch das Auffüllen des Vektors mit Nullen (engl: zero padding) erzielt man eine bessere graphische Auflösung des Spektrums. Die physikalische Auflösung des Spektrums hingegen verbessert man nur durch Verkleinerung des Abtastintervalls $T = 1/f_s$. Je kleiner das Abtastintervall ist, desto geringer wird der Approximationsfehler, der durch die Bandüberlappung (Aliasing) entsteht.

**Beispiel:** Bild 6.2 links zeigt einen Sinuspuls der Länge 1 s und rechts den Betrag seiner Fourier-Transformierten. Tastet man den Puls mit $f_s = 10$ Hz ab und wählt man die Anzahl Abtastwerte $N = 20$, dann beträgt die Messdauer 2 s und das „Zero-Padding" 50%. Im Bild rechts ist der Betrag der mit $T$ gewichteten DFT-Koeffizienten eingezeichnet. Man sieht, dass sie im Frequenzbereich $-0.5f_s \leq f < 0.5f_s$ die Fourier-Transformierte gut approximieren.

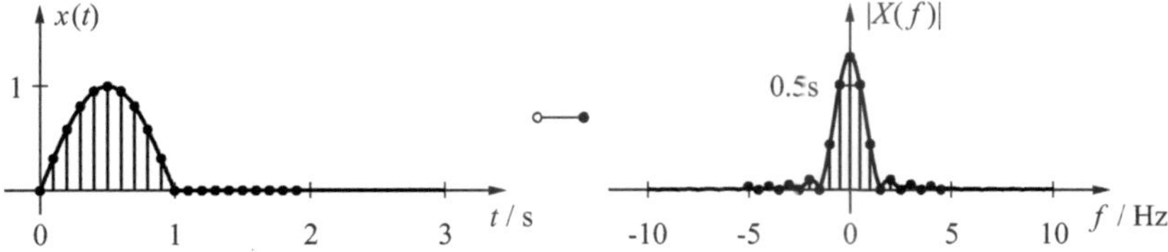


Bild 6.2: Fourier-Transformierte eines Sinuspulses und ihre Approximation durch die DFT

■

### 6.3.2 Die DFT als Approximation der Fourier-Reihe

Gemäß Abschn. 2.2.1 lässt sich ein $T_0$-periodisches Signal $x(t)$ mit der Grundfrequenz $f_0 = 1/T_0$ wie folgt in eine Fourier-Reihe zerlegen:

$$x(t) = \sum_{k=-\infty}^{\infty} c_k e^{jk2\pi f_0 t} .$$

Unter der Voraussetzung, dass genau eine Periode abgetastet wird, berechnen sich die Fourier-Koeffizienten nach folgender Formel:

$$c_k \approx \frac{1}{N} X[k] , \qquad k = \begin{cases} -\frac{N}{2}, \ldots, -1, 0, 1, \ldots \frac{N}{2} - 1 & : \ N \text{ gerade} , \\ -\frac{N-1}{2}, \ldots, -1, 0, 1, \ldots \frac{N-1}{2} & : \ N \text{ ungerade} . \end{cases} \tag{6.25}$$

Zur korrekten Abtastung sind zwei Punkte zu beachten (Bild 6.3): 1. Die Länge des Messfensters muss gleich der Periodenlänge sein, d. h. $NT = T_0$. [1] 2. Der Wert am linken Rand wird abgetastet und der Wert am rechten Rand des Messfensters wird nicht mehr abgetastet.

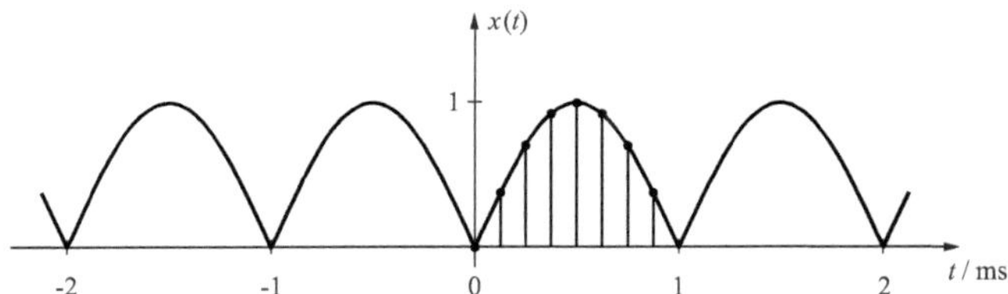


Bild 6.3: Korrekte Abtastung eines periodischen Signals

Ist das $T_0$-periodische Signal reell und wünscht man eine Fourier-Zerlegung der Form

$$x(t) = A_0 + \sum_{k=1}^{\infty} A_k \cos(2\pi k f_0 t + \alpha_k) , \tag{6.26}$$

dann kann man den DC-Wert $A_0$, sowie die Scheitelwerte $A_k$ und Phasenwinkel $\alpha_k$ der $k$-ten Harmonischen wie folgt approximieren:

$$A_0 \approx \frac{1}{N} X[0] , \tag{6.27}$$

$$A_k \approx \frac{2}{N} |X[k]| , \qquad k = \begin{cases} 1, \ldots, \frac{N}{2} & : \ N \text{ gerade} , \\ 1, \ldots, \frac{N-1}{2} & : \ N \text{ ungerade} , \end{cases} \tag{6.28}$$

$$\alpha_k \approx \angle X[k] , \qquad k = \begin{cases} 1, \ldots, \frac{N}{2} - 1 & : \ N \text{ gerade} , \\ 1, \ldots, \frac{N-1}{2} & : \ N \text{ ungerade} . \end{cases} \tag{6.29}$$

[1] Lit. [vG08b] beschreibt Verfahren zur Bestimmung der Grundfrequenz $f_0$ und damit der Periode $T_0$

**Beispiel:** In Lit. [BSMM93] findet man die Fourier-Koeffizienten der gleichgerichteten Sinusschwingung in Bild 6.3 wie folgt:

$$\begin{array}{lllll} A_0 = 0.637, & A_1 = 0.424, & A_2 = 0.085, & A_3 = 0.035, & A_4 = 0.020, \quad \dots \\ & \alpha_1 = 180^o, & \alpha_2 = 180^o, & \alpha_3 = 180^o, & \alpha_4 = 180^o, \quad \dots \end{array}$$

Approximiert nach den Formeln (6.27) bis (6.29) ergibt für $N = 8$:

$$\begin{array}{lllll} A_0 \approx 0.628, & A_1 \approx 0.441, & A_2 \approx 0.104, & A_3 \approx 0.059, & A_4 \approx 0.050, \\ & \alpha_1 \approx 180^o, & \alpha_2 \approx 180^o, & \alpha_3 \approx 180^o. & \end{array}$$

Die approximierten Koeffizienten höherer Ordnung sind aufgrund des Aliasings relativ stark fehlerbehaftet. Durch die Wahl einer höheren Abtastfrequenz können diese Fehler eliminiert werden. ■

Über die richtige Wahl der Abtastfrequenz $f_s$ und der Anzahl Abtastwerte $N$ werden wir in Abschn. 6.7 berichten.

### 6.3.3 Die DFT als Approximation der DTFT

In Abschn. 4.3.1 haben wir die DTFT (Discrete-Time Fourier-Transform, zeitdiskrete Fourier-Transformierte oder Fourier-Transformierte eines zeitdiskreten Signals) wie folgt definiert:

$$X(e^{j\Omega}) = \sum_{n=-\infty}^{\infty} x[n] e^{-j\Omega n} .$$

Unter der Voraussetzung, dass das zeitdiskrete Signal $x[n]$ auf das Intervall $0 \leq n < N$ beschränkt ist, sind die DTFT $X(e^{j\Omega})$ und die DFT $X[k]$ an den normierten Kreisfrequenzpunkten $\Omega_k = k\frac{2\pi}{N}$ identisch:

$$X(e^{j\Omega})|_{\Omega = k\frac{2\pi}{N}} = X[k] , \qquad k \in \mathbb{Z} , \tag{6.30}$$

oder mit anderen Worten, für zeitbeschränkte Signale ist die DFT eine Abtastung der DTFT an den Stellen $\Omega = k\frac{2\pi}{N}$.

Ist das Signal ungleich null ausserhalb des Intervalls $0 \leq n < N$, dann liefert die DFT ebenfalls nur eine Approximation der DTFT.

## 6.4 Die Berechnung der DFT mittels der FFT

Die FFT (Fast Fourier Transform), 1965 in einem berühmten Artikel von Cooley und Tukey publiziert [CT65], ist der wohl wichtigste Algorithmus in der digitalen Signalverarbeitung. Die FFT ist keine Transformierte, wie vielfach irrtümlicherweise angenommen wird, sondern eine effiziente Methode, die diskrete Fourier-Transformierte (DFT) zu berechnen.

Ausgangspunkt der FFT ist die Definition der DFT:

$$X[k] = \sum_{n=0}^{N-1} x[n] W_N^{nk}, \qquad k = 0, 1, 2, \ldots, N-1\,, \tag{6.31}$$

wobei die einzelnen Grössen und Parameter – wie bereits erwähnt – folgende Bedeutung haben:

- $k$: diskrete Frequenzvariable,
- $n$: diskrete Zeitvariable ,
- $N$: Anzahl Abtastwerte, Anzahl Frequenzwerte ,
- $X[k]$: Diskrete Fourier-Transformierte an der Stelle $f = k\frac{f_s}{N}$ oder $k$-ter DFT-Koeffizient ,
- $x[n]$: Abtastwert von $x(t)$ an der Stelle $t = nT = n/f_s$ ,
- $W_N$: Drehfaktor (engl: twiddle factor), wobei $W_N = e^{-j2\pi/N}$ .

Bei Betrachten der Summe in Gl.(6.31) stellen wir fest: Um die DFT an einer Frequenzstelle auszuwerten, muss $N$-mal multipliziert und $(N-1)$-mal addiert werden. Wollen wir die DFT an allen $N$ Frequenzstellen auswerten, dann müssen demnach $N \times N$ Multiplikationen und $N \times (N-1)$ Additionen durchgeführt werden. Der Rechenaufwand, gemessen in Anzahl Multiplikationen inklusive Additionen, ist somit ungefähr gleich $N^2$ und es stellt sich daher die Frage, ob er nicht durch ein intelligentes Verfahren vermindert werden könnte. Ein solches Verfahren existiert tatsächlich, es heisst FFT und wir wollen es im Folgenden erläutern. Dabei setzen wir voraus, dass $N$ eine Zweierpotenz ist, d. h. in der Form $N = 2^q$ $(q \in \mathbb{N})$ geschrieben werden kann.

Zuerst unterteilen wir die Folge $x[n]$ in zwei Teilfolgen:

$$\begin{aligned} x_1[n] &= x[2n]\,, \\ x_2[n] &= x[2n+1]\,, \end{aligned} \qquad n = 0, 1, \ldots, N/2-1\,. \tag{6.32}$$

Die erste Teilfolge besteht aus den geraden Abtastwerten und die zweite Teilfolge besteht aus den ungeraden Abtastwerten von $x[n]$. Somit können wir die DFT-Summe (6.31) in zwei Teilsummen aufspalten:

$$\begin{aligned} X[k] &= \sum_{n=0}^{N/2-1} x[2n] W_N^{2nk} + \sum_{n=0}^{N/2-1} x[2n+1] W_N^{(2n+1)k}\,, \\ &= \sum_{n=0}^{N/2-1} x_1[n] W_N^{2nk} + W_N^k \sum_{n=0}^{N/2-1} x_2[n] W_N^{2nk}\,. \end{aligned} \tag{6.33}$$

$W_N^{2nk}$ lässt sich wie folgt schreiben:

$$W_N^{2nk} = e^{-j\frac{2\pi}{N}2nk} = e^{-j\frac{2\pi}{N/2}nk} = W_{N/2}^{nk} \, . \tag{6.34}$$

Mit diesem Term können wir Gl.(6.33) neu formulieren:

$$\begin{aligned} X[k] &= \sum_{n=0}^{N/2-1} x_1[n] W_{N/2}^{nk} + W_N^k \sum_{n=0}^{N/2-1} x_2[n] W_{N/2}^{nk} \, , \qquad (6.35) \\ &= X_1[k] + W_N^k X_2[k] \, , \quad k = 0, 1, \ldots, N-1 \, . \end{aligned}$$

Studiert man Gl.(6.35), so stellt man fest, dass $X_1[k]$ und $X_2[k]$ die $N/2$-Punkte-DFTs von $x_1[n]$ und $x_2[n]$ repräsentieren. Mit anderen Worten: Wir haben die $N$-Punkte-DFT in zwei $N/2$-Punkte-DFTs zerlegt. Diese Aufspaltung ist für $N = 8$ in Form eines Signalflussdiagramms in Bild 6.4 graphisch dargestellt.

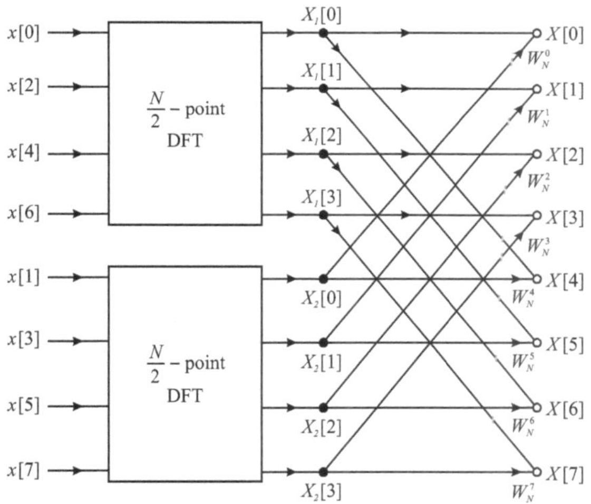


Bild 6.4: Signalflussdiagramm einer 8-Punkte-DFT, aufgespaltet in zwei 4-Punkte-DFTs

Jede der zwei $N/2$-Punkte-DFTs erfordert $(N/2)^2$ Operationen in Form von Multiplikationen und Additionen. Die Multiplikation mit dem Faktor $W_N^k$ inklusive Addition benötigt zusätzlich $N$ Operationen, was zusammen einen Aufwand von $2(N/2)^2 + N = N^2/2 + N$ Operationen ergibt. Verglichen mit den ursprünglichen $N^2$ Operationen reduziert sich der Rechenaufwand für grosse $N$ schon beträchtlich.

Die Strategie der FFT-Methode wird jetzt offensichtlich: Die beiden $N/2$-Punkte-DFTs zerlegen wir wiederum in je zwei $N/4$-Punkte-DFTs und diese zerlegen wir weiter, bis am Schluss nur noch 2-Punkte-DFTs übrig bleiben. Die vollständige Zerlegung kann man natürlich nur machen, wenn $N$ eine Zweierpotenz, d. h. $N = 2^q$ ist. Die Anzahl Zerlegungsschritte beträgt dann $q = \log_2(N)$.

Das untenstehende Bild zeigt die vollständige Zerlegung einer 8-Punkte-DFT, wobei im unteren Bildteil die N/4-Punkte-DFTs als Signalflussdiagramme gezeichnet wurden.

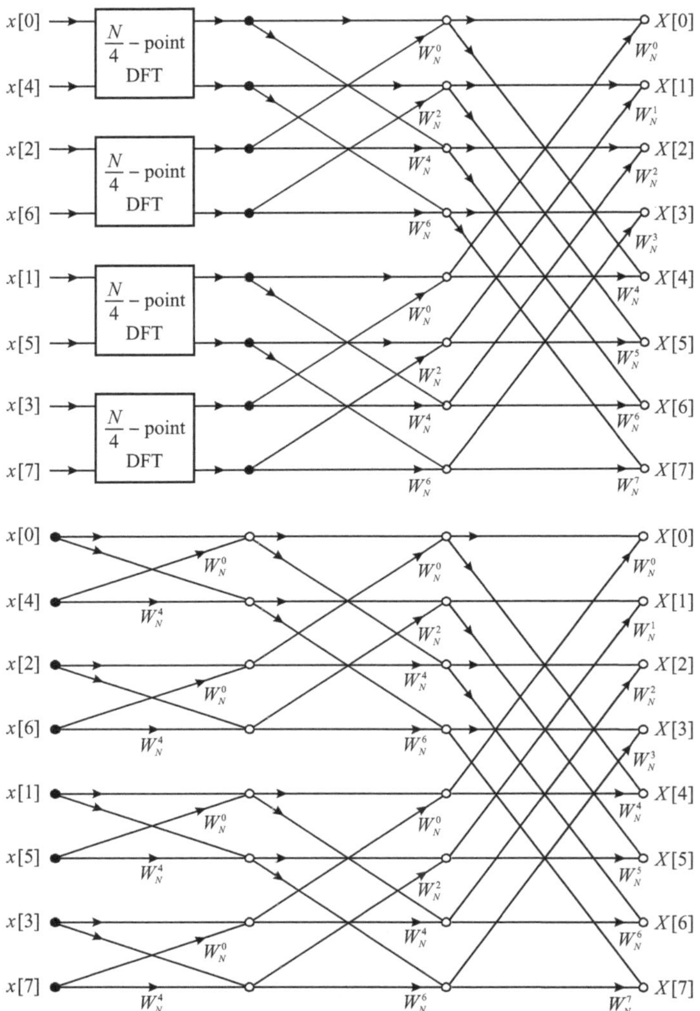


Bild 6.5: Vollständige Zerlegung einer 8-Punkte-DFT

Betrachten wir die Signalfluss-Darstellung im unteren Bildteil, dann stellen wir fest, dass jede Zerlegungsebene aus 4 (allgemein $N/2$) sogenannten Schmetterlings-Graphen (engl: butterflys) gemäß Bild 6.6 besteht:

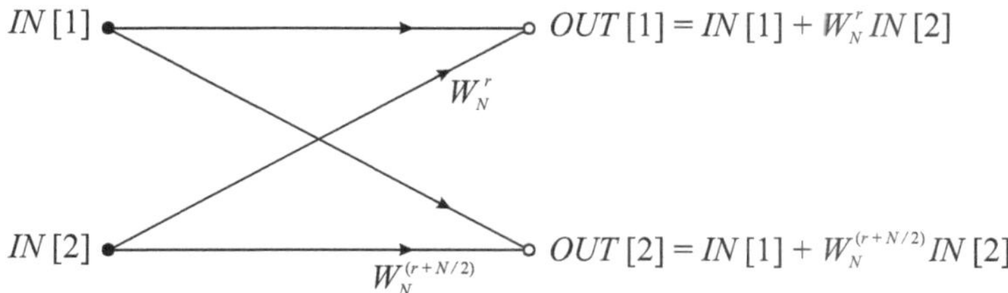


Bild 6.6: Butterfly oder Schmetterlings-Graph

Wie aus diesem Bild ersichtlich ist, erfordert die Abarbeitung eines Schmetterlings-Graphen zwei komplexe Multiplikationen und zwei komplexe Additionen[2]. Daraus resultiert pro Zerlegungsebene ein Rechenaufwand von $N$ Operationen, wobei eine Operation aus einer komplexen Multiplikation und Addition besteht. Multipliziert mit $q$ Zerlegungsebenen ergibt dies einen Gesamtaufwand von

$$Nq = N \log_2(N) \tag{6.36}$$

Operationen für eine N-Punkte-DFT. Im Vergleich zur direkten Berechnung der DFT, welche $N^2$ Operationen benötigt, ist das eine drastische Aufwandreduktion. Bei einer 1024-Punkte-DFT beispielsweise kann man damit über 99% der Rechenoperationen einsparen!

Berücksichtigen wir noch die Beziehung

$$W_N^{r+N/2} = W_N^{N/2} W_N^r = -W_N^r \, , \tag{6.37}$$

dann lässt sich der Butterfly weiter vereinfachen und in den Schmetterlings-Graphen von Bild 6.7 überführen, der nur noch 1 Multiplikation erfordert. Die Gesamtzahl der Multiplikationen kann derart nochmals um den Faktor 2 vermindert werden.

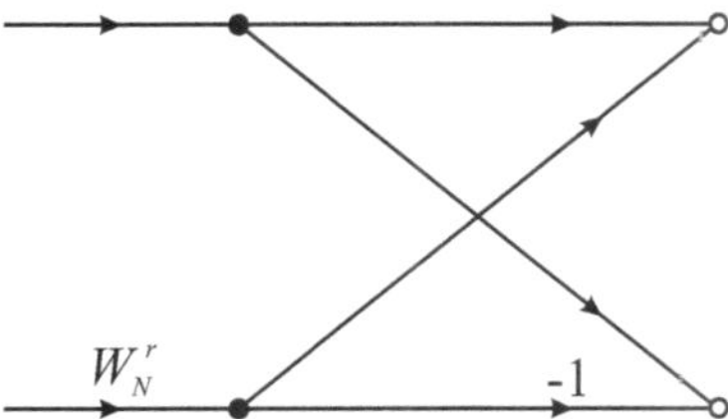


Bild 6.7: Vereinfachter Schmetterlings-Graph

[2]Zur Erinnerung: Eine komplexe Multiplikation besteht aus vier reellen Multiplikationen und zwei reellen Additionen und eine komplexe Addition umfasst zwei reelle Additionen.

Der vollständige Graph des FFT-Algorithmus hat schliesslich das Aussehen von Bild 6.8.

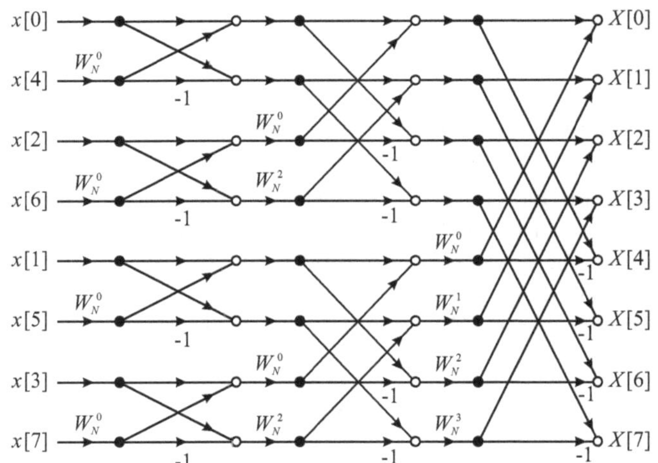


Bild 6.8: Graph des FFT-Algorithmus einer 8-Punkte-DFT

Damit leuchtet ein, dass $N$ als Zweierpotenz (..., 64, 128, 256, 512, 1024, 2048, 4096, ...) gewählt werden sollte. Ist dies nicht möglich, dann kann man die DFT direkt auswerten oder den Signalvektor mit Nullen füllen (engl: zero padding), bis seine Länge $N$ eine Zweierpotenz ist. Eine weitere Möglichkeit besteht darin, einen speziellen FFT-Algorithmus zu programmmieren, wie er beispielsweise in Lit. [OSB04], [Bri95] oder [SS95] beschrieben ist. Da der FFT-Algorithmus der bekannteste DSV-Algorithmus ist, existiert eine vielfältige Software, so dass ein Anwender heute kaum je in die Lage kommt, diesen selber programmieren zu müssen.

## 6.5 Der Goertzel-Algorithmus

Wir haben gesehen, dass die FFT ein Algorithmus ist mit dem man die DFT an $N$ Frequenzpunkten bestimmen kann. Möchte man die DFT nur an einem oder an einigen wenigen Frequenzpunkten berechnen, dann ist es zweckmässiger, einen einfacheren Algorithmus, wie z. B. den Goertzel-Algorithmus anzuwenden [Goe68].

### 6.5.1 Herleitung

Ausgangspunkt der Herleitung ist wiederum die Definition der DFT:

$$X[k] = \sum_{n=0}^{N-1} x[n] W_N^{kn} , \qquad \text{wobei: } W_N = e^{-j\frac{2\pi}{N}} . \tag{6.38}$$

Wegen $W_N^{-kN} = 1$ dürfen wir schreiben:

$$\begin{aligned} X[k] &= \sum_{n=0}^{N-1} x[n] W_N^{kn} W_N^{-kN} , \\ &= \sum_{n=0}^{N-1} x[n] W_N^{-k(N-n)} , \\ &= \sum_{i=0}^{N-1} x[i] W_N^{-k(n-i)} |_{n=N} . \end{aligned} \tag{6.39}$$

Die Summe (6.39) kann gemäß Gl.(4.34) als Faltung des endlich langen Signals $\{x[0], x[1], \ldots, x[N-1]\}$ mit der Impulsantwort $W_N^{-kn}$ interpretiert werden. Oder genauer: Legen wir das Signal $\{x[n]\}_{n=0}^{N-1}$ an den Eingang eines IIR-Filters mit der Impulsantwort $h[n] = W_N^{-kn}$, dann ist das Ausgangssignal an der Stelle $n = N$ gleich dem DFT-Koeffizienten $X[k]$.

Die Übertragungsfunktion $H(z)$ des IIR-Filters finden wir – entsprechend zu Gl.(4.48) – durch Transformation der Impulsantwort $h[n]$ in den z-Bereich:

$$H(z) = \frac{1}{1 - W_N^{-k} z^{-1}} . \tag{6.40}$$

Ein IIR-Filter mit dieser Übertragungsfunktion ist 1. Ordnung und hat die Differenzengleichung

$$y[n] = W_N^{-k} y[n-1] + x[n] , \tag{6.41}$$

mit der Anfangsbedingung $y[-1] = 0$.

Störend an dieser Differenzengleichung ist die Multiplikation mit dem komplexen Faktor $W_N^{-k}$. Die komplexe Multiplikation kann durch Erweiterung der Übertragungsfunktion mit dem Faktor $(1 - W_N^k z^{-1})$ eliminiert werden:

$$\begin{aligned} H(z) &= \frac{(1 - W_N^k z^{-1})}{(1 - W_N^{-k} z^{-1})(1 - W_N^k z^{-1})} , \\ &= \frac{1 - W_N^k z^{-1}}{1 - a z^{-1} + z^{-2}} , \qquad \text{wobei: } a = 2\cos(k\frac{2\pi}{N}) . \end{aligned} \tag{6.42}$$

Das dazugehörige Blockdiagramm hat folgendes Aussehen:

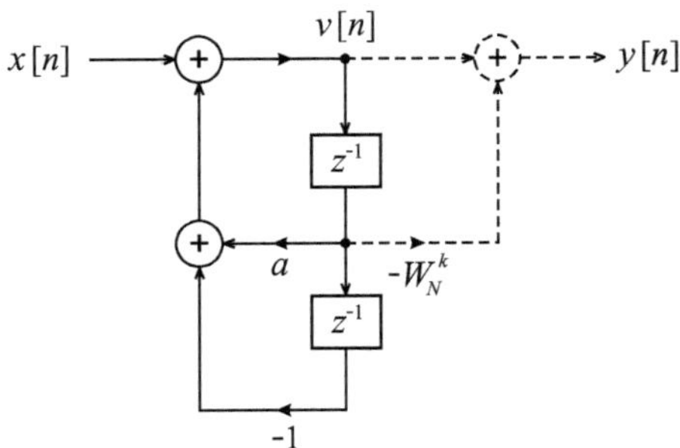


Bild 6.9: Blockdiagramm zum Goertzel-Algorithmus

Aus dem Blockdiagramm lässt sich das untenstehende Differenzengleichungssystem herleiten:

$$v[n] = x[n] + av[n-1] - v[n-2]\,, \qquad (6.43)$$

$$y[n] = v[n] - W_N^k v[n-1]\,, \qquad (6.44)$$

wobei die Anfangsbedingungen $v[-1] = v[-2] = 0$ zu setzen sind. Der gestrichelt gezeichnete Teil des Blockdiagramms, welcher der Differenzengleichung (6.44) entspricht, muss jeweils nur am Ende von $N$ Abtastintervallen ausgewertet werden, währenddem die Differenzengleichung (6.43) für jedes Abtastintervall abzuarbeiten ist. Für grosse $N$ erfordert der Algorithmus im Wesentlichen also nur *eine* reelle Multiplikation pro Abtastintervall und begründet damit die hohe Attraktivität des Goertzel-Algorithmus.

Mit der MATLAB-Funktion `goertzel1` kann man den $k$-ten DFT-Koeffizienten zu einem Signalvektor $\boldsymbol{x}$ der Länge $N$ berechnen:

```
function Xk=goertzel1(x,k)
% Initialisierung
N=length(x);
a=2*cos(2*pi*k/N); WkN=exp(-j*2*pi*k/N);
v=[0;0;0]; x(N+1)=0;
% Rekursion
for n=1:N+1
   v(3)=v(2); v(2)=v(1); v(1)=a*v(2)-v(3)+x(n);
end
% Endwert
Xk=v(1)-WkN*v(2);
```

Diese MATLAB-Funktion ist der Schleife wegen nicht sehr effizient und dient lediglich als Vorlage zur Programmierung des Goertzel-Algorithmus auf einem

Signalprozessor. Eine elegantere MATLAB-Funktion verwendet anstelle der Rekursion den `filter`-Befehl und hat somit folgendes Aussehen:

```
function Xk=goertzel2(x,k)
N=length(x);
a=2*cos(2*pi*k/N); WkN=exp(-j*2*pi*k/N);
[y,v]=filter(1,[1 -a 1],x);
Xk=v(1)-WkN*y(N);
```

### 6.5.2 Der Goertzel-Algorithmus als dezimierendes Bandpassfilter

Den Goertzel-Algorithmus können wir auch als dezimierendes Digitalfilter gemäß Bild 6.10 auffassen.

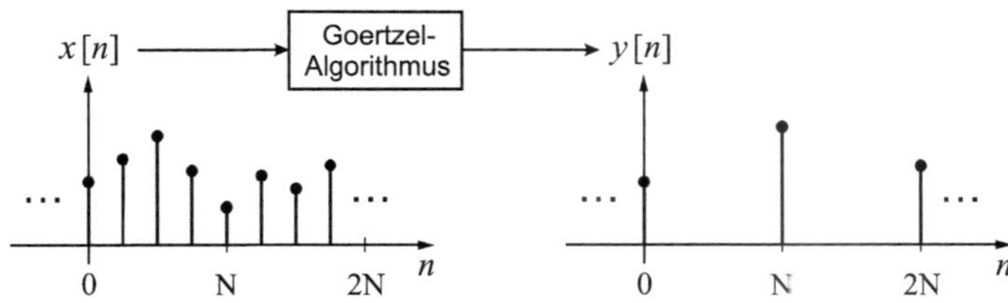


Bild 6.10: Der Goertzel-Algorithmus als dezimierendes Digitalfilter

Den Block „Goertzel-Algorithmus" kann man als diskretes, lineares System interpretieren, das jeweils $N$ Eingangsabtastwerte zu *einem* Ausgangsabtastwert verarbeitet und dann alle internen Speicher auf null setzt. Von einer Dezimierung spricht man, weil pro $N$ Abtastintervallen *ein* Ausgangswert generiert wird.

Der Goertzel-Algorithmus liefert als Ausgangsabtastwerte die DFT-Koeffizienten zur Frequenz

$$f_k = k\frac{f_s}{N}\,. \tag{6.45}$$

Ist im Eingangssignal $x[n]$ eine Schwingung dieser Frequenz vorhanden, dann sind die Ausgangsabtastwerte hoch, enthält das Eingangssignal keine Schwingungen im Bereich von $f_k$, dann sind die Ausgangsabtastwerte null oder annähernd null. Man kann deshalb sagen, dass der Goertzel-Algorithmus als Bandpassfilter mit der Mittenfrequenz $f_k$ arbeitet.

Beim Entwurf des Goertzel-Filters geht man meistens so vor, dass man die Parameter $f_k$, $f_s$ und $N$ festlegt und den Wert von $k$ durch Auflösen der Gleichung (6.45) bestimmt. Daraus resultiert ein weiterer Vorteil des Goertzel-Algorithmus gegenüber der FFT: $k$ darf beliebig reell sein und ist nicht wie bei der FFT auf die Menge der natürlichen Zahlen $\mathbb{N}$ beschränkt.

Bei vielen Problemstellungen möchte man nicht den komplexen DFT-Koeffizienten zu einer bestimmten Frequenz $f_k$ bestimmen, sondern die Leistung des Eingangssignals bei der Frequenz $f_k$. Die Leistung $P_k$ eines sinusförmigen Signals mit dem Scheitelwert $A_k$ ist gleich $\frac{A_k^2}{2}$. Für die Leistung $P_k$ bei der diskreten Frequenz $k$ folgt dann aus Gl.(6.28):

$$P_k = \frac{A_k^2}{2} \approx \left| \frac{\sqrt{2}}{N} X[k] \right|^2 = \frac{2}{N^2} \left( \Re\{X[k]\}^2 + \Im\{X[k]\}^2 \right) . \qquad (6.46)$$

Um eine Schätzung von $P_k$ zu erhalten, muss also der Realteil und der Imaginärteil von $X[k]$ quadriert und ihre Summe mit dem Faktor $2/N^2$ multipliziert werden. Das Blockdiagramm in Bild 6.9 erfährt demnach eine Änderung gemäß Bild 6.11.

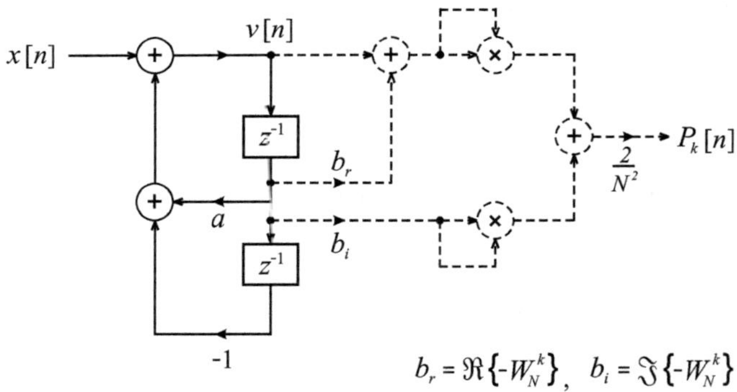


Bild 6.11: Goertzel-Filter zur Schätzung der Leistung bei der Frequenz $f_k = k\frac{f_s}{N}$

Dieses Blockdiagramm enthält nur reelle Koeffizienten und reelle Abtastwerte und lässt sich mit geringem Aufwand verwirklichen.

In Bild 6.12 ist der Leistungs-Frequenzgang zweier Goertzel-Filter mit $f_k = 1\,\text{kHz}$ und $f_s = 8\,\text{kHz}$ dargestellt. Im Bild oben wurde $N = 50$ und im Bild unten wurde $N = 100$ gewählt. Wie das Bild zeigt, ist die Bandbreite umgekehrt proportional zu $N$. Unter dem Leistungs-Frequenzgang verstehen wir die Leistung $P_k$ am Ausgang, wenn an den Eingang das Signal $x[n] = \sqrt{2}\sin(2\pi n f/f_s)$ angelegt wird. Der Frequenzgang und die Leistung $P_k$ kann mit dem M-File `gfilter` berechnet werden (siehe dazu Aufgabe 4).

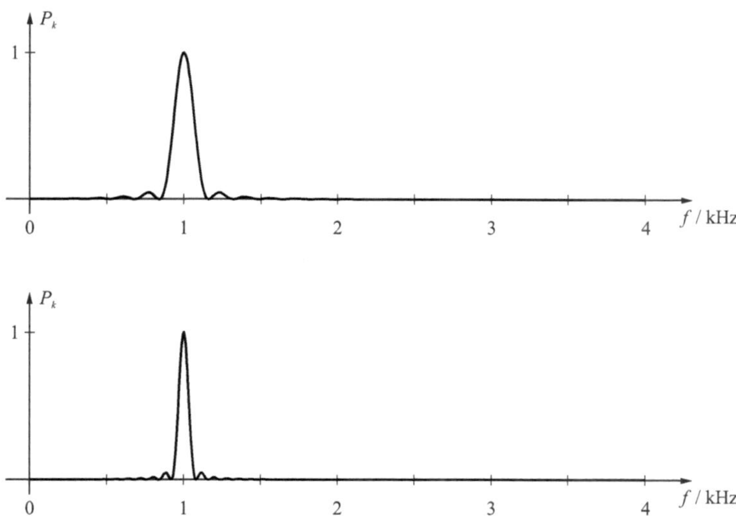


Bild 6.12: Leistungs-Frequenzgang zweier Goertzel-Filter, oben: $N = 50$, unten: $N = 100$.

Ergänzt man das Goertzel-Filter mit einem Schwellwert-Detektor, dann lässt es sich, wie auf Seite 13 unten schon erwähnt, zur Tondetektion einsetzen. Um einen Ton der Frequenz $f_{sound}$ zu detektieren, muss man die diversen Parameter wie folgt dimensionieren:

1. Abtastfrequenz $f_s = 1/T$ derart wählen, dass die Abtastbedingung erfüllt ist, d. h. $f_s > 2f_{sound}$.

2. Anzahl Abtastwerte $N$ festlegen und dabei beachten: Je grösser $N$ gewählt wird, umso kleiner wird die Bandbreite und desto kleiner wird i. Allg. auch der Schätzfehler. Der Preis dafür ist die längere Messdauer $NT$. Die Wahl von $N$ ist daher ein Kompromiss, der nur beim Vorliegen einer konkreten Aufgabenstellung geschlossen werden kann.

3. Die DFT-Frequenz $f_k$ gleich der Tonfrequenz $f_{sound}$ wählen.

4. Den $k$-Wert gemäß der Formel $k = Nf_k/f_s$, den Koeffizienten $a$ nach Gl.(6.42) und die Koeffizienten $b_r$ und $b_i$ mithilfe der Formeln in Bild 6.11 bestimmen.

5. Den Schwellwert $P_{threshold}$ des Schwellwert-Detektors festsetzen.
Der Schwellwert-Detektor besteht aus einer logischen Operation, die eine 1 liefert, falls $P_k[n] \geq P_{threshold}$ und eine 0, falls $P_k[n] < P_{threshold}$. Die 1 bedeutet Ton vorhanden und die 0 bedeutet Ton nicht vorhanden. Die Wahl der Schwelle $P_{threshold}$ ist ein Kompromiss, der von der gegebenen Aufgabenstellung abhängt.

# 6.6 Fensterung

## 6.6.1 Die DFT periodischer Signale

Bild 6.13 zeigt eine mit $f_s = 8\,\text{Hz}$ abgetastete 1Hz-Sinusschwingung.

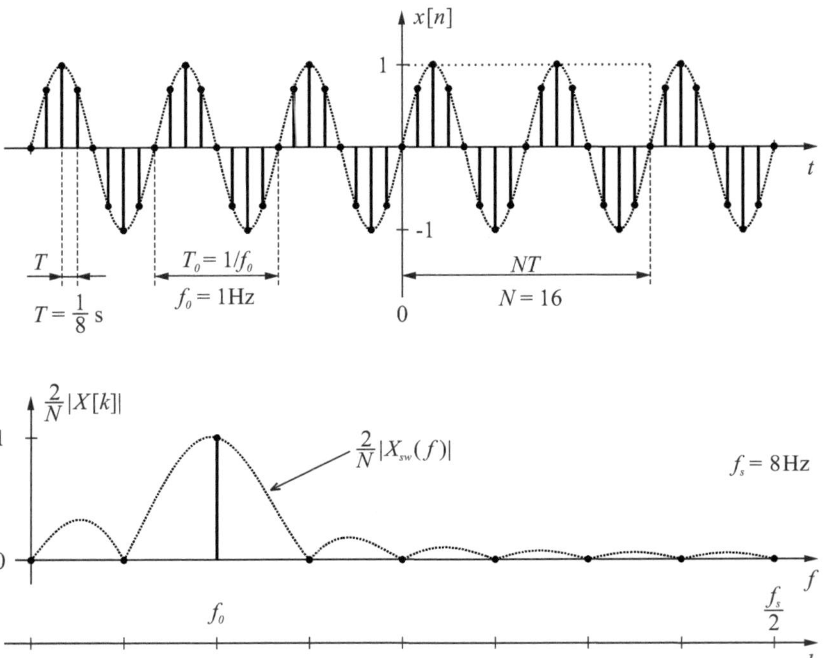


Bild 6.13: DFT einer Sinusschwingung, wobei die Fensterlänge gleich dem Zweifachen der Periodendauer ist

Wir schneiden 16 Abtastwerte heraus und berechnen ihre DFT. Die $N=16$ Abtastwerte entsprechen einem Messintervall von $NT = 2\,\text{s}$ und damit exakt zwei Perioden. Der Betrag der DFT, gewichtet mit dem Faktor $2/N$, ist im Bild 6.13 unten dargestellt. Wir stellen fest, dass die DFT überall null ist, ausser an der Stelle $f = f_0$, wo sie den Betrag 1 hat. 1 ist der Scheitelwert und $f_0$ die Frequenz der Sinusschwingung. Mit anderen Worten, die DFT liefert das korrekte Spektrum.

Allgemein kann man für die DFT-Analyse von $T_0$-periodischen Signalen sagen:

> *Ist das Messintervall $NT$ gleich einem natürlichen Vielfachen der Periodenlänge $T_0$, dann liefert die DFT das korrekte Spektrum des periodischen Signals.*

Diese Aussage gilt selbstverständlich nur unter der Voraussetzung, dass die Abtastbedingung erfüllt ist.

Die gepunktete Kurve in Bild 6.13 unten stellt den mit $2/N$ skalierten Betrag der Fourier-Transformierten $X_{sw}(f)$ dar. Aus den Gleichungen (6.4) und (6.5) wissen wir, dass die DFT aus deren Abtastwerten besteht.

In der Praxis ist es häufig unmöglich, das Messintervall gleich einem natürlichen Vielfachen der Periodendauer zu machen. Wir wollen im Folgenden die Fehler untersuchen, die in einem solchen Fall auftreten und betrachten zu diesem Zweck Bild 6.14.

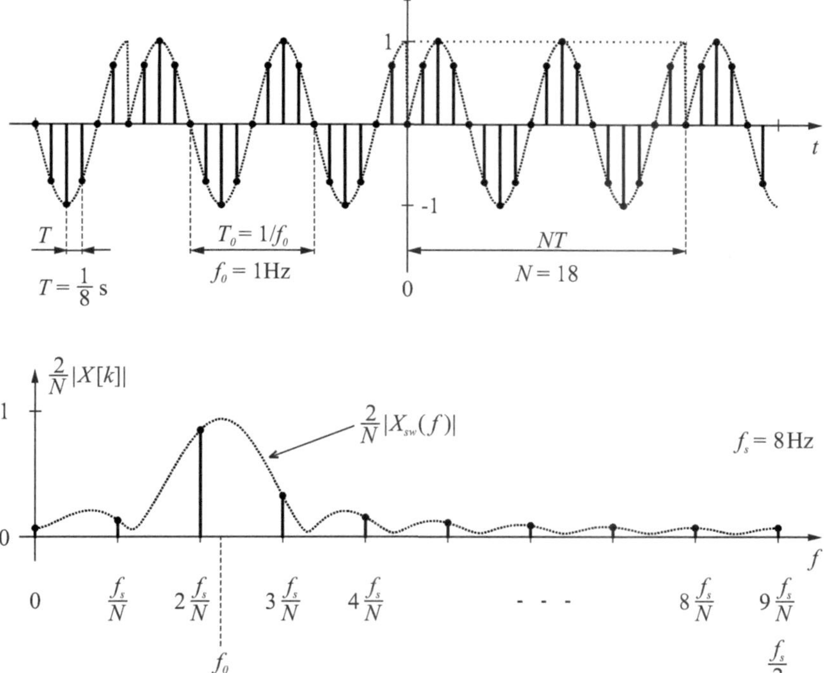


Bild 6.14: DFT einer Sinusschwingung, wobei die Fensterlänge gleich dem 2.25-fachen der Periodendauer ist

In diesem Beispiel wurde die Länge des Messfensters gleich dem 2.25-fachen der Periodendauer gewählt. Wir stellen fest:

1. Das Spektrum ist *verschmiert.*
   Die gepunktete Kurve mit dem Haupt- und den Nebenlappen stellt das Betragsspektrum des abgetasteten (sampled) und gefensterten (windowed) Signals dar. Das korrekte Spektrum sollte bei $f = f_0$ eine Spektrallinie der Höhe 1 aufweisen. Diese Spektrallinie wurde innerhalb des Hauptlappens zu zwei Spektrallinien verschmiert. Aufgrund des Spektrums in Bild 6.14

können wir demnach nicht genau sagen, welche Frequenz die Sinusschwingung hat. Wir können höchstens vermuten, dass sie näher bei $2f_s/N$ als bei $3f_s/N$ liegt.

2. Das Spektrum *leckt.*
Ausserhalb des Hauptlappens sind neue Spektrallinien entstanden. Diesen Effekt nennt man in der Fachsprache Lecken (engl: leakage).

Das fehlerhafte Spektrum $\frac{2}{N}|X[k]|$ kann man auch verstehen, wenn man das dazugehörige diskrete Signal, d. h. die inverse DFT, in Bild 6.14 oben betrachtet. Dieses Signal ist bekanntlich (siehe Text auf Seite 187 oben) die periodische Fortsetzung des abgetasteten und gefensterten Signals. Da die Fensterlänge $NT$ ungleich einem natürlichen Vielfachen der Periodendauer $T_0$ gewählt wurde, ist die periodische Fortsetzung eine stark verunstaltete diskrete Sinusschwingung. Diese verunstaltete Sinusschwingung muss natürlich auch ein „verunstaltetes“ Spektrum zur Folge haben. Die unerwünschten Spektrallinien des Leckeffekts werden dabei vor allem durch die abrupten Übergänge in der periodischen Fortsetzung verursacht. Diese abrupten Übergänge können durch die Verwendung von glatten, d. h. kontinuierlichen Fensterfunktionen vermieden werden und wir werden deshalb einige dieser Fensterfunktionen im nächsten Unterkapitel näher betrachten.

Die Verschmierung einer Spektrallinie hingegen kann man durch die Verwendung eines kontinuierlichen Fensters nicht verbessern, sie kann nur durch die Wahl einer grösseren Fensterlänge verringert werden.

### 6.6.2 Mathematische Interpretation der Fensterung

Die Verfälschung des Spektrums durch eine Fensterfunktion kann man auch mathematisch erklären. Mathematisch gesehen ist die Fensterung die Multiplikation des zeitdiskreten Signals $x[n]$ mit einer Fensterfunktion $w[n]$:

$$x_w[n] = x[n] \cdot w[n] \,, \tag{6.47}$$

wobei $x[n]$ hier eine unendlich lange und $w[n]$ eine aus $N$ Werten bestehende, endlich lange Folge ist. Gemäß Faltungstheorem entspricht der Multiplikation im Zeitbereich eine Faltung im Frequenzbereich:

$$X_w(e^{j\Omega}) = X(e^{j\Omega}) * W(e^{j\Omega}) \,. \tag{6.48}$$

Wir haben in Bild 6.1 gesehen, dass die Faltung eine „Verschmierungsoperation“ ist. Das Spektrum $X_w(e^{j\Omega})$ des gefensterten Signals ensteht somit aus einer Verschmierung des Spektrums $X(e^{j\Omega})$ mit dem Spektrum $W(e^{j\Omega})$ der Fensterfunktion. Um eine Verschmierung zu vermeiden, müsste das Fensterspektrum $W(e^{j\Omega})$ diracförmig sein. Aus der Theorie wissen wir, dass das diracförmige Spektrum die DC-Funktion als inverse Fourier-Transformierte hat. Weil die DC-Funktion eine unendlich lange Rechteckfunktion ist und demnach aus unendlich vielen Abtastwerten besteht, ist sie als Fensterfunktion jedoch nicht realisierbar.

Die DFT $X[k]$ des gefensterten Signals erhalten wir schliesslich, indem wir gemäß Gl.(6.4) $X_w(e^{j\Omega})$ an den Stellen $\Omega = k\frac{2\pi}{N}$ abtasten:

$$X[k] = X_w(e^{j\Omega})|_{\Omega=k\frac{2\pi}{N}}\,, \qquad k = 0,1,2,\ldots,N-1\,. \tag{6.49}$$

### 6.6.3 Fensterung und spektrale Auflösung

Bild 6.15 zeigt die Betragsspektren dreier diskreter Cosinusschwingungen der Form:

$$x[n] = \cos(\Omega_1 n) + \cos(\Omega_2 n) + \cos(\Omega_3 n), \quad \text{wobei: } \Omega_i = 2\pi\frac{f_i}{f_s},$$

mit $f_1 = 100\,\text{Hz}$, $f_2 = 200\,\text{Hz}$, $f_3 = 216.625\,\text{Hz}$ und $f_s = 1000\,\text{Hz}$.

Bild a) repräsentiert die Fourier-Transformierte (DTFT) des ungefensterten Signals $x[n]$, die gemäß Lit. [OSB04] im Nyquistbereich aus drei Diracpulsen mit je dem Gewicht $\pi$ besteht. Die restlichen Bilder zeigen die Einhüllende $|X_w(e^{j\Omega})|$ [3] der DFT $X[k]$, wobei gemäß Gl.(6.49) gilt:

$$|X[k]| = |X_w(e^{j\Omega})|_{\Omega=k\frac{2\pi}{N}},\ k = 0,1,2,\ldots,N/2\,.$$

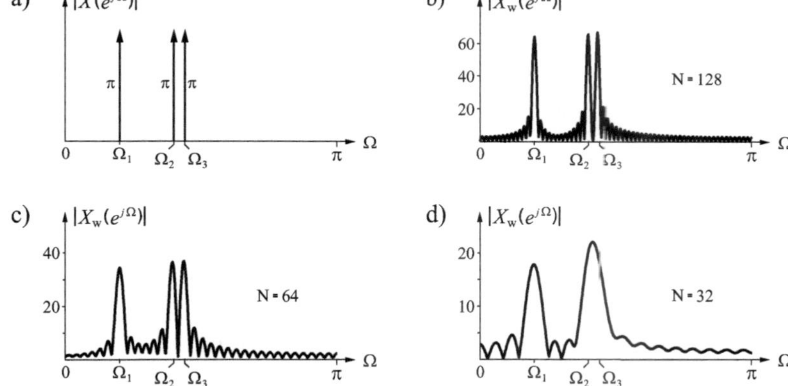


Bild 6.15: Betragsspektren dreier diskreter Cosinusschwingungen: a) DTFT, b) - d) Einhüllende der DFT mit den Fensterlängen $N = 128$, $N = 64$ und $N = 32$

Die Bilder b) bis d) illustrieren die DFTs der Signale $\{x[n]\}_{n=0}^{127}$, $\{x[n]\}_{n=0}^{63}$ und $\{x[n]\}_{n=0}^{31}$, was rechteckgefensterten Signalen der Längen $N = 128$, $N = 64$ und $N = 32$ entspricht. Im Spektrum c) sind die Sinussignale mit der Frequenzdifferenz von 16.625 Hz ($= 1000\,\text{Hz}/64 \mathrel{\hat{=}} \Omega_3 - \Omega_2 = 2\pi/64$) gut erkennbar, nicht hingegen im Spektrum d), wo die entsprechenden Hauptlappen verschmolzen sind. Man könnte auch sagen, dass das Fenster der Länge $N = 64$ die beiden Frequenzen $f_2$ und $f_3$ spektral noch auflösen kann, nicht hingegen das Fenster der Länge $N = 32$. Auf diesen Sachverhalt wollen wir bei der Diskussion der folgenden Fensterfunktionen näher eingehen.

---

[3] siehe Aufgabe 10 zur Berechnung der Einhüllenden $|X_w(e^{j\Omega})|$

### 6.6.4 Fensterfunktionen

#### Allgemeines Fenster

Unter einer Fensterfunktion versteht man eine Folge $w[n]$, die wie folgt definiert ist:

$$w[n] = \begin{cases} c_i \cdot f[n] & : \quad n = 0, 1, \ldots, N-1 \\ 0 & : \quad \text{sonst} \end{cases} \tag{6.50}$$

$N$ ist die Länge der Fensterfunktion, $f[n]$ ist eine Folge i. Allg. positiver Zahlen und $c_i$ ist ein Faktor, der nach einer der drei folgenden Formeln gewählt wird:

$$c_1 = 1\,, \qquad c_2 = \frac{1}{\sum_{n=0}^{N-1} f[n]}\,, \qquad c_3 = \frac{2}{\sum_{n=0}^{N-1} f[n]}\,. \tag{6.51}$$

Der Faktor $c_1$ ist die naheliegendste Wahl zur Definition des Fensters und $c_2$ wird gewählt, wenn das Spektrum des Fensters bei $\Omega = 0$ den Wert 1 haben soll. Die Wahl von $c_3$ trifft man, wenn die Scheitelwerte der im Signal vorkommenden Sinusschwingungen möglichst korrekt dargestellt werden sollen (siehe dazu Bild 6.19).

In der Praxis wird die Folge $w[n]$ i. Allg. offline berechnet und im Speicher abgelegt. Während der Ausführungszeit werden die Abtastwerte mit den entsprechenden Fensterwerten multipliziert und der DFT zugeführt. Die DFT wird anschliessend in Abhängigkeit der Frequenz dargestellt (Bild 6.16).

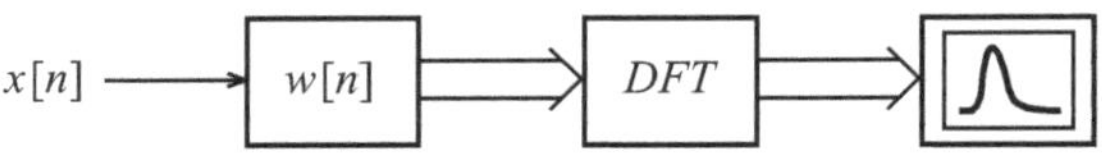


Bild 6.16: Signalfluss „Fensterung → DFT → Darstellung“

Das Betragsspektrum $|W(e^{j\Omega})|$ eines Fensters besteht aus einem Hauptlappen (engl: main lobe) und mehreren Nebenlappen (engl: side lobes) (Bilder 6.17 und 6.18 unten). Je schmaler der Hauptlappen ist, desto kleiner ist die Verschmierung einer Spektrallinie und je höher die Nebenlappen gedämpft sind, desto besser ist die Unterdrückung des Leckeffekts. Die halbe Breite des Hauptlappens entspricht in etwa der spektralen Auflösung der DFT, wobei unter der spektralen Auflösung (engl: spectral resolution) im Zusammenhang mit einem Fenster die Fähigkeit verstanden wird, zwei Signale ähnlicher Frequenz und ähnlicher Amplitude erkennen zu können. Genauer ausgedrückt, versteht man darunter den Frequenzabstand, den zwei Sinusschwingungen mindestens haben müssen, damit man sie im Spektrum voneinander unterscheiden kann (siehe dazu Bild 6.15). Das ideale Fensterspektrum hat demzufolge einen unendlich dünnen Hauptlappen und unendlich stark unterdrückte Nebenlappen. Ein solches Spektrum ist diracförmig und seine Fensterfunktion kann daher nicht realisiert werden. Möglich hingegen sind Kompromisse zwischen spektraler Auflösung und Leckunterdrückung. Da viele Kompromisse denkbar sind, gibt es dementsprechend eine grosse Anzahl von Fensterfunktionen. Von diesen Fensterfunktionen wollen wir im Folgenden die drei wichtigsten kennen lernen. Wer sich detaillierte Kenntnisse über Fensterfunktionen aneignen möchte, sei auf die Referenzen [Har78], [Bri95] und [Mar03] verwiesen.

## Rechteckfenster

Das Rechteckfenster $w_R[n]$ (engl: rectangular window, boxcar window) und seine Fourier-Transformierte $W_R(e^{j\Omega})$ sind wie folgt definiert:

$$w_R[n] = \begin{cases} c_i \cdot 1 & : \; n = 0, 1, \ldots, N-1 \\ 0 & : \; \text{sonst} \end{cases} \tag{6.52}$$

$$\circ\!\!-\!\!\bullet$$

$$W_R(e^{j\Omega}) = c_i \frac{\sin(0.5\Omega N)}{\sin(0.5\Omega)} e^{-j0.5\Omega(N-1)} . \tag{6.53}$$

Bild 6.17 oben zeigt das Rechteckfenster mit $N = 16$ und $c_i = c_1 = 1$. Unten ist das Betragsspektrums in logarithmischer Form dargestellt, wobei $c_i = c_2 = 1/N$ gewählt wurde.

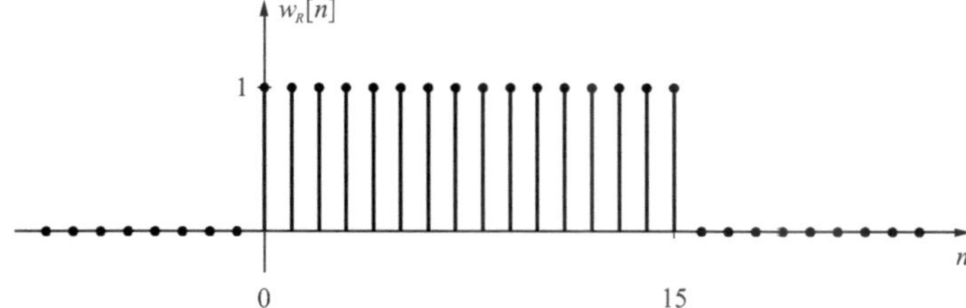


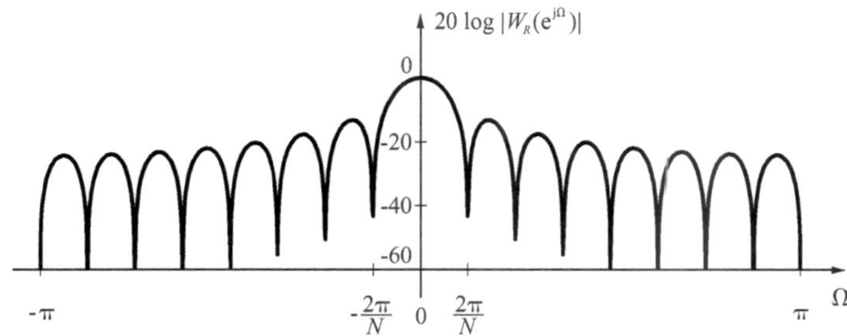


Bild 6.17: Das Rechteckfenster und sein Spektrum für $N = 16$

Das Spektrum des Rechteckfensters hat folgende Eigenschaften:

1. Die Hauptkeule hat eine Breite von $\frac{4\pi}{N}$, was einer Breite von $\frac{2f_s}{N}$ auf der Frequenzachse entspricht. Daraus resultiert eine spektrale Auflösung $\Delta f_{spec}$ von ca. $\frac{f_s}{N}$, wie das Beispiel auf Seite 205 illustriert. In Abschn. 6.2.3 definierten wir die Frequenzauflösung als Frequenzabstand zweier benachbarter DFT-Koeffizienten, der bekanntlich gleich $f_s/N$ ist. Für das Rechteckfenster ist die spektrale Auflösung somit gleich der Frequenzauflösung.

2. Die Breite der Seitenkeulen ist jeweils $\frac{2\pi}{N}$, die Höhe der ersten Seitenkeulen beträgt ca. $-13\,$dB und die Höhen der weiteren Seitenkeulen nehmen um ca. 6 dB pro Oktave ab. Der Leckeffekt wird somit um mindestens 13 dB unterdrückt.

Von allen bekannten Fenstern hat das Rechteckfenster die schmalste Hauptkeule und die höchsten Nebenkeulen. Es hat damit die beste spektrale Auflösung und die schlechteste Leckeffektunterdrückung. Es weist den grossen Vorteil auf, dass es bei der Durchführung der DFT keinen zusätzlichen Rechenaufwand erfordert. Um ein abgetastetes Signal einer Rechteckfensterung zu unterziehen, müssen lediglich $N$ Abtastwerte abgezählt und anschliessend dem DFT-Programm übergeben werden.

Die Verwendung des Rechteckfensters ist angebracht, wenn:

1. Das Signal periodisch ist und die Periodendauer bekannt ist. Die Fensterlänge $NT$ sollte dann gleich der Periodendauer oder einem natürlichen Vielfachen davon gewählt werden.

2. Das Signal endliche Dauer hat. Die Fensterlänge $NT$ muss dann mindestens gleich der Signaldauer sein.

3. Das Spektrum relativ flach ist.

### Hann-Fenster

Das Hann- oder Hanning-Fenster $w_H[n]$ ist wie folgt definiert [KK12][4]:

$$w_H[n] = \begin{cases} c_i \cdot 0.5 \left[1 - \cos(\frac{2\pi n}{N-1})\right] & : \quad n = 0, 1, \ldots, N-1 \\ 0 & : \quad \text{sonst} \end{cases} \tag{6.54}$$

Bild 6.18 oben zeigt das Hann-Fenster mit $N = 16$ und $c_i = c_1 = 1$. Unten ist das Betragsspektrum in logarithmischer Form dargestellt, wobei $c_i = c_2 = 0.1333$ gewählt wurde.

Das Spektrum des Hann-Fensters hat folgende Eigenschaften:

1. Die Hauptkeule hat eine Breite von $\frac{8\pi}{N}$ (entspricht einer Breite von $\frac{4f_s}{N}$ auf der Frequenzachse), woraus eine spektrale Auflösung $\Delta f_{spec}$ von ca. $2\frac{f_s}{N}$ resultiert.

2. Die Höhe der ersten Nebenlappen beträgt $-32\,$dB und die weiteren nehmen um 18 dB pro Oktave ab. Der Leckeffekt wird somit um mindestens 32 dB unterdrückt.

[4]MATLAB definiert das Hann-Fenster gemäß Gl.(6.54) und das Hanning-Fenster gemäß $w_H[n] = 0.5[1 - \cos(\frac{2\pi(n+1)}{N+1})$, d. h. ohne die beiden Nullen bei $n=0$ und $n=N-1$.

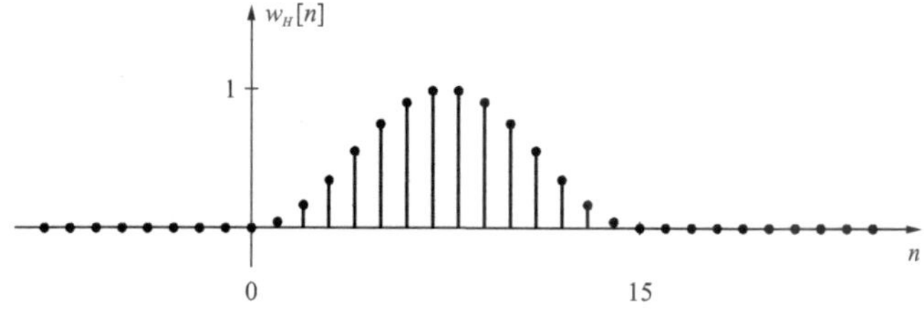


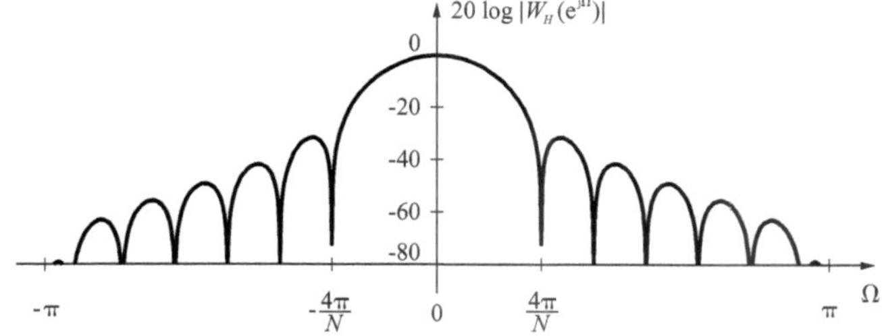


Bild 6.18: Das Hann-Fenster und sein Spektrum für $N = 16$

Die spektrale Auflösung des Hann-Fensters ist somit zweimal schlechter als diejenige des Rechteckfensters, dafür ist die Unterdrückung des Leckeffekts um mindestens 19 dB besser.

Die Verwendung eines Hann-Fensters ist angebracht, wenn in einem Signal eine oder mehrere Sinusschwingungen unbekannter Frequenz zu detektieren sind und dazu ein möglichst einfaches Fenster benützt werden soll.

**Beispiel:** Um die Wirkung des Hann-Fensters zu demonstrieren, wenden wir es auf eine Überlagerung von 3 Sinussignalen an:

$$x(t) = \cos(2\pi f_1 t) + 0.5\sin(2\pi f_2 t) + \cos(2\pi f_3 t),$$

mit $f_1 = 100\,\text{Hz}$, $f_2 = 200\,\text{Hz}$ und $f_3 = f_2 + f_s/64 = 216.625\,\text{Hz}$.

Wir tasten das Signal mit $f_s = 1\,\text{kHz}$ ($\hat{=}\ T = 1\,\text{ms}$) ab und erhalten damit – abgesehen von der Sinusschwingung – das gleiche diskrete Signal $x[n]$ wie auf Seite 205. Wir speichern die Abtastwerte $x(0), x(T), x(2T), \ldots, x(NT-T)$ ab, multiplizieren sie mit dem Hann-Fenster ($c_i = c_3$) und berechnen die DFT $X[k]$. Anschliessend bestimmen wir den Betrag der Einhüllenden $|X_w(e^{j2\pi fT})|$ und stellen diesen im Nyquistbereich dar:

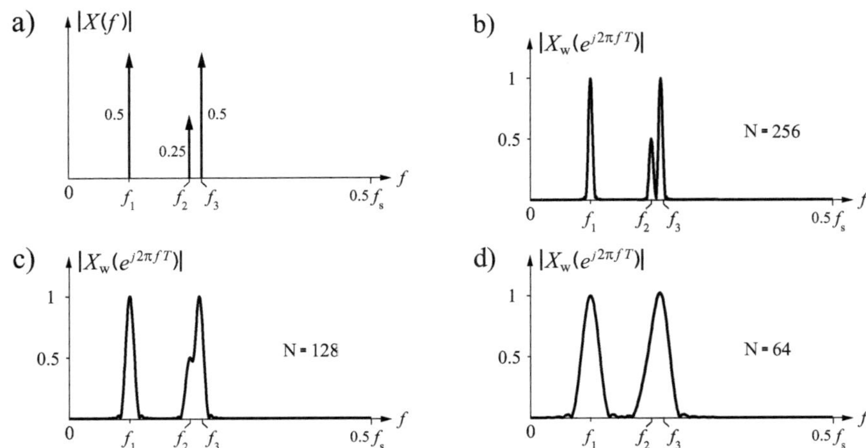


Bild 6.19: Betragsspektren dreier Sinussignale: a) Fourier-Transformierte, b) - d) Einhüllende der DFT mit den Hann-Fensterlängen $N = 264$, $N = 128$ und $N = 64$

Wir stellen fest, dass die Sinusschwingung mit dem Scheitelwert 0.5 bei einer Hann-Fensterlänge von $N = 128$ im Spektrum gerade noch ersichtlich ist. Um Sinusschwingungen spektral auflösen zu können, sollte deshalb die halbe Bandbreite der Hauptkeule i. Allg. kleiner als der Frequenzabstand der beiden engst benachbarten Sinusschwingungen gewählt werden. Deutlich erkennbar ist überdies die geringe Welligkeit der Spektren gegenüber den Spektren mit Rechteckfensterung (Bild 6.15), eine wünschbare Eigenschaft, die auf die bessere Unterdrückung des Leckeffekts zurückzuführen ist. ■

### Kaiser-Fenster

Das Kaiser-Fenster ist ein Fenster, dessen Fensterlänge bei einer gegebenen Hauptlappenbreite minimal ist. Die maximale Höhe der Nebenlappen kann vom Anwender gewählt und damit seinen Bedürfnissen angepasst werden. Das Kaiser-Fenster $w_K[n]$ ist wie folgt definiert:

$$w_K[n] = \begin{cases} c_i \frac{I_0\left(\beta\sqrt{1-(\frac{2n-N+1}{N-1})^2}\right)}{I_0(\beta)} & : \; n = 0, 1, \ldots, N-1 \\ 0 & : \; \text{sonst}\,, \end{cases} \tag{6.55}$$

wobei $I_0(\cdot)$ eine modifizierte Bessel Funktion 0-ter Ordnung ist:

$$I_0(x) = \sum_{i=0}^{\infty} \left(\frac{x^i}{2^i i!}\right)^2 . \tag{6.56}$$

Im Gegensatz zum Rechteck- und Hann-Fenster, kann man die Form des Kaiser-Fensters mithilfe eines Parameters modifizieren. Dieser Parameter, $\beta$, beeinflusst die Breite des Hauptlappens und die Höhe der Seitenlappen. Je grösser $\beta$ gewählt wird, umso mehr werden die Seitenlappen gedämpft, aber umso breiter wird der Hauptlappen. Eine bessere Unterdrückung des Leckeffekts geht – bei konstanter Fensterlänge $N$ – auch hier auf Kosten einer schlechteren spektralen Auflösung.

Für eine gegebene minimale Dämpfung der Seitenlappen $A_{min}$ in dB, kann $\beta$ wie folgt approximiert werden [OSB04]:

$$\beta \approx \begin{cases} 0 & : \quad A_{min} < 13.26\,, \\ 0.7661(A_{min} - 13.26)^{0.4} + 0.0983(A_{min} - 13.26) & : \quad 13.26 \leq A_{min} < 60\,, \\ 0.12438(A_{min} + 6.3) & : \quad 60 \leq A_{min} < 120\,. \end{cases} \tag{6.57}$$

Bild 6.20 oben zeigt das Kaiser-Fenster mit $N = 16$, $A_{min} = 60\,\text{dB}$ und $c_i = c_1 = 1$. Unten ist das Betragsspektrum in logarithmischer Form dargestellt, wobei $c_i = c_2 = 0.1552$ gewählt wurde.

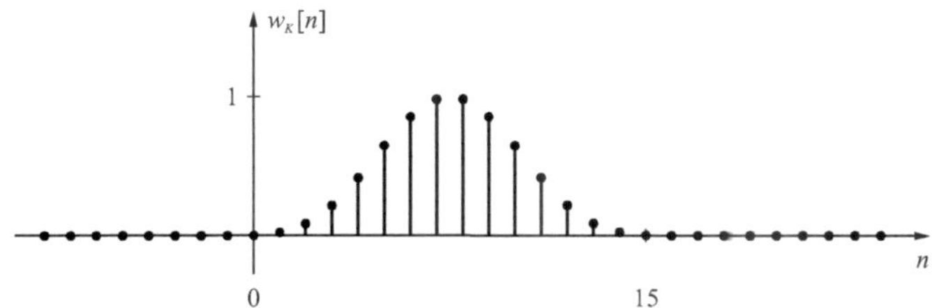


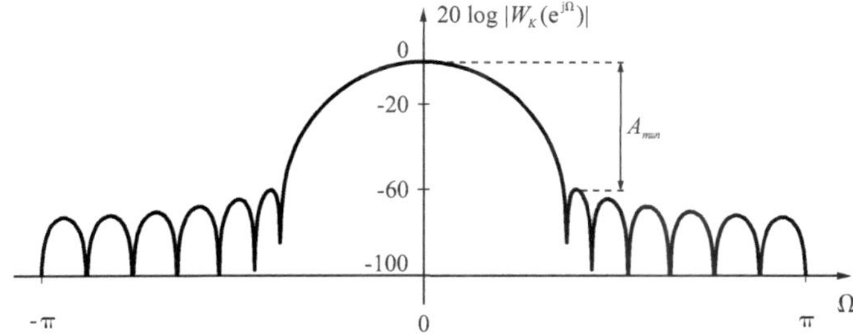


Bild 6.20: Das Kaiser-Fenster und sein Spektrum für $N = 16$

Das Spektrum des Kaiser-Fensters, das mit MATLAB einfach bestimmt werden kann (Aufgabe 6), hat folgende Eigenschaften:

1. Die Hauptkeule hat eine Breite von ungefähr $24\pi \frac{A_{min}+12}{155(N-1)}$ (entspricht einer Breite von $12 f_s \frac{A_{min}+12}{155(N-1)}$ auf der Frequenzachse). Die spektrale Auflösung beträgt demzufolge $\Delta f_{spec} \approx 6 f_s \frac{A_{min}+12}{155(N-1)}$.

2. Die Höhe der ersten Nebenlappens ist eine Funktion des Parameters $\beta$ und kann durch Lösung von Gl.(6.57) bestimmt werden.

Die Verwendung des Kaiser-Fensters ist angebracht, wenn in einem Signal eine oder mehrere Sinusschwingungen unbekannter Frequenz zu detektieren sind und dazu ein massgeschneidertes Fenster benützt werden soll. Ausgangspunkt des Fenster-Entwurfs sind die minimale Dämpfung $A_{min}$ der Nebenlappen und die erforderliche spektrale Auflösung $\Delta f_{spec}$. Die Parameter $N$ und $\beta$ lassen sich dann über die Formel

$$N \approx \frac{6f_s(A_{min} + 12)}{155\Delta f_{spec}} + 1 \tag{6.58}$$

und Gl.(6.57) approximativ bestimmen.

In der Formel (6.58) sieht man auch sehr schön, dass die Fensterlänge umgekehrt proportional zur spektralen Auflösung ist. Die Forderungen nach kurzer Messzeit und guter spektraler Auflösung können – in Übereinstimmung mit der Unschärferelation – nicht zusammen erfüllt werden. Die Lösung dieses Dilemmas ist ein Kompromiss, der erst aufgrund einer konkreten Aufgabenstellung getroffen werden kann. Einige Beispiele dazu werden im nächsten Unterkapitel vorgestellt.

## 6.7 Die praktische Durchführung der DFT

In diesem Unterkapitel setzen wir voraus, dass eine Messvorrichtung zur Verfügung steht, bei der die Abtastfrequenz $f_s$ und die Anzahl Messwerte $N$ innerhalb gewisser Grenzen eingestellt werden können. Bei der Durchführung der DFT stellt sich dann die Frage, wie gross der Anwender die beiden Parameter wählen soll.

### 6.7.1 Die Wahl der Abtastfrequenz

Die Antwort auf die Frage nach der Abtastfrequenz liefert die Abtastbedingung: $\frac{f_s}{2}$ muss grösser sein als die höchste im Signal vorkommende Frequenz. Die DFT liefert dann im Frequenzbereich $0 \ldots 0.5 f_s$ eine Approximation des Spektrums.

Ist die höchste im Signal vorkommende Frequenz unbekannt, dann kann die Abtastfrequenz experimentell ermittelt werden, indem sie so lange erhöht wird, bis mit Sicherheit keine Bandüberlappung mehr auftritt. Bild 6.21 illustriert dieses Experiment. Bei der DFT links überlappen sich die Spektralbänder, da die Abtastfrequenz $f_{s_1}$ zu klein gewählt wurde. Bei der DFT rechts wurde die Abtastfrequenz $f_{s_2}$ doppelt so gross gewählt mit dem Ergebnis, dass die diskrete Fourier-Transformierte überlappungsfrei, d. h. frei von Aliasing ist.

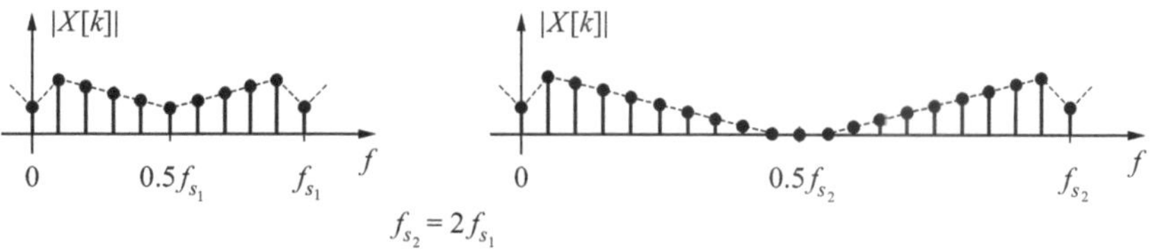


Bild 6.21: DFT eines unterabgetasteten und eines richtig abgetasteten Signals

Eine weitere Möglichkeit, die untere Grenze der Abtastfrequenz $f_s$ zu bestimmen, folgt aus der Dimensionierung des Antialiasingfilters.

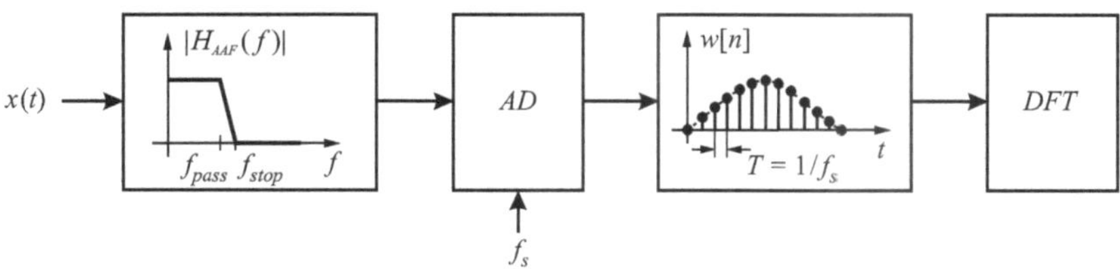


Bild 6.22: Signalverarbeitungskette zur Aufnahme der DFT

Zur Aufnahme der DFT wird das Signal $x(t)$ durch ein Antialiasingfilter bandbegrenzt. Es wird anschliessend abgetastet, gefenstert und schliesslich der DFT zugeführt. Ist die Durchlassfrequenz $f_{pass}$ und die Sperrfrequenz $f_{stop}$ des Antialiasingfilters bekannt, dann kann gemäß der Theorie in Abschn. 3.3.1 die untere Grenze der Abtastfrequenz $f_s$ wie folgt festgelegt werden:

$$f_s > f_{pass} + f_{stop} \,. \tag{6.59}$$

Bei Verwendung eines Antialiasingfilters ist zu beachten, dass die interessierenden Spektralkomponenten im Durchlassbereich des Filters liegen müssen, da Spektralkomponenten ausserhalb des Durchlassbereichs durch das Filter unzulässig gedämpft werden.

## 6.7.2 Die Wahl der Anzahl Abtastwerte

Die Wahl der Anzahl Abtastwerte $N$ hängt von folgenden Überlegungen ab:

1. Bei der DFT ist der Abstand $\Delta f$ zwischen zwei DFT-Koeffizienten gleich $\frac{f_s}{N}$ (siehe dazu die beiden DFTs im Bild auf der nächsten Seite). Legt der Anwender den maximalen Frequenzabstand $\Delta f_{max}$ zwischen zwei DFT-Koeffizienten fest, dann muss $N$ demnach folgender Ungleichung genügen:

$$N \geq \frac{f_s}{\Delta f_{max}} \,. \tag{6.60}$$

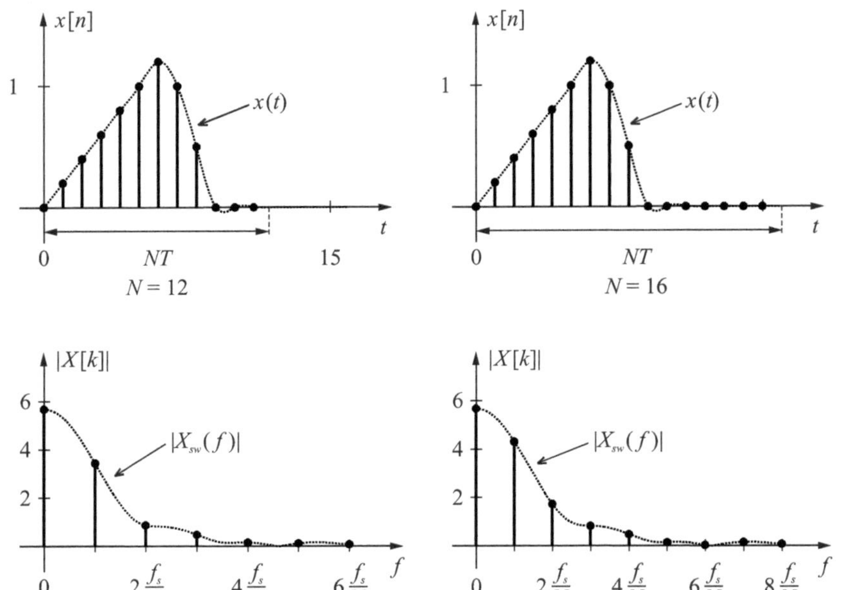


Bild 6.23: DFT eines Signals endlicher Dauer ohne Zero-Padding (links) und mit Zero-Padding (rechts)

2. Möchte man zwei benachbarte Sinussignale mit den Frequenzen $f_u$ und $f_o$ im Spektrum erkennen, dann sollte die Fensterlänge $N$ grösser als

$$N_R = \frac{f_s}{f_o - f_u}\,, \quad N_H = 2\frac{f_s}{f_o - f_u} \quad \text{oder} \quad N_K = \frac{6f_s(A_{min} + 12)}{155(f_o - f_u)} + 1 \tag{6.61}$$

gewählt werden, wobei $N_R$ die Fensterlänge des Rechteckfensters, $N_R$ diejenige des Hann- und $N_K$ diejenige des Kaiser-Fensters betrifft.

3. $N$ sollte eine Zweierpotenz sein, damit die DFT mithilfe der FFT berechnet werden kann.

4. Bei periodischen Signalen sollte $N$ derart gewählt werden, dass die Messdauer $NT$ gleich einem natürlichen Vielfachen der Periodendauer ist. Andernfalls ist die Verwendung eines passenden Fensters empfehlenswert. Bei Signalen endlicher Dauer muss die Messzeit $NT$ gleich oder grösser der Signaldauer sein (siehe dazu Bild 6.23 oben).

Bei Nichterfüllung von Bedingung 3, bieten sich folgende Alternativen an:

- Einen anderen Algorithmus als die FFT wählen (der MATLAB-Befehl `fft` zur Bestimmung der DFT wählt automatisch einen anderen Algorithmus, wenn $N$ keine Zweierpotenz ist).

- Den Abtastwertesatz wie in Bild 6.23 oben rechts mit Nullen füllen, bis $N$ eine Zweierpotenz ist. Diese Methode – bereits in Abschn. 6.3.1 erwähnt – nennt man Zero-Padding. Durch das Zero-Padding erhöht sich zwar die Anzahl der DFT-Koeffizienten, die Envelope $|X_{sw}(f)|$ und damit die spektrale Auflösung hingegen bleiben unverändert (Bild 6.23 unten rechts).

Anhand einiger Beispiele wollen wir im Folgenden zeigen, wie die DFT verschiedener Signale zweckmässig zu bestimmen ist.

### 6.7.3 Beispiele

**Fourier-Transformierte und DFT einer gedämpften Sinusschwingung**

Gegeben sei eine gedämpfte Sinusschwingung

$$x(t) = U_0 e^{-\frac{t}{\tau}} \sin(2\pi f_0 t)\varepsilon(t) \;, \tag{6.62}$$

mit der Spannung $U_0 = 1\,\text{V}$, der Zeitkonstanten $\tau = 1\,\text{s}$, der Eigenfrequenz $f_0 = 1\,\text{Hz}$ und der Schrittfunktion $\varepsilon(t)$ (Bild 6.24).

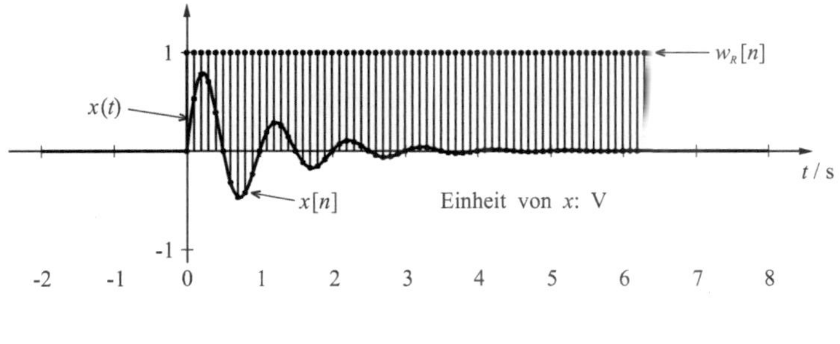


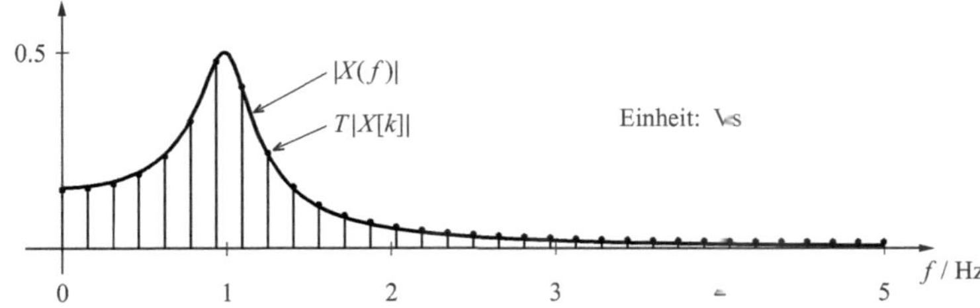


Bild 6.24: Fourier-Transformierte und DFT einer gedämpften Sinusschwingung

Mithilfe einer Tabelle [SH94] finden wir dafür folgende Fourier-Transformierte $X(f)$:

$$X(f) = \frac{2\pi f_0 U_0}{(j2\pi f + 1/\tau)^2 + (2\pi f_0)^2} \,. \tag{6.63}$$

Wir wollen nun das Signal $x(t)$ abtasten und aus den Abtastwerten mittels der DFT eine Approximation der Fourier-Transformierten bestimmen. Die Eigenfrequenz $f_0$ des Signals beträgt 1 Hz, als Abtastfrequenz wählen wir deshalb einen Wert, der um ein Vielfaches grösser ist. Wir entscheiden uns für $f_s = 10\,\mathrm{Hz}$, woraus ein Abtastintervall von $T = 0.1\,\mathrm{s}$ resultiert. Da das Signal nach ca. fünf Zeitkonstanten abgeklungen ist, genügen zur Analyse etwas mehr als 50 Abtastwerte. Um die DFT mithilfe der FFT zu berechnen, wählen wir eine Fensterlänge von $NT = 6.4\,\mathrm{s}$, was einen Datenvektor von 64 Abtastwerten ergibt. Das Signal $x(t)$, seine Abtastwerte $x[n]$ und das Rechteckfenster $w_R[n]$ sind in Bild 6.24 oben dargestellt.

Die DFT $X[k]$ multiplizieren wir gemäß Gl.(6.24) mit dem Abtastintervall $T$, um daraus eine Approximation der Fourier-Transformierten zu erhalten. Der Betrag der Fourier-Transformierten $|X(f)|$ und der Betrag der DFT $|X[k]|$, skaliert mit $T$, sind in Bild 6.24 unten abgebildet. Wir stellen fest, dass die DFT und die Fourier-Transformierte recht gut übereinstimmen.

Im vorliegenden Beispiel haben wir die DFT auf ein Signal angewandt, dessen Fourier-Transformierte bekannt ist und wir haben gesehen, dass die DFT ein korrektes Resultat ergibt. Eine derartige Überprüfung anhand bekannter Resultate empfiehlt sich immer dann, wenn man nicht sicher ist, ob ein Algorithmus korrekte Resultate liefert oder nicht.

### Spektralanalyse eines Sprachsignals

In Bild 6.25 oben ist das verstärkte Mikrofonsignal des Lautes „A“ dargestellt. Von diesem Signal sei eine Spektralanalyse durchzuführen.

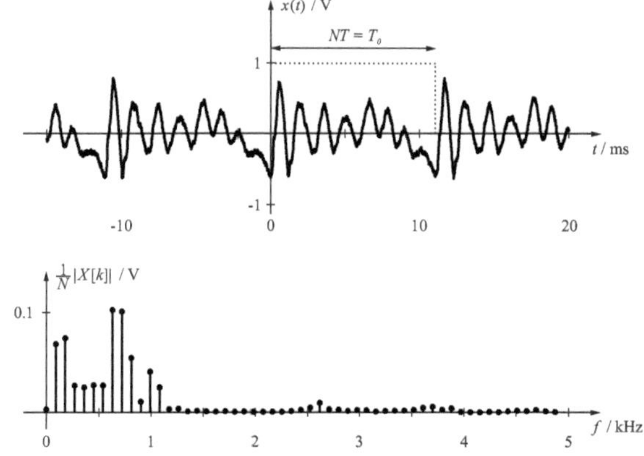


Bild 6.25: Signal und Spektrum des Lautes „A“

Das Signal ist annähernd periodisch und hat deshalb ein diskretes Spektrum (Linienspektrum). Die Gewichte der Spektrallinien sind gemäß Gl.(2.64) durch die Fourier-Koeffizienten $c_k$ gegeben.

Unter der Voraussetzung, dass genau eine Periode abgetastet wird, lassen sich die Fourier-Koeffizienten durch die Formel

$$c_k \approx \frac{1}{N} X[k] \tag{6.64}$$

approximieren (siehe dazu Abschn. 6.3.2). Zur Bestimmung der DFT-Koeffizienten $X[k]$ tasten wir das Signal zuerst mit einer Abtastfrequenz von 50 kHz ab. Diese hohe Abtastfrequenz leisten wir uns, weil die Berechnung offline durchgeführt wird. Anschliessend schneiden wir mit einem Rechteckfenster eine Periode $T_0 = NT$ heraus und führen die Abtastwerte der DFT zu. Aus der Periodendauer $T_0 = 11.08\,\text{ms}$ und dem Abtastintervall $T = 20\,\mu\text{s}$ ergibt sich eine Anzahl von $N = 554$ Abtastwerten, was die Anwendung der FFT verunmöglicht.

Das Resultat der Spektralanalyse ist in Bild 6.25 dargestellt. Die Spektrallinien treten bei natürlichen Vielfachen der Grundfrequenz $f_0 = 1/T_0$ auf, die im vorliegenden Beispiel 90.25 Hz beträgt. Oberhalb von 5 kHz sind die Spektrallinien annähernd null, deshalb verzichten wir auf die Darstellung des ganzen Nyquistbereichs von 0 bis 25 kHz.

### Gleichwert, Effektivwert und Klirrfaktor einer verzerrten Sinusschwingung

In der Messtechnik interessiert man sich vielfach für folgende vier Kenngrössen eines periodischen Signals [FLM+11]:

1. Gleichwert (DC-Wert, linearer Mittelwert).

2. Effektivwert (RMS-Wert).

3. Effektivwert des Wechselanteils (AC-Anteil).

4. Klirrfaktor (Oberschwingungsgehalt).

Mithilfe der DFT lassen sich die vier Kenngrössen nach dem folgenden Schema einfach berechnen:

- Wir tasten genau eine Periode des periodischen Signals $x(t)$ ab, wobei $N$ die Anzahl Abtastwerte ist.

- Wir führen die DFT durch (wenn möglich unter Anwendung der FFT) und bekommen so die DFT-Koeffizienten $X[k]$.

- Gemäß Gl. (6.27) erhalten wir den Gleichwert $X_{DC}$:

$$X_{DC} \approx \frac{1}{N} X[0]\,. \tag{6.65}$$

- Aus Gl.(6.28) finden wir den Effektivwert $X_k$ der $k$-ten Harmonischen:

$$X_k \approx \frac{\sqrt{2}}{N}|X[k]| \qquad k = \begin{cases} 1,\ldots,\frac{N}{2} & : \ N \text{ gerade}, \\ 1,\ldots,\frac{N-1}{2} & : \ N \text{ ungerade}. \end{cases} \tag{6.66}$$

- Der Effektivwert $X_{AC}$ des Wechselanteils berechnet sich zu:

$$X_{AC} \approx \sqrt{\sum_{k=1}^{N/2} X_k^2}\,, \qquad N\text{: gerade}, \tag{6.67}$$

oder

$$X_{AC} \approx \sqrt{\sum_{k=1}^{(N-1)/2} X_k^2}\,, \qquad N\text{: ungerade}. \tag{6.68}$$

- Den Effektivwert $X_{RMS}$ der periodischen Grösse $x(t)$ erhält man nach der Formel:

$$X_{RMS} = \sqrt{X_{DC}^2 + X_{AC}^2}\,. \tag{6.69}$$

- Analog zu Gl.(6.67) und Gl.(6.68) erhält man den Effektivwert der Oberschwingungen:

$$X_{RMS_O} \approx \sqrt{\sum_{k=2}^{N/2} X_k^2}\,, \qquad N\text{: gerade}, \tag{6.70}$$

oder

$$X_{RMS_O} \approx \sqrt{\sum_{k=2}^{(N-1)/2} X_k^2}\,, \qquad N\text{: ungerade}. \tag{6.71}$$

- Zur Kennzeichnung des Anteils der Oberschwingungen und somit als Mass für die Abweichung von der Sinusform benutzt man den Klirrfaktor $k$:

$$k = \frac{X_{RMS_O}}{X_{AC}}\,. \tag{6.72}$$

Die Gleichungen mit einem gewellten Gleichheitszeichen sind Approximationsformeln, die umso genauer stimmen, je mehr Abtastwerte $N$ pro Periode zur Verfügung stehen.

Als Beispiel zeigt Bild 6.26 eine geklippte und DC-behaftete Sinusschwingung mit dazugehörigem Linienspektrum. Die Länge der Spektrallinien entspricht den Effektivwerten der einzelnen Harmonischen.

Die Grundfrequenz $f_0$ der verzerrten Sinusschwingung beträgt 1 kHz. Die Abtastfrequenz $f_s$ wurde 16 mal grösser gewählt. Diese Abtastfrequenz ist hoch genug, weil der Oberwellengehalt ab der 4. Harmonischen vernachlässigbar klein ist (siehe Bild 6.26 unten). Für das abgebildete Signal betragen die gemessenen Kennwerte: $X_{DC}=0.37\,\text{V}$, $X_{RMS}=4.24\,\text{V}$, $X_{RMS_{AC}}=4.22\,\text{V}$ und $k=0.19$.

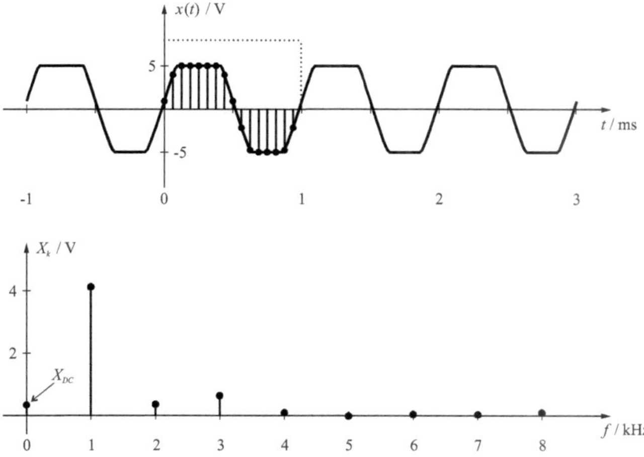


Bild 6.26: Verzerrte Sinusschwingung mit Spektrum

### Detektion von Sinussignalen

Gegeben seien zwei Sinusschwingungen ähnlicher Frequenz aber unterschiedlicher Leistung, denen schwaches weisses Rauschen überlagert ist:

$$x(t) = \hat{U}_1 \sin(2\pi f_1 t) + \hat{U}_2 \sin(2\pi f_2 t) + u_{noise}(t) \, , \tag{6.73}$$

wobei:

$$\begin{aligned} \hat{U}_1 &= 1\,\mathrm{V}\,, & f_1 &= 990\,\mathrm{Hz}\,, \\ \hat{U}_2 &= 10\,\mathrm{mV}\,, & f_2 &= 1010\,\mathrm{Hz}\,, \\ \sigma_{noise} &= 10\,\mathrm{mV}\,. \end{aligned}$$

In der Praxis sind die Effektivwerte und Frequenzen der einzelnen Signalkomponenten i. Allg. unbekannt. Für eine erfolgreiche Anwendung der DFT ist es jedoch wichtig, eine Vorstellung des zu analysierenden Signals zu haben. Fragen wie: In welchem Frequenzbereich liegen die Signalkomponenten, wie nahe liegen die Frequenzen beieinander, wie gross sind ihre Amplituden, wie stark ist das Rauschen etc., sind vor der Analyse unbedingt grob abzuklären, damit die Parameter der DFT ($f_s$, $N$, Datenfenster) adäquat gewählt werden können.

Bild 6.27 zeigt das Signal im Zeitbereich. Es scheint aus einer Sinusschwingung von ca. 1000 Hz zu bestehen, wobei nicht ersichtlich ist, dass ihm eine zweite Sinusschwingung und Rauschen überlagert ist.

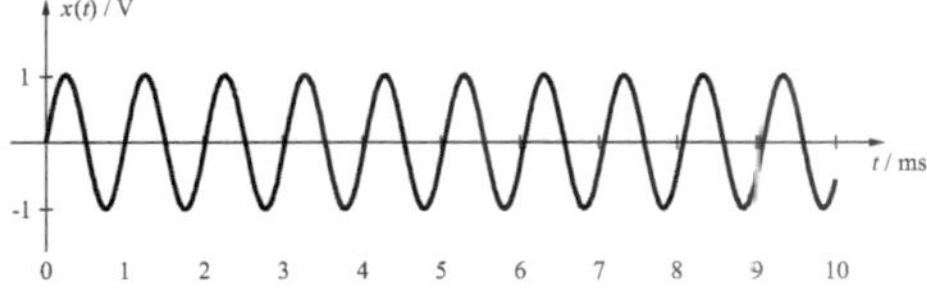


Bild 6.27: Zwei Sinussignale mit Rauschen

Zur Durchführung der Fourier-Analyse wählen wir eine Abtastfrequenz $f_s$ von 4 kHz. Bezüglich der beiden Sinussignale ist die Abtastbedingung somit erfüllt. Das Aliasing des weissen Rauschens tolerieren wir, da wir davon ausgehen, dass sein Effektivwert klein ist. Sollte das Rauschen zu stark sein, dann müsste man es durch ein Vorfilter unterdrücken. Für die Anzahl Abtastwerte $N$ wählen wir 1024. Diesen verhältnismässig hohen Wert wählen wir, damit wir eine genügend feine spektrale Auflösung $\Delta f_{spec}$ erzielen. Bei Anwendung eines Rechteckfensters erhalten wir so eine spektrale Auflösung von ungefähr 4 Hz. Dieser Wert genügt zur Unterscheidung der beiden Sinusfrequenzen. Die 1024 Abtastwerte multiplizieren wir mit $c_i = c_3 = 0.00195$, unterziehen sie einer FFT und erhalten so die DFT in Bild 6.28. Der besseren graphischen Lesbarkeit wegen stellen wir die diskrete Fourier-Transformierte in kontinuierlicher Form dar. Dabei werden die Spitzen der Spektrallinien mit einem kontinuierlichen Kurvenzug verbunden. Aus der kontinuierlichen Form eines Spektrums darf ein Betrachter also nicht schliessen, dass es sich um ein kontinuierliches Spektrum handelt!

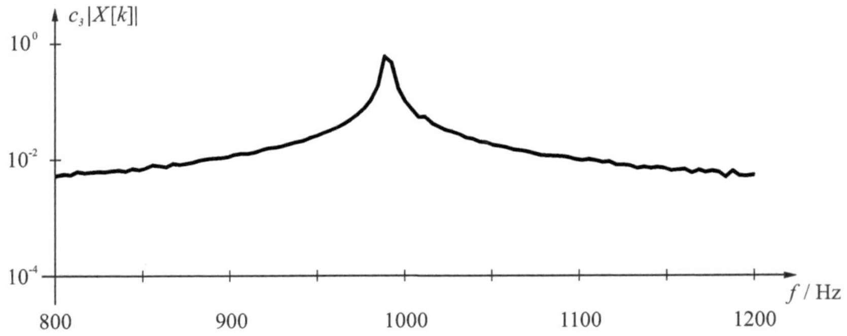


Bild 6.28: Spektrum des rechteckgefensterten Signals in Bild 6.27

Das Spektrum hat bei ungefähr 990 Hz wie erwartet ein Maximum. Wegen der Verschmierung der Spektrallinie hat dieses aber nicht den Wert von 1, sondern ist etwas kleiner. Das Spektrum sollte bei 1010 Hz ein zweites Maximum haben. Dieses ist aber nicht ersichtlich, da es durch den Leckeffekt überdeckt wird. Einzig eine winzige Treppenstufe bei 1010 Hz lässt ahnen, dass bei dieser Frequenz eine Sinusschwingung vorhanden sein könnte. Der hohe Pegel von cirka $10^{-2}$ im Bereich von 900 Hz und 1100 Hz wird alleine durch das Lecken verursacht, das Rauschen hingegen macht sich nur durch eine geringe Welligkeit bei tiefen und hohen Frequenzen bemerkbar.

Wir wollen nun – wie empfohlen – die Abtastwerte mit einem Datenfenster gewichten, bevor wir sie der FFT zuführen. Wir wählen ein Kaiser-Fenster mit den Parametern $c_i = c_3$ und $A_{min} = 60$ dB und erhalten dann gemäß Gl.(6.57) einen $\beta$-Parameter von 8.246. Für die spektrale Auflösung $\Delta f_{spec}$ finden wir den Wert 10.9 Hz, einen Wert somit, der wie erforderlich kleiner als der Abstand der beiden Sinusfrequenzen ist. Das Ergebnis der FFT ist in Bild 6.29 dargestellt.

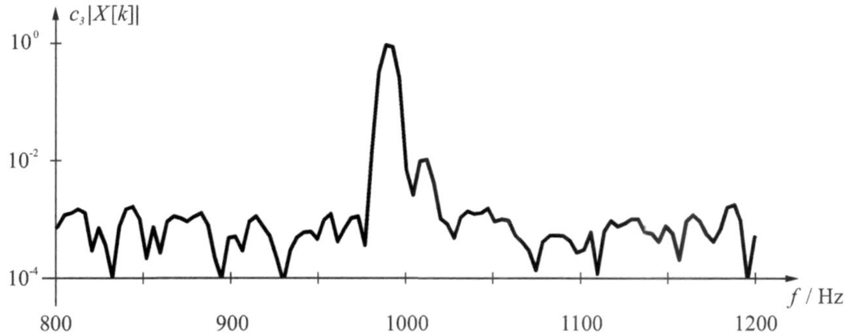


Bild 6.29: Spektrum des kaisergefensterten Signals in Bild 6.27

Da bei der Kaiser-Fensterung der Leckeffekt viel kleiner ist als bei der Rechteck-Fensterung, wird nun auch das schwache Sinussignal bei 1010 Hz sichtbar. Aus dem Spektrum ist auch herauszulesen, dass es gegenüber dem starken Sinussignal bei 990 Hz um 40 dB gedämpft ist. Das Rauschen macht sich durch eine Welligkeit im restlichen Spektrum bemerkbar. Ohne Rauschen würde das Spektrum bei tiefen und hohen Frequenzen unterhalb von $10^{-4}$ sinken (siehe dazu Aufgabe 9).

Da auch bei diesem Spektrum ohne Vorwissen nicht eindeutig ist, ob die einzelnen Maxima unterhalb von 990 und oberhalb von 1010 Hz durch einzelne schwache Sinusschwingungen, durch Rauschen oder durch den Leckeffekt verursacht werden, sind eventuell weitere Verbesserungsmöglichkeiten ins Auge zu fassen. In Betracht zu ziehen sind beispielsweise eine Bandpassvorfilterung, falls feststeht, welches der interessierende Frequenzbereich ist oder die Verwendung eines parametrischen Spektralschätzverfahrens, wie es z. B. in Lit. [KK12] beschrieben ist.

### Spektrale Vibrationsanalyse zur Vermeidung von Maschinenschäden

Eine klassische Anwendung der DFT ist die Vibrationsanalyse einer laufenden Maschine, an der ein Beschleunigungssensor die Schwingungen in den drei Raumrichtungen erfasst. Die drei Sensorsignale werden – nach entsprechender Vorverabeitung – gefenstert und anschliessend einer FFT zugeführt, die daraus die drei DFT-Betragsspektren berechnet. Bild 6.30 zeigt das Beispiel eines Vibrationspektrums, das mit einer Abtastfrequenz von $f_s = 20.48\,\text{kHz}$ und einer Hann-Fensterlänge von $N = 512$ aufgenommen wurde und dessen Einheit die Erdbeschleunigung $g$ $(= 9,81\,m/s^2)$ ist [Lem11]. Der Anwender kann Spektralbereiche definieren und pro Spektralbereich eine Vorwarn- und eine Störungsgrenze einführen. Werden diese Grenzen überschritten – wie in den Spektralbereichen 2 und 4 des Beispiels – dann werden entsprechende Alarmsignale generiert und mit ihren Daten abgespeichert, worauf ein Techniker geeignete Reparaturmassnahmen in die Wege leiten kann.

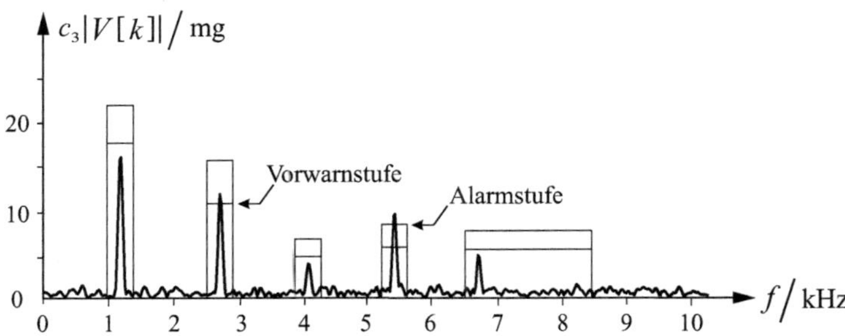


Bild 6.30: Vibrationsspektrum einer laufenden Maschine

### 6.7.4 Fazit

Wir haben gesehen, dass es einen einzigen Spezialfall gibt, bei der die diskrete Fourier-Transformierte das korrekte Spektrum liefert. Dieser Spezialfall liegt vor, wenn – unter Einhaltung der Abtastbedingung – die rechteckgefensterten Abtastwerte eines periodischen Signals DFT-transformiert werden. Dabei muss die Fensterlänge gleich einem natürlichen Vielfachen der Periodendauer sein. In allen anderen Fällen liefert die DFT nur Approximationen für das Spektrum. Werden die Messparameter „Abtastfrequenz“, „Anzahl Abtastwerte“ und „Fenstertyp“ nicht dem Problem angemessen gewählt, dann muss der Anwender mit einem nutzlosen Ergebnis rechnen.

Nach dem Studium dieses Kapitels sollte der Leser in der Lage sein, die DFT richtig anzuwenden oder sich bei neuen Problemstellungen in die entsprechende Literatur einzuarbeiten [Bri95], [Por97], [MIK00], [Mar03], [OSB04], [vG08b], [KK12].

# Aufgaben

1. **Symbole**

   Wofür stehen die Symbole $n$, $x[n]$, $N$, $k$ und $X[k]$?

2. **Grundlagen der DFT**

   (a) Was geschieht mit dem Spektrum eines zeitkontinuierlichen Signals, wenn es mit der Frequenz $f_s$ abgetastet wird?

   (b) Wie heisst der Bandüberlappungsfehler, der bei der Abtastung entsteht und wie kann man ihn vermeiden?

   (c) Wie wirkt sich das Herausschneiden von $N$ Abtastwerten (Rechteckfensterung) auf das Spektrum aus?

(d) Was versteht man unter der Nyquistfrequenz und dem Nyquistbereich? Warum wird die DFT meistens nur im Nyquistbereich ausgewertet?

(e) An welchen Frequenzstellen treten bei der DFT die Spektrallinien auf und wie gross ist ihr Abstand?

3. **DFT-Matrix**

Generieren Sie mit MATLAB die DFT-Matrix $\boldsymbol{W}_N$ und einen Signalvektor $\boldsymbol{x}$ mit $N = 5$. Multiplizieren Sie den Signalvektor mit der DFT-Matrix. Wenden Sie auf $\boldsymbol{x}$ den `fft`-Befehl an und vergleichen Sie die beiden Ergebnisse.

4. **Experimente mit dem Goertzel-Algorithmus**

(a) Starten Sie das M-File `gfilter` und experimentieren Sie mit verschiedenen Parametern.

i. Generieren Sie einen Sinus als Eingangssignal und wählen Sie seine Frequenz so, dass das Messintervall $NT$ ein natürliches Vielfaches der Periodendauer $T_0$ ist. Was stellen Sie fest?

ii. Generieren Sie einen Sinus als Eingangssignal und wählen Sie die Amplitude so, dass seine Leistung gleich 1 ist. Beobachten Sie den Mittelwert des Ausgangssignals (Mean Value of Pk) und vergleichen Sie diesen Wert mit dem Frequenzgang der Leistung. Was stellen Sie fest?

(b) Berechnen Sie einige DFT-Koeffizienten von Datenvektoren Ihrer Wahl. Benutzen Sie dazu die beiden Function-M-Files `goertzel1` und `goertzel2` und überprüfen Sie die Resultate mithilfe der Funktion `fft`. Die beiden Goertzel-Funktionen sind in Abschn. 6.5.1 beschrieben.

5. **Grundlagen zur Fensterung**

(a) Welches sind die Vor- und Nachteile des Rechteckfensters gegenüber anderen, gleich langen Fenstern?

(b) Welche Informationen kann man aus dem Spektrum eines Datenfensters entnehmen?

(c) Was versteht man allgemein unter der spektralen Auflösung und wovon hängt sie ab?

(d) Die spektrale Auflösung $\Delta f_{spec}$ des Rechteckfensters ist ungefähr gleich $\frac{f_s}{N}$ und diejenige des Hannfensters ungefähr gleich $2\frac{f_s}{N}$. Überprüfen Sie dies mithilfe des M-Files `specrh`.

6. **Spektren verschiedener Fenster**

   Schreiben Sie ein M-File, das die Betragsspektren des Rechteck-, des Hann- und des Kaiserfensters berechnet und darstellt. Verwenden Sie dazu die vier MATLAB-Funktionen `boxcar`, `hann`, `kaiser` und `freqz`.

7. **Parameter-Wahl bei der FFT**

   (a) Ein Messtechniker möchte eine FFT durchführen mit einer Frequenzauflösung von 1 Hz und einer Messpunkteanzahl von 4096. Wie gross muss er die Abtastfrequenz wählen?

   (b) Das Signal endlicher Dauer in Bild 6.31 soll einer FFT unterzogen werden, wobei für $N$ und $f_s$ folgende Auswahl zur Verfügung steht: $N = 128, 256, 512, 1024$ und $f_s = 0.5, 1, 2, 4, 8, 16, 32$ kHz. Welche Wahl treffen Sie, wenn die Rechenzeit keine Rolle spielt. Für welches Datenfenster entscheiden Sie sich?

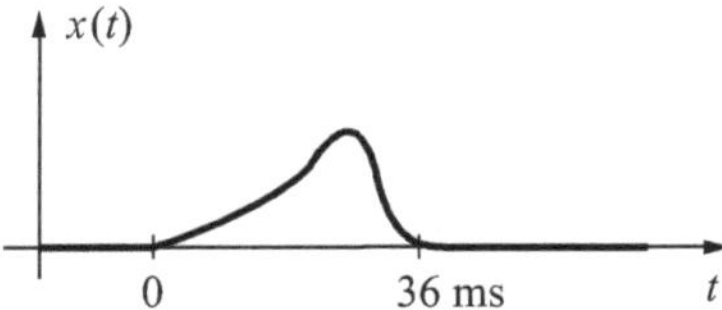


Bild 6.31: Pulsförmiges Signal

   (c) Von einem periodischen Signal wird *eine* Periode korrekt abgetastet und danach die DFT berechnet. Ingenieur A bildet davon den Betrag, multipliziert mit dem Faktor $\frac{2}{N}$ und stellt das Betragsspektrum als Linienspektrum dar (Bild 6.31 links). Ingenieur B bildet nur den Betrag und stellt das so gefundene Betragsspektrum als kontinuierliches Spektrum dar (Bild 6.32 rechts). Welche Darstellung ist sinnvoller?

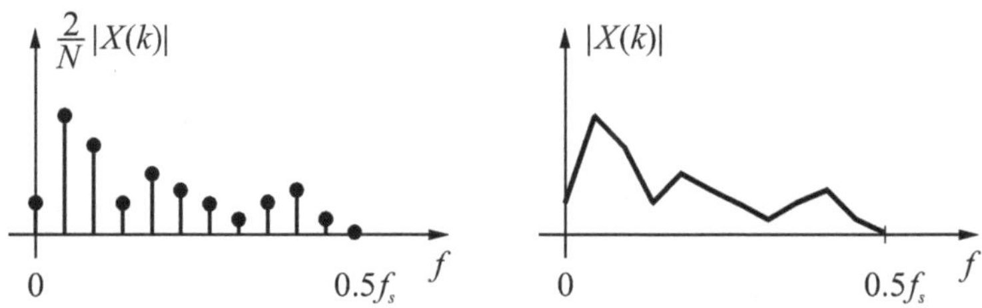


Bild 6.32: Diskrete und kontinuierliche Darstellung eines Spektrums

8. **Bedeutung des Real- und Imaginärteils der DFT**

   Mit dem M-File `A1_6_8` kann man die DFT einer Linearkombination aus einer Cosinus- und einer Sinusschwingung berechnen und darstellen. Überprüfen Sie mit dem M-File, ob die Aussage auf Seite 185 zutrifft. Sie lautet: Der Realteil des $k$-ten DFT-Koeffizienten $\Re\{X[k]\}$ sagt aus, wie stark die Cosinusschwingung – mit der diskreten Frequenz $k$ und der Länge $N$ – im Signal enthalten ist und der Imaginärteil $\Im\{X[k]\}$ sagt aus, wie stark die negative Sinusschwingung – mit der diskreten Frequenz $k$ und der Länge $N$ – im Signal enthalten ist.

9. **Gefensterte DFT zweier verrauschter Sinusschwingungen**

   Experimentieren Sie mit dem M-File `A1_6_9`. Dieses M-File berechnet die rechteck-gefensterte und Kaiser-gefensterte DFT einer Summe aus zwei benachbarten Sinusschwingungen, die durch weisses, normalverteiltes Rauschen additiv gestört ist.

10. **Darstellung der DFT**

    Die Fourier-Transformierte $X(e^{j\Omega})$ des zeitdiskreten Signals $x[n]$ ist gemäß Gl.(4.40) definiert als

    $$X(e^{j\Omega}) = \sum_{n=-\infty}^{+\infty} x[n]e^{-j\Omega n} \,.$$

    Mit $w[n]$ bezeichnen wir ein Fenster der Länge $N$. Dementsprechend finden wir für die Fourier-Transformierte $X_w(e^{j\Omega})$ des gefensterten Signals $x[n]w[n]$:

    $$X_w(e^{j\Omega}) = \sum_{n=0}^{N-1} x[n]w[n]e^{-j\Omega n} \,.$$

    Die DFT $X[k]$ erhalten wir, indem wir gemäß Gl.(6.49) $X_w(e^{j\Omega})$ an den Stellen $\Omega = k\frac{2\pi}{N}$ abtasten:

    $$X[k] = X_w(e^{j\Omega})|_{\Omega=k\frac{2\pi}{N}} \,, \qquad k = 0, 1, 2, \ldots, N-1 \,.$$

    Als Einhüllende der DFT bezeichnen wir den Betrag $|X_w(e^{j\Omega})|$ in Abhängigkeit von $\Omega$ oder den Betrag $|X_w(e^{j2\pi fT})|$ in Abhängigkeit von $f$.

    Um die spektrale Auflösung zu diskutieren oder um eine schöne Darstellung des Spektrums zu erhalten, wird nun anstelle der DFT – die ja ein diskretes Spektrum ist – die Umhüllende dargestellt und häufig vereinfachend als Spektrum oder als DFT bezeichnet (siehe dazu die Bilder 6.15 bis 6.20).

    In der vorliegenden Aufgabe geht es darum, die Umhüllende eines gefensterten Signals zu berechnen und darzustellen. Studieren Sie zu diesem Zweck das Zero-Padding in Bild 6.23 und schreiben Sie ein M-File, das kurze Signale ($N < 50$) einliest, eventuell hann-fenstert, ihre DFT und Umhüllende berechnet und aufzeigt, dass die Beträge der DFT-Koeffizienten Abtastwerte der Umhüllenden sind.

11. **Experimente in Echtzeit mit dem PC-Programm** spsound

    Das Programm spsound, beschrieben auf den Seiten 338 bis 343, dient zum Entwurf von Digitalfiltern und Signalgeneratoren. Das Programm, das auch ohne MATLAB funktioniert, generiert zudem gefilterte und ungefilterte Signale und stellt sie im Zeit- und Frequenzbereich dar. Zur Darstellung im Frequenzbereich werden die Signale gefenstert, anschliessend wird ihre DFT berechnet und schliesslich deren Betrag linear oder logarithmisch dargestellt.

    (a) Experimentieren Sie mit dem Programm spsound und lassen Sie sich die Spektren verschiedener gefilterter und ungefilterter Signale darstellen.

    (b) Generieren Sie mit einem Programm ihrer Wahl 11025 Abtastwerte des Signals $x[n] = \sin(2\pi f_1 nT) + 0.01\sin(2\pi f_2 nT) + x_{noise}[n]$ und speichern Sie sie in Form eines ASCII-Files ab ($f_1 = 950\,\text{Hz}$, $f_2 = 1050\,\text{Hz}$, $\sigma_{noise} = 0.01$ und $f_s = 1/T = 11025\,\text{Hz}$).

    Entwerfen Sie ein FIR-Bandpassfilter mit den Parametern $f_s = 11.025\,\text{kHz}$, $f_{passu} = 750\,\text{Hz}$, $f_{passo} = 1250\,\text{Hz}$, $f_{stopu} = 500\,\text{Hz}$, $f_{stopo} = 1500\,\text{Hz}$, $A_{pass} = 0.5\,\text{dB}$ und $A_{stop} = 60\,\text{dB}$ (siehe dazu Bild 7.55 und Seiten 341 bis 343) und speichern sie seine Koeffizienten ebenfalls in einem ASCII-File ab.

    Starten Sie das Programm spsound, gehen Sie auf 'Input Source', 'Direct Digital Synthesis' und geben Sie bei 'Frequency $f_o$ in Hz' die Zahl 1 ein. Klicken Sie mit der rechten Maustaste 'Table Values' an und laden Sie ihre generierten 11025 Abtastwerte. Gehen Sie auf 'Inserted System', 'FIR Filter', klicken Sie mit der rechten Maustaste 'Numerator' an und laden Sie ihre entworfenen Filterkoeffizienten. Durch Drücken der Taste 'Restart with New Values' und Einstellen der passenden Parameter per rechter Maustaste auf den entsprechenden Spektren erhalten Sie das untenstehende Bild, ganz ähnlich zum Beispiel „Detektion von Sinussignalen" auf Seite 219.

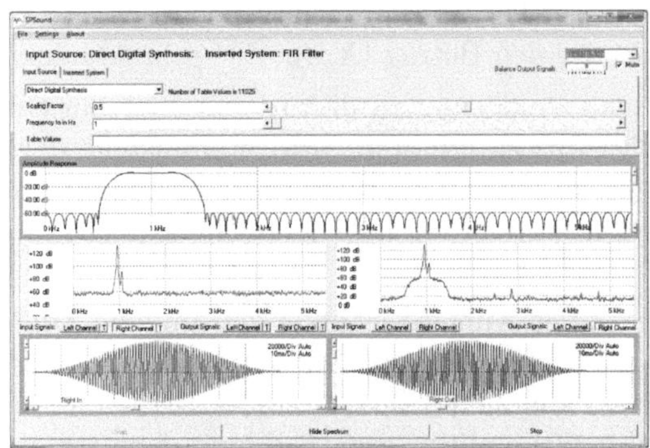


Bild 6.33: GUI des PC-Programms spsound

# Kapitel 7

# Digitalfilter

## 7.1 Einführung

Der Entwurf, die Realisierung und der Einsatz digitaler Filter ist *das* klassische Anwendungsgebiet der digitalen Signalverarbeitung. Die Theorie der digitalen Filter ist im wesentlichen seit über vierzig Jahren bekannt, doch erst seit dem Aufkommen der Signalprozessoren in den Achtzigerjahren wurden Digitalfilter ähnlich populär wie die traditionellen LC- und aktiven RC-Filter. Heute haben sie, mindestens im Tieffrequenzbereich bis etwa 200 kHz, die analogen Filter in ihrer Bedeutung übertroffen. Da Computer immer schneller und leistungsfähiger werden, wird sich diese Frequenzgrenze in Zukunft weiter nach oben verschieben.

Unter einem Filter versteht man ein System, das gewisse Frequenzkomponenten im Vergleich zu anderen verändert, beispielsweise indem es sie unterdrückt, verstärkt oder in ihrer Phase verschiebt. Unter diesen Systemen spielen die stabilen und kausalen LTI-Systeme, welche sich durch eine rationale Übertragungsfunktion mit reellen Koeffizienten beschreiben lassen, die weitaus wichtigste Rolle. Solche Filter werden meistens einfach als *lineare Digitalfilter* bezeichnet.

In den folgenden Ausführungen geht es darum, dem Leser oder der Leserin das nötige Rüstzeug zum Verstehen und Lösen von Filteraufgaben zu vermitteln. Um diesem Anspruch gerecht zu werden, sollen zunächst die Grundlagen der linearen Digitalfilter-Theorie zusammenfasst werden.

### 7.1.1 Echtzeitsystem zur digitalen Filterung

Wir wollen in diesem Unterkapitel anhand von Bild 7.1 den grundsätzlichen Aufbau eines Echtzeitsystems zur digitalen Filterung diskutieren.

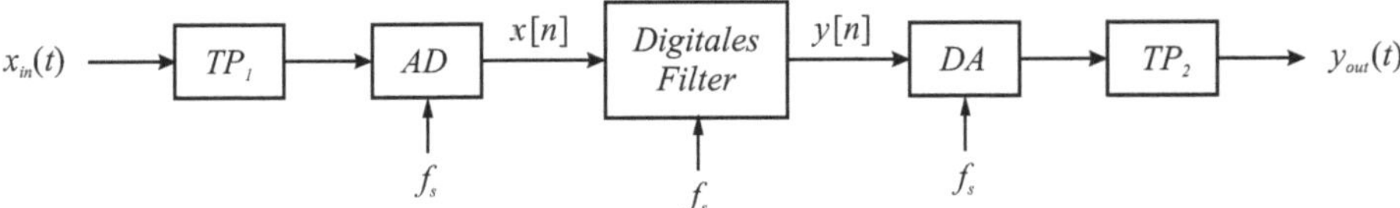


Bild 7.1: Typisches Echtzeit-System zur digitalen Filterung

Das zeitkontinuierliche Eingangssignal $x_{in}(t)$ wird zuerst auf ein analoges Tiefpassfilter $\text{TP}_1$ geführt, das als Antialiasingfilter wirkt. Das bandbegrenzte Signal wird dann in einem *A*nalog-*D*igital-Wandler mit der Frequenz $f_s$ abgetastet und in eine Zahlenfolge verwandelt. Das so erhaltene digitale Signal $x[n]$ wird auch als Folge, Sequenz, zeitdiskretes Signal oder einfach als diskretes Signal bezeichnet. Der Block „Digitales Filter“ besteht aus einem digitalen Rechner, der aus den Eingangsfolgewerten $x[n]$ die Ausgangsfolgewerte $y[n]$ berechnet. Diese Zahlenfolge wird in einem *D*igital-*A*nalog-Wandler in eine zeitkontinuierliche, treppenförmige Spannung umgesetzt und anschliessend mit dem Tiefpassfilter $\text{TP}_2$ geglättet. $\text{TP}_1$ und $\text{TP}_2$ sind analoge Bandbegrenzungsfilter und dienen zur Unterdrückung hoher Frequenzanteile. Wünscht man ebenfalls eine Unterdrückung der DC-Komponente, wie beispielsweise in der Audiosignalverarbeitung, dann werden sie durch Bandpassfilter ersetzt.

Das Antialiasingfilter $\text{TP}_1$ und das Glättungsfilter $\text{TP}_2$ werden als passive oder aktive RC-Filter oder als SC-Filter (Schalter-Kondenaor-Filter, Switched-Capacitor-Filter [vG85]) ausgeführt. AD- und DA-Wandler sind hybride Bausteine, d. h. Bausteine, die in gemischt analog-digitaler Schaltungstechnik gebaut sind [Mit06]. Den digitalen Rechner gibt es in verschiedenen Ausführungsformen. Ausserordentlich populär sind Signalprozessoren, d. h. Mikrocomputer, die speziell zur Verarbeitung von diskreten Signalen hergestellt wurden [Dob04], [CR08]. Für hohe Abtastfrequenzen existieren spezielle Digitalfilterchips und selbstverständlich lässt sich grundsätzlich jeder beliebige Computer, wie z. B. ein Notebook, ein PC oder eine Workstation als Digitalfilter programmieren.

### 7.1.2 Filterfunktionen

Die vier klassischen Filterfunktionen sind die Tiefpass-, die Bandpass-, die Hochpass- und die Bandsperrenfunktion, wie sie in Bild 7.2 schematisch dargestellt sind.

Die Parameter $f_{pass}$, $f_{pass_1}$ und $f_{pass_2}$ nennt man *Durchlassfrequenzen* und die Parameter $f_{stop}$, $f_{stop_1}$ und $f_{stop_2}$ *Sperrfrequenzen.* Auf Englisch werden sie als passband frequencies und als stopband frequencies bezeichnet und die entsprechenden Filter heissen low-pass , bandpass, high-pass und bandstop filter.

Die drei Frequenzbereiche, die durch die Durchlass- und Sperrfrequenzen begrenzt werden, heissen *Durchlass-*, *Übergangs-* und *Sperrbereich* (engl: passband, transition band und stopband).

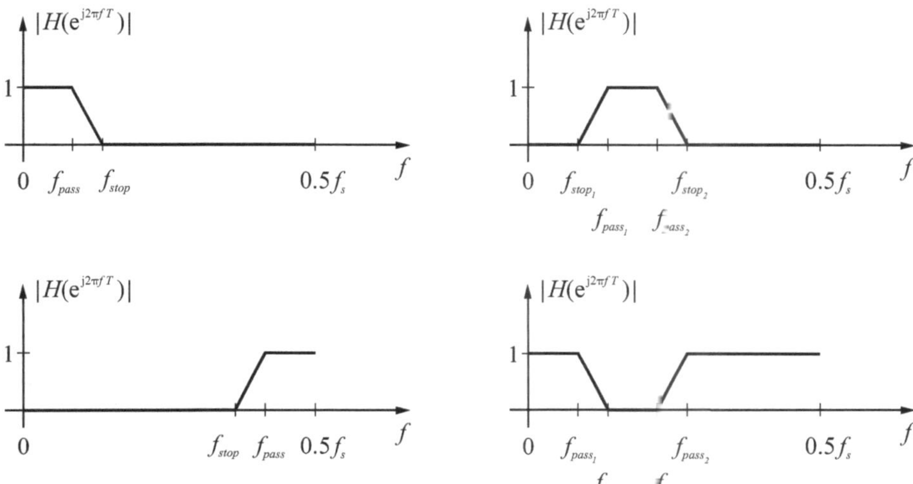


Bild 7.2: Schematische Amplitudengänge der vier klassischen Filterfunktionen: Tiefpass, Bandpass, Hochpass und Bandsperre

Ein weiteres Filter ist das Multiband-Filter, das mehrere Durchlass- und Sperrbereiche mit unterschiedlicher Gewichtung aufweist (Bild 7.3).

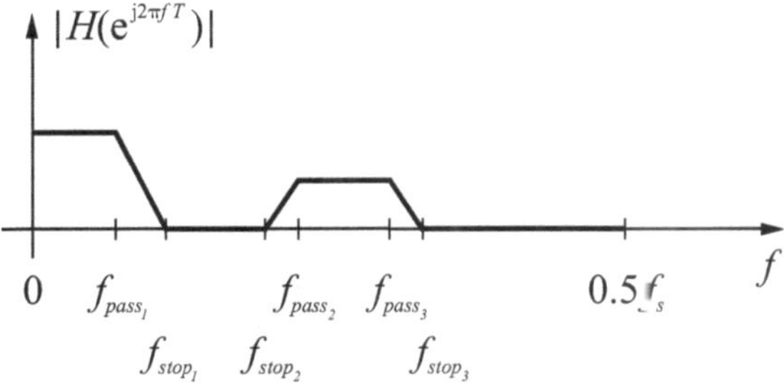


Bild 7.3: Schematischer Amplitudengang eines Multiband-Filters

Zu den Filtern zählt man auch den Differentiator und den Hilbert-Transformator [vG08b]. Dies sind Filter, deren Frequenzgänge gemäß Bild 7.4 spezifiziert sind.

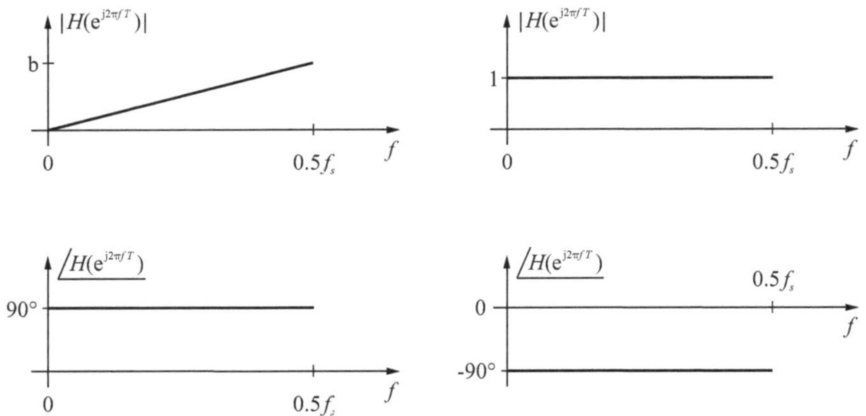


Bild 7.4: Frequenzgänge des Differentiators (links) und des Hilbert-Transformators (rechts)

Vervollständigt wird der Katalog von Filterfunktionen durch den Allpass, einem Filter mit konstantem Amplitudengang und frequenzabhängigem Phasengang gemäß Bild 7.5.

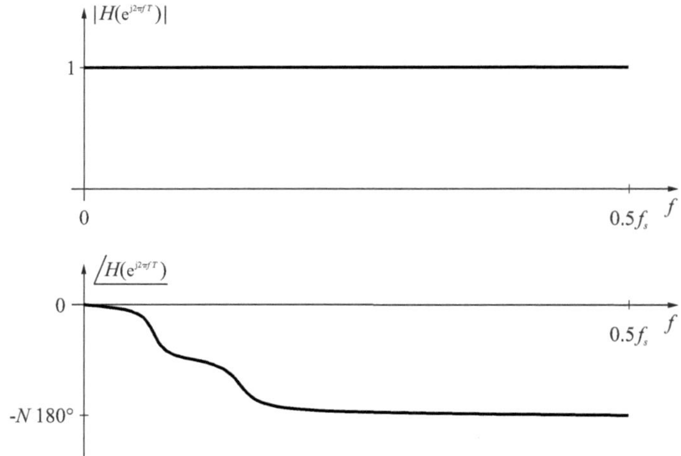


Bild 7.5: Frequenzgang eines Allpasses N-ter Ordnung

Damit sind die wichtigsten Filterfunktionen beschrieben und wir wollen im nächsten Unterkapitel zum besseren Verständnis der linearen Digitalfilter die Grundlagen der diskreten linearen Systeme kurz zusammenfassen.

### 7.1.3 Das Digitalfilter als LTI-System

Wie eingangs erwähnt, gehen wir davon aus, dass das Digitalfilter ein stabiles und kausales LTI-System ist (engl: *l*inear *ti*me invariant system), das sich mit einer rationalen *Übertragungsfunktion* mit reellen Koeffizienten beschreiben lässt:

$$H(z) = \frac{b_0 + b_1 z^{-1} + \cdots + b_N z^{-N}}{1 + a_1 z^{-1} + \cdots + a_M z^{-M}} . \tag{7.1}$$

Die Übertragungsfunktion $H(z)$ definiert das Übertragungsverhalten des Systems und die grössere der beiden natürlichen Zahlen $N$ und $M$ legt seine *Ordnung* fest. Sind alle rekursiven Koeffizienten $a_i$ gleich null, dann spricht man von einem *nichtrekursiven* LTI-System oder einfach von einem *FIR-Filter*, andernfalls von einem *rekursiven* LTI-System oder von einem *IIR-Filter*.

Unter dem *Frequenzgang* versteht man die Übertragungsfunktion, ausgewertet auf dem Einheitskreis der $z$-Ebene:

$$H(e^{j2\pi fT}) = H(z)|_{z=e^{j2\pi fT}} . \tag{7.2}$$

Den Betrag $|H(e^{j2\pi fT})|$ nennt man *Amplitudengang*, der Winkel $\angle H(e^{j2\pi fT})$ heisst *Phasengang* und die negative Ableitung des Phasengangs

$$\tau_g(e^{j2\pi fT}) = -\frac{1}{2\pi}\frac{d\angle H(e^{j2\pi fT})}{df} \tag{7.3}$$

ist die *Gruppenlaufzeit*.

Transformieren wir die Übertragungsfunktion in den diskreten Zeitbereich, so erhält man die *Impulsantwort*:

$$H(z) \quad \bullet\!\!-\!\!\circ \quad h[n] . \tag{7.4}$$

Im Bildbereich ist das Ausgangssignal gleich dem Eingangssignal multipliziert mit der Übertragungsfunktion:

$$Y(z) = H(z)X(z) \tag{7.5}$$

und im Zeitbereich ist das Ausgangssignal gleich dem Eingangssignal gefaltet mit der Impulsantwort:

$$y[n] = h[n] * x[n] . \tag{7.6}$$

Setzen wir für $H(z)$ in Gl.(7.5) die rationale Funktion (7.1) ein, dann führt die Rücktransformation auf die *Differenzengleichung*

$$y[n] = -\sum_{i=1}^{M} a_i y[n-i] + \sum_{i=0}^{N} b_i x[n-i] . \tag{7.7}$$

Aus dieser kann man das *Signalflussdiagramm*[1] zusammengesetzt aus den drei Elementen „Addierer", „Multiplizierer mit einer Konstanten" und „Verzögerungselement" herleiten.

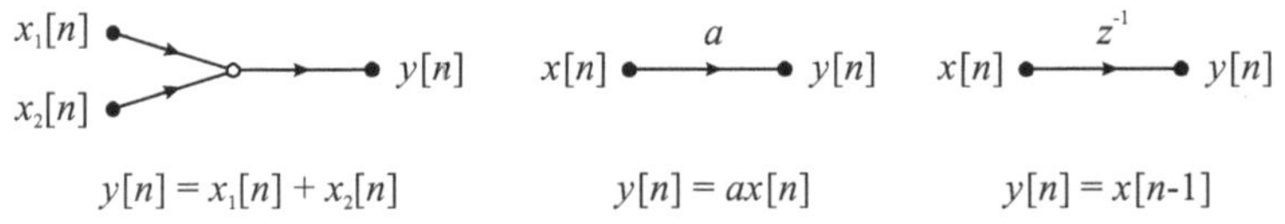

Bild 7.6: Signalflussdiagramm-Darstellung der drei Elemente „Addierer", „Multiplizierer mit einer Konstanten" und „Verzögerungselement"

Schliesslich können wir die Übertragungsfunktion noch in die Form

$$H(z) = b_0 z^{M-N} \frac{(z-z_1)(z-z_2)\cdots(z-z_N)}{(z-p_1)(z-p_2)\cdots(z-p_M)} \tag{7.8}$$

bringen und die Parameter $p_i$ und $z_i$ als *Pole* und *Nullstellen* definieren.

Zusammengefasst:

*Ein lineares Digitalfilter beschreibt man gewöhnlich mithilfe seiner Übertragungsfunktion. Aus ihr lassen sich die wichtigsten Filter-Beschreibungen und Realisierungen ableiten.*

Zur Illustration der zusammengefassten Theorie betrachten wir ein Beispiel.

**Beispiel:** Wir analysieren ein IIR-Filter 2.Ordnung mit der Übertragungsfunktion

$$H(z) = \frac{0.2452 - 0.2452z^{-2}}{1 - 1.2841z^{-1} + 0.5095z^{-2}}$$

und der Abtastfrequenz $f_s = 1\,\text{kHz}$.

Durch Anwenden der MATLAB-Befehle `freqz`, `abs`, `angle`, `grpdelay` und `impz` finden wir den Amplitudengang, den Phasengang, die Gruppenlaufzeit und die Impulsantwort in Bild 7.7.

[1]Das Signalflussdiagramm ist eine vereinfachte Form des Blockdiagramms: Additionspunkte werden durch kleine Kreise und Eingangs-, Ausgangs- und Abzweigknoten werden durch kleine, schwarz ausgefüllte Kreise symbolisiert. Der Multiplizierer wird durch einen Pfeil dargestellt, bei dem die Konstante steht. Ein Pfeil, bei dem das Symbol $z^{-1}$ steht, stellt ein Verzögerungselement dar und ein Pfeil ohne Symbol ist ein gewöhnlicher Signalpfad.

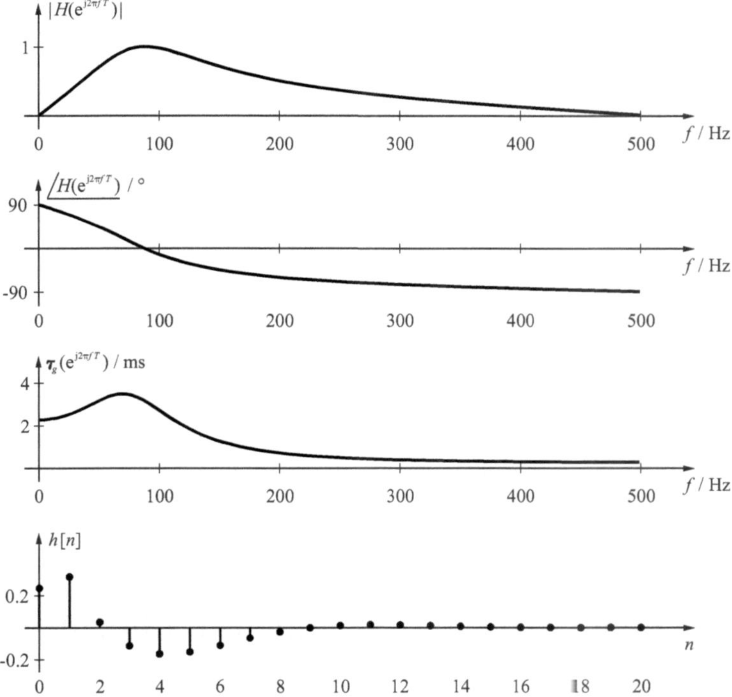


Bild 7.7: Amplitudengang, Phasengang, Gruppenlaufzeit und Impulsantwort

Die Differenzengleichung lautet:

$$y[n] = 1.2841\,y[n-1] - 0.5095\,y[n-2] + 0.2452\,x[n] - 0.2452\,x[n-2]$$

und ein mögliches Signalflussdiagramm hat folgendes Aussehen:

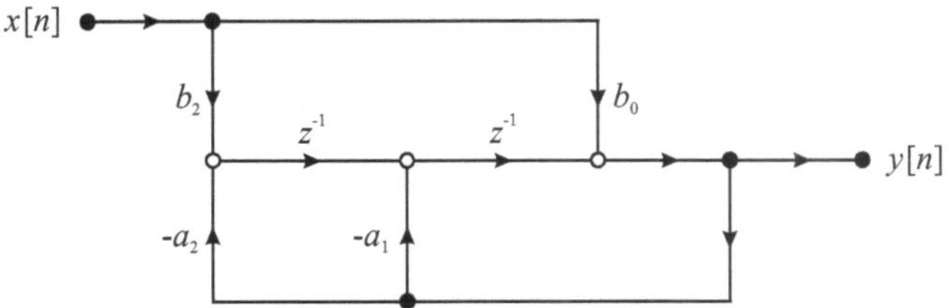


Bild 7.8: Signalflussdiagramm

Die Übertragungsfunktion

$$H(z) = b_0 \frac{(z-z_1)(z-z_2)}{(z-p_1)(z-p_2)} \tag{7.9}$$

hat das Pol-Nullstellen-Diagramm im Bild 7.9.

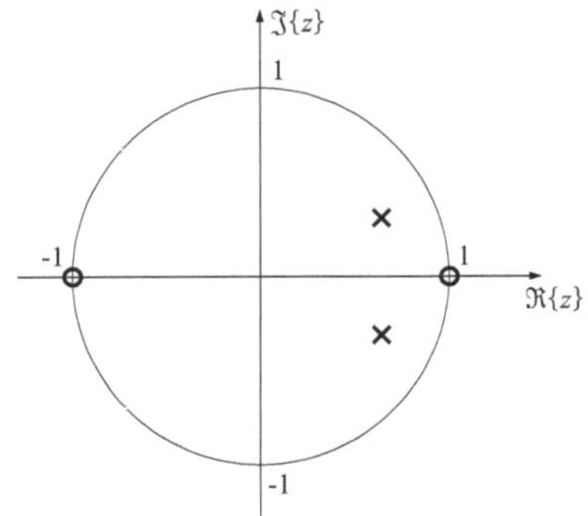


Bild 7.9: Pol-Nullstellen-Diagramm ■

Wie wir gesehen haben, steht die Übertragungsfunktion im Zentrum der Digitalfilter-Theorie. In den folgenden Unterkapiteln geht es um die Frage, wie man die Übertragungsfunktion findet, wie sie zu realisieren ist und welche Vor- und Nachteile die einzelnen Realisierungen aufweisen.

## 7.2 Eigenschaften und Strukturen digitaler Filter

Lineare Digitalfilter teilt man ein in FIR- und IIR-Filter. Beide Filterklassen haben interessante Eigenschaften, die wir im Folgenden kennen lernen wollen. Des Weiteren werden wir einige Signalflussdiagramme zur ihrer Realisierung vorstellen. Das entsprechende Signalflussdiagramm, das eine vereinfachte Form des Blockdiagramms ist, nennt man die *Struktur* eines Digitalfilters. Kennen wir die Struktur, dann sind wir in der Lage, ein Programm zu schreiben und das Digitalfilter auf einem digitalen Rechner zu implementieren. Die verschiedenen Strukturen werden wir in Abschn. 7.4 und Abschn. 7.5 mit ihren Vor- und Nachteilen beschrieben.

### 7.2.1 Eigenschaften und Strukturen von FIR-Filtern

#### Grundlagen

Unter einem FIR-Filter $N$-ter Ordnung verstehen wir ein Digitalfilter mit der Übertragungsfunktion

$$H(z) = b_0 + b_1 z^{-1} + \cdots + b_N z^{-N} . \tag{7.10}$$

Durch Rücktransformation in den Zeitbereich erhalten wir daraus die Impulsantwort:

$$h[n] = b_0\delta[n] + b_1\delta[n-1] + \cdots + b_N\delta[n-N] . \tag{7.11}$$

In Sequenzschreibweise:

$$\{h[n]\} = \{b_0, b_1, \cdots, b_N\} . \tag{7.12}$$

Daraus erkennen wir, dass die Dauer der Impulsantwort endlich ist und ihre Länge $N + 1$ beträgt. Es ist diese endliche Länge, die zur Bezeichnung *FIR-Filter* (engl: *f*inite *i*mpulse *r*esponse filter) geführt hat.

Die Impulsantwort eines FIR-Filters $N$-ter Ordnung lautet allgemein:

$$\{h[n]\} = \{h[0], h[1], \cdots, h[N]\}\,. \tag{7.13}$$

Ein Vergleich mit Gl.(7.12) zeigt, dass die Werte $h[0], h[1], \ldots, h[N]$ der Impulsantwort gleich den Filterkoeffizienten $b_0, b_1, \ldots, b_N$ sind.

Durch Erweiterung mit $z^N$ kann die Übertragungsfunktion auch in der Form

$$H(z) = \frac{b_0 z^N + b_1 z^{N-1} + \cdots + b_N}{z^N} \tag{7.14}$$

geschrieben werden. Daraus geht hervor, dass alle Pole im Ursprung liegen und dass das FIR-Filter somit immer stabil ist.

### Eigenschaften symmetrischer FIR-Filter

Ihrer günstigen Eigenschaften wegen erzeugen Entwurfsverfahren in der Regel symmetrische FIR-Filter. Unter einem symmetrischen FIR-Filter versteht man ein Filter, das eine spiegel- oder punktsymmetrische Impulsantwort gemäß Bild 7.10 hat.

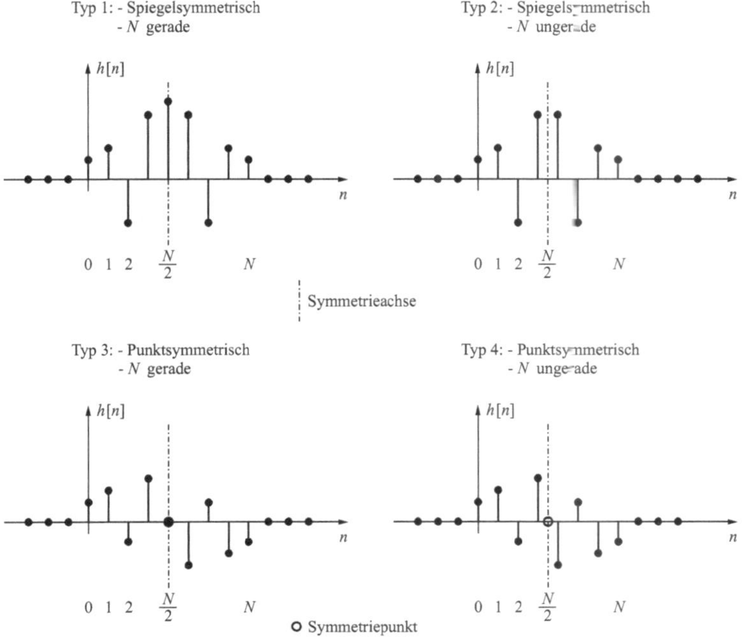


Bild 7.10: Impulsantworten der vier symmetrischen FIR-Filtertypen

Aus den Theoremen (2.57), (2.60) und (2.61) folgt, dass der Frequenzgang der spiegelsymmetrischen Typen 1 und 2 in der Form

$$H(e^{j2\pi fT}) = R(e^{j2\pi fT})e^{-j2\pi f\frac{N}{2}T} \tag{7.15}$$

und der Frequenzgang der punktsymmetrischen Typen 3 und 4 in der Form

$$H(e^{j2\pi fT}) = R(e^{j2\pi fT})e^{-j(\frac{\pi}{2}+2\pi f\frac{N}{2}T)} \tag{7.16}$$

geschrieben werden kann, wobei $R(e^{j2\pi fT})$ eine reelle Frequenzfunktion und $T$ das Abtastintervall ist. Vernachlässigen wir die durch den Vorzeichenwechsel von $R(e^{j2\pi fT})$ verursachten Phasensprünge der Sprunghöhe $\pi$ ($\widehat{=}180^o$), dann folgt daraus für den Phasengang von Typ 1 und 2:

$$\angle H(e^{j2\pi fT}) = -2\pi f\frac{N}{2}T \tag{7.17}$$

und denjenigen von Typ 3 und 4:

$$\angle H(e^{j2\pi fT}) = -(\frac{\pi}{2} + 2\pi f\frac{N}{2}T)\,. \tag{7.18}$$

Gl.(7.3) angewendet, ergibt die Gruppenlaufzeit aller vier Filtertypen:

$$\tau_g(e^{j2\pi fT}) = \frac{N}{2}T\,. \tag{7.19}$$

Wir können folgendes Fazit ziehen:

- Der Phasengang $\angle H(e^{j2\pi fT})$ eines symmetrischen FIR-Filters ist – abgesehen von $180^o$-Phasensprüngen – eine lineare Funktion von $f$. Dies ist der Grund, weshalb symmetrische FIR-Filter auch als linearphasige FIR-Filter bezeichnet werden. Die Phasensprünge treten an Punkten auf der Frequenzachse auf, wo der Frequenzgang null und somit auch das Ausgangssignal null ist. Die Phasensprünge haben demnach keine praxisrelevante Bedeutung.

- Die Gruppenlaufzeit $\tau_g(e^{j2\pi fT})$ symmetrischer FIR-Filter ist konstant und ihr Wert ist gleich $\frac{N}{2}T$.

Filter mit konstanter Gruppenlaufzeit haben die positive Eigenschaft, dass sie im Durchlassbereich liegende Signale nicht verzerren, sondern nur verzögern (siehe dazu Aufgabe 2). Zudem bleibt bei der Filterung symmetrischer Pulse die Symmetrie erhalten, was für viele Anwendungen ebenfalls vorteilhaft ist. Diese Eigenschaft ist im Beispiel auf der nächsten Seite illustriert.

**Beispiel:** Wir betrachten ein Tiefpass-Filter mit dem Amplituden- und Phasengang in Bild 7.11.

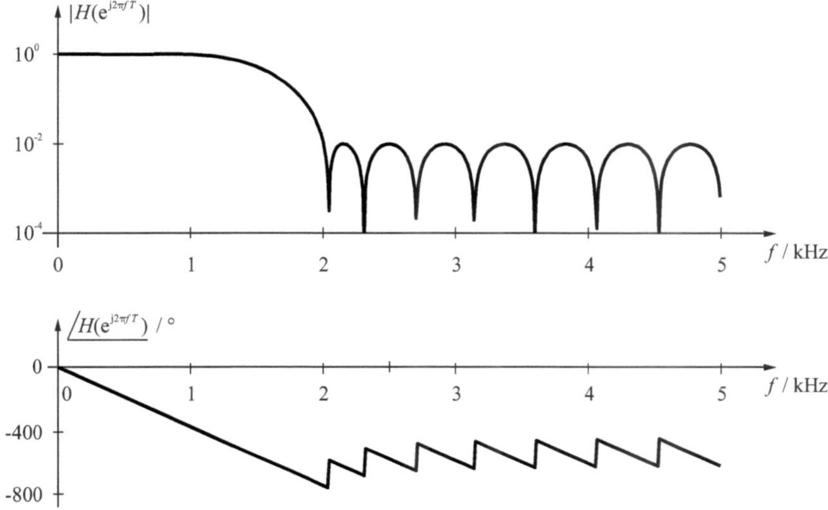


Bild 7.11: Amplituden- und Phasengang eines symmetrischen FIR-Filters

Es handelt sich um ein symmetrisches FIR-Filter vom Typ 2, wie aus der dazugehörigen Impulsantwort in Bild 7.12 hervorgeht.

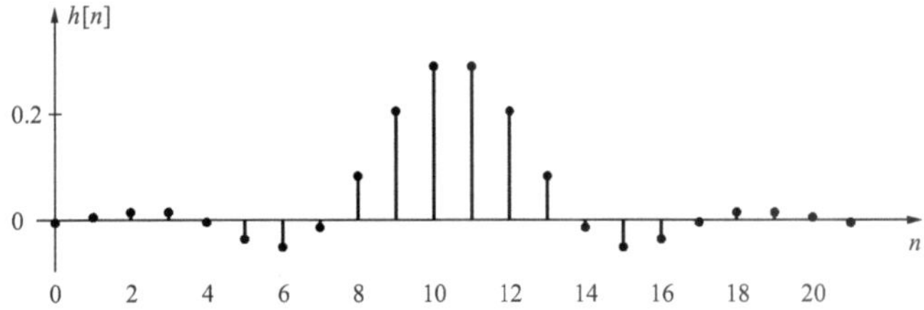


Bild 7.12: Impulsantwort des symmetrischen FIR-Filters

Abgesehen von den erwähnten $180^o$-Phasensprüngen ist der Phasengang linear. Die Phasensprünge treten an Stellen auf, wo die Übertragungsfunktion Nullstellen auf dem Einheitskreis hat (siehe Pol-Nullstellen-Diagramm in Bild 7.13 und Amplitudengang in Bild 7.11). Die Phasensprünge haben deshalb keinen Einfluss auf das Übertragungsverhalten.

Die Nullstellen sind bezüglich der reellen Achse und des Einheitskreises symmetrisch verteilt. Diese Symmetrien sind auf die reellen Koeffizienten und die symmetrische Impulsantwort zurückzuführen [OSB04]. Die Länge des Filters ist 22, wie man in Bild 7.12 sieht. Demnach muss die Übertragungsfunktion 21 Nullstellen und 21 im Ursprung liegende Pole haben.

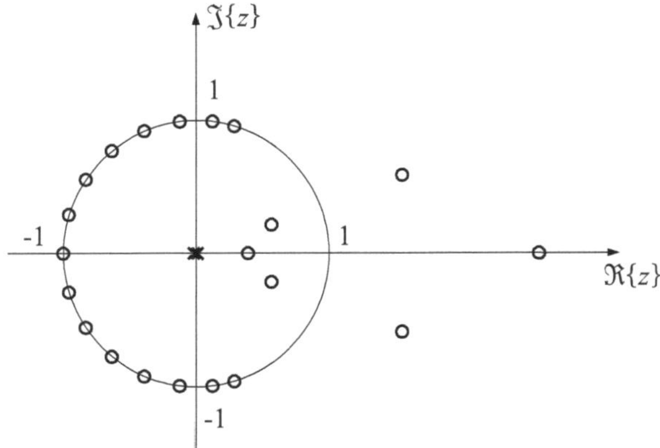


Bild 7.13: Pol-Nullstellen-Diagramm des symmetrischen FIR-Filters

Wir wollen nun die Wirkung des Filters untersuchen, wenn an den Eingang ein punktsymmetrischer Doppel-Rechteckpuls angelegt wird (Bild 7.14 oben). Bei Betrachtung des Ausgangssignals (Bild 7.14 unten) sind zwei Punkte erwähnenswert: 1. Zwar ist der tiefpassgefilterte Rechteckpuls wie erwartet verschmiert, aber er ist immer noch punktsymmetrisch. 2. Der Schwerpunkt des gefilterten Rechteckpulses ist gegenüber dem Schwerpunkt des Eingangs-Reckteckpulses um die Gruppenlaufzeit $\tau_g = 1.05\,\mathrm{ms}$ verzögert. Diese Verzögerung illustriert sehr schön die Bedeutung der Gruppenlaufzeit als Schwerpunktverschiebung bei einem Energiesignal.

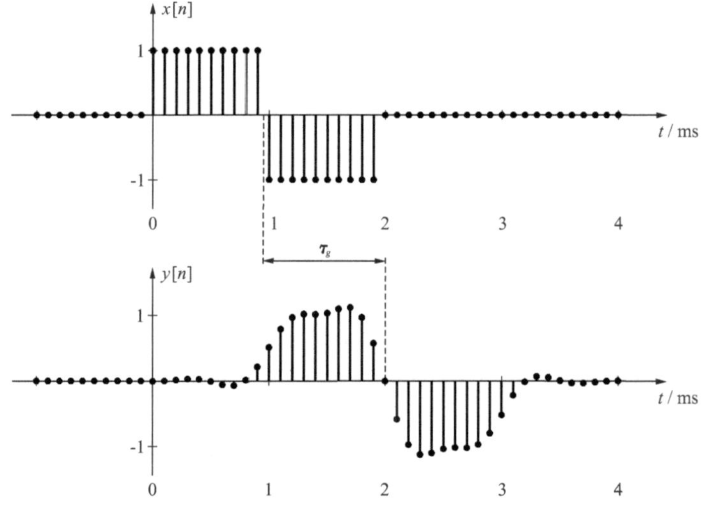


Bild 7.14: Eingangs- und Ausgangssignal des symmetrischen FIR-Filters

Die Wirkung des Tiefpassfilters im Frequenzbereich ist in Bild 7.15 gezeigt. Oben ist das Betragsspektrum des Doppelrechteckpulses ersichtlich und unten das Betragsspektrum des tiefpassgefilterten Doppelrechteckpulses.

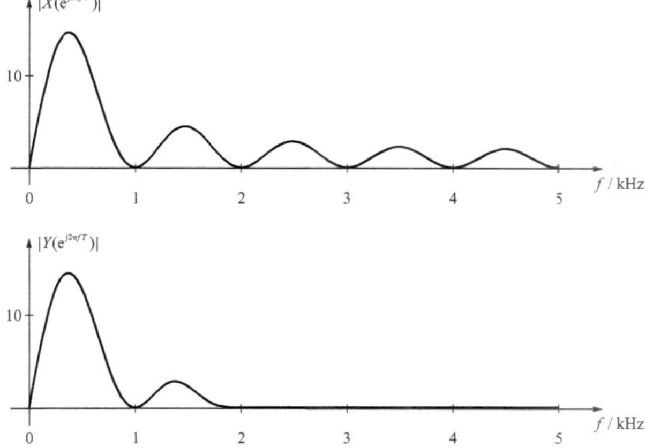


Bild 7.15: Eingangs- und Ausgangsspektrum des symmetrischen FIR-Filters

■

Mit den vier symmetrischen FIR-Filter-Typen lassen sich nicht Digitalfilter beliebiger Ordnung und Funktion realisieren. Die möglichen Realisierungen sind in der untenstehenden Tabelle zusammengestellt [Por97].

| Typ | 1 | 2 | 3 | 4 |
|---|---|---|---|---|
| Ordnung | gerade | ungerade | gerade | ungerade |
| Filterfunktion | TP, HP, BP, BS, Multiband | TP, BP | Hilbert-Transformator | Differentiator |

Tabelle 7.1: Ordnung und Filterfunktion der vier symmetrischen FIR-Filtertypen

### Strukturen symmetrischer FIR-Filter

Die klassische Struktur zur Realisierung eines FIR-Filters ist die *Direktform-* oder *Transversalfilter-Struktur* in Bild 7.16.

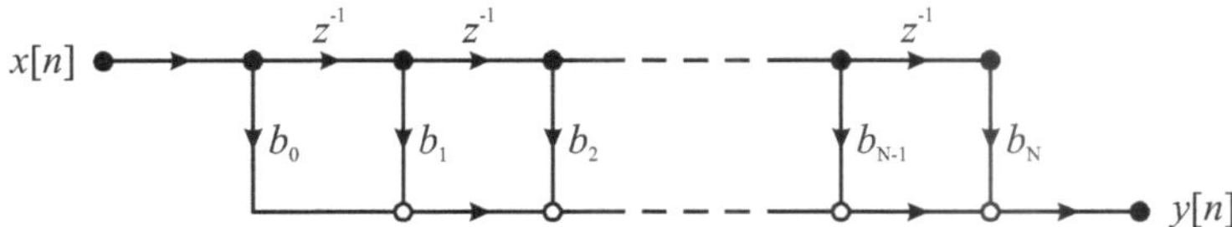


Bild 7.16: Direktform- oder Transversalfilter-Struktur eines FIR-Filters

Diese Struktur wird im Englischen etwa auch als „Tapped Delay“-Struktur bezeichnet, weil sie aus einer Kaskade von Verzögerungselementen besteht, deren Ausgänge abgegriffen und mit einem Multiplizierer versehen sind. Verzögerungselemente realisiert man mittels Speicherzellen; deren Inhalte werden mit den entsprechenden $b$-Koeffizienten multipliziert und anschliessend addiert. Zur Implementation der Direktform-Struktur auf einem digitalen Computer muss demnach folgende Differenzengleichung programmiert werden:

$$y[n] = b_0 x[n] + b_1 x[n-1] + \cdots + b_N x[n-N]\,. \tag{7.20}$$

Aus der Differenzengleichung wie auch aus dem Signalflussdiagramm folgt, dass zur Berechnung eines Ausgangsabtastwerts $(N{+}1)$ Multiplikationen und $N$ Additionen eforderlich sind.

Die Hälfte der Multiplikationen kann man sich ersparen, wenn die Symmetrie des FIR-Filters ausgenützt wird. Die entsprechende Struktur – dargestellt in Bild 7.17 am Beispiel eines FIR-Filters vom Typ 1 – wird *Linear-Phasen-Struktur* genannt.

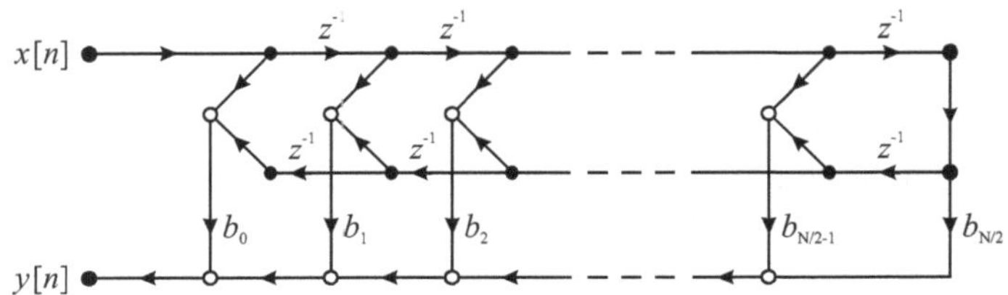


Bild 7.17: Linear-Phasen-Struktur eines FIR-Filters vom Typ 1

Die dazugehörige Differenzengleichung lautet dann:

$$y[n] = b_0(x[n]+x[n-N])+b_1(x[n-1]+x[n-N+1])+\cdots+b_{\frac{N}{2}}x[n-\frac{N}{2}]\,. \tag{7.21}$$

### 7.2.2 Eigenschaften und Strukturen von IIR-Filtern

#### Grundlagen

Unter einem IIR-Filter $N$-ter Ordnung versteht man ein Digitalfilter mit der Übertragungsfunktion[2]

$$H(z) = \frac{b_0 + b_1 z^{-1} + \cdots + b_N z^{-N}}{1 + a_1 z^{-1} + \cdots + a_N z^{-N}}\,, \tag{7.22}$$

wobei die Bedingung gilt, dass mindestens ein $a_i$-Koeffizient ungleich null ist.

[2]In der Praxis ist es üblich, dass der Zähler- und Nennergrad gleich gross sind. Sollte dies nicht der Fall sein, dann sind die hochgradigen $a_i$- oder $b_i$-Koeffizienten null zu setzen.

Die Impulsantwort $h[n]$ eines IIR-Filters ist – wie der Name sagt – i. Allg. unendlich lang und kann deshalb wie folgt ausgedrückt werden:

$$h[n] = \sum_{i=0}^{\infty} h[i]\delta[n-i]\,. \tag{7.23}$$

In Sequenzschreibweise:

$$\{h[n]\} = \{h[0], h[1], h[2], \cdots\}\,. \tag{7.24}$$

Wenn alle Pole von $H(z)$ durch Nullstellen kompensiert werden (wie in Aufgabe 3), dann hat die Impulsantwort endliche Länge und das Digitalfilter ist eigentlich ein FIR-Filter. Trotzdem wird auch für diesen Fall der Name „IIR-Filter" verwendet, weil sich diese Bezeichnung allgemein für Digitalfilter eingebürgert hat, die linear und rekursiv sind.

Wir wollen uns im Folgenden auf IIR-Filter beschränken, die eine unendlich lange Impulsantwort haben. Ein Beispiel dazu ist das Filter auf Seite 233, dessen Impulsantwort unendlich lang ist, jedoch aufgrund der erfüllten Stabilitätsbedingung gegen null strebt.

### Eigenschaften

**Stabilität** IIR-Filter sind rekursiv und können demnach *instabil* sein. Ihre Stabilität lässt sich am einfachsten anhand der Pole der Übertragungsfunktion $H(z)$ überprüfen. Liegen alle Pole innerhalb des Einheitskreises der z-Ebene, dann ist das Filter stabil.

**Phasengang und Gruppenlaufzeit** Der Phasengang eines IIR-Filters ist *nichtlinear* und die Gruppenlaufzeit ist infolgedessen *nicht konstant.* Andererseits sind IIR-Filter *minimalphasig*, vorausgesetzt, ausserhalb des Einheitskreises liegen keine Nullstellen [OSB04]. Unter einem minimalphasigen Filter versteht man ein LTI-System, dessen negativer Phasengang bei einem gegebenen Amplitudengang minimal ist. Minimalphasige Filter haben die Eigenschaft, dass ihre Gruppenlaufzeit ebenfalls *minimal* ist.

**Beispiel:** In Bild 7.18 links ist das PN-Diagramm, der Amplitudengang, der Phasengang und die Gruppenlaufzeit eines Minimalphasen-IIR-Filters dargestellt. Spiegelt man die Nullstellen am Einheitskreis[3], so entsteht daraus ein IIR-Filter mit gleichem Amplitudengang aber nichtminimalphasigem Phasengang [OSB04].

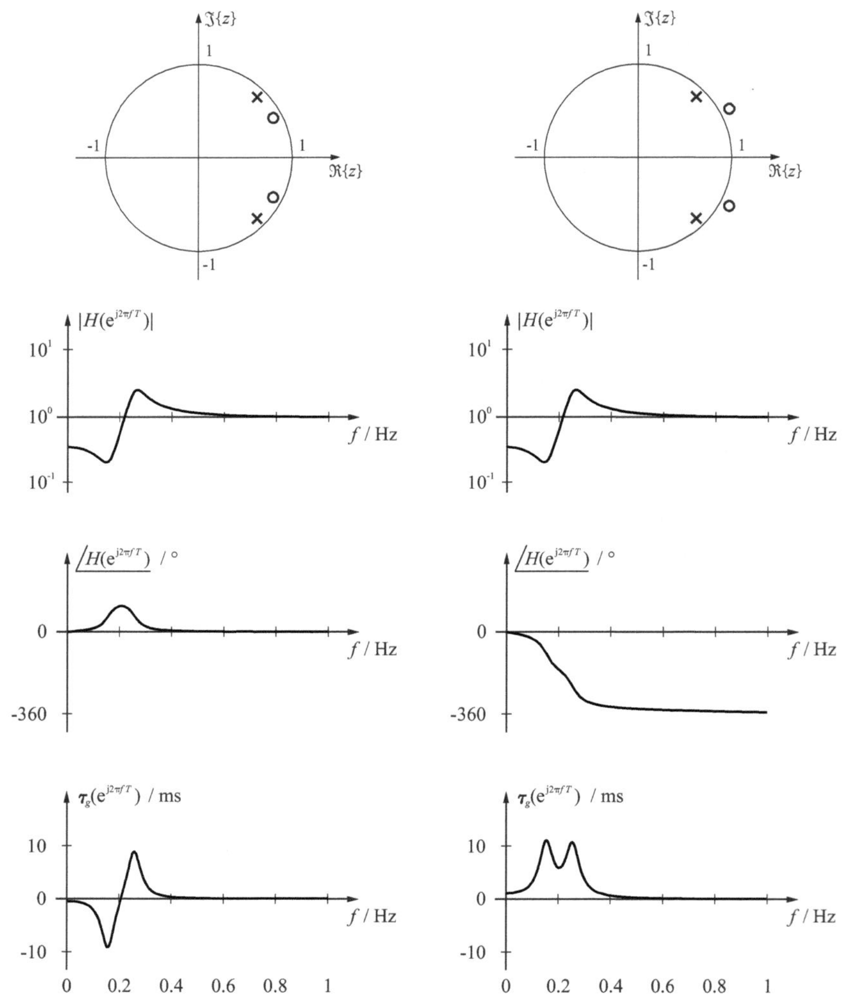


Bild 7.18: PN-Diagramm, Amplitudengang, Phasengang und Gruppenlaufzeit eines Minimalphasen-IIR-Filters (links) und eines Nichtminimalphasen-IIR-Filters (rechts), $f_s = 2\,\text{Hz}$

■

[3]Unter dem Spiegeln einer Nullstelle am Einheitskreis versteht man die Operationen „Invertieren“ und „Konjugieren“: $z_{i_{gespiegelt}} = 1/z_i^*$.

**Filterfunktionen** Mit IIR-Filtern lassen sich folgende Filterfunktionen realisieren: *Tiefpass*, *Hochpass*, *Bandpass*, *Bandsperre*, *Allpass* und *Integrator*.

**Beispiel:** Ein LTI-System mit der Übertragungsfunktion

$$H(z) = \frac{b_0}{1 - z^{-1}} \tag{7.25}$$

stellt einen einfachen Integrator dar. Bild 7.19 zeigt seinen Frequenzgang und seine Schrittantwort. Der Koeffizient $b_0$ ist so gewählt, dass der Amplitudengang bei $f = 10\,\text{Hz}$ den Wert von 1 hat ($f_s = 1\,\text{kHz}$).

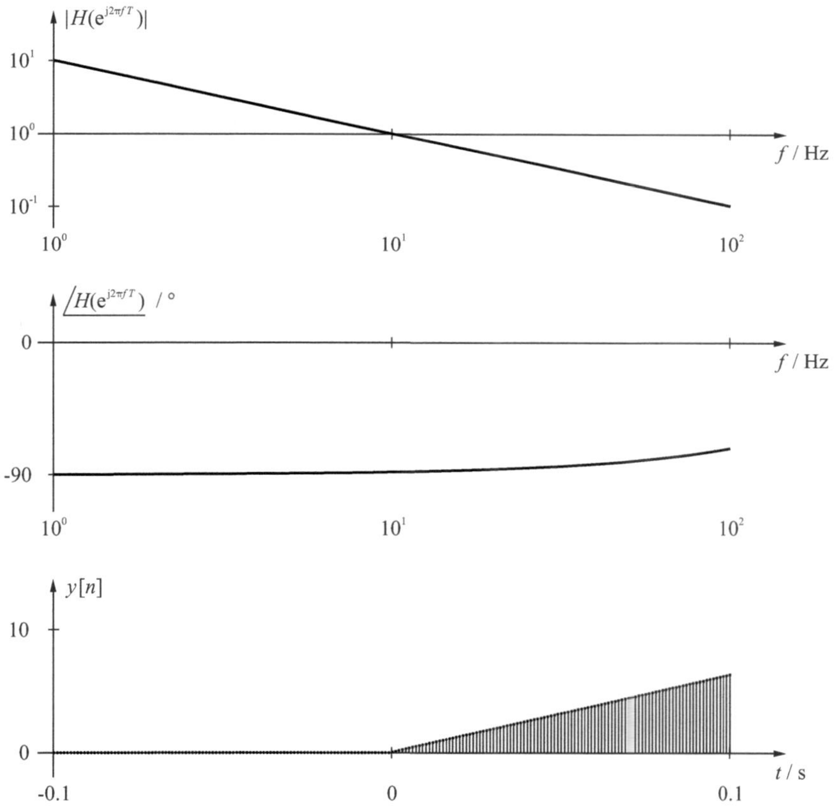


Bild 7.19: Amplitudengang, Phasengang und Schrittantwort des Integrators

Amplitudengang und Schrittantwort zeigen das erwartete Verhalten: Der Amplitudengang hat eine Steigung von $-1$ Dekade pro Dekade und die Schrittantwort ist rampenförmig. Der Phasengang hingegen weicht gegenüber dem idealen, konstanten Phasengang von $-90^o$ geringfügig ab (siehe dazu Aufgabe 5b). ■

### Strukturen von IIR-Filtern

Die Differenzengleichung eines IIR-Filters

$$y[n] = -\sum_{i=1}^{N} a_i y[n-i] + \sum_{i=0}^{N} b_i x[n-i]$$

kann man als Paar zweier Differenzengleichungen schreiben:

$$w[n] = \sum_{i=0}^{N} b_i x[n-i] \tag{7.26}$$

$$y[n] = w[n] - \sum_{i=1}^{N} a_i y[n-i] \tag{7.27}$$

Die erste Differenzengleichung beschreibt ein FIR-Filter mit dem Eingang $x[n]$ und dem Ausgang $w[n]$. Die zweite Differenzengleichung gehört zu einem Allpol-Filter[4] mit dem Eingang $w[n]$ und dem Ausgang $y[n]$. Das Paar von Differenzengleichungen repräsentiert daher eine Kaskade von zwei Systemen:

$$Y(z) = \underbrace{B(z)}_{\text{System 1}} \cdot \underbrace{\frac{1}{A(z)}}_{\text{System 2}} \cdot X(z)\,.$$

Die dazugehörige Struktur nennt man *Direktform-I-Struktur*:

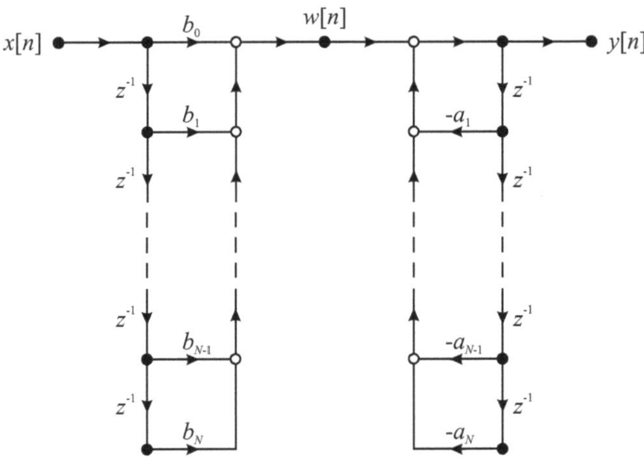


Bild 7.20: Direktform-I-Struktur eines IIR-Filters

[4]Ein Allpol-Filter ist ein IIR-Filter mit dem Zählerpolynomgrad 0. Es hat nur Pole und keine Nullstellen.

Vertauscht man die Reihenfolge der beiden Systeme, dann erhält man die *Direktform-II-Struktur* mit dem Differenzengleichungssystem

$$w[n] = x[n] - \sum_{i=1}^{N} a_i w[n-i] \tag{7.28}$$

$$y[n] = \sum_{i=0}^{N} b_i w[n-i] \tag{7.29}$$

und einem Signalflussdiagramm, in dem sich die beiden Signalpfade mit den Verzögerungsgliedern zu einem Pfad zusammenfassen lässt:

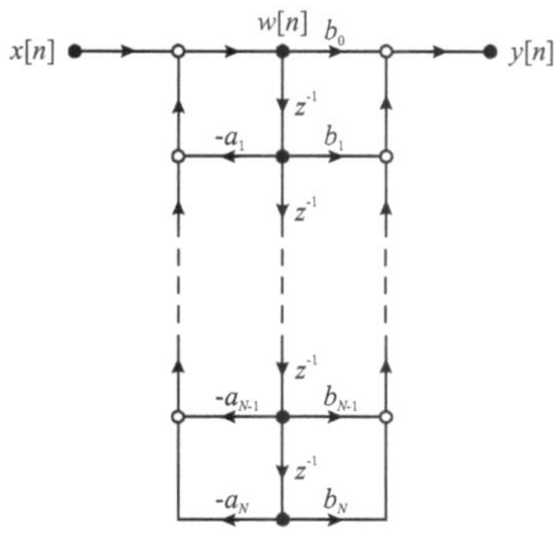


Bild 7.21: Direktform-II-Struktur eines IIR-Filters

Das Transponierungstheorem führt zur sogenannten *transponierten Direktform-Struktur*. Das Transponierungstheorem besagt: Werden alle Signalflussrichtungen umgekehrt, Eingang und Ausgang vertauscht, alle Addierer durch Knoten und alle Knoten durch Addierer ersetzt, dann ändert sich die Übertragungsfunktion nicht. Als Anwendungsbeispiel des Theorems ist in Bild 7.22 die transponierte Direktform-II-Struktur dargestellt.

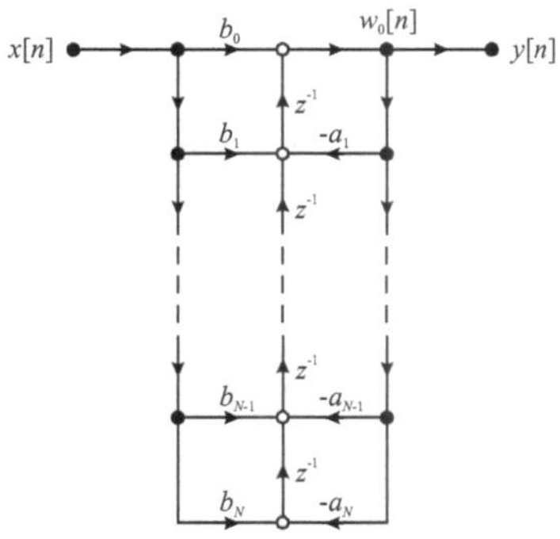


Bild 7.22: Transponierte Direktform-II-Struktur eines IIR-Filters

Diese Struktur kann durch die Programmierung des Differenzengleichungssystems

$$\begin{aligned}
w_0[n] &= b_0 x[n] + w_1[n-1] \\
w_1[n] &= b_1 x[n] + w_2[n-1] - a_1 w_0[n] \\
&\vdots \\
w_{N-1}[n] &= b_{N-1} x[n] + w_N[n-1] - a_{N-1} w_0[n] \\
w_N[n] &= b_N x[n] - a_N w_0[n] \\
y[n] &= w_0[n]
\end{aligned} \tag{7.30}$$

realisiert werden.

Die Direktform-II- und die transponierte Direktform-II-Struktur sind so genannte *kanonische* Strukturen, weil sie mit einer minimalen Anzahl von Verzögerungselementen verwirklicht werden können.

Wie wir später sehen werden, sind Direktform-Strukturen höherer Ordnung ungünstig. Besser funktionieren *Kaskaden-Strukturen*, welche auf der Zerlegung der Übertragungsfunktion in Blöcke 2. Ordnung basieren:

$$H(z) = \prod_{i=1}^{N/2} H_i(z) = \prod_{i=1}^{N/2} \frac{b_{0i} + b_{1i} z^{-1} + b_{2i} z^{-2}}{1 + a_{1i} z^{-1} + a_{2i} z^{-2}} \, . \tag{7.31}$$

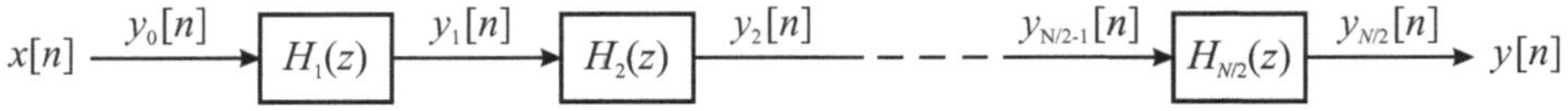

x[n]
y0[n]
H1(z)
y1[n]
H2(z)
y2[n]
yN/2-1[n]
HN/2(z)
yN/2[n]
y[n]

Bild 7.23: Kaskaden-Struktur eines IIR-Filters

In der Zerlegung (7.31) haben wir vorausgesetzt, dass die Filterordnung $N$ gerade ist. Ist der Filtergrad $N$ ungerade, dann erhöht man ihn um 1 und setzt die $a_{2i}$- und $b_{2i}$-Koeffizienten des ersten oder des letzten Blocks null.

In MATLAB kann man $H(z)$ mithilfe der Funktionen `tf2zp` und `zp2sos` in Blöcke 1. und 2. Ordnung zerlegen. Wegen der Wichtigkeit der Kaskadenstruktur können aber auch alle anderen DSV-Programme, wie z. B. LabVIEW, diese Zerlegung durchführen.

Eine geeignete Struktur zur Programmierung auf einem digitalen Signalprozessor ist die untenstehende Kaskadenstruktur:

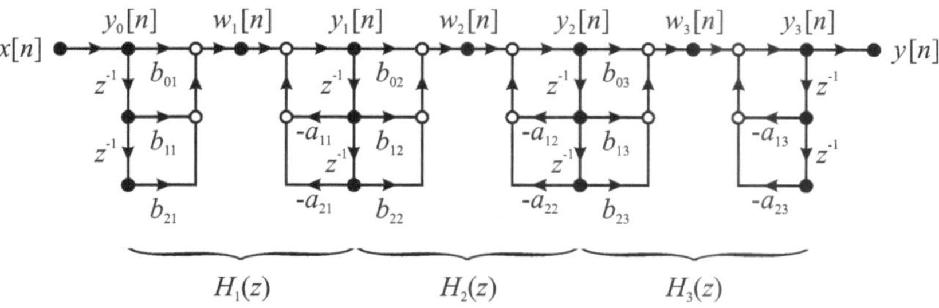


Bild 7.24: Kaskade der Ordnung $N = 6$ aus 3 Direktform-I-Strukturen 2. Ord.

Zur Implementierung dieser Struktur muss folgendes Differenzengleichungssystem programmiert werden (Aufgabe 6):

$$\begin{aligned}
y_0[n] &= x[n] \\
w_1[n] &= b_{01}y_0[n] + b_{11}y_0[n-1] + b_{21}y_0[n-2] \\
y_1[n] &= w_1[n] - a_{11}y_1[n-1] - a_{21}y_1[n-2] \\
w_2[n] &= b_{02}y_1[n] + b_{12}y_1[n-1] + b_{22}y_1[n-2] \\
y_2[n] &= w_2[n] - a_{12}y_2[n-1] - a_{22}y_2[n-2] \\
&\vdots \\
w_L[n] &= b_{0L}y_{L-1}[n] + b_{1L}y_{L-1}[n-1] + b_{2L}y_{L-1}[n-2] \\
y_L[n] &= w_L[n] - a_{1L}y_L[n-1] - a_{2L}y_L[n-2] \\
y[n] &= y_L[n]\,, \qquad \text{wobei: } L = N/2\,.
\end{aligned} \tag{7.32}$$

# 7.3 Entwurf digitaler Filter

## 7.3.1 Einführung

Wir haben im letzten Abschnitt Strukturen und Eigenschaften von FIR- und IIR-Filtern kennengelernt. In diesem Unterkapitel geht es um die Frage, wie man die Übertragungsfunktion eines FIR- oder eines IIR-Filters findet. In der Filtertechnik wird diese Aufgabe als Approximationsproblem oder einfach als Filterentwurf bezeichnet.

Wie wir wissen, schreibt sich die Übertragungsfunktion eines FIR-Filters als

$$H(z) = b_0 + b_1 z^{-1} + \cdots + b_N z^{-N} \tag{7.33}$$

und diejenige eines IIR-Filters als

$$H(z) = \frac{b_0 + b_1 z^{-1} + \cdots + b_N z^{-N}}{1 + a_1 z^{-1} + \cdots + a_N z^{-N}} \,. \tag{7.34}$$

Konkret lautet die Frage beim Approximationsproblem: Wie gross ist die Ordnung $N$ und welche Werte haben die Koeffizienten der Übertragungsfunktion, wenn man mit einem FIR- oder IIR-Filter einen Tiefpass, einen Hochpass, einen Bandpass oder eine Bandsperre gemäß Bild 7.25 realisieren will?

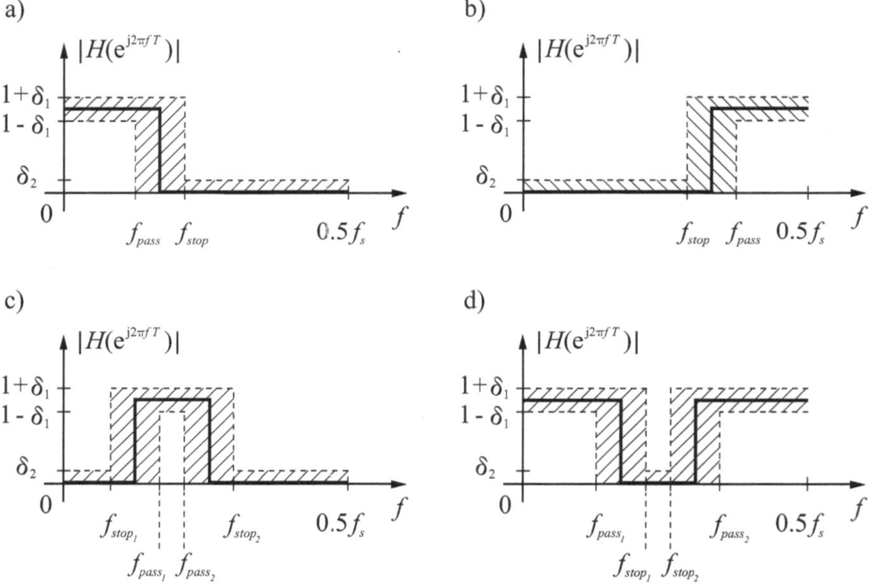


Bild 7.25: Die vier grundlegenden Filterfunktionen: Tiefpass, Hochpass, Bandpass und Bandsperre

Analog zu den vier Filtergrundfunktionen lassen sich auch Differenzierer, Hilbert-Transformatoren, Multibandfilter und Allpässe entwerfen. Differenzierer, Hilbert-Transformatoren und Multibandfilter realisiert man mittels FIR-Filtern und Allpässe mittels IIR-Filtern [vG08b]. Ein Allpass – auch als Phasenschieber oder Gruppenlaufzeitentzerrer bezeichnet – hat im Zähler- und Nennerpolynom die gleichen Filterkoeffizienten aber in entgegengesetzter Reihenfolge:

$$H(z) = \frac{a_N + a_{N-1} z^{-1} + \cdots + a_1 z^{-N+1} + z^{-N}}{1 + a_1 z^{-1} + \cdots + a_{N-1} z^{-N+1} + a_N z^{-N}} \,. \tag{7.35}$$

Filter mit rechteckförmigen Amplitudengängen haben eine unendlich hohe Ordnung und sind infolgedessen nicht realisierbar. In der Praxis legt man deshalb einen Toleranzbereich fest (in den Bildern schraffiert gezeichnet), in dem sich der Amplitudengang für ein bestimmtes Filter befinden darf. Man spricht in diesem Zusammenhang auch von einem Stempel-Matrizen-Schema. Die maximal zulässigen Abweichungen $\delta_1$ und $\delta_2$ vom idealen Amplitudengang heissen *Rippel im Durchlass-* und *Rippel im Sperrbereich*. Die Bereiche, die durch das Festlegen der Frequenzgrenzen entstehen, nennt man *Durchlass-*, *Übergangs-* und *Sperrbereich* und die dazugehörigen Frequenzgrenzen heissen *Durchlass-* und *Sperrfrequenzen*. Beim Tiefpassfilter (Bild 7.26) erstreckt sich der Durchlassbereich von 0 bis $f_{pass}$, der Übergangsbereich von $f_{pass}$ bis $f_{stop}$ und der Sperrbereich von $f_{stop}$ bis $0.5f_s$. Oberhalb der Nyquistfrequenz $0.5f_s$ wiederholen sich diese Bereiche, da der Amplitudengang eines zeitdiskreten Systems gemäß den Gleichungen (4.62) und (4.65) bekanntlich periodisch und symmetrisch ist.

Die Wahl der Toleranzgrenzen ist eine typische Ingenieuraufgabe und hängt von der Anwendung des Filters ab. Allgemein gilt, dass die Ordnung und damit der Aufwand für das Digitalfilter steigt, je enger der schraffierte Toleranzbereich ist. Für eine gegebene Filteranwendung wird der Toleranzbereich deshalb so gross wie möglich gewählt.

Anhand des Tiefpassfilters wollen wir nun die grundlegenden Approximationsarten kennenlernen.

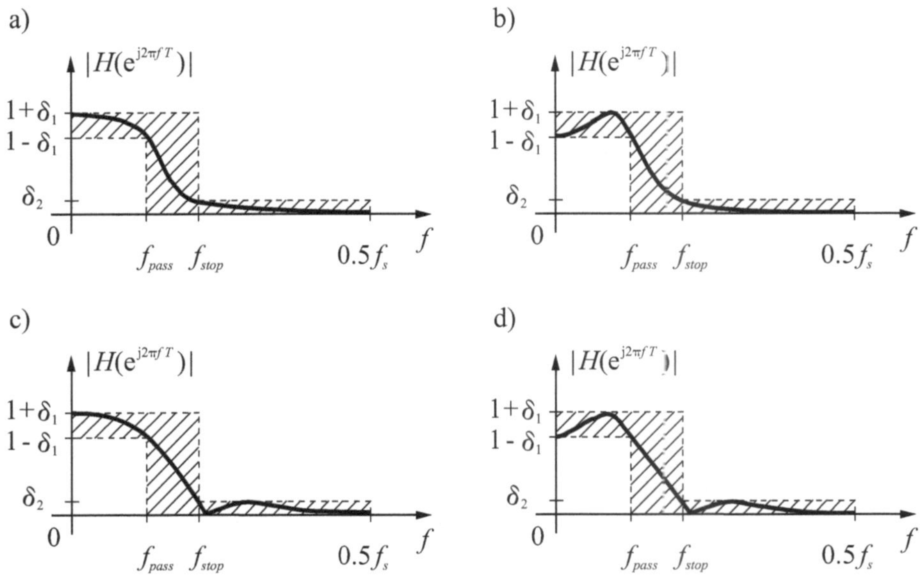


Bild 7.26: Die vier grundlegenden Approximationsarten

In der ersten Approximationsart (Bild 7.26 a) legt man den Amplitudengang möglichst flach in den Durchlass- und in den Sperrbereich. In der zweiten und dritten Approximationsart lässt man im Durchlassbereich, respektive im Sperrbereich eine Welligkeit innerhalb der Toleranzgrenzen zu (Bilder b und c). In der vierten Approximationsart (Bild d) darf der Amplitudengang sowohl im Durchlass- wie auch im Sperrbereich innerhalb der Toleranzgrenzen schwanken. Welches die Vor- und Nachteile der einzelnen Approximationsarten sind, werden wir in den nächsten Unterkapiteln diskutieren.

### 7.3.2 Entwurf von FIR-Filtern

Von den verschiedenen FIR-Filter-Entwurfsmethoden [PM07] wollen wir die zwei wichtigsten, nämlich die Fenster- und die Optimalmethode, näher kennenlernen.

#### Fenstermethode

Ausgangspunkt der Fenstermethode ist der ideale Frequenzgang eines TP-, HP-, BP- oder BS-Filters gemäß Bild 7.27.

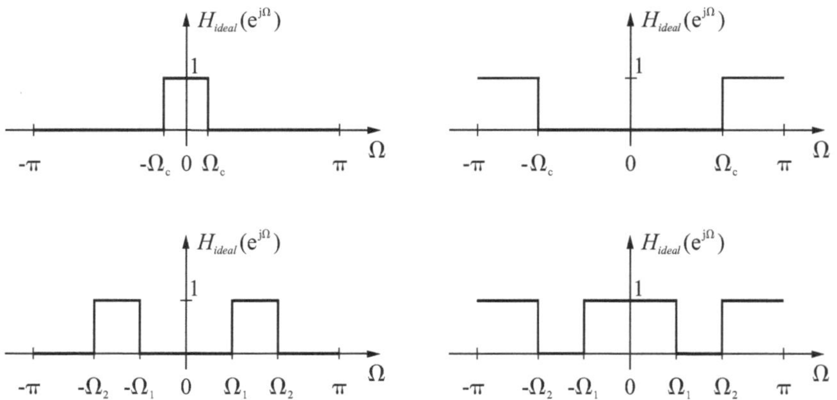


Bild 7.27: Ideale Frequenzgänge der vier grundlegenden Filterfunktionen

Bekanntlich ist der Frequenzgang eines LTI-Systems gleich der Fourier-Transformierten seiner Impulsantwort. Wenden wir deshalb auf den Frequenzgang $H_{ideal}(e^{j\Omega})$ die inverse Fourier-Transformation gemäß Gl.(7.36) an, so erhalten wir die Impulsantwort $h_{ideal}[n]$ des Digitalfilters:

$$h_{ideal}[n] = \frac{1}{2\pi} \int_{-\pi}^{\pi} H_{ideal}(e^{j\Omega}) e^{j\Omega n} \, d\Omega \,. \tag{7.36}$$

Das Ergebnis dieser Rücktransformation ist für die vier Filterfunktionen in Tabelle 7.2 zusammengestellt.

| Filterfunktion | Impulsantwort $h_{ideal}[n]\,,\quad n \neq 0$ | $h_{ideal}[0]$ |
|---|---|---|
| TP | $\frac{\Omega_c}{\pi}\mathrm{sinc}(\frac{n\Omega_c}{\pi})$ | $\frac{\Omega_c}{\pi}$ |
| HP | $-\frac{\Omega_c}{\pi}\mathrm{sinc}(\frac{n\Omega_c}{\pi})$ | $1-\frac{\Omega_c}{\pi}$ |
| BP | $\frac{\Omega_2}{\pi}\mathrm{sinc}(\frac{n\Omega_2}{\pi})-\frac{\Omega_1}{\pi}\mathrm{sinc}(\frac{n\Omega_1}{\pi})$ | $\frac{\Omega_2-\Omega_1}{\pi}$ |
| BS | $\frac{\Omega_1}{\pi}\mathrm{sinc}(\frac{n\Omega_1}{\pi})-\frac{\Omega_2}{\pi}\mathrm{sinc}(\frac{n\Omega_2}{\pi})$ | $1-\frac{\Omega_2-\Omega_1}{\pi}$ |

Tabelle 7.2: Impulsantworten der vier grundlegenden Filterfunktionen

Die Impulsantwort $h_{ideal}[n]$ eines idealen Filters ist unendlich lang und infolgedessen nicht realisierbar. Um das Filter realisierbar zu machen, muss die Impulsantwort $h_{ideal}[n]$ mithilfe eines Fensters begrenzt werden. Das einfachste Fenster dafür ist das Rechteckfenster. Leider bewirkt dieses Fenster durch das abrupte Abschneiden der Impulsantwort untolerierbare Schwingungen im Frequenzgang, die man als Gibbssches Phänomen bezeichnet. Diese Schwingungen können durch das Verwenden eines geeigneteren Fensters gemildert werden. Die dafür am meisten verwendeten Fenster sind das Hamming-Fenster

$$w_{hamm}[n] = \begin{cases} c \cdot \left[0.54 + 0.46\cos(\frac{2\pi n}{N+1})\right] & : \quad |n| \leq N/2 \\ 0 & : \quad \text{sonst} \end{cases} \tag{7.37}$$

und das Kaiser-Fenster, das wir schon in Abschn. 6.6.4 definiert haben. $N$ bezeichnet hier die Ordnung und $N+1$ somit die Länge des FIR-Filters. Zur Realisierung einer der vier klassischen Filterfunktionen verwendet man im Allgemeinen ein Filter vom Typ 1. Der Faktor $c$ in Gl.(7.37) wird so gewählt, dass der Frequenzgang bei einer bestimmten Frequenz einen gewünschten Wert hat, beispielsweise 1 bei der Frequenz $f=0$ eines Tiefpasses.

Bei Verwendung des Hamming-Fensters hat der Amplitudengang einen Rippel von ca. $\delta_1 = \delta_2 = 0.002$ und einen Übergangsbereich der ungefähren Breite von $3.3\,f_s/(N+1))$ [IJ02]. Im Gegensatz zum Hamming-Fenster kann man beim Kaiser-Fenster einen Rippel und die Breite des Übergangsbereichs mithilfe des $\beta$-Parameters einstellen. Dabei ist zu beachten, dass ein kleinerer Übergangsbereich immer auf Kosten eines grösseren Rippels oder einer höheren Filterordnung erkauft werden muss.

Die Fenstermethode (implementiert im MATLAB-Befehl `fir1`) lässt sich in einem Satz und in einer Formel zusammenfassen:

*Die Impulsantwort $h[n]$ des FIR-Filters erhält man durch Multiplikation der Impulsantwort $h_{ideal}[n]$ mit der Fensterfunktion $w[n]$:*

$$h[n] = h_{ideal}[n]w[n]\,. \tag{7.38}$$

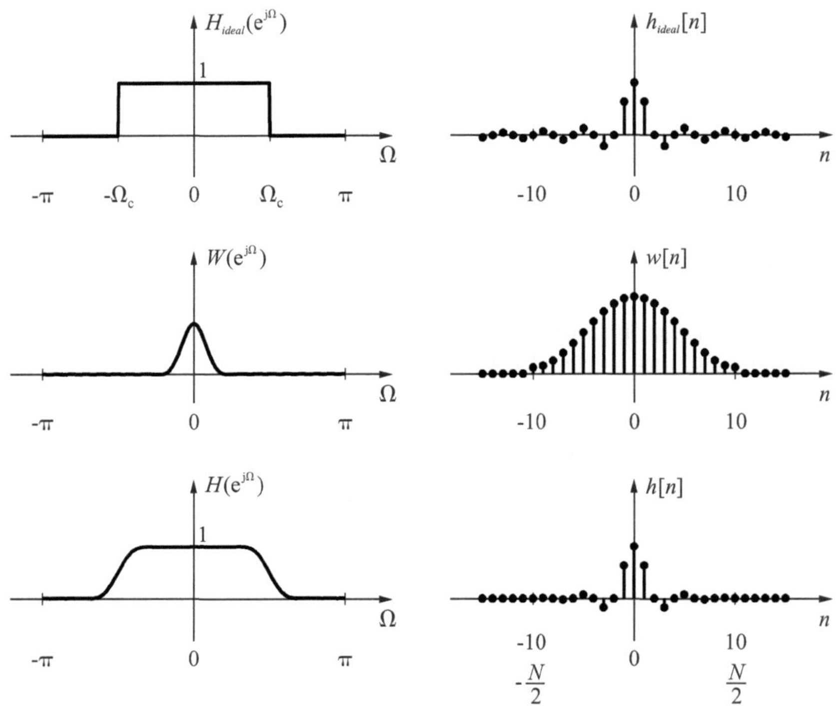


Bild 7.28: Illustration der Fenstermethode

Auf der rechten Seite des Bildes 7.28 sind die Impulsantwort $h_{ideal}[n]$, die Hamming-Fensterfunktion $w[n]$ und die Impulsantwort $h[n]$ des FIR-Filters dargestellt. Links sind der ideale Frequenzgang, das Spektrum des Hamming-Fensters und der Amplitudengang des FIR-Filters abgebildet. Um das FIR-Filter kausal und damit echtzeitfähig zu machen, muss die Impulsantwort selbstverständlich noch um $0.5N$-Abtastintervalle nach rechts verschoben werden.

Ein grosser Vorteil der Fenstermethode ist ihre einfache Programmierung und der geringe Rechenaufwand. Möchte man allerdings für ein gegebenes Stempel-Matrizen-Schema ein FIR-Filter minimaler Ordnung entwerfen, dann ist die Optimalmethode anzuwenden.

## Optimalmethode

Die Optimalmethode ist eine FIR-Filter-Entwurfsmethode, die unter vielen Namen bekannt ist: Parks-McClellan-Methode, Remez-Entwurf, optimale FIR-Filter-Approximation, Entwurf aufgrund gleichmässiger Welligkeit, Tschebyscheff-Approximation im Durchlass- und Sperrbereich, Equiripple-Verfahren, etc. Die Optimalmethode entwirft FIR-Filter, welche eine gleichmässige Welligkeit im Durchlass- und im Sperrbereich aufweisen, wie Bild 7.29 oben veranschaulicht.

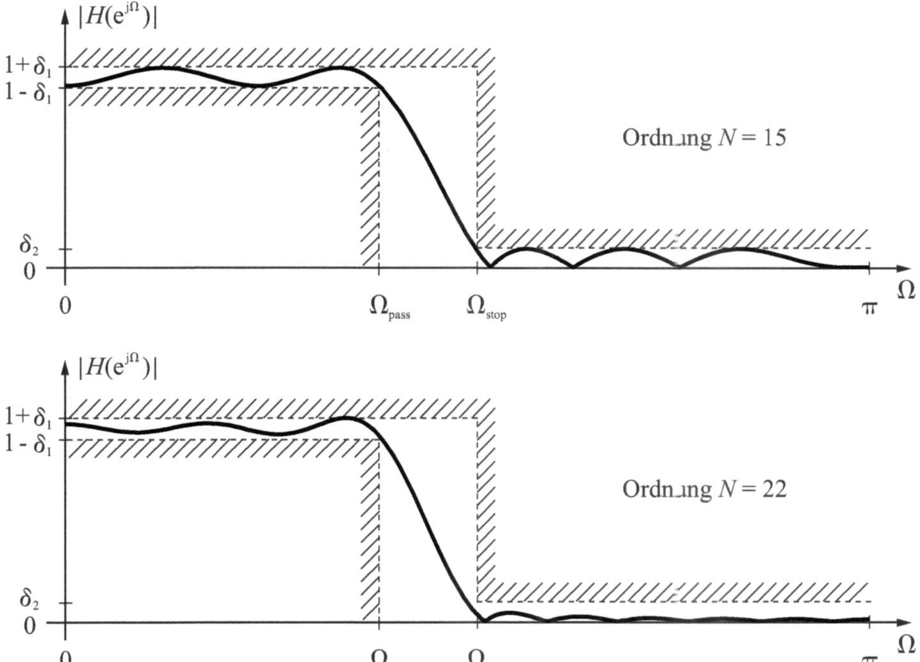


Bild 7.29: Amplitudengang eines FIR-Filters. Oben: Entwurf mit der Optimalmethode, unten: Entwurf mit der Fenstermethode

Bild 7.29 unten zeigt den Amplitudengang des FIR-Filters, das mit der Kaiser-Fenstermethode entworfen wurde. Bei Betrachtung der beiden Amplitudengänge wird der Name „Optimalmethode“ plausibel: Im Gegensatz zur Fenstermethode entwirft die Optimalmethode das FIR-Filter unter Ausnützung des gesamten Toleranzbereichs. Daraus resultiert eine Ordnung $N$, die normalerweise wesentlich kleiner ist als diejenige des Fensterentwurfs.

Die Beschreibung der Optimalmethode ist sehr umfangreich (Lit. [OSB04] und [Mit06]) und soll deshalb hier nur grob skizziert werden. Das Verfahren startet mit einer Schätzung der Filterordnung gemäß der Formel [Por97]:

$$N \approx \frac{-10\log(\delta_1\delta_2) - 13}{2.32(\Omega_{stop} - \Omega_{pass})}. \tag{7.39}$$

Anschliessend werden über einen iterativen Prozess – den sogenannten Remez-Exchange-Algorithmus – die Filterkoeffizienten so lange verändert, bis der Amplitudengang das Stempel-Matrizenschema erfüllt. Durch Einhalten der Symmetriebedingungen bezüglich der Filterkoeffizienten wird erreicht, dass das FIR-Filter eine lineare Phasencharakteristik hat.

Die Optimalmethode ist *das* Standardverfahren zum Entwurf digitaler FIR-Filter, weil es Filter minimaler Ordnung liefert. Zudem bietet es den Vorteil, dass die maximal zulässigen Rippel $\delta_1$ und $\delta_2$ im Durchlass- und Sperrbereich individuell festgelegt werden können. Das Optimalverfahren ist wie das Fensterverfahren in fast jedem Programmpaket zur digitalen Signalverarbeitung enthalten, wie beispielsweise in MATLAB unter dem Namen `firpm`. Es ermöglicht nicht nur die Approximation der vier Filtergrundfunktionen, sondern ebenso den Entwurf von Multibandfiltern, Differentiatoren und Hilbert-Transformatoren. Sein wesentlicher Nachteil gegenüber dem Fensterverfahren ist der grössere Programmier- und Rechenaufwand.

Wie bereits erwähnt, existiert eine Reihe weiterer Entwurfsverfahren, wie z. B. das Least-Squares- und das Frequency-Sampling-Verfahren [PM07]. Da diese Verfahren wenig gebräuchlich sind, sollen sie hier nicht erläutert werden.

### 7.3.3 Entwurf von IIR-Filtern

#### Bilinear-Transformation

Das häufigste Verfahren zum Entwurf von IIR-Filtern ist die Methode über die bilineare Transformation. Sie beruht auf den bewährten Entwurfsverfahren für Analogfilter und ist sehr effizient. Andere Verfahren, wie z. B. die Methode über die impulsinvariante Transformation [OSB04] spielen eine untergeordnete Rolle und werden hier deshalb nicht behandelt.

Die Ausgangsfrage lautet: Wie kann man die Übertragungsfunktion $H(s)$ eines Analogfilters (zeitkontinuierliches LTI-System) in die Übertragungsfunktion $H(z)$ eines Digitalfilters (zeitdiskretes LTI-System) überführen? Die Lösungsidee besteht darin, die Laplacevariable $s$ durch eine Funktion der Variablen $z$ zu substituieren. Unter den vielen Möglichkeiten hat sich die Substitution

$$s = \frac{2}{T} \cdot \frac{z-1}{z+1} \tag{7.40}$$

mit dem Namen „bilineare Transformation“ am geeignetsten erwiesen. Sie führt zur Übertragungsfunktion

$$H(z) = H(s)|_{s=\frac{2}{T}\cdot\frac{z-1}{z+1}} \; . \tag{7.41}$$

Die Bilinear-Transformation bildet die linke $s$-Halbebene in den Einheitskreis der $z$-Ebene ab:

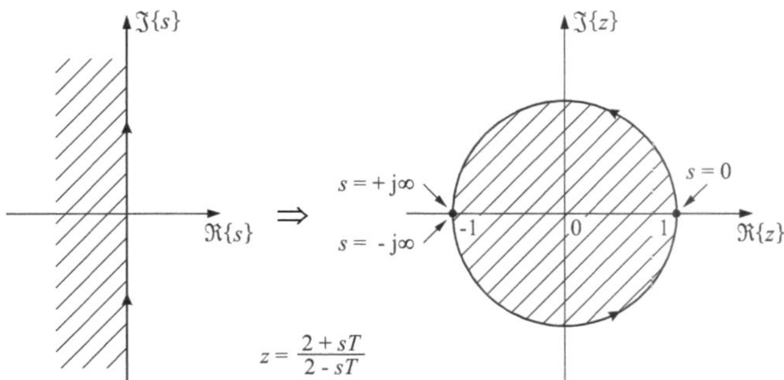


Bild 7.30: Abbildung der $s$-Ebene auf die $z$-Ebene mittels der bilinearen z-Transformation

Dadurch werden in der linken $s$-Halbebene liegende Pole in das Innere des Einheitskreises übergeführt und man erhält so aus stabilen Analogfiltern stabile Digitalfilter. Des Weiteren wird die imaginäre Achse der $s$-Ebene ($s = j\omega$) auf den Einheitskreis der $z$-Ebene ($z = e^{j\Omega}$) abgebildet, was bedeutet, dass der Frequenzgang des Analogfilters in den Frequenzgang des Digitalfilters übergeht.

Der Zusammenhang zwischen der normierten Kreisfrequenz $\Omega$ des Digitalfilters und der Kreisfrequenz $\omega$ des Analogfilters ist nicht linear. Diese Nichtlinearität wird ersichtlich, wenn man in der Gleichung (7.40) $s = j\omega$ und $z = e^{j\Omega}$ setzt und nach $\omega$ auflöst. Als Lösung erhält man:

$$\omega = \frac{2}{T}\tan\left(\frac{\Omega}{2}\right) \; . \tag{7.42}$$

Der IIR-Filter-Entwurf am Beispiel eines Tiefpasses lässt sich damit wie folgt zusammenfassen:

1. Bestimme aufgrund der vorliegenden Anwendung die normierte Durchlass- und Sperrkreisfrequenz $\Omega_{pass}$ und $\Omega_{stop}$ des Digitalfilters und konvertiere sie gemäß Gl.(7.42). Das Resultat sind die Kreisfrequenzen $\omega_{pass}$ und $\omega_{stop}$ des Analogfilters.

2. Ermittle die Übertragungsfunktion $H(s)$ des Analogfilters.

3. Ersetze $s$ in der Übertragungsfunktion $H(s)$ gemäß Gl.(7.40). Das Ergebnis ist die Übertragungsfunktion $H(z)$ des gewünschten IIR-Filters.

Die Ermittlung der zeitkontinuierlichen Übertragungsfunktion in Schritt 2 ist Teil der klassischen Filter-Approximationstheorie [Dan74] und soll hier nicht behandelt werden. In der Praxis müssen die drei Schritte des Verfahrens kaum je programmiert werden, da heute jedes Digitalfilter-Entwurfsprogramm die vollständige Bilinear-Transformationsmethode implementiert hat. MATLAB beispielsweise stellt dafür die Befehle `butter`, `cheby1`, `cheby2` und `ellip`, sowie die DSV-Werkzeuge `sptool` und `fdatool` zur Verfügung.

Ein Nachteil der Bilinear-Transformationsmethode ist die fehlende Möglichkeit, Allpass-Filter gemäß Gl.(7.35) zu approximieren. Allpässe werden bezüglich ihres Phasengangs oder ihrer Gruppenlaufzeit spezifiziert und können nur mit wenigen DSV-Programmen entworfen werden, wie beispielsweise mit der MATLAB Entwurfs- und Analyse-Toolbox `fdatool`.

### Approximationsarten

Wir haben in Abschn. 7.3.1 gesehen, dass es vier grundlegende Approximationsarten für den rechteckförmigen Amplitudengang gibt (Bild 7.26): a) die Butterworth-Approximation mit einem monotonen Verlauf im Durchlass- und Sperrbereich, b) die Tschebyscheff-Approximation vom Typ I mit einer gleichmässigen Welligkeit im Durchlass- und einem monotonen Verlauf im Sperrbereich, c) die Tschebyscheff-Approximation vom Typ II mit einem monotonen Verlauf im Durchlass- und einer gleichmässigen Welligkeit im Sperrbereich und d) die Cauer-Approximation mit einem welligen Verlauf sowohl im Durchlass- wie im Sperrbereich. Die entsprechenden IIR-Filter heissen deshalb auch Butterworth-Filter, Tschebyscheff-1-Filter, Tschebyscheff-2-Filter und Cauer-Filter.

Tschebyscheff-1-Filter nennt man häufig einfach Tschebyscheff-Filter und Cauer-Filter bezeichnet man auch als elliptische Filter, da bei der Approximation elliptische Funktionen angewandt werden.

In der Praxis wird bei einer Filter-Anwendung meistens zuerst das Stempel-Matrizen-Schema festgelegt. Aufgrund der unterschiedlichen Eigenschaften entscheidet man sich dann für eine der vier Approximationen. Um diesen Entscheid zu erleichtern, wollen wir in Tabelle 7.3 einige wichtige Eigenschaften zusammenstellen und in vier Punkten diskutieren:

| Filterart | Ordnung | Amplitudengang im Durchlassbereich | Amplitudengang im Sperrbereich |
|---|---|---|---|
| Butterworth | gross | monoton | monoton |
| Tschebyscheff I | mittel | wellig | monoton |
| Tschebyscheff II | mittel | monoton | wellig |
| Cauer | klein | wellig | wellig |

Tabelle 7.3: Eigenschaften der vier Filterarten (siehe Bild 7.26)

- Filter hoher Ordnung erfordern einen hohen Realisierungsaufwand bezüglich Anzahl Verzögerungselementen, Multiplizierern und Addierern. Eine kleine Ordnung stellt daher eine wünschbare Eigenschaft dar.
- Die Bezeichnungen „gross“, „mittel“ und „klein“ sind nicht absolut sondern relativ zu verstehen. Zudem können bei geringen Filter-Anforderungen die Ordnungen bei allen vier Filterarten gleich gross sein.
- Die Einschwingvorgänge der vier Filterarten unterscheiden sich wenig voneinander. Trotzdem können die kleinen Unterschiede für eine gegebene Anwendung entscheidend sein.
- Seiner kleinen Ordnung wegen ist das Cauer-Filter Standard. Eine endgültige Entscheidung bezüglich der Filterart liefert aber erst eine Simulation, beispielsweise mit dem MATLAB-Programm `simdsp`, das im Anhang A.3 beschrieben ist.

Zur Illustration wollen wir wiederum ein Tiefpassfilter mit dem Toleranzschema in Bild 7.29 approximieren. Die obere Grenze im Amplitudengang ersetzen wir allerdings durch eine 1 und die untere durch $1-2\delta_1$, wie aus Bild 7.31 hervorgeht (diese Art von Grenzen ist eine Eigenart vieler IIR-Filter-Entwurfsprogramme, wobei dann der Wert $2\delta_1$ als Rippel im Durchlassbereich bezeichnet wird). Mit dem MATLAB-DSV-Werkzeug `sptool` entwerfen wir ein Butterworth- (Bild 7.31 oben) und ein Cauer-Filter (Bild 7.31 unten). Wir stellen fest, dass die Ordnung des Cauer-Filters wesentlich kleiner ist als diejenige des Butterworth-Filters und dass die Ordnungen der beiden IIR-Filter deutlich kleiner sind als die Ordnungen der entsprechenden FIR-Filter (auf die Bewertung dieser Feststellung werden wir in Abschn. 7.5 nochmals zu sprechen kommen).

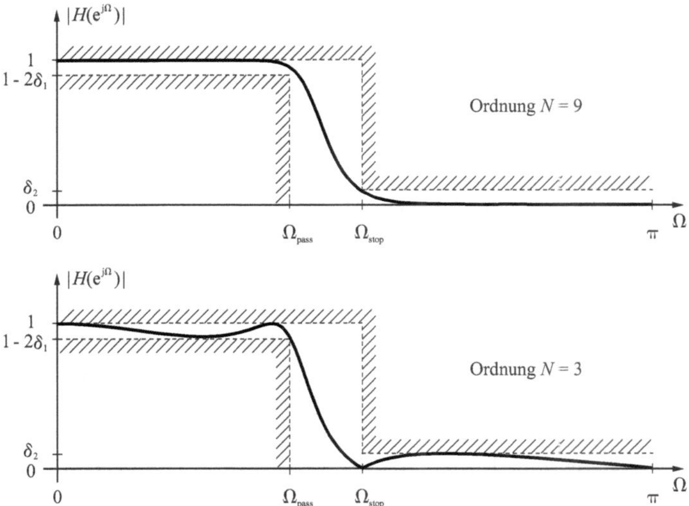


Bild 7.31: Amplitudengang eines IIR-Filters.
Oben: Butterworth-Approximation, unten: Cauer-Approximation

## 7.4 Nichtideale Effekte bei Digitalfiltern

Bis jetzt sind wir davon ausgegangen, dass sich Abtastwerte, Koeffizienten, Additions- und Multiplikationsergebnisse numerisch genau darstellen lassen. In der Realität ist diese Genauigkeit natürlich nicht gegeben, da in jedem digitalen Rechner numerische Zahlen durch eine endliche Anzahl von Bits dargestellt werden. Zahlenwerte und Ergebnisse mathematischer Operationen sind deshalb im Allgemeinen mit Fehlern behaftet. In diesem Unterkapitel geht es darum, die Folgen dieser Fehler zu diskutieren und aufzuzeigen, wie man die Fehlerauswirkungen auf ein tolerierbares Mass reduzieren kann.

### 7.4.1 Zahlendarstellungen

Zur Darstellung einer numerischen Zahl sind zwei Systeme üblich: die Festkomma-Darstellung (engl: fixed point) und die Fliesskomma-Darstellung (engl: floating point). Auf einem digitalen Rechner werden Festkomma- und Fliesskommazahlen in binärer Form, d. h. in Form von Nullen und Einsen dargestellt. Unter den binären Formen spielt die Zweierkomplementform eine herausragende Rolle, weil sie eine einfache Realisierung des Rechenwerks für vorzeichenbehaftete Zahlen erlaubt und deshalb normalerweise verwendet wird. Wir werden im Folgenden daher binäre Zahlen nur in Zweierkomplementform betrachten.

#### Festkomma-Darstellung

Eine ganze Zahl (engl: integer) $x$ im Festkomma-Format stellt man in Zweierkomplementform – abgekürzt mit 2C – wie folgt dar:

$$x = (b_0 b_1 \cdots b_{B\bullet})_{2C} \tag{7.43}$$

$$= -b_0 2^B + b_1 2^{B-1} + \cdots + b_B 2^0 \,. \tag{7.44}$$

$(B{+}1)$ ist die Wortlänge, d. h. die Anzahl Bits mit der die Zahl $x$ dargestellt wird. Die Bits $b_0$ bis $b_B$ sind Zahlen, welche nur die Werte 0 oder 1 annehmen. Das Bit $b_0$ bezeichnet man als Vorzeichenbit und das Bit $b_B$ als LSB, abgekürzt für least significant bit (Bit mit der geringsten Wertigkeit). Wenn das Vorzeichenbit 0 ist, dann ist die Zahl $x$ positiv oder null und wenn das Vorzeichenbit 1 ist, dann ist die Zahl $x$ negativ. Der fette Punkt hinter dem LSB in Gl.(7.43) steht für den „Point“ (Komma) des Fixed-*Point*-Formats. Ist die Wortlänge 16, was sehr häufig ist, dann spricht man von Zahlen im Format 16.0. Damit will man ausdrücken, dass vor dem Punkt 16 Bits stehen und nach dem Punkt 0 Bits.

**Beispiel 1:**

$$5 = (0\,1\,0\,1_\bullet)_{2C}$$

$$= -0 \cdot 2^3 + 1 \cdot 2^2 + 0 \cdot 2^1 + 1 \cdot 2^0 \,.$$

**Beispiel 2:**

$$\begin{aligned} -7 &= (1\,0\,0\,1_\bullet)_{2C} \\ &= -1 \cdot 2^3 + 0 \cdot 2^2 + 0 \cdot 2^1 + 1 \cdot 2^0 \,. \end{aligned}$$ ∎

Unter einer rein gebrochenen Zahl oder *Fractional*-Zahl $x$, verstehen wir eine Zahl zwischen -1 und +1. Ihre Darstellung lautet:

$$x = (b_{0\bullet} b_1 \cdots b_B)_{2C} \tag{7.45}$$

$$= -b_0 2^0 + b_1 2^{-1} + \cdots + b_B 2^{-B} \,. \tag{7.46}$$

**Beispiel 1:**

$$\begin{aligned} 0.625 &= (0_\bullet 1\,0\,1)_{2C} \\ &= -0 \cdot 2^0 + 1 \cdot 2^{-1} + 0 \cdot 2^{-2} + 1 \cdot 2^{-3} \,. \end{aligned}$$

**Beispiel 2:**

$$\begin{aligned} -0.875 &= (1_\bullet 0\,0\,1)_{2C} \\ &= -1 \cdot 2^0 + 0 \cdot 2^{-1} + 0 \cdot 2^{-2} + 1 \cdot 2^{-3} \,. \end{aligned}$$ ∎

Die Darstellung einer rein gebrochenen Zahl unterscheidet sich von derjenigen einer ganzen Zahl allein durch die Stellung des Punktes. Wie wir gesehen haben, befindet sich dieser bei einer Fractional-Zahl unmittelbar hinter dem Vorzeichenbit. Ist die Wortlänge 16 Bit, dann bezeichnet man dieses Format auch als 1.15-Format, weil sich vor dem Punkt 1 Stelle und nach dem Punkt 15 Stellen befinden. Computerintern werden ganze und gebrochene Zahlen gleich dargestellt und die Stellung des Punktes wird allein durch eine Vereinbarung festgelegt. Üblich ist das Rechnen mit Fractional-Zahlen, weil i. Allg. angenommen wird, dass alle Abtastwerte innerhalb von $-1$ und $+1$ liegen. Werden die Abtastwerte mit Koeffizienten multipliziert, die betragsmässig grösser als 1 sind, dann müssen die Koeffizienten vorher entsprechend skaliert werden (siehe dazu Abschn. 7.4.5).

Bild 7.32 zeigt alle Fractional-Zahlen, die sich bei einer Wortlänge von 4 Bit darstellen lassen. Beachtenswert ist, dass die negative Zahl $-1$ darstellbar ist, nicht hingegen die positive Zahl $+1$. Übliche Wortlängen bei Festkomma-Signalprozessoren sind natürlich viel grösser als 4 Bit und betragen 16 oder 32 Bit. Den Übergang von der höchstmöglichen positiven Zahl zur höchstmöglichen negativen Zahl nennt man Zweierkomplement-Überlauf. Er wird in einem Signalprozessor durch das Setzen eines Flags angezeigt.

Der Begriff Zweierkomplementzahl rührt daher, dass man die negative Fractionalzahl aus der positiven durch Subtraktion von 2 erhält. Dies lässt sich anhand des Zahlenrads am Beispiel des Werts 1.001 überprüfen. Stellt man die Zahl 2 in der positiven Interpretationsform als 10.000 dar und subtrahiert davon den Wert 0.111, dann erhält man die Binärzahl 1.001 und somit den Dezimalwert $-0.875$.

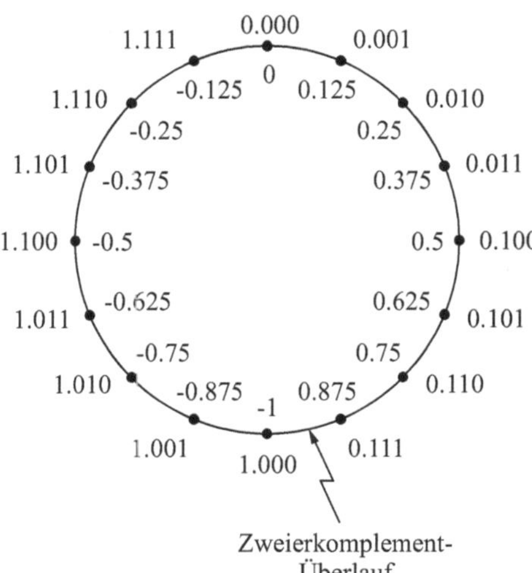


Bild 7.32: Dezimal-Darstellung und Festkomma-Zweierkomplement-Darstellung von 4-Bit-Fractional-Zahlen

**Quantisierung**

Wie bereits erwähnt, können auf einem digitalen Computer reelle Zahlen i. Allg. nicht genau dargestellt werden, da zu ihrer Darstellung nur Wörter endlicher Länge zur Verfügung stehen. Bei einer Wortlänge von $(B+1)$ lassen sich nur $2^{B+1}$ Zahlen repräsentieren, wie Bild 7.32 illustriert. Um eine reelle Zahl trotzdem darstellen zu können, muss sie entsprechend einer treppenförmigen Kennlinie – Quantisierungskennlinie genannt – quantisiert werden. Die quantisierte Zahl $x_Q$ kann dabei nur Werte annehmen, die den Höhen der Treppenstufen entsprechen. Die beiden üblichen Quantisierungskennlinien sind die Rundungs- und die Abschneidekennlinie in Bild 7.33 und die dazugehörigen Quantisierungen heissen runden oder abschneiden.

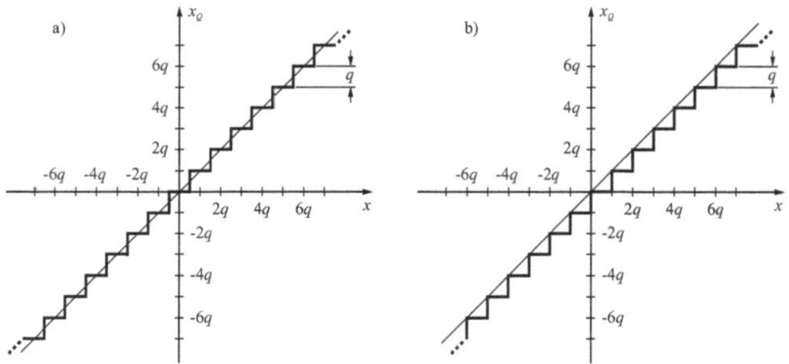


Bild 7.33: Quantisierungskennlinien:
a) Rundungskennlinie b) Abschneidekennlinie

Während die Rundungskennlinie vor allem AD-Wandlern eigen ist, findet man die Abschneidekennlinie vorwiegend bei der Ergebnis-Quantisierung von Festkomma-Multiplikationen.

Die Treppenhöhe $q$ nennt man *Quantisierungsstufe* oder *Quantisierungsintervall*. Bei Fractional-Zahlen gemäß Gl.(7.46) beträgt sie

$$q = 2^{-B} \,. \tag{7.47}$$

Die Differenz zwischen quantisiertem und genauem Wert heisst *Quantisierungsfehler* $e$:

$$e = x_Q - x \,. \tag{7.48}$$

Bei der Rundung (engl: rounding) liegt er innerhalb der Grenzen

$$-\frac{q}{2} < e \leq \frac{q}{2} \tag{7.49}$$

und beim Abschneiden (engl: truncating) im Bereich

$$-q < e \leq 0 \,. \tag{7.50}$$

Wegen der Quantisierung sind Digitalfilter nichtlineare Systeme, die allerdings in den meisten Fällen durch LTI-Systeme approximiert werden dürfen.

### Überlauf

Die beiden Quantisierungskennlinien in Bild 7.33 implizieren einen unbegrenzten Zahlenbereich und stellen deshalb auch Idealisierungen dar. In Wirklichkeit tritt ein Kennlinienknick auf, wenn die Eingangsgrösse ausserhalb gewisser Grenzen zu liegen kommt. Der Typ des Knicks, der sogenannte Überlauf, kann mit einer modifizierten Quantisierungskennlinie charakterisiert werden. Geht die Quantisierungskennlinie an der linken und rechten Grenze in einen horizontalen Ast über, dann spricht man von Sättigung (Bild 7.34 a), wird dagegen die Quantisierungskennlinie an den Grenzen sägezahnartig fortgesetzt, dann liegt ein Zweierkomplement-Überlauf vor (Bild 7.34 b).

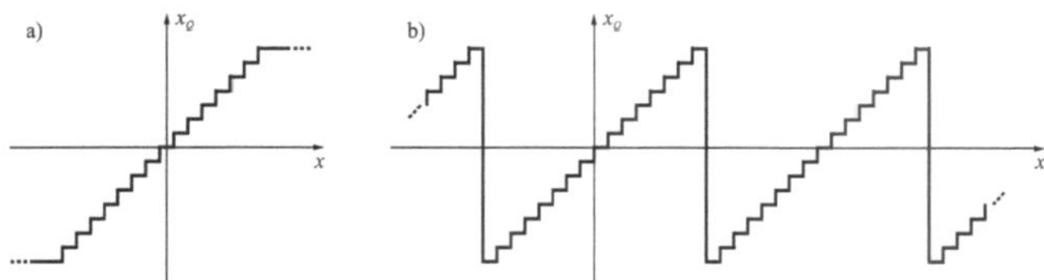


Bild 7.34: Modifizierte Quantisierungskennlinien: a) Rundungskennlinie mit Sättigung b) Abschneidekennlinie mit Zweierkomplement-Überlauf

Die Sättigung und der Zweierkomplement-Überlauf sind die beiden üblichen Überlauf-Typen. Runden mit Sättigung sind die Regel bei AD-Wandlern, Abschneiden und Zweierkomplement-Überlauf sind üblich bei Festkomma-Signalprozessoren.

**Gleitkomma-Darstellung**

Eine Gleitkomma-Zahl wird wie folgt dargestellt:

$$x = M \cdot 2^E \,. \tag{7.51}$$

$M$ heisst Mantisse und $E$ Exponent. $E$ ist eine ganze Zahl und die Mantisse liegt betragsmässig im Bereich $0.5 \leq |M| < 1$. Die Mantisse und der Exponent werden als Festkomma-Zahlen kodiert, die Mantisse als Fractional-Zahl und der Exponent als Integer-Zahl. Zur Veranschaulichung ist in der untenstehenden Tabelle eine Gleitkomma-Zahl mit einer 4-Bit-Mantisse und einem 2-Bit-Exponenten dargestellt.

| Dezimalzahl | Entwicklung | Gleitkomma-Zahl in Zweierkomplement-Form |
|---|---|---|
| $-0.4375$ | $\Rightarrow \quad -0.875 \cdot 2^{-1} \quad \Rightarrow \quad 1.001 \cdot 2^{11.} \quad \Rightarrow$ | 1.001  11. |

Tabelle 7.4: Entwicklung einer Dezimalzahl in eine Gleitkomma-Zahl

Ein entscheidender Vorteil des Gleitkomma-Formats liegt im grossen Zahlenbereich, der damit abgedeckt werden kann. Werden bei einem 32-Bit-Wort z. B. 24 Bit für die Mantisse und 8 Bit für den Exponenten reserviert, so kann damit ein Zahlenbereich von $-1.7 \cdot 10^{38} \cdots + 1.7 \cdot 10^{38}$ überstrichen werden. 32-Bit-Gleitkomma-Signalprozessoren haben also einen beträchtlich grösseren Aussteuerbereich als die üblichen 16- oder 32-Bit-Festkomma-Signalprozessoren und sind daher praktisch überlauffrei. Ein weiterer Vorteil besteht darin, dass betragsmässig kleine Zahlen viel genauer darstellbar sind als Festkomma-Zahlen. Die kleinste positive 32-Bit-Fractional-Zahl ist $4.7 \cdot 10^{-10}$, beim entsprechenden Gleitkomma-Format mit 24-Bit Mantisse und 8-Bit-Exponent hingegen ist der kleinste positive Wert $1.5 \cdot 10^{-39}$. Der Nachteil von Gleitkomma-Rechnern ist das kompliziertere Rechenwerk, was sich dann in der grösseren Chipkomplexität, im stärkeren Stromverbrauch und im höheren Preis des Prozessors bemerkbar macht. (Weitere Einzelheiten zum Thema „Gleitkomma-Zahlen“ sind in Lit.[Dob04] und [PM07] zu finden.)

## 7.4.2 Quantisierung bei der Analog-Digital-Wandlung

Der Analog-Digital-Wandler, abgekürzt AD-Wandler oder AD-Umsetzer (engl: AD converter), ist das Bindeglied zwischen der analogen und der digitalen Welt. Er wandelt das analoge Signal in ein digitales Signal um, d. h. er überführt das zeit- und amplitudenkontinuierliche Signal in ein zeit- und amplitudendiskretes Signal. Die Abtastwerte des analogen Signals werden demnach am AD-Ausgang in Zeitabständen von $T$ (Abtastperiode, Abtastintervall) als binäre Zahlenwerte ausgegeben. Bei der Umwandlung der Abtastwerte in binäre Zahlenwerte treten

Fehler auf, deren Auswirkungen wir im Folgenden untersuchen wollen. Zum Verständnis des AD-Wandlers betrachten wir zunächst sein signaltheoretisches Modell: [5]

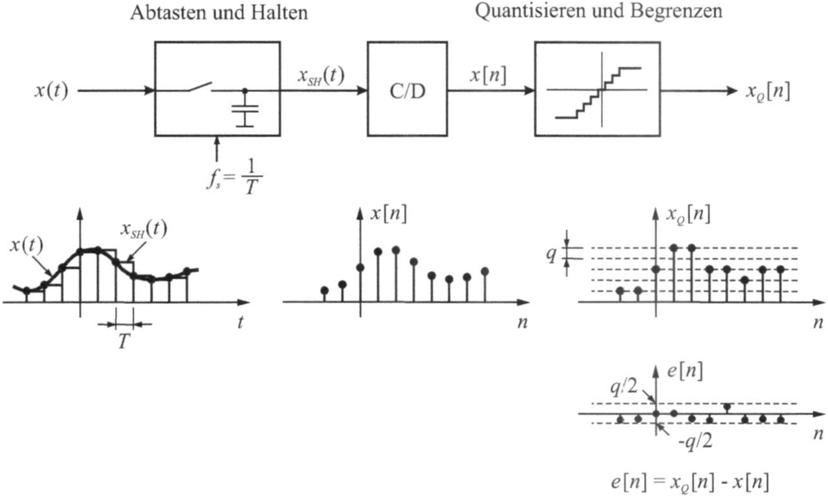


Bild 7.35: Signaltheoretisches Modell des AD-Wandlers

Der erste Block tastet das analoge Eingangssignal $x(t)$ zu äquidistanten Zeitpunkten ab und überführt es in ein treppenförmiges Signal $x_{SH}(t)$ (engl: sampled and hold signal). Der Block CD (engl: Continuous Discrete) konvertiert das zeitkontinuierliche Treppensignal in ein zeitdiskretes, aber amplitudenkontinuierliches Signal $x[n]$ . Der letzte Block quantisiert $x[n]$ zu einem amplitudendiskreten (digitalen) Signal $x_Q[n]$, dessen Zahlenwerte üblicherweise im Fractional-Format dargestellt werden. Falls $x[n]$ ausserhalb des Aussteuerbereichs des AD-Wandlers zu liegen kommt, wird es durch die Sättigung der Kennlinie begrenzt.

In Bild 7.36 ist eine Rundungskennlinie mit Sättigung dargestellt, wie sie für einen AD-Wandler typisch ist. Die Wortlänge, auch als Auflösung bezeichnet, beträgt $(B+1) = 3$ Bit. Die Zahl $q$ heisst Quantisierungsstufe und ist gleich der kleinsten darstellbaren positiven Zahl. Bei einem 8 Bit-Wandler hat $q$ den Wert $7.81 \cdot 10^{-3}$ und bei einem 20 Bit-Wandler beträgt $q = 1.91 \cdot 10^{-6}$ (im Bild unten hat $q$ den Wert von 0.25).

**Beispiel:** Der Aussteuerbereich eines 12-Bit-AD-Wandlers betrage $\pm 1$ V. Die Quantisierungsstufe hat dann den Wert von $q = 4.88 \cdot 10^{-4}$. Bezogen auf den Aussteuerbereich von 2 V bedeutet dies einen Wert von 0.488 mV. ∎

[5] Für die technische Funktionsweise konsultiere man beispielsweise [Mit06].

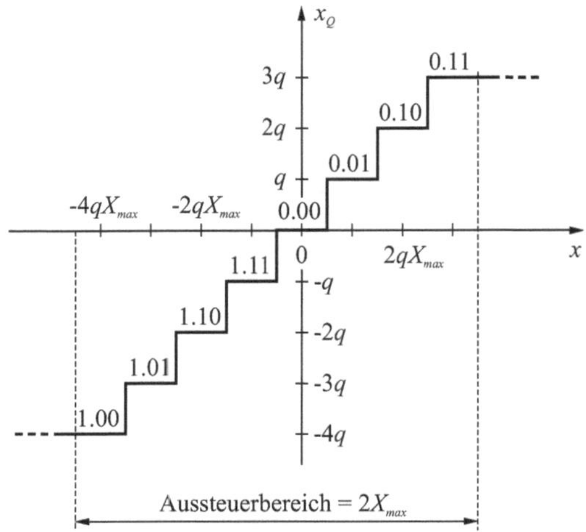


Bild 7.36: Kennlinie eines 3 Bit-AD-Wandlers

Für das quantisierte Ausgangssignal $x_Q[n]$ des AD-Umsetzers finden wir aufgrund von Gl.(7.48):

$$x_Q[n] = x[n] + e[n]\,. \tag{7.52}$$

Es lässt sich demnach als Überlagerung des amplitudenkontinuierlichen Signals $x[n]$ mit dem Fehlersignal $e[n]$ auffassen (siehe dazu auch Bild 7.35). Den Quantisierungsprozess können wir folglich in einem Signalflussdiagramm gemäß Bild 7.37 darstellen.

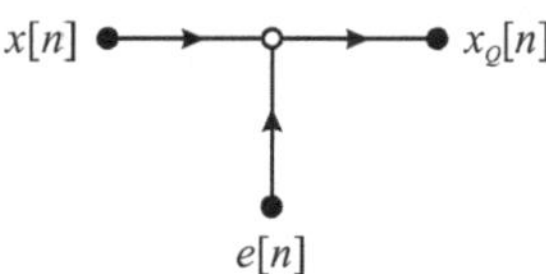


Bild 7.37: Signalflussdiagramm des Quantisierungsprozesses

Das Fehlersignal $e[n]$ ist ein Zufallssignal[6], das durch die Quantisierung (Rundung) entsteht und deshalb als Quantisierungs- oder Rundungsrauschen bezeichnet wird. Im Allgemeinen darf man annehmen [OSB04], dass es sich beim Quantisierungsrauschen um weisses Rauschen handelt, d. h. um ein Rauschen, bei dem alle Frequenzanteile gleich stark vertreten sind.

[6]Der Fehler $e$ zum Zeitpunkt $n$ ist eine Zufallsvariable und müsste deshalb in serifenloser Fettschrift geschrieben werden: $\mathsf{e}[n]$. Da diese Schreibweise im Zusammenhang mit dem Quantisierungsrauschen unüblich ist, verzichten auch wir darauf.

Ein Qualitätsmass in der Nachrichtentechnik und Signalverarbeitung ist der Signal-Rauschabstand (engl: Signal-to-Noise Ratio) *SNR*:

$$SNR = 10\log\left(\frac{\rho_x^2}{\rho_e^2}\right), \qquad \text{Einheit: dB}. \tag{7.53}$$

Dabei ist $\rho_x^2$ die mittlere Leistung $\mathrm{E}\{x^2[n]\}$ des Nutzsignals und $\rho_e^2$ die mittlere Leistung $\mathrm{E}\{e^2[n]\}$ des Störsignals. Bei einem AD-Wandler definiert man das amplitudenkontinuierliche Signal $x[n]$ als Nutzsignal, das Rundungsrauschen $e[n]$ als Störsignal und bezeichnet das *SNR* als Quantisierungsgeräuschabstand. Bei sinusförmiger Vollaussteuerung erhalten wir bei einer Auflösung von $(B+1)$ Bit folgendes Ergebnis (Herleitung siehe Aufgabe 11):

$$SNR \approx 6(B+1) + 1.8\,, \qquad \text{Einheit: dB}. \tag{7.54}$$

Die obige Formel, eine wichtige Schätzformel in der DSV, bedarf einer Diskussion:

- Bei Übersteuerung wird das diskrete Ausgangssignal aufgrund der Sättigung begrenzt. Die daraus resultierenden Verzerrungen verringern das *SNR* gegenüber der Schätzung (7.54) beträchtlich.
- Bei Untersteuerung sinkt das *SNR* ebenfalls. Wird das Eingangssignal beispielsweise um Faktor 2 verkleinert, dann nimmt das *SNR* um 6 dB ab.
- Aus den obigen beiden Punkten folgt, dass zur Erzielung eines grossen Signal-Geräuschabstands der AD-Wandler voll ausgesteuert, aber nicht übersteuert werden soll.
- Bei stochastischen Nutzsignalen wie beispielsweise Sprache, verkleinert sich das *SNR* zusätzlich um einige dB [OSB04].
- Durch Nichtidealitäten im AD-Umsetzungsprozess entstehen Fehler, die das *SNR* um weitere ca. 9 dB verschlechtern [Wal99].

In der Praxis steht man bei der Wahl der Auflösung vor einem Dilemma. Einerseits möchte man die Wortlänge so gross wie möglich wählen, weil damit der Geräuschabstand steigt. Andererseits sind AD-Wandler mit einer grossen Wortlänge langsam und teuer. Welche Auflösung man schliesslich wählt, hängt von der betreffenden Anwendung ab und kann nicht allgemein beantwortet werden. Üblich sind Wortlängen im Bereich von 8 bis 20 Bit.

### 7.4.3 Quantisierung der Filterkoeffizienten

Entwurfsverfahren für FIR- und IIR-Filter, wie sie in Abschn. 7.3 vorgestellt wurden, liefern die $b$- und $a$-Koeffizienten der Übertragungsfunktion

$$\begin{aligned} H(z) &= \frac{b_0 + b_1 z^{-1} + \cdots + b_N z^{-N}}{1 + a_1 z^{-1} + \cdots + a_M z^{-M}}, \\ &= b_0 z^{M-N} \frac{(z - z_1)(z - z_2) \cdots (z - z_N)}{(z - p_1)(z - p_2) \cdots (z - p_M)} \end{aligned} \tag{7.55}$$

mit grosser Genauigkeit. Bei der Realisierung eines Filters auf einem Digitalrechner können diese Koeffizienten bekanntlich nur mit einer begrenzten Anzahl Bits dargestellt werden. Dadurch können auch die Pole $p_i$ und Nullstellen $z_i$ nur eine endliche Anzahl von Positionen in der z-Ebene einnehmen. Dies ist in Bild unten illustriert, das alle realisierbaren komplexen Pole eines Direktform-Filters 2. Ordnung mit der Koeffizienten-Wortlänge von 5 Bit zeigt.

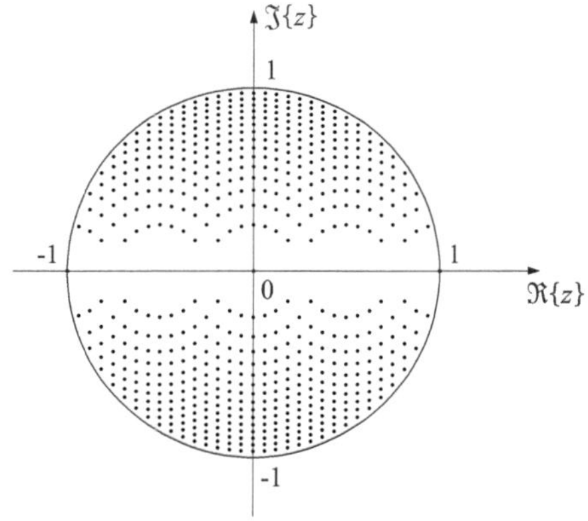


Bild 7.38: Alle realisierbaren komplexen Pole eines stabilen Direktform-Filters 2. Ordnung mit einer Koeffizienten-Wortlänge von 5 Bit

Bei kleiner Koeffizienten-Wortlänge ist die Dichte der Pole in den Bereichen von $z = 1$ und $z = -1$ gering, wie aus Bild 7.38 ersichtlich ist. Tiefpass- und Hochpassfilter haben ihre Pole in diesen beiden Bereichen[7], folglich lassen sie sich mit ungenauen Koeffizienten nur schlecht verwirklichen. Die Realisierung präziser TP- und HP-Filter erfordert demnach eine grosse Koeffizientengenauigkeit.

Bandpass- und Bandsperr-Filter, betrieben mit hoher Abtastfrequenz, haben ihre Pole ebenfalls im Bereich von $z = 1$, wie das Bild unten links zeigt (siehe dazu auch Aufgabe 18). Wegen der erwähnten geringen Poldichte in der Region von $z = 1$ verlangen sie ebenfalls eine hohe Koeffizientengenauigkeit.

[7]Zur Erinnerung: Die Punkte $z = 1$ und $z = -1$ entsprechen den Frequenzen 0 und $0.5 f_s$.

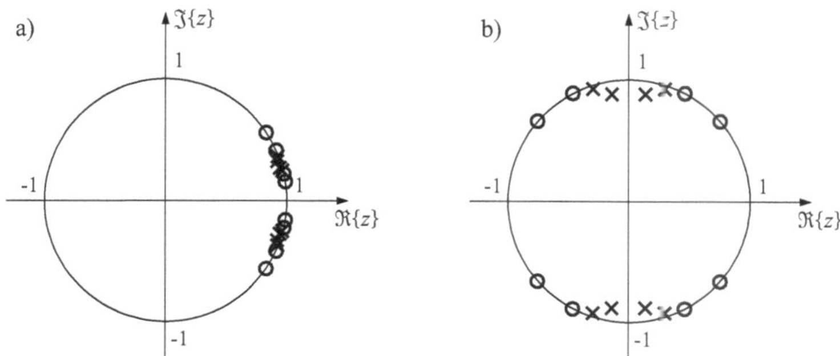


Bild 7.39: Pol-Nullstellen-Diagramm eines BP-Filters mit a) $f_s = 10\,\text{kHz}$ und b) mit $f_s = 2\,\text{kHz}$

Um die Empfindlichkeit der Pole bezüglich der Filterkoeffizienten zu beurteilen, führt man die Sensitivität (engl: senstivity) ein. Die Sensitivität des $i$-ten Pols bezüglich des $k$-ten a-Koeffizienten definiert man als die Ableitung des Pols $p_i$ nach dem Koeffizienten $a_k$:

$$S_{a_k}^{p_i} = \frac{\partial p_i}{\partial a_k} \,. \tag{7.56}$$

Ist die Sensitivität gross, dann heisst das, dass eine kleine Änderung des Koeffizienten $a_k$ eine grosse Änderung des Pols $p_i$ bewirkt. Eine grosse Änderung eines Pols bewirkt eine grosse Änderung der Übertragungsfunktion und damit des Frequenzgangs. Um diese Änderungen klein zu halten, sind wir daran interessiert, Digitalfilter mit kleinen Sensitivitäten zu bauen.

Für ein Digitalfilter mit der Übertragungsfunktion (7 55) erhalten wir nach einiger Rechnung (Aufgabe 10):

$$S_{a_k}^{p_i} = \frac{p_i^{M-k}}{\prod\limits_{j=1;\, j\neq i}^{M} (p_i - p_j)} \,. \tag{7.57}$$

Aus der obigen Formel ist ersichtlich, dass ein grosser Nenner eine kleine Sensitivität zur Folge hat. Einen grossen Nenner erzielen wir durch zwei Massnahmen:

1. Die Pole möglichst weit auseinander legen.
   Dies erreichen wir, indem wir die Abtastfrequenz klein machen (Bild 7.39).

2. Die Anzahl Pole $M$ in Gl.(7.57) klein machen.
   Diese Forderung erfüllen wir durch Verwendung der Kaskaden-Struktur von Blöcken zweiter Ordnung. In dieser Struktur beeinflussen sich die Pole der einzelnen Blöcke gegenseitig nicht, so dass der Nenner in Gl.(7.57) jeweils nur aus einem Faktor besteht.

Zur Illustration dieses Sachverhalts ist in Figur 7.40 a) der Amplitudengang eines BP-Filters inklusive Stempel-Matrizen-Schema dargestellt. Bild 7.40 b) zeigt den Amplitudengang einer Direktform-Struktur, bei der die Koeffizienten-Wortlänge 10 Bit beträgt. In Bild 7.40 unten ist der Amplitudengang einer Kaskaden-Struktur von Blöcken 2. Ordnung gezeichnet, bei der die Koeffizienten mit 5 Bit codiert wurden. Obwohl diese Koeffizienten-Wortlänge deutlich geringer ist, erfüllt die Kaskaden-Struktur das Toleranzschema deutlich besser als die Direktform-Struktur.

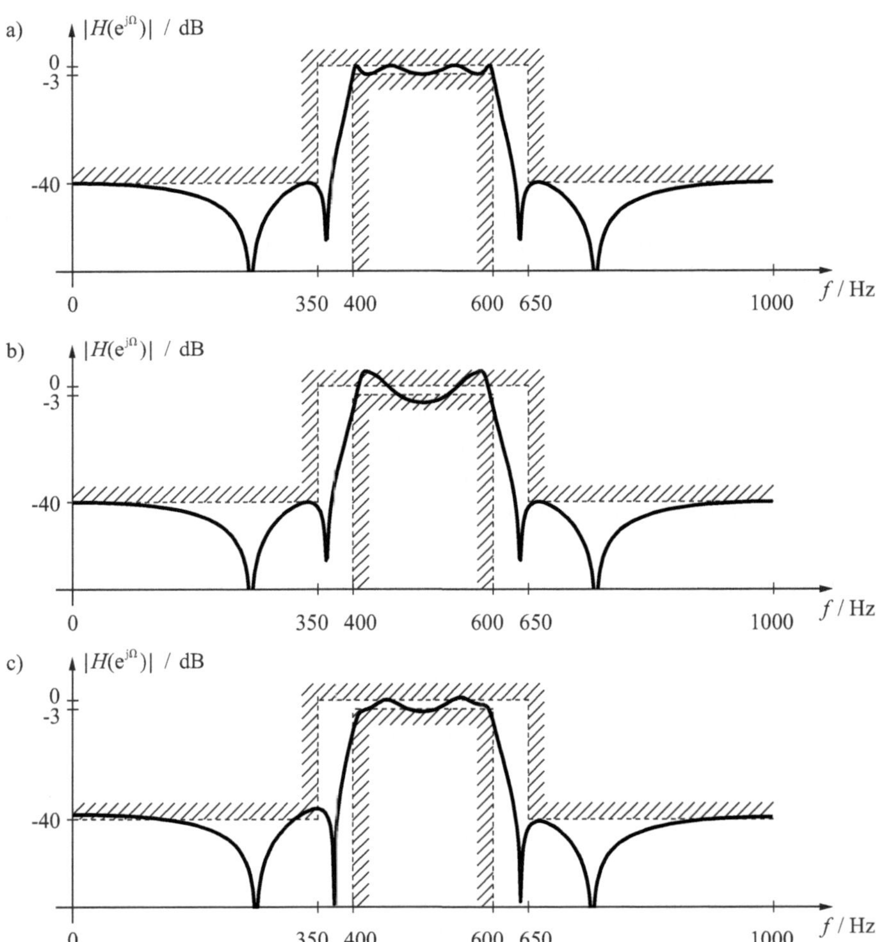


Bild 7.40: Amplitudengänge eines BP-Filters mit $f_s$=2 kHz. a) Filter mit genauen Koeffizienten, b) Direktform-Struktur: Koeffizienten-Wortlänge 10 Bit, c) Kaskaden-Struktur: Koeffizienten-Wortlänge 5 Bit

### 7.4.4 Überlauf und Quantisierung von Zwischenergebnissen

Ein bedeutender Vorteil des Gleitkomma-Formats ist der grosse Zahlenbereich, der mit diesem Format abgedeckt werden kann. Verwendet man die Gleitkomma-Darstellung bei der Realisierung von Digitalfiltern, so kann ein Überlauf, d. h. ein Überschreiten des Zahlenbereichs, praktisch ausgeschlossen werden. Anders sieht die Situation bei Digitalfiltern aus, deren interne Zahlendarstellung im Festkomma-Format erfolgt. Üblicherweise werden hier Abtastwerte und Koeffizienten als Fractional-Zahlen dargestellt. Wie früher bereits erwähnt, kann man mit diesem Format Zahlen im Bereich $[-1, +1)$ realisieren[8]. Rein gebrochene Zahlen haben zudem den Vorteil, dass Multiplikations-Ergebnisse ebenfalls in den Bereich $[-1, +1)$ zu liegen kommen und Überläufe so vermeidbar sind (Ausnahme: $-1 \times -1 = +1$).

Bei der Addition hingegen ist Vorsicht geboten. Beispielsweise führt die Zweierkomplement-Addition der beiden positiven 4-Bit-Zahlen 0.111 und 0.101 zum Ergebnis 1.100, welches negativ und somit falsch ist. Wird dieses Ergebnis abgespeichert, dann spricht man von einem Zweierkomplement-Überlauf. Speichert man hingegen bei einem Überlauf die grösste positive, bzw. die betragsmässig grösste negative Zahl ab, dann spricht man von Sättigung oder Sättigungs-Überlauf (Bild 7.34). Ist bei einem Digital-Rechner die Sättigung eingeschaltet, dann würde in unserem Beispiel 0.111, d. h. die grösste positive Zahl abgespeichert.

Bei der Multiplikation entstehen die Fehler durch Runden oder Abschneiden. Als Beispiel dazu betrachten wir die Multiplikation der beiden Zahlen 0.101 und 0.011 auf einem 4-Bit-Rechner. Durch Runden auf eine 4-Bit-Zahl entsteht aus dem exakten Ergebnis 0.001111 der Wert 0.010 und durch Abschneiden der Wert 0.001. Sowohl beim Runden wie auch beim Abschneiden (engl: rounding and truncation) entstehen Fehler, die man bekanntlich als Quantisierungsfehler bezeichnet.

Wir wollen am Beispiel eines IIR-Filters 2. Ordnung in Direktform-I-Struktur untersuchen, an welchen Stellen Überlauf- und Quantisierungsfehler auftreten. Wir setzen dabei voraus, dass das dazugehörige Blockdiagramm in Bild 7.41 auf einem Festkomma-Rechner zu implementieren ist.

Zuerst skalieren wir die b-Koeffizienten mit einem Faktor $2^{-L_b}$ und die a-Koeffizienten mit einem Faktor $2^{-L_a}$ derart, dass alle skalierten Koeffizienten $b_i'$ und $a_i'$ in den Bereich $[-1, +1)$ fallen. $L_a$ und $L_b$ sind ganze Zahlen und werden so gewählt, dass der betragsmässig grösste $b_i'$- respektive $a_i'$-Koeffizient in den Bereich $[-1, -0.5)$ oder $[0.5, 1)$ zu liegen kommt.

[8] Unter dem Ausdruck $[-1, +1)$ versteht man alle reellen Zahlen, die zwischen $-1$ und $+1$ liegen. Die eckige Klammer bedeutet, dass die Zahl $-1$ zum Bereich gehört und die runde Klammer drückt aus, dass die Zahl $+1$ nicht mehr zum Bereich gehört.

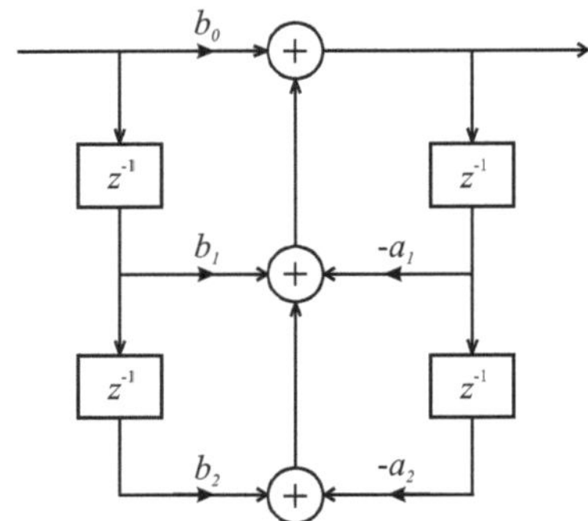


Bild 7.41: Blockdiagramm eines IIR-Filters 2. Ordnung in Direktform-I-Struktur

**Beispiel: Skalierung von $b$ - und $a$ -Koeffizienten**

$$b_0 = 0.2345, \quad b_1 = -0.4, \quad b_2 = 0.4987, \quad a_1 = -1.8459, \quad a_2 = 0.9076$$
$$\Longrightarrow \quad L_b = -1, \quad L_a = 1, \quad \Longrightarrow$$
$$b_0' = 0.4690, \quad b_1' = -0.8, \quad b_2' = 0.9974, \quad a_1' = -0.9230, \quad a_2' = 0.4538.$$

Mit dieser Skalierung kann man die volle Genauigkeit der Fractional-Darstellung ausschöpfen. Allerdings muss durch Multiplikation mit den beiden Faktoren $2^{L_b}$ und $2^{L_a}$ gemäß Bild 7.42 die Skalierung wieder rückgängig gemacht werden, damit der korrekte Abtastwert am Ausgang erscheint. Da es sich bei diesen Faktoren um Zweierpotenzen handelt, können die Multiplikationen durch arithmetische Schiebeoperationen ersetzt werden.

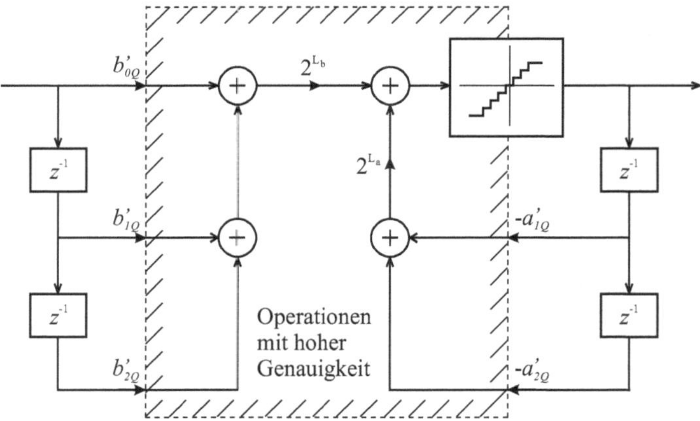


Bild 7.42: Implementation des IIR-Filters in Bild 7.41 auf einem Festkomma-Rechner

■

Wortlängen interner Rechenregister sind normalerweise viel grösser als die Wortlängen von RAM-Speicherzellen. Multiplikations- und Additions-Ergebnisse können deshalb intern sehr genau dargestellt werden. Die Direktform-I-Struktur ist eine Struktur, welche diese hohe Genauigkeit ausnützt, indem sie die Additions- und Multiplikations-Ergebnisse zusammenfasst (Bild 7.42). Nach Abarbeitung der 5 Multiplikationen, der 2 Schiebeoperationen und der 4 Additionen wird der Ausgangsabtastwert quantisiert und im RAM oder im DA-Wandler abgespeichert.

**Beispiel einer 4-Bit-Quantisierung eines 8-Bit-Ergebnisses:**

```
  0.0101011
+ 1.0000001
= 1.0101100  ==>  Abschneideergebnis:  1.010
                  Rundungsergebnis:    1.011
```

■

Liegt das Ausgangsergebnis nicht im zulässigen Zahlenbereich $[-1, +1)$, dann erfolgt ein Sättigungs- oder ein Zweierkomplement-Überlauf.

**Beispiel einer 4-Bit-Quantisierung mit Überlauf:**

```
  0.1110101
+ 0.1100001
= 1.1010110  ==>  Ergebnis bei Sättigungs-Überlauf:         0.111
                  Ergebnis bei Zweierkomplement-Überlauf:   1.101
```

■

Die Art der Quantisierung und des Überlaufs wird auf einem Festkomma-Rechner per Software eingestellt.

Das Blockdiagramm des idealen IIR-Filters in Bild 7.41 wird schliesslich in das Signalflussdiagramm des untenstehenden Bildes übergeführt. Es beruht auf den quantisierten (gerundeten) Koeffizienten und modelliert die Ergebnis-Quantisierung und einen eventuellen Überlauf durch die Fehlerquelle $e[n]$.

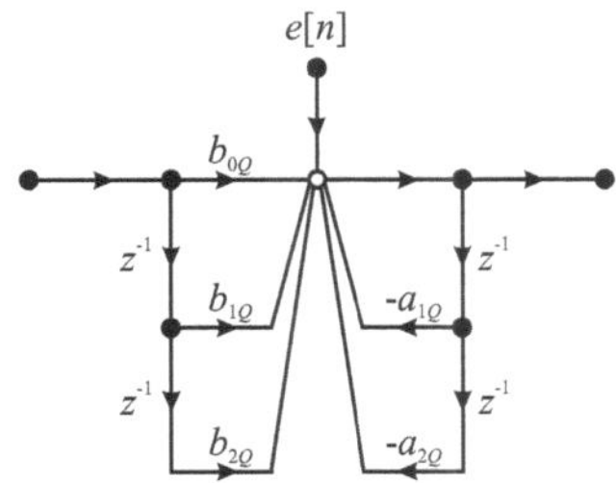


Bild 7.43: Signalflussdiagramm des IIR-Filters 2. Ordnung in Direktform-I-Struktur mit gerundeten Koeffizienten und Fehlerquelle $e[n]$

### 7.4.5 Skalierung zur Verhinderung von Überläufen

Additions-Ergebnisse, die im Speicher oder im DA-Wandler abgelegt werden, sollten überlauffrei sein (überlauffrei ist ein Ergebnis im Fractional-Format dann, wenn es in den Bereich $[-1, +1)$ zu liegen kommt). Überläufe verzerren das Signal und können zudem bei IIR-Filtern zu so genannten *Überlaufschwingungen* (engl: large scale limit cycles) führen. Diese sind sehr störend, weil sie erstens eine grosse Amplitude haben und weil sie zweitens je nach Eingangssignal lange andauern können.

Um Überläufe zu vermeiden, müssen die Filterkoeffizienten skaliert werden. Welche Arten von Skalierungen existieren und wie sie durchzuführen sind, soll in diesem Unterkapitel dargelegt werden.

#### Skalierung von FIR-Filtern

Wir beschränken uns auf die Diskussion der klassischen Direktform-Struktur, die man bei einem FIR-Filter auch als Transversalfilter-Struktur bezeichnet. Die Summationen sind in Bild 7.44 in *einem* Knoten zusammengefasst, um hervorzuheben, dass nur an diesem Punkt ein Überlauf auftreten kann.

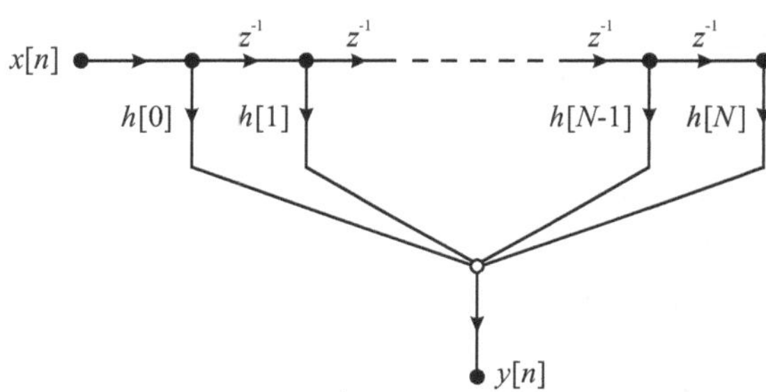


Bild 7.44: FIR-Filter in Direktform- oder Transversalfilter-Struktur

Das Ausgangssignal ist gleich der Impulsantwort gefaltet mit dem Eingangssignal:

$$y[n] = \sum_{i=0}^{N} h[i]x[n-i]\,. \tag{7.58}$$

Daraus folgt, dass der Betrag des Ausgangsignals eingeschränkt ist durch die Ungleichung

$$|y[n]| \leq \sum_{i=0}^{N} |h[i]||x[n-i]|\,. \tag{7.59}$$

Der Betrag des Eingangssignals $x[n]$ ist kleiner gleich 1, somit:

$$|y[n]| \leq \sum_{i=0}^{N} |h[i]| . \tag{7.60}$$

Ist die rechte Seite kleiner als 1, dann ist auch das Ausgangssignal kleiner als 1 und somit überlauffrei.

Die rechte Seite von Ungleichung (7.60) nennt man $l_1$-Norm des FIR-Filters [PB87]:

$$l_1 = \sum_{i=0}^{N} |h[i]| . \tag{7.61}$$

Führen wir nun einen Skalierungsfaktor

$$s = \frac{1}{l_1} \tag{7.62}$$

ein und skalieren wir alle Koeffizienten $h[i]$ entsprechend der Vorschrift

$$\tilde{h}[i] = sh[i] , \tag{7.63}$$

dann ist das FIR-Filter mit den skalierten Koeffizienten $\tilde{h}[i]$ überlauffrei.

Durch die obige Skalierung wird das Eingangssignal mit dem Faktor $s$ multipliziert und entsprechend abgeschwächt, falls $s$ kleiner als 1 ist. Das Rauschen hingegen, das durch die Quantisierung der Ausgangsabtastwerte entsteht, bleibt unverändert mit dem Ergebnis, dass das Nutzsignal zu Störsignal-Verhältnis verschlechtert wird. Deswegen sind wir daran interessiert, den Skalierungsfaktor $s$ so gross wie möglich zu machen.

Führt man die Normen [PB87]

$$l_\infty = \max_f |H(e^{j2\pi fT})| \tag{7.64}$$

und

$$l_2 = \sqrt{\sum_{i=0}^{N} h^2[i]} \tag{7.65}$$

ein, dann kann man zwei neue Skalierungsfaktoren

$$s = \frac{1}{l_\infty} \tag{7.66}$$

und

$$s = \frac{1}{l_2} \tag{7.67}$$

definieren und damit die Palette an Auswahlmöglichkeiten erweitern. Die Norm $l_\infty$ heisst Tschebyscheff-Norm und ist definiert als Maximalwert des Amplitudengangs. Die Norm in Gl.(7.65) wird als $l_2$-Norm bezeichnet und entspricht der

Norm, wie wir sie Abschn. 4.1.4 eingeführt haben. Man kann zeigen, dass von den drei oben definierten Normen die $l_2$-Norm die kleinste und die $l_1$-Norm die grösste ist, das heisst:

$$l_2 \leq l_\infty \leq l_1 \,. \tag{7.68}$$

Wählt man den Skalierungsfaktor $s$ gemäß Gl.(7.66), dann kann man einen Überlauf für ein Sinussignal im eingeschwungenen Zustand verhindern. Trifft man die Wahl nach Gl.(7.67), dann erzielt man das beste *SNR* mit dem Nachteil, dass die Wahrscheinlichkeit eines Überlaufs zunimmt.

Die Wahl des Skalierungsfaktors ist somit ein Kompromiss: Muss ein Überlauf unbedingt vermieden werden, dann wählen wir den Skalierungsfaktor gemäß Gl.(7.62). Wollen wir das *SNR* optimieren, dann fällt die Wahl auf Gl.(7.67) und möchten wir einen Mittelweg wählen, dann entscheiden wir uns für Gl.(7.66).

### Skalierung von IIR-Filtern

Ihrer guten Eigenschaften wegen ist die Kaskade von Blöcken 2. Ordnung die häufigste Struktur zur Realisierung von IIR-Filtern. Auf Festkomma-Rechnern hat sich als Block 2. Ordnung die Direktform-I-Struktur in Bild 7.43 besonders bewährt, weil sie pro Block nur einen Knoten aufweist, in dem das Signal quantisiert wird. Aus diesem Grund beschränken wir uns auf die Diskussion der Kaskaden-Struktur in Bild 7.45.

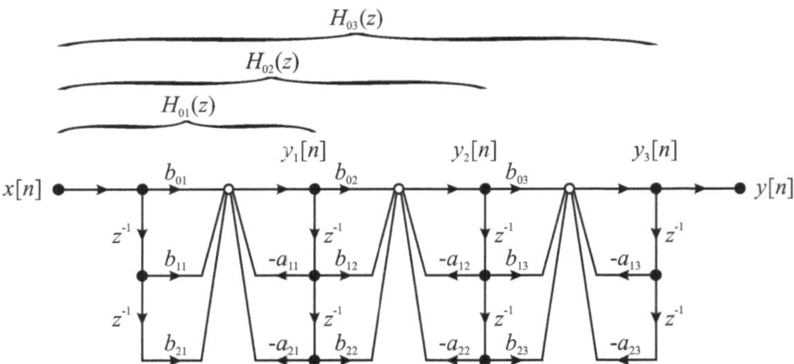


Bild 7.45: IIR-Filter 6. Ordnung in Kaskaden-Struktur mit Blöcken 2. Ordnung in Direktform-I-Struktur

Zur Durchführung der Skalierung benötigen wir wiederum eine der drei Normen. Bei einem IIR-System mit der Übertragungsfunktion $H(z)$ und der Impulsantwort $h[n]$ sind die drei Normen analog zu einem FIR-System definiert:

$$l_2 = \sqrt{\sum_{i=0}^{\infty} h^2[i]} \quad \leq \quad l_\infty = \max_f |H(e^{j2\pi fT})| \quad \leq \quad l_1 = \sum_{i=0}^{\infty} |h[i]| \,. \tag{7.69}$$

Auch hier gilt, dass eine Skalierung mit

$$s = \frac{1}{l_2} \tag{7.70}$$

das grösste *SNR* ergibt und eine Skalierung mit

$$s = \frac{1}{l_1} \tag{7.71}$$

einen Überlauf garantiert verhindert. Eine Skalierung mit

$$s = \frac{1}{l_\infty} \tag{7.72}$$

schliesst einen Überlauf bei sinusförmiger Anregung im eingeschwungenem Zustand aus und stellt einen vernünftigen Kompromiss zwischen den beiden anderen Skalierungen dar.

Die Aufgabe der Skalierung der einzelnen Blöcke besteht darin, Block-Skalierungsfaktoren $s_1$, $s_2$ und $s_3$ derart zu bestimmen, dass einerseits die Aussteuerung in den Knoten $y_1[n]$, $y_2[n]$ und $y_3[n]$ (Bild 7.45) gross wird, andererseits aber ein Überlauf unmöglich oder unwahrscheinlich ist. Haben wir uns für eine der drei Skalierungsarten und damit für eine der drei Normen $l_p$ ($p = 1, 2$ oder $\infty$) entschieden, dann können wir das Skalierungsprozedere der Kaskaden-Struktur wie folgt durchführen:

1. Norm $l_{1p}$ der Übertragungsfunktion $H_{01}(z)$ berechnen und daraus den ersten Skalierungsfaktor $s_1 = 1/l_{1p}$ bestimmen. Die skalierte Übertragungsfunktion des ersten Blocks ergibt sich dann zu

$$\tilde{H}_1(z) = \frac{s_1 b_{01} + s_1 b_{11} z^{-1} + s_1 b_{21} z^{-2}}{1 + a_{11} z^{-1} + a_{21} z^{-2}} \,. \tag{7.73}$$

2. Norm $l_{2p}$ der Übertragungsfunktion $s_1 H_{02}(z)$ berechnen und daraus den zweiten Skalierungsfaktor $s_2 = 1/l_{2p}$ bestimmen. Die skalierte Übertragungsfunktion des zweiten Blocks ergibt sich dann zu

$$\tilde{H}_2(z) = \frac{s_2 b_{02} + s_2 b_{12} z^{-1} + s_2 b_{22} z^{-2}}{1 + a_{12} z^{-1} + a_{22} z^{-2}} \,. \tag{7.74}$$

3. Norm $l_{3p}$ der Übertragungsfunktion $s_1 s_2 H_{03}(z)$ berechnen und daraus den dritten Skalierungsfaktor $s_3 = 1/l_{3p}$ bestimmen. Die skalierte Übertragungsfunktion des dritten Blocks ergibt sich dann zu

$$\tilde{H}_3(z) = \frac{s_3 b_{03} + s_3 b_{13} z^{-1} + s_3 b_{23} z^{-2}}{1 + a_{13} z^{-1} + a_{23} z^{-2}} \,. \tag{7.75}$$

4. Hat die Kaskade $L$ Blöcke, dann ist so weiterzufahren, bis alle $L$ Blöcke skaliert sind. Die Übertragungsfunktion der skalierten Kaskade lautet dann:

$$\tilde{H}(z) = \tilde{H}_1(z)\tilde{H}_2(z)\cdots\tilde{H}_L(z)\,. \tag{7.76}$$

5. Wird gefordert, dass die skalierte Übertragungsfunktion die gleiche Verstärkung hat wie die unskalierte, d. h. wird

$$\tilde{H}(z) = H(z) \tag{7.77}$$

gefordert, dann muss $\tilde{H}(z)$ mit dem Faktor $s_0 = 1/(s_1 s_2 \cdots s_L)$ multipliziert werden. Um Vollaussteuerung zu erreichen, müssen bei $s_0 > 1$ die $b$-Koeffizienten des ersten Blocks und bei $s_0 < 1$ die $b$-Koeffizienten des letzten Blocks mit $s_0$ multipliziert werden.

Die MATLAB-Funktion `tf2sosI` führt das in den Punkten 1. bis 5. beschriebene Skalierungsverfahren automatisch aus (Aufgabe 13).

Eine weitere Möglichkeit IIR-Filter in Kaskaden-Struktur zu realisieren, zeigt Bild 7.46. Die Blöcke 2. Ordnung bestehen hier aus Direktform-II-Strukturen, deren Koeffizienten mithilfe der MATLAB-Funktion `tf2sos` bestimmt und skaliert werden können. Diese Struktur hat den Vorteil, dass sie mit einer minimalen Anzahl von Verzögerungselementen implementiert werden kann und daher zwei Speicherelemente weniger benötigt als die Kaskaden-Struktur in Bild 7.45.

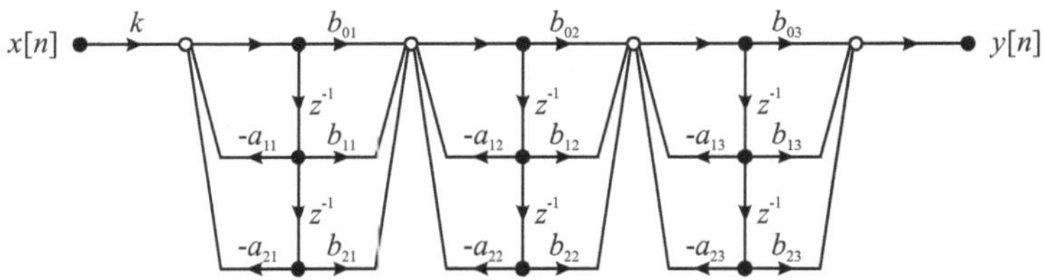


Bild 7.46: IIR-Filter 6. Ordnung in Kaskaden-Struktur mit Blöcken 2. Ordnung in Direktform-II-Struktur

### 7.4.6 Quantisierungsrauschen

Wir haben gesehen, dass sowohl bei der AD-Wandlung wie auch beim Abspeichern von Zwischenergebnissen Quantisierungs- und eventuell Überlauffehler auftreten. In diesem Unterkapitel gehen wir davon aus, dass dank einer geeigneten Skalierung alle Ausgangsknoten überlauffrei sind und nur Quantisierungsfehler in Form von Rundungs- oder Abschneidefehlern auftreten. Diese Quantisierungsfehler an den einzelnen Ausgangsknoten sind unabhängig voneinander und dürfen als weisse Rauschquellen $e[n]$ mit einer rechteckförmigen Wahrscheinlichkeitsdichtefunktion $f_e(e)$ modelliert werden [OSB04].

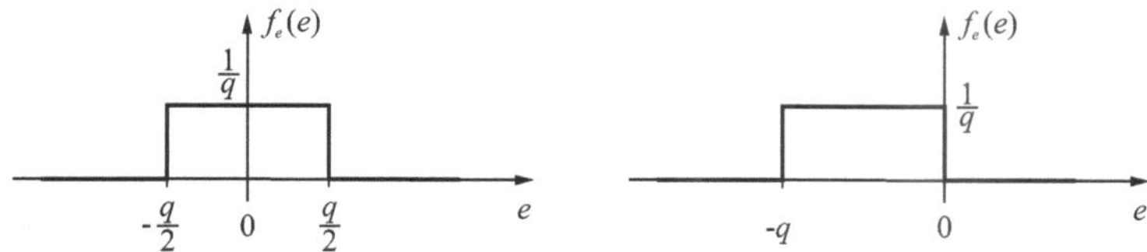


Bild 7.47: Wahrscheinlichkeitsdichtefunktion des Quantisierungsfehlers beim Runden (links) und beim Abschneiden (rechts)

Wie wir in Abschn. 7.4.1 gesehen haben, ist $q$ die Quantisierungsstufe und hat den Wert des LSB (engl: Least Significant Bit). Bei einer Fractional-Zahl hat das LSB den Wert

$$q = 2^{-B} . \tag{7.78}$$

$(B{+}1)$ ist die Wortlänge und $B$ somit die Anzahl Bits nach dem Vorzeichenbit.

Die Wahrscheinlichkeitsdichtefunktionen in Bild 7.47 erlauben, den Mittelwert $\mu_e$ und die Varianz $\sigma_e^2$ des Quantisierungsrauschens zu berechnen. Als Ergebnis erhalten wir für das Runden (Aufgabe 14):

$$\mu_e = 0 , \qquad \sigma_e^2 = \frac{2^{-2B}}{12} \tag{7.79}$$

und für das Abschneiden

$$\mu_e = -\frac{2^{-B}}{2} , \qquad \sigma_e^2 = \frac{2^{-2B}}{12} . \tag{7.80}$$

Den Mittelwert $\mu_e$ können wir auch als DC-Wert (Gleichanteil) und die Varianz $\sigma_e^2$ als AC-Leistung (Leistung des Wechselanteils) des Rauschens bezeichnen. Die Wurzel $\sigma_e$ der Varianz heisst *Standardabweichung* und gibt den Effektivwert des AC-Anteils an. Vielfach wird als Einheit des Mittelwerts und der Standardabweichung das LSB verwendet. Bei Anwendung von Gl.(7.78) erhalten wir dann für das Runden:

$$\mu_e = 0 , \qquad \sigma_e = \frac{1}{2\sqrt{3}} \,\mathrm{LSB} \tag{7.81}$$

und für das Abschneiden:

$$\mu_e = -\frac{1}{2} \,\mathrm{LSB} , \qquad \sigma_e = \frac{1}{2\sqrt{3}} \,\mathrm{LSB} . \tag{7.82}$$

Wie wir bereits erörtert haben, entstehen bei einem FIR-Filter in Direktform-Struktur die Quantisierungsfehler an zwei Stellen: erstens am Eingang durch die Quantisierung im AD-Wandler und zweitens am Ausgang durch die Quantisierung des Ausgangsergebnisses. Bild 7.48 zeigt das FIR-Filter mit den beiden erwähnten Quantisierungsrauschquellen.

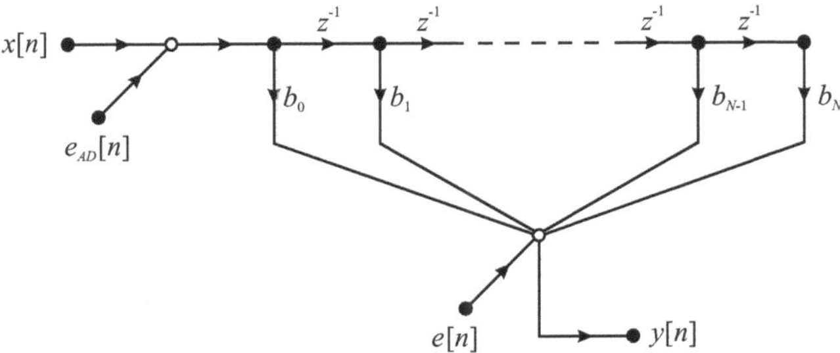


Bild 7.48: FIR-Filter in Direktform-Struktur inklusive Quantisierungsrauschquellen

Analog dazu zeigt Bild 7.49 das IIR-Filters mit den dazugehörigen Quantisierungsrauschquellen.

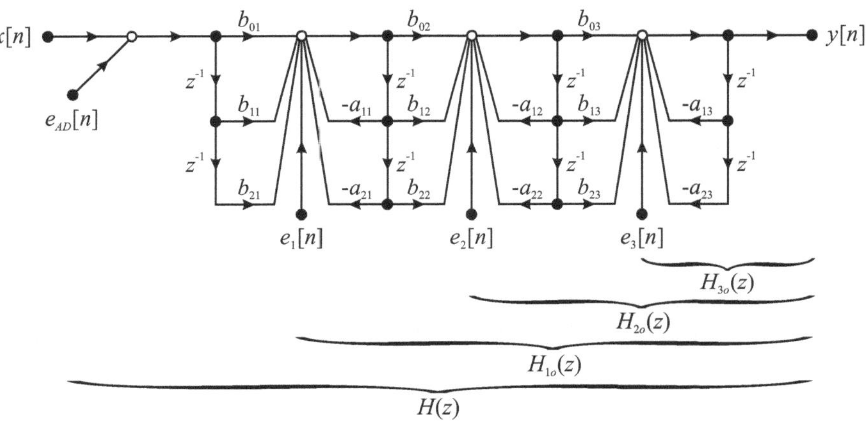


Bild 7.49: IIR-Filter 6. Ordnung in Kaskaden-Struktur inklusive Quantisierungsrauschquellen

Zwischenergebnisse in Festkomma-Rechnern werden des geringeren Rechenaufwands wegen vielfach abgeschnitten, wodurch das entsprechende Quantisierungsrauschen mittelwertbehaftet ist. Sämtliche AD-Wandler hingegen runden das Ausgangsergebnis und produzieren so ein Quantisierungsrauschen, das mittelwertfrei ist. Andererseits arbeiten AD-Wandler üblicherweise mit einer kleineren Wortbreite als der Festkomma-Rechner des Digitalfilters und verursachen demnach ein Quantisierungsrauschen, dessen Varianz grösser ist.

Wir möchten nun natürlich wissen, wie sich diese unerwünschten Rauschquellen auswirken und wie man ihren Einfluss vermindern kann.

Aus Abschn. 5.4.2 wissen wir, dass der DC-Wert einer Rauschquelle mit der DC-Verstärkung $H(1)$ zu multiplizieren ist, um den DC-Wert am Ausgang des LTI-Systems zu erhalten:

$$\mu_y = H(1)\mu_e \,, \qquad \text{wobei:} \quad H(1) = H(z)|_{z=e^{j2\pi 0T}} \,. \tag{7.83}$$

Zur Erinnerung: $H(z)$ ist die Übertragungsfunktion zwischen dem Rauschknoten und dem Ausgangsknoten und unter dem DC-Wert eines stationären stochastischen Signals $\mathbf{y}[n]$ versteht man seinen Mittelwert $\mu_y = \mathrm{E}\{\mathbf{y}[n]\}$. Hat ein LTI-System mehrere Rauschquellen, dann überlagern sich am Ausgang des Systems die übertragenen DC-Werte. Für den Mittelwert des Quantisierungsrauschens am Ausgang eines FIR-Filters (Bild 7.48) finden wir daher:

$$\mu_y = H(1)\mu_{e_{AD}} + \mu_e \tag{7.84}$$

und für den Mittelwert des Quantisierungsrauschens am Ausgang eines IIR-Filters (Bild 7.49):

$$\mu_y = H(1)\mu_{e_{AD}} + H_{1o}(1)\mu_{e_1} + H_{2o}(1)\mu_{e_2} + H_{3o}(1)\mu_{e_3} \,. \tag{7.85}$$

In Abschn. 5.4.2 haben wir ausserdem gesehen, dass die Varianz der Rauschquelle mit der Rauschverstärkung *NG* (engl: noise gain) zu multiplizieren ist, um die Varianz des Rauschens am Ausgang des LTI-Systems $H(z)$ zu erhalten:

$$\sigma_y^2 = NG\sigma_e^2 \,, \tag{7.86}$$

wobei:

$$NG = \frac{1}{2\pi}\int_{-\pi}^{\pi} |H(e^{j\Omega})|^2 \, d\Omega \,, \quad H(e^{j\Omega}) = H(z)|_{z=e^{j\Omega}} \quad \text{und} \quad \Omega = 2\pi f T \,. \tag{7.87}$$

Zur Erinnerung: $H(e^{j\Omega})$ ist der Frequenzgang zwischen dem Rauschknoten und dem Ausgangsknoten und unter der Varianz versteht man die mittlere Leistung des DC-befreiten stochastischen Signals: $\sigma_y^2 = \mathrm{E}\big\{(\mathbf{y}[n] - \mu_y)^2\big\}$.

Hat ein LTI-System mehrere unkorrelierte Rauschquellen, dann überlagern sich am Ausgang des Systems die übertragenen Varianzen. Für die Varianz des Quantisierungsrauschens am Ausgang eines FIR-Filters (Bild 7.48) finden wir daher:

$$\sigma_y^2 = NG\sigma_{e_{AD}}^2 + \sigma_e^2 \tag{7.88}$$

und für die Varianz des Quantisierungsrauschens am Ausgang eines IIR-Filters (Bild 7.49):

$$\sigma_y^2 = NG\sigma_{e_{AD}}^2 + NG_{1o}\sigma_{e_1}^2 + NG_{2o}\sigma_{e_2}^2 + NG_{3o}\sigma_{e_3}^2 \,. \tag{7.89}$$

Während die DC-Verstärkung bei gegebener Übertragungsfunktion einfach zu berechnen ist, gestaltet sich die Berechnung der Rauschverstärkung komplizierter. Für ein IIR-System 2. Ordnung mit der Übertragungsfunktion

$$H(z) = \frac{1}{1 + a_1 z^{-1} + a_2 z^{-2}} = \frac{1}{(1 - p_1 z^{-1})(1 - p_2 z^{-1})} \tag{7.90}$$

findet man dafür [PB87]:

$$NG = \frac{1 + a_2}{(1 - a_2)[(1 + a_2)^2 - a_1^2]} \,. \tag{7.91}$$

IIR-Filter, die mit einer hohen Abtastfrequenz betrieben werden, haben Pole in der Nähe von $z = 1$, wie aus Bild 7.39 links hervorgeht. Ein Polpaar $p_1, p_2$ in diesem Bereich hat demnach aufgrund von Gl.(7.90) einen $a_2$-Koeffizienten von ungefähr 1 zur Folge. Dadurch wird der Term $(1 - a_2)$ sehr klein und verursacht – da er im Nenner von Gl.(7.91) steht – eine hohe Rauschverstärkung und damit ein hohes Quantisierungsrauschen. Das Herabsetzen der Abtastfrequenz ist infolgedessen die einfachste Massnahme zur Verringerung des Quantisierungsrauschens (Aufgabe 15).

Diskussion:

1. Die Formeln (7.85) und (7.89) sind gültig für ein IIR-Kaskaden-Filter 6. Ordnung mit Blöcken 2. Ordnung in Direktform-I-Struktur. Durch Weglassen oder Hinzufügen entsprechender Summenterme können sie einfach für beliebige Kaskaden-Filter angepasst werden.

2. Der Mittelwert des Quantisierungsrauschens ist bei einem AD-Wandler normalerweise null. Deshalb kann i. Allg. $\mu_{e_{AD}} = 0$ gesetzt werden. Die Varianz $\sigma^2_{e_{AD}}$ berechnet sich analog zu Gl.(7.79) nach der Formel $\sigma^2_{e_{AD}} = 2^{-2B_{AD}}/12$, wobei $(B_{AD}+1)$ die Wortlänge des AD-Wandlers ist.

3. Der AD-Wandler hat meistens die kleinere Wortlänge als der Festkomma-Rechner. Deshalb ist die Varianz $\sigma^2_{e_{AD}}$ i. Allg. grösser als die Varianzen $\sigma^2_e$, $\sigma^2_{e_1}$, $\sigma^2_{e_2}$ und $\sigma^2_{e_3}$. Bei einem 12-Bit-AD-Wandler beispielsweise beträgt sie $19.9 \cdot 10^{-9}$ und ist damit 256 mal grösser als die entsprechenden Varianzen in einem 16-Bit-Festkomma-Rechner.

4. Die Rauschverstärkungen können mithilfe eines in Lit. [Por97] beschriebenen Verfahrens berechnet werden (siehe MATLAB-Funktion `nsgain`).

5. Ein FIR-Filter rauscht weniger als ein IIR-Filter, weil es nur eine Quantisierungsrauschquelle hat und weil das Rauschen dieser Quelle nicht verstärkt wird.

Bei einem IIR-Filter in Kaskaden-Struktur hat man die Freiheit, die Reihenfolge der Blöcke sowie die Paarung der Pole und Nullstellen zu wählen. Es hat sich nun gezeigt [Mit06], dass sowohl die Überlaufwahrscheinlichkeit wie auch das Quantisierungsrauschen minimiert werden können, wenn für die $l_\infty$-Skalierung bei der Reihenfolge und Paarung wie folgt vorgegangen wird:

1. Der letzte Block der Kaskade enthält das komplexe Polpaar, welches sich am nächsten beim Einheitskreis befindet. Diesem Polpaar wird das ihm am nächsten liegende komplexe Nullstellenpaar zugeordnet.

2. Für die restlichen Blöcke verfährt man nach der Regel 1., bis alle Blöcke in der richtigen Reihenfolge geordnet sind.

Für die $l_2$-Skalierung wird gerade umgekehrt vorgegangen, d. h. :

1. Der erste Block der Kaskade enthält das komplexe Polpaar, welches sich am nächsten beim Einheitskreis befindet. Diesem Polpaar wird das ihm am nächsten liegende komplexe Nullstellenpaar zugeordnet.

2. Für die restlichen Blöcke verfährt man nach der Regel 1., bis alle Blöcke in der richtigen Reihenfolge geordnet sind.

Bild 7.50 zeigt anhand von drei Beispielen, wie die Pole und Nullstellen gepaart und wie die einzelnen Blöcke in ihrer Reihenfolge geordnet werden. Bei der $l_2$-Skalierung wird die Reihenfolge der Blöcke gerade umgekehrt gewählt. Die beiden MATLAB-Funktionen `tf2sosI` und `tf2sos` führen die Pol-Nullstellen-Paarung und die Block-Platzierung für die Kaskaden-Filter in Bild 7.45 und 7.46 automatisch durch.

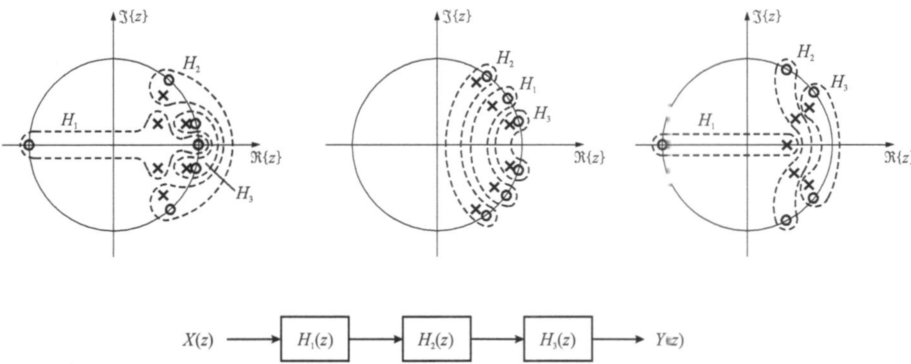


Bild 7.50: Paarung von Polen und Nullstellen sowie Reihenfolge der Blöcke bei einem IIR-Filter in Kaskaden-Struktur

## 7.4.7 Zusammenfassung

Wegen der endlichen Wortlänge werden Koeffizienten und Abtastwerte auf einem digitalen Rechner nur ungenau dargestellt. Dadurch entstehen bei einem Digitalfilter unerwünschte Effekte, die sich wie folgt zusammenfassen lassen:

1. Die realisierte Übertragungsfunktion weicht von der idealen Übertragungsfunktion ab. Bei grossen Abweichungen kann das Toleranzschema oder sogar die Stabilitätsbedingung verletzt werden.

2. Es können Überläufe auftreten, die im Ausgangssignal zu Verzerrungen führen. Bei einem IIR-Filter können diese Überläufe Oszillationen mit grosser Amplitude (Überlaufgrenzzyklen, engl: large scale limit cycles) anfachen und Sprungphänomene verursachen.

3. Runden und Abschneiden von Zwischenergebnissen führt zu Quantisierungsrauschen. Bei einem IIR-Filter können daraus überdies Quantisierungsgrenzzyklen (engl: small scale limit cycles), d. h. Oszillationen mit kleiner Amplitude entstehen.

Zur Elimination oder Verminderung der oben beschriebenen Nichtidealitäten lassen sich folgende Massnahmen ergreifen:

1. *FIR-Filter anstelle von IIR-Filtern einsetzen.* FIR-Filter sind weniger sensitiv bezüglich ungenauer Filterkoeffizienten, haben ein kleineres Quantisierungsrauschen und sind immer stabil und frei von Grenzzyklen.

2. *Gute Strukturen für IIR-Filter verwenden.* Eine bewährte Struktur ist die Kaskaden-Struktur mit Blöcken zweiter Ordnung. In der Literatur (z. B. [Mit06]) findet man weitere gute Strukturen, wie die Lattice-Struktur, die State-Space-Struktur und die Struktur mit Allpässen.

3. *Block-Reihenfolge richtig wählen und Pole und Nullstellen korrekt paaren.* Bei Verwendung der Kaskaden-Struktur sollen die Blöcke in der richtigen Reihenfolge geordnet und die Pole mit den passenden Nullstellen gepaart werden.

4. *Abtastfrequenz verkleinern.* Bei Verkleinerung der Abtastfrequenz werden Digitalfilter weniger empfindlich bezüglich ungenauer Filterkoeffizienten. Eine kleinere Abtastfrequenz bei IIR-Filtern vermindert zudem das Quantisierungsrauschen und die Tendenz zu Grenzzyklen.

5. *Skalierung verringern.* Bei untolerierbaren Überläufen müssen die Skalierungsfaktoren verringert werden.

6. *Besondere Massnahmen ergreifen.* Zur Verminderung des Quantisierungsrauschens kann der Quantisierungsfehler zurückgekoppelt werden (siehe dazu [Mit06]).

7. *Wortlänge vergrössern.* Eine grössere Wortlänge vermindert das Quantisierungsrauschen und erhöht die Genauigkeit der Übertragungsfunktion.

8. *Fliesskomma-Rechner verwenden.* Diese Massnahme führt zu Digitalfiltern mit genauen Filterkoeffizienten, geringem Quantisierungsrauschen und überlauffreiem Ausgangssignal.

## 7.5 Realisierung digitaler Filter

### 7.5.1 Vorgehen zur Realisierung eines Digitalfilters

Wir wollen im Folgenden das Vorgehen zur Realisierung eines Digitalfilters in sieben Punkten zusammenfassen.

#### 1. Betriebsart und Hardware

Zuerst ist abzuklären, ob das Filter in Echtzeit (engl: real time, on-line) oder in Nichtechtzeit (engl: off-line) betrieben werden soll. Im Nichtechtzeit-Betrieb wird das zu verarbeitende Signal abgespeichert, anschliessend durch einen Digitalfilter-Algorithmus bearbeitet, bei Bedarf in einer Tabelle oder in einer Graphik dargestellt und wenn nötig weiterverarbeitet. Dieser Betrieb, bei dem ein Notebook, ein PC, eine Workstation oder ein Mainframe als Hardware dient, kommt vor allem bei Mess- und Simulationsaufgaben in Betracht. Im Echtzeit-Betrieb werden – abgesehen von Filtern mit tiefer Abtastfrequenz – hohe Anforderungen an die Verarbeitungsgeschwindigkeit der Hardware gestellt. In Betracht kommen deshalb Signalprozessoren, spezielle Digitalfilter-ICs oder andere schnelle Rechnerbausteine.

Generell jedoch gilt, dass zur digitalen Filterung jeder Rechner in Frage kommt, sofern er schnell genug ist, ausreichend Speicher zur Verfügung stellt und eine genügend grosse Wortbreite hat.

#### 2. Antialiasingfilter und Abtastfrequenz

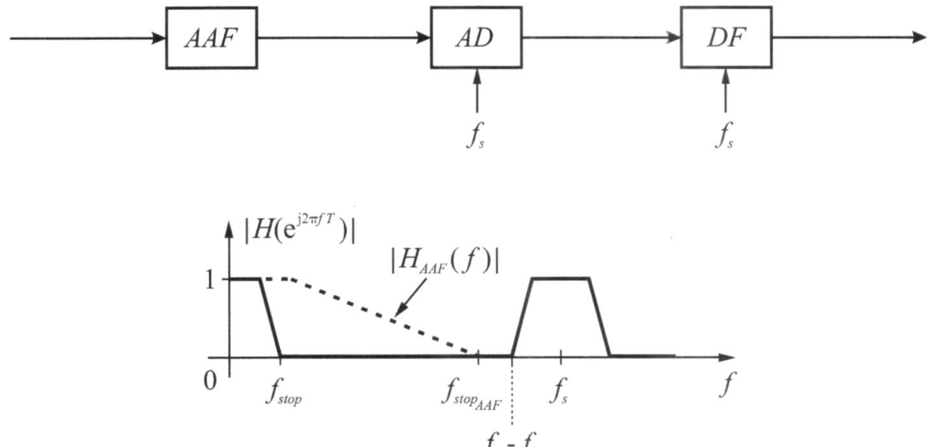


Bild 7.51: Amplitudengang eines Digital- und eines Antialiasingfilters

Bild 7.51 zeigt die schematischen Amplitudengänge eines digitalen Tiefpassfilters und eines zeitkontinuierlichen Antialiasingfilters. Aus Abschn. 4.3.3 wissen wir, dass der Frequenzgang eines Digitalfilters $f_s$-periodisch ist. Um Aliasingfehler zu vermeiden, muss das Antialiasingfilter die höherfrequenten Durchlassbereiche des Digitalfilters unterdrücken, was gemäß Bild 7.51 und Abschn. 3.3.1 folgende Ungleichung zur Konsequenz hat:

$$f_{stop_{AAF}} < f_s - f_{stop}\,. \tag{7.92}$$

Der Parameter $f_{stop_{AAF}}$ ist die Sperrfrequenz des Antialiasingfilters, $f_s$ ist die Abtastfrequenz und $f_{stop}$ ist die Sperrfrequenz des Digitalfilters. Aus der obigen Ungleichung ergibt sich somit folgende Bedingung für die Abtastrate:

$$f_s > f_{stop} + f_{stop_{AAF}}\,. \tag{7.93}$$

Die Wahl der Abtastrate ist ein Dilemma. Wählt man $f_s$ tief, dann steigen die Anforderungen an die Flankensteilheit des Antialiasingfilters, wählt man hingegen $f_s$ hoch, dann steigen die Anforderungen an die Verarbeitungsgeschwindigkeit und Genauigkeit des Digitalrechners. Das Dilemma wird durch einen Kompromiss gelöst, der von der betreffenden Anwendung abhängt und deshalb von Fall zu Fall entschieden werden muss. Üblich sind Abtastfrequenzen, die etwa 2.5 bis 20 mal grösser als die Sperrfrequenz des Digitalfilters sind. Um das Dilemma zu entschärfen, kann der AD-Wandler in Bild 7.51 durch einen ΣΔ-AD-Wandler (engl: sigma-delta AD converter, oversampling AD converter [Mit06], [vG08b]) gemäß Bild 7.52 oben ersetzt werden. Ein ΣΔ-AD-Wandler tastet das Eingangssignal mit einer hohen Abtastfrequenz $f_{s_1}$ ab und liefert das digitale Ausgangssignal mit einer tiefen Abtastfrequenz $f_{s_2}$. Davon profitieren beide Filter: 1. Das Antialiasingfilter, weil es jetzt einen grossen Übergangsbereich hat (Bild 7.52 unten) und somit beispielsweise durch ein einfaches RC-Glied gemäß Bild 2.47 realisiert werden kann. 2. Das Digitalfilter, weil es jetzt mit einer tiefen Abtastfrequenz betrieben wird.

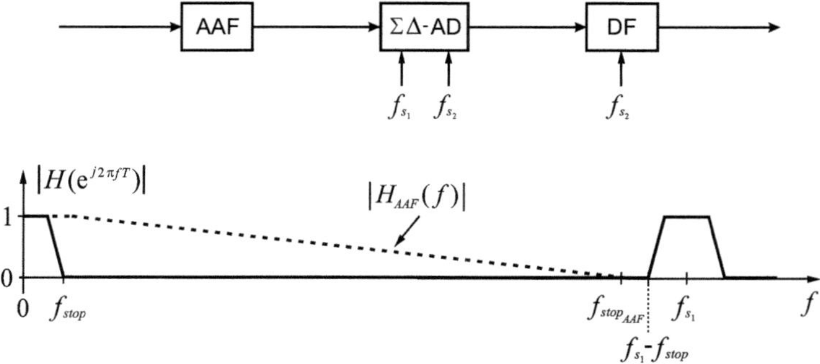


Bild 7.52: Amplitudengang eines Digital- und eines Antialiasingfilters bei Verwendung eines ΣΔ-AD-Wandlers

Selbstverständlich ist zu prüfen, ob der Einsatz eines Antialiasingfilters überhaupt notwendig ist. Es gibt viele Anwendungen in der Praxis, wo das zu verarbeitende Signal schon genügend bandbegrenzt ist und so den Einsatz eines Antialiasingfilters überflüssig macht.

### 3. FIR- oder IIR-Filter?

Im nächsten Schritt muss abgeklärt werden, ob ein nichtrekursives oder rekursives Digitalfilter, d. h. ein FIR- oder IIR-Filter verwendet werden soll. Um die Wahl zu erleichtern, sind deren wichtigsten Eigenschaften in Tabelle 7.5 zusammengefasst.

| Eigenschaft | FIR-Filter | IIR-Filter |
|---|---|---|
| Stabilität | immer stabil | Instabilität möglich |
| Gruppenlaufzeit | konstant | frequenzabhängig |
| Speicher- und Rechenaufwand | hoch | tief |
| Filteralgorithmus | einfach | kompliziert |
| Nichtideale Effekte | klein | gross |
| Filterfunktionen | TP, BP, HP, BS, Differentiator, Hilbert-Transformator, Multiband-Filter | TP, BP, HP, BS, Allpass, Integrator |

Tabelle 7.5: Eigenschaften von FIR- und IIR-Filtern

Die aufgeführten Eigenschaften in der mittleren Kolonne gelten für FIR-Filter mit symmetrischer Impulsantwort, wie sie in Abschn. 7.2.1 vorgestellt wurden. Unsymmetrische FIR-Filter haben keine konstante Gruppenlaufzeit und werden vorallem als Spezial- und Adaptivfilter eingesetzt [vG08b].

Die Qualifikationen in der dritten bis fünften Zeile sind nicht absolut sondern relativ zu verstehen.

### 4. Filterspezifikationen

Unter den Filterspezifikationen verstehen wir hier das Toleranzschema mit seinen Durchlass- und Sperrfrequenzen und den zulässigen Rippeln im Durchlass- und Sperrbereich. Die Wahl dieser Parameter erfolgt aufgrund einer konkreten Anwendung und unter Berücksichtigung der Leistungsfähigkeit des vorhandenen

Digitalrechners. Aus der Perspektive des Digitalfilters lässt sich folgendes sagen: Je grösser die Ansprüche an das Filter sind, d. h. je enger der zulässige Toleranzbereich ist, desto grösser ist die Ordnung und desto höher sind die Genauigkeitsanforderungen an die Koeffizienten. Eine grosse Ordnung bedeutet eine grosse Anzahl von Koeffizienten und damit eine grosse Anzahl von Multiplikationen. Zur Erinnerung: Ein FIR-Filter $N$-ter Ordnung in Direktform-Struktur erfordert ($N$+1)-Multiplikationen pro Abtastintervall und ein IIR-Block 2. Ordnung benötigt 5 bis 7 Multiplikationen pro Abtastintervall (Bild 7.42). Ein IIR-Filter hoher Ordnung in Kaskaden-Struktur hat ausserdem eine grosse Anzahl von Quantisierungsstellen und somit ein hohes Rauschen an seinem Ausgang. Schliesslich steigt mit zunehmender Ordnung sowohl für FIR- wie auch für IIR-Filter die Gruppenlaufzeit an.

Nach diesen Ausführungen ist es offensichtlich, dass die Filterspezifikationen so tolerant als möglich gewählt werden sollen. Dies gilt insbesondere bei Verwendung eines Festkomma-Rechners und bei Wahl einer hohen Abtastfrequenz.

**5. Filterentwurf**

Unter der Tschebyscheff-Approximation versteht man ein Approximationsverfahren, das den rechteckförmigen Amplitudengang eines idealen Filters mit konstanter Welligkeit approximiert. Bei FIR-Filtern ist das Verfahren unter verschiedenen Namen bekannt, wie z. B. unter Parks-McClellan- oder Equirippel-Verfahren. Bei IIR-Filtern figuriert es unter den Namen „Cauer-Filter" oder „elliptisches Filter". Es führt im Allgemeinen zu Digitalfiltern minimaler Ordnung und wird deshalb bevorzugt angewandt. Zeitigt es wider Erwarten unerwünschte Ergebnisse, empfiehlt sich die Anwendung alternativer Entwurfsmethoden, wie sie beispielsweise in Abschn. 7.3 beschrieben sind.

**6. Struktur**

Die übliche FIR-Filterstruktur ist die nichtrekursive Direktform-Struktur, auch Transversalfilter-Struktur genannt (Bild 7.16). Die häufigste IIR-Filterstruktur ist die Kaskaden-Struktur aus Blöcken 2. Ordnung gemäß Bild 7.23. Beim Auftreten von Schwierigkeiten können Spezialstrukturen eingesetzt werden, wie sie in Abschn. 7.4.7 erwähnt wurden. Zur Erinnerung: Die Struktur ist eine graphische Form des Algorithmus, gemäß dem das Filter auf einem digitalen Rechner zu programmieren ist.

**7. Simulation, Implementation und Kontrolle**

Nach der Bestimmung der Abtastfrequenz, der Filterkoeffizienten und der Filterstruktur wird das Digitalfilter – eventuell nach einer Simulation – mithilfe von Softwarewerkzeugen auf der bereitgestellten Hardware implementiert. Nach der Implementation ist es ratsam, das Digitalfilter unter praxisnahen Bedingungen auszutesten. Falls die Erfolgskontrolle zu einem unbefriedigenden Ergebnis führt, muss der Entwurfprozess neu gestartet und Punkt für Punkt überarbeitet werden.

## 7.5.2 Anwendungsbeispiel

Eine Aufgabe, die in der Praxis hin und wieder vorkommt, ist das Herausfiltern der Grundschwingung aus einem periodischen Signal. Als Beispiel dafür soll aus der symmetrischen Rechteckschwingung die Cosinusschwingung gleicher Frequenz und der Amplitude 1 entsprechend Bild 7.53 herausgefiltert werden.

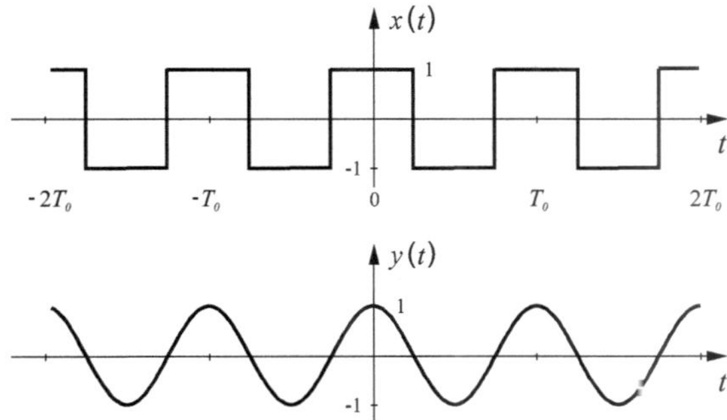


Bild 7.53: Rechteckschwingung mit erster Harmonischen

Gemäß dem Beipiel auf Seite 31 kann man die Rechteckschwingung wie folgt in eine Fourier-Reihe zerlegen:

$$x(t) = \frac{4}{\pi}\cos(2\pi f_0 t) - \frac{4}{\pi 3}\cos(2\pi 3 f_0 t) + \frac{4}{\pi 5}\cos(2\pi 5 f_0 t) - \cdots ,$$

wobei die Grundfrequenz $f_0$ durch den Reziprokwert der Periode $T_0$ gegeben ist. Für $T_0 = 1\,\text{ms}$ ist

$$f_0 = \frac{1}{T_0} = 1\,\text{kHz} .$$

Das Rechtecksignal soll über eine Soundkarte mittels eines Digitalrechners (PC, Laptop) gefiltert werden. Soundkarten lassen sich mit einer beschränkten Anzahl von Abtastfrequenzen betreiben, z. B. mit $f_s = 11.025\,\text{kHz}$, $22.05\,\text{kHz}$ und $44.1\,\text{kHz}$. Wir wählen für das vorliegende Anwendungsbeispiel die kleinst mögliche Abtastfrequenz und damit $11.025\,\text{kHz}$.

Gemäß Aufgabenstellung soll der Scheitelwert der Cosinusschwingung 1 sein (wobei wir eine Toleranz von $\pm 1\,\%$ zulassen) und die Oberschwingungen sollen um mindestens den Faktor 100 gedämpft werden. Daraus ergeben sich folgende Bedingungen an den Amplitudengang $|H(e^{j2\pi fT})|$:

$$
\begin{aligned}
\frac{4}{\pi}|H(e^{j2\pi f_0 T})| &\in [0.99,\ 1.01]\,, \\
\frac{4}{3\pi}|H(e^{j2\pi 3 f_0 T})| &\leq 0.01\,, \\
\frac{4}{5\pi}|H(e^{j2\pi 5 f_0 T})| &\leq 0.01\,,
\end{aligned}
$$

Für das Toleranzschema finden wir somit:

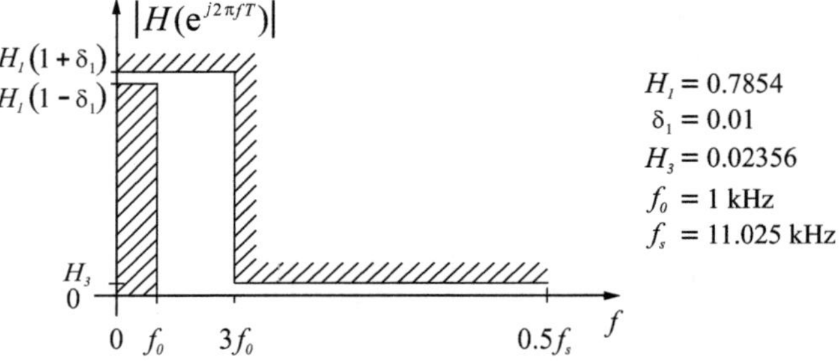


Bild 7.54: Toleranzschema des Tiefpassfilters

Um mit dem DSV-Programm `sptool` von MATLAB ein FIR-Filter zu entwerfen, müssen wir das Toleranzschema modifizieren. Das Programm setzt die Verstärkung im Durchlassbereich auf $H_1 = 1$ ($\hat{=}\, 0\,\text{dB}$) und definiert den Rippel $A_{pass}$ im Durchlassbereich und die Dämpfung $A_{stop}$ im Sperrbereich entsprechend den Formeln in Bild 7.55.

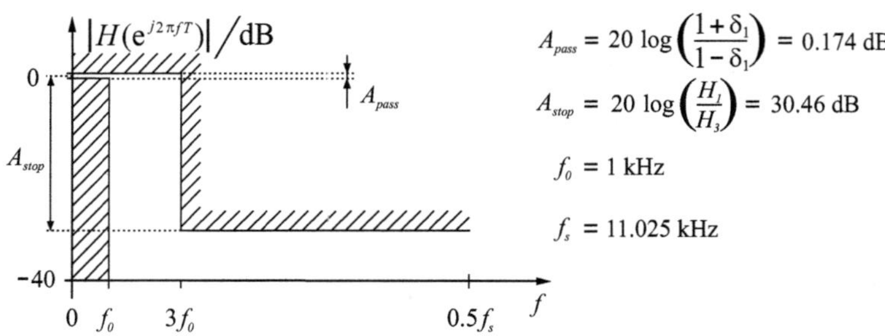


Bild 7.55: MATLAB-Toleranzschema des Tiefpassfilters

Das mit den Parametern $f_s = 11.025\,\text{kHz}$, $f_{pass} = 1\,\text{kHz}$, $f_{stop} = 3\,\text{kHz}$, $A_{pass} = 0.174\,\text{dB}$ und $A_{stop} = 30.46\,\text{dB}$ entworfene Filter hat die Ordnung 8 und besteht somit aus 9 Koeffizienten. Nach Drücken der Taste „Edit" liefert das DSV-Programm `sptool` das GUI in Bild 7.56 und wir stellen fest, dass der Amplitudengang das Toleranzschema erfüllt (eingefügtes Bild: Amplitudengang im Durchlassbereich).

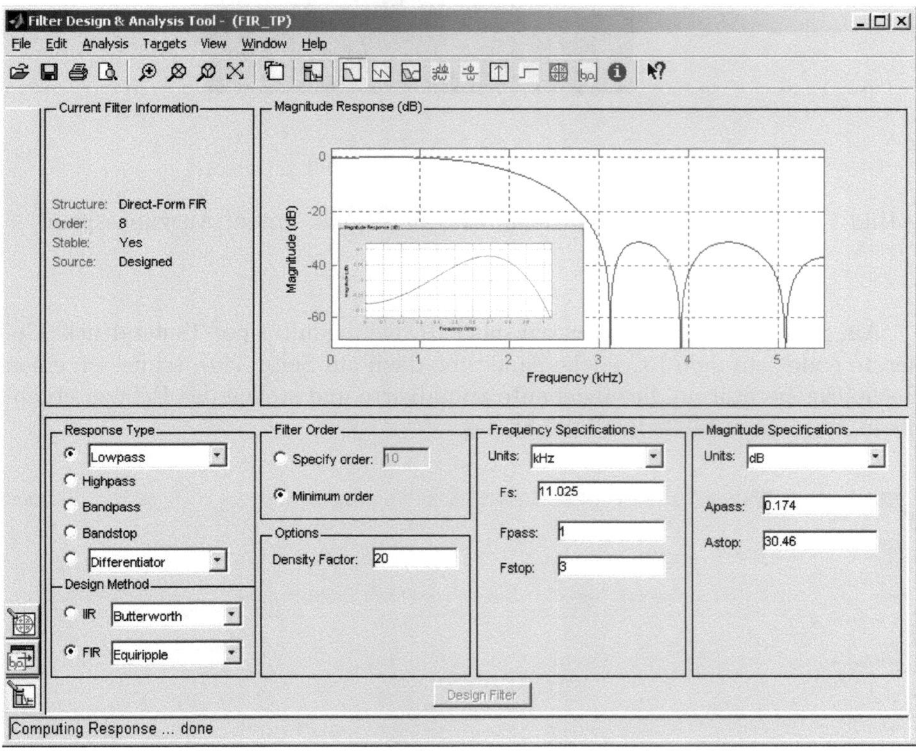


Bild 7.56: GUI und Amplitudengang des FIR-Tiefpassfilters

Bevor wir das Digitalfilter implementieren, müssen wir seine Koeffizienten noch mit dem Faktor $H_1$ multiplizieren, damit es die Spezifikationen in Bild 7.54 erfüllt. Anschliessend simulieren wir den Einschaltvorgang mit den auf den Seiten 329 und 333 beschriebenen Programmen `spfilt` und `simdsp` (Bild 7.57).

Die Programme `spfilt` und `simdsp` entwerfen und simulieren lineare Digitalfilter und somit diskrete LTI-Systeme. Die diskreten Eingangs- und Ausgangssignale werden allerdings der schöneren Darstellung wegen kontinuierlich dargestellt, indem die Abtastwerte durch horizontale Streckenzüge verbunden werden, was einer Interpolation 0-ter Ordnung entspricht.

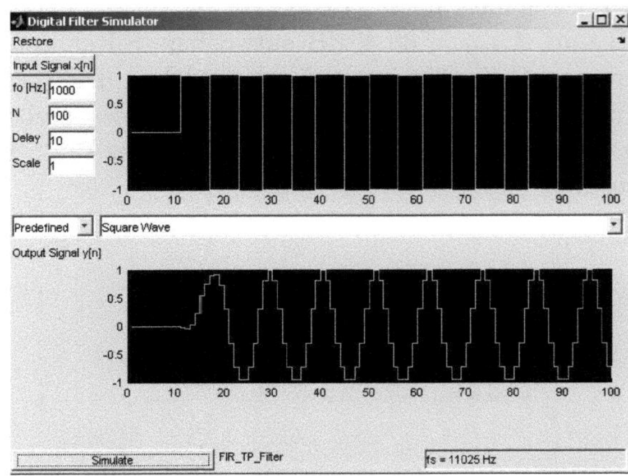


Bild 7.57: Einschaltvorgang (oben: Eingangssignal, unten: Ausgangssignal)

Am Schluss implementieren wir das FIR-Tiefpassfilter per Tastendruck „Generate code“ auf dem PC (siehe Anleitung dazu auf Seite 330), schliessen einen Rechteckgenerator an die eingebaute Soundkarte und stellen das Echtzeitergebnis in Form eines GUIs in Bild 7.58 dar.

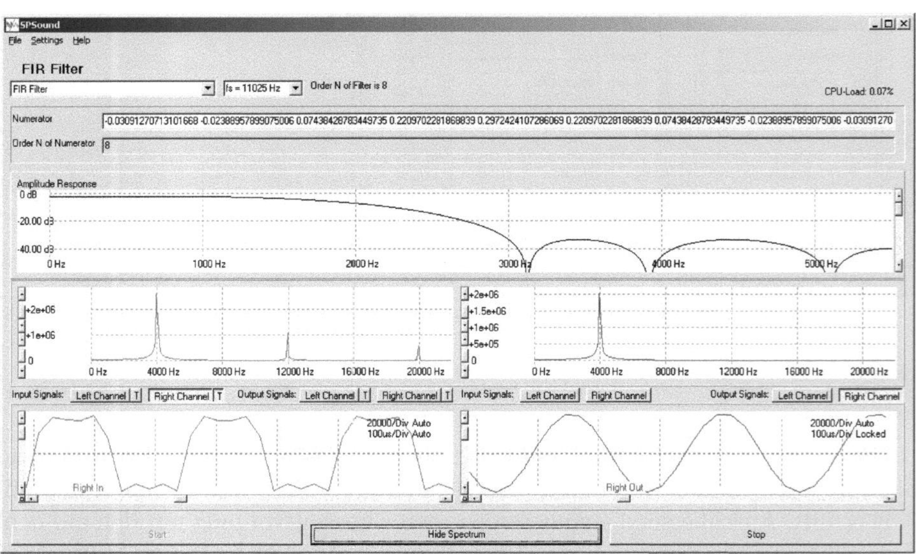


Bild 7.58: Filterkoeffizienten, Amplitudengang, sowie Ein- und Ausgangssignal des FIR-Tiefpassfilters im Spektral- und im Zeitbereich

Für das Verständnis von Bild 7.58 sind folgende Punkte zu beachten:

1. Das Feld „Numerator" enthält die Filterkoeffizienten $b_0, b_1, \cdots, b_8$ des FIR-Filters, d. h. die Koeffizienten des Zählerpolynoms der Übertragungsfunktion. Der gerundete Filterkoeffizientenvektor lautet: $[b_0, b_1, \cdots, b_8]^T$ $= [-0.031, -0.024, 0.074, 0.221, 0.297, 0.221, 0.074, -0.024, -0.031]^T$.

2. Der Amplitudengang und die Spektren des Eingangs- und Ausgangssignals werden – wie in der DSV üblich – im Nyquistbereich dargestellt, d. h. im Frequenzbereich von 0 bis $f_s/2$. Unter dem Spektrum verstehen wir hier den Betrag der DFT, wie sie in Gl.(6.5) auf Seite 183 definiert wurde.

3. Das Spektrum des Ausgangssignals zeigt sehr schön die Filterwirkung im Frequenzbereich: Das Tiefpassfilter lässt die erste Harmonische passieren, unterdrückt hingegen die dritte und fünfte Harmonische.

4. Die diskreten Eingangs- und Ausgangssignale werden kontinuierlich dargestellt, indem die Abtastwerte durch Streckenzüge verbunden werden. Diese Interpolationsart nennt man lineare Interpolation oder Interpolation 1-ter Ordnung.

5. Ein externer Rechteckgenerator liefert das analoge Eingangssignal für die Soundkarte. Das analoge Eingangssignal führt auf einen Sigma-Delta-AD-Wandler (siehe dazu Bild 7.52), der an seinem Ausgang ein digitales Antialiasingfilter enthält [vG08b]. Dieses Antialiasingfilter ist ein Tiefpassfilter und verzerrt demnach das Rechtecksignal zum diskreten Eingangssignal in Bild 7.58 unten links. Man spricht in diesem Zusammenhang auch von linearen Verzerrungen oder Faltungsverzerrungen, wie sie bereits im Beispiel auf Seite 238 diskutiert wurden.

# Aufgaben

1. **Grundlegendes Verhalten eines linearen Digitalfilters**

   Mithilfe eines M-Files wollen wir das grundlegende Verhalten eines linearen Digitalfilters untersuchen. Starten Sie zu diesem Zweck das Programm `A1_7_1`, geben Sie die $b$- und die $a$-Koeffizienten eines LTI-Systems Ihrer Wahl ein und generieren Sie ein diskretes Eingangssignal $x[n]$. Das M-File bestimmt folgende Grössen: Frequenzgang, Gruppenlaufzeit, Impulsantwort, PN-Diagramm, Faltung, sowie das Spektrum (DTFT) des Eingangs- und Ausgangssignals. Beispiel: $\boldsymbol{b} = [0.8 \quad -1.7 \quad 1]$, $\boldsymbol{a} = [1 \quad -1.7 \quad 0.8]$, und $\boldsymbol{x} = \sin(2 * \mathrm{pi} * 0.1 * [0 : 100]) + \sin(2 * \mathrm{pi} * 0.15 * [0 : 100])$ oder $\boldsymbol{x} = [\mathrm{zeros}(1, 11) \ \mathrm{ones}(1{,}90)]$. Diskutieren Sie die Ergebnisse.

2. **Signalverzerrung aufgrund einer nichtkonstanten Gruppenlaufzeit**

   Generieren Sie mit MATLAB drei Perioden des Signals

   $$x[n] = \sum_{i=1}^{4} \frac{1}{2i-1} \sin(2\pi 0.005(2i-1)n)$$

   und laden Sie das Mat-File `A1_7_2`, welches die Koeffizienten eines FIR-Tiefpassfilters (Vektoren $\boldsymbol{b}1$ und $\boldsymbol{a}1$) und eines IIR-Tiefpassfilters (Vektoren $\boldsymbol{b}2$ und $\boldsymbol{a}2$) enthält. Beide Tiefpassfilter wurden mit demselben Toleranzschema entworfen und erfüllen somit die gleichen Spezifikationen. Filtern Sie das Signal mit den beiden Digitalfiltern und beachten Sie, wie das IIR-Filter im Gegensatz zum FIR-Filter das Signal verzerrt.

3. **Rekursives Filter mit endlicher Impulsantwort**

   (a) Zeichnen Sie ein Signalflussdiagramm zum rekursiven Filter mit der Übertragungsfunktion

   $$H(z) = \frac{-0.05 - 0.27z^{-1} + 0.88z^{-2} - 0.72z^{-3} + 0.13z^{-4} + 0.03z^{-5}}{1 - 0.6z^{-1}}.$$

   (b) Dividieren Sie das Zählerpolynom durch das Nennerpolynom und zeigen Sie, dass das obige Digitalfilter eigentlich ein FIR-Filter ist. Überprüfen Sie diese Aussage, indem Sie die Impulsantwort von $H(z)$ durch Anwenden des MATLAB-Befehls `impz` berechnen.

4. **Analyse zweier FIR-Differentiatoren vom Typ 3 und 4**

   (a) Entwerfen Sie mit den Befehlen `b3=firpm(22,[0 .8],[0 .4],'differentiator')` und `b4=firpm(11,[0 .8],[0 .4],'differentiator')` zwei Differentiatoren und kontrollieren Sie, ob die beiden Koeffizientenvektoren $\boldsymbol{b}3$ und $\boldsymbol{b}4$ tatsächlich die Symmetrie vom Typ 3 und vom Typ 4 aufweisen.

   (b) Welchen beiden Frequenzpunkten im Nyquistfrequenzbereich entsprechen die Werte $z = 1$ und $z = -1$?

   (c) Die Übertragungsfunktion von FIR-Typ-3-Filtern ist null bei $z = 1$ und $z = -1$. Verifizieren Sie die Aussage mithilfe des Befehls `freqz`.

   (d) Gilt die obige Eigenschaft auch für FIR-Filter vom Typ 1?

   (e) Der Amplitudengang eines digitalen Differentiators beschreibt sich durch die Formel

   $$|H(f)| = k\frac{|f|}{f_s}, \qquad \text{wobei: } |f| < f_u < 0.5f_s\,.$$

   Die Parameter $k$, $f_u$ und $f_s$ sind positive Grössen und bezeichnen die Steigung, die obere Frequenzgrenze und die Abtastfrequenz. Wie gross sind diese Parameter für die beiden Differentiatoren in Teilaufgabe (a)?

(f) Erzeugen Sie mit den MATLAB-Funktionen `square` und `chirp` ein Rechteck- und ein Chirp-Eingangssignal und überprüfen Sie die Ausgangssignale der beiden Differenzierer, entworfen in Teilaufgabe (a).

(g) Zum Entwurf von Differentiatoren stellt MATLAB auch den Befehl `fdesign.differentiator` zur Verfügung. Studieren Sie diesen Befehl durch Eingabe des Befehls `doc fdesign.differentiator`.

5. **Überführung eines Analogfilters in ein Digitalfilter**

(a) Im Zuge einer Modernisierung kommt es immer wieder vor, dass Analogfilter durch entsprechende Digitalfilter ersetzt werden müssen. Ein gängiges Verfahren zur Überführung des Analogfilters in ein Digitalfilter besteht darin, die Differentialgleichung des Analogfilters in eine Differenzengleichung umzuwandeln, indem man das Differential einer Grösse durch die Differenz und das Differential der Zeit durch das Abtastintervall substituiert.

Überprüfen Sie diese Methode anhand eines analogen Tiefpassfilters 1. Ordnung in Form eines RC-Glieds mit der Zeitkonstanten $\tau = RC = 1.59\,\text{ms}$. Wählen Sie als Abtastfrequenz 3 kHz.

(b) Eine weiteres Verfahren bestimmt in vier Schritten die Koeffizienten des Digitalfilters aus dem Frequenzgang des Analogfilters: 1. In der z-Übertragungsfunktion $z = e^{j\omega T}$ setzen, 2. $e^{j\omega T}$ in eine Reihe entwickeln, 3. Terme zweiter und höherer Ordnung vernachlässigen und 4. einen Koeffizientenvergleich mit dem Frequenzgang $H(j\omega)$ des Analogfilters durchführen.

Überprüfen Sie diese Methode anhand eines analogen Integrators mit der Übertragungsfunktion

$$H(s) = \frac{1}{s\tau}\,, \qquad \text{wobei } \tau = 1\,\text{ms ist}\,.$$

Er soll für einen tiefen Frequenzbereich (d. h. $|f| \ll f_s = 10\,\text{kHz}$) durch einen digitalen Integrator mit der Übertragungsfunktion

$$H(z) = \frac{b_0}{1 - z^{-1}}$$

ersetzt werden. Wie gross ist der Koeffizient $b_0$ zu wählen? Ist der Integrator stabil?

6. **Differenzengleichungsystem einer Kaskaden-Struktur**

(a) Schreiben Sie ein M-File, das die Koeffizienten und das Eingangssignal eines IIR-Filters einliest und den Frequenzgang und das Ausgangssignal dazu zeichnet.

(b) Erweitern Sie das M-File, indem Sie das IIR-Filter mit `tf2sosI` in Blöcke 2. Ordnung zerlegen und das zugehörige Differenzengleichungssystem (7.32) programmieren.

7. **Impulsantwort des idealen BP-Filters**

   Die Impulsantwort des idealen Bandpassfilters mit der unteren normierten Grenzkreisfrequenz $\Omega_1$ und der oberen normierten Grenzkreisfrequenz $\Omega_2$ lautet:

$$h_{BPideal}[n] = \begin{cases} \frac{\Omega_2-\Omega_1}{\pi} & : \; n = 0\,, \\ \frac{\Omega_2}{\pi}\mathrm{sinc}(\frac{n\Omega_2}{\pi}) - \frac{\Omega_1}{\pi}\mathrm{sinc}(\frac{n\Omega_1}{\pi}) & : \; \text{sonst}\,. \end{cases}$$

   Leiten Sie diese Formel her, indem Sie die Bandpassfunktion in zwei Tiefpassfunktionen zerlegen, wobei die Impulsantwort des idealen Tiefpassfilters mit der normierten Grenzkreisfrequenz $\Omega_c$ wie folgt gegeben ist:

$$h_{TPideal}[n] = \begin{cases} \frac{\Omega_c}{\pi} & : \; n = 0\,, \\ \frac{\Omega_c}{\pi}\mathrm{sinc}(\frac{n\Omega_c}{\pi}) & : \; \text{sonst}\,. \end{cases}$$

8. **Entwurf von Bandpassfiltern und Analyse der gefilterten Signale**

   In dieser Aufgabe sollen mit dem MATLAB-DSV-Werkzeug `sptool` zwei FIR- und zwei IIR-Bandpassfilter mit folgenden Spezifikationen entworfen werden: Abtastfrequenz 10 kHz, Durchlassfrequenzen 990 Hz und 1010 Hz, Sperrfrequenzen 950 Hz und 1050 Hz, Rippel im Durchlassbereich $A_{pass} =$ 1 dB und Sperrdämpfung $A_{stop} = 40$ dB. Die entworfenen Bandpässe werden mit einem Rauschsignal angeregt und ihre Ausgangssignale einer Spektralanalyse unterzogen.

   (a) Generieren Sie ein Rauschsignal `x=randn(1,10000)`, starten Sie `sptool`, importieren Sie `x` als Signal und kreieren Sie das dazugehörige Leistungsdichtespektrum mit den Parametern „Welch, 1024, 256, boxcar und 128“.

   (b) Entwerfen Sie vier Bandpassfilter nach folgenden Entwurfsverfahren: 1. FIR: Kaiser-Fenstermethode, 2. FIR: Equiripple-Verfahren, 3. IIR: Butterworth und 4. IIR: Elliptic. Beachten Sie die Abnahme der Filter-Ordnungen und betrachten Sie jeweils den Amplituden- und Phasengang, die Gruppenlaufzeit, die Impuls- und Schrittantwort sowie das PN-Diagramm.

   (c) Welchen Rippeln $\delta_1$ und $\delta_2$ entsprechen der Rippel $A_{pass}$ und die Sperrdämpfung $A_{stop}$?

   (d) Mit der `sptool`-Taste „Apply“ kann man das Rauschsignal `x` filtern und mit der Taste „Create“ lässt sich das Leistungsdichtespektrum des gefilterten Rauschsignals schätzen (Hanning-Fenster benutzen). Schauen Sie sich die vier gefilterten Signale im Zeit- und Frequenzbereich an.

   (e) Hören Sie sich das Eingangs- und die Ausgangssignale an, indem Sie den Befehl `sound` starten oder die Lautsprecher-Taste auf dem Signal-Browser drücken. Kann man bei den Ausgangssignalen einen Unterschied feststellen?

9. **Filterentwurf durch Eingabe der Pole und Nullstellen**

Für eine Bandsperre 2. Ordnung mit der Abtastfrequenz $f_s$, der Sperrfrequenz $f_N$ (engl: notch frequency) und der 3dB-Bandbreite (engl: 3dB-bandwidth) $BW$ gelten folgende Entwurfsgleichungen [IJ02]:

$$r_z = 1, \qquad r_p = 1 - \pi\frac{BW}{f_s}, \qquad \theta = 2\pi\frac{f_N}{f_s}.$$

Dabei ist $r_z$ der Betrag der beiden Nullstellen, $r_p$ der Betrag der beiden Pole und $+\theta$ und $-\theta$ sind die Winkel der zwei Pole und Nullstellen.

Ein IIR-Bandpassfilter 2. Ordnung mit der Mittenfrequenz $f_c$ (engl: center frequency) der 3dB-Bandbreite $BW$ und der Verstärkung $A$ (engl: amplification) hat folgende Übertragungsfunktion [Tan08]:

$$H(z) = K\frac{(z+1)(z-1)}{(z-re^{j\theta})(z-re^{-j\theta})} = \frac{K - Kz^{-2}}{1 - 2r\cos(\theta)z^{-1} + r^2z^{-2}},$$

wobei:

$$\theta = 2\pi\frac{f_c}{f_s}, \qquad r = 1 - \pi\frac{BW}{f_s}, \qquad K = A\frac{(1-r)\sqrt{1-2r\cos(2\theta)+r^2}}{2\,|\sin(\theta)|}.$$

(a) Berechnen Sie die Filterkoeffizienten $b_0$, $b_1$, $b_2$, $a_1$ und $a_2$ für eine 50 Hz-Bandsperre mit der Bandbreite 10 Hz und der Abtastfrequenz 500 Hz.

(b) Entwerfen Sie mit dem Pole/Zero-Editor des MATLAB-DSV-Tools `fdatool` die Bandsperre. Überprüfen Sie, ob die Filterkoeffizienten mit denjenigen von (a) übereinstimmen und ob der Amplitudengang den Erwartungen entspricht.

(c) Bestimmen Sie die Pole und Nullstellen eines Bandpassfilters mit folgenden Parametern: $f_c = 50\,\text{Hz}$, $BW = 5\,\text{Hz}$, $A = 1$ und $f_s = 1000\,\text{Hz}$. Zeichnen Sie das Pol-Nullstellen-Diagramm und entwerfen Sie mit dem Pole/Zero-Editor des MATLAB-DSV-Tools `fdatool` (engl: filter design and analysis tool) den Bandpass. Kontrollieren Sie, ob die Filterkoeffizienten mit denjenigen von $H(z)$ übereinstimmen und ob der Amplitudengang den Erwartungen entspricht.

10. **Herleitung der Pol-Sensitivität**

Gegeben sei die Übertragungsfunktion eines IIR-Filters

$$\begin{aligned} H(z) &= \frac{B(z)}{A(z)}, \\ &= \frac{b_0 + b_1 z^{-1} + \cdots + b_N z^{-N}}{1 + a_1 z^{-1} + \cdots + a_M z^{-M}}, \\ &= \frac{b_0 z^{-N}(z - z_1)(z - z_2)\cdots(z - z_N)}{z^{-M}(z - p_1)(z - p_2)\cdots(z - p_M)}. \end{aligned}$$

Die Sensitivität $S_{a_k}^{p_i}$ des $i$-ten Poles bezüglich des $k$-ten $a$-Koeffizienten ist definiert als die Ableitung

$$S_{a_k}^{p_i} = \frac{\partial p_i}{\partial a_k}.$$

Sie berechnet sich nach der Formel (7.57):

$$S_{a_k}^{p_i} = \frac{p_i^{M-k}}{\prod\limits_{j=1;\, j \neq i}^{M} (p_i - p_j)}.$$

Leiten Sie diese Formel her, indem Sie wie folgt vorgehen: Durch Anwenden der Kettenregel $A(z)$ nach $a_k$ ableiten. Die so entstandene Gleichung nach der Sensitivität auflösen. Das Resultat ist ein Bruch. Im Zähler steht eine Ableitung, die einfach zu bestimmen ist und im Nenner steht eine Ableitung, die mithilfe der Produkteregel bestimmt werden kann. Die Bestimmung der beiden Ableitungen führt zur obigen Formel (7.57).

11. ***SNR* am Ausgang eines AD-Wandlers**

Bei sinusförmiger Vollaussteuerung hat das *SNR* am Ausgang eines AD-Wandlers der Wortlänge von $(B+1)$ Bit folgenden Wert:

$$SNR \approx 6(B+1) + 1.8\,, \qquad \text{Einheit: dB}\,.$$

Leiten Sie diese Formel her, indem Sie wie folgt vorgehen: Mittlere Leistung des Sinussignals $\rho_x^2 = \frac{1}{T_0}\int_{-T_0/2}^{T_0/2} \sin^2(2\pi f_0 t)\,dt$ und mittlere Leistung des Rundungsrauschens $\rho_e^2 = E\{\mathbf{e}^2\} = \int_{-\infty}^{\infty} e^2 f_e(e)\,de$ berechnen und darauf die Definitionsformel des *SNR* anwenden. Hinweise: Das Rundungsrauschen hat bekanntlich eine rechteckförmige Wahrscheinlichkeitsdichtefunktion $f_e(e)$, die sich von $-q/2$ bis $+q/2$ erstreckt und die Höhe $1/q$ hat. Der Parameter $q$ ist die Quantisierungsstufe und hat den Wert $q = 2^{-B}$.

12. **Skalierung und Rundung von Filterkoeffizienten**

Ein Entwurfsprogramm liefert für ein Digitalfilter folgende Koeffizienten:

$$\begin{aligned} b_0 = 0.040115\,, \quad b_1 &= 0.080231\,, & b_2 &= 0.040115\,, \\ a_1 &= -1.359009\,, & a_2 &= 0.519470\,. \end{aligned}$$

Berechnen Sie die skalierten und auf 8 Bit gerundeten Koeffizienten $\acute{b}_{0Q}$, $\acute{b}_{1Q}$, $\acute{b}_{2Q}$, $\acute{a}_{1Q}$ und $\acute{a}_{2Q}$. Bestimmen Sie die Skalierungsexponenten $L_b$ und $L_a$ analog zum Beispiel auf Seite 270. Verwenden Sie zur Rundung die Funktion `quantsig`.

13. **Entwurf eines IIR-Tiefpassfilters in Kaskaden-Struktur**

Entwerfen Sie mit dem Befehl `ellip` ein TP-Filter mit folgenden Parametern: Ordnung $N = 6$, Rippel $A_{pass} = 1\,\mathrm{dB}$, Sperrdämpfung $A_{stop} = 40\,\mathrm{dB}$, normierte Durchlassfrequenz $f_{pass}/f_s = 0.1$. Zerlegen Sie die so gewonnene Übertragungsfunktion $H(z)$ gemäß den Bildern 7.23 und 7.24 in die drei Übertragungsfunktionen $H_1(z)$, $H_2(z)$ und $H_3(z)$. Verwenden Sie dazu den Befehl `tf2sosI` mit der $l_\infty$-Skalierung. Überprüfen Sie, ob die Skalierung korrekt ist, d. h. ob die Amplitudengänge der drei Übertragungsfunktionen $H_{01}(z) = H_1(z)$, $H_{02}(z) = H_1(z)H_2(z)$ und $H_{03}(z) = H_1(z)H_2(z)H_3(z) = H(z)$ alle das gleiche Maximum haben.

14. **Mittelwert und Varianz des Quantisierungsrauschens**

Unter dem Mittelwert $\mu_e$ und der Varianz $\sigma_e^2$ des Quantisierungsrauschens $e[n]$ versteht man gemäß Abschn. 5.3.1 folgende Erwartungswerte:

$$\mu_e[n] = E\{e[n]\} \quad \text{und} \quad \sigma_e^2[n] = E\{(e[n] - \mu_e[n])^2\}\,.$$

Das Quantisierungsrauschen ist ein stationäres Signal, deshalb sind die beiden Erwartungswerte zeitunabhängig und gemäß Gl.(5.7) und Gl.(5.12) wie folgt definiert :

$$\mu_e = \int_{-\infty}^{+\infty} e f_e(e)\, de \quad \text{und} \quad \sigma_e^2 = \int_{-\infty}^{+\infty} (e - \mu_e)^2 f_e(e)\, de\,.$$

Leiten Sie nun die Formeln

$$\mu_e = 0\,, \qquad \sigma_e^2 = \frac{2^{-2B}}{12}$$

für das Rundungsrauschen und die Formeln

$$\mu_e = -\frac{2^{-B}}{2}\,, \qquad \sigma_e^2 = \frac{2^{-2B}}{12}$$

für das Abschneiderauschen her. Die Wahrscheinlichkeitsdichtefunktionen $f_e(e)$ sind durch Bild 7.47 gegeben.

15. **Quantisierungsrauschen bei einem IIR-Filter**

Schreiben Sie in MATLAB die Befehlszeile `spfilt('install','all')`, `spfilt` und drücken Sie beim sich meldenden Fenster die Taste „Cancel“. Es erscheinen die Fenster SPTool und SPFilt, wobei Sie im Feld „PC Sound Card“ den Menupunkt „General Fixpoint Processor“ wählen. Das mit der obigen Befehlszeile gestartete Programm `spfilt`, detailliert beschrieben Lit. [vG08a], berechnet den Mittelwert $\mu_y$ und die Standardabweichung $\sigma_y$ des Quantisierungsrauschens am Ausgang eines IIR-Filters, indem es die Formeln (7.85) und (7.89) anwendet.

Entwerfen Sie mit `sptool` eine 50Hz-Bandsperre zuerst mit der Abtastfrequenz 200 Hz und nachher mit der Abtastfrequenz 2000 Hz. Drücken Sie die Taste „Update list“ und wählen Sie ein IIR-Kaskaden-Filter an. Überprüfen Sie die folgenden Aussagen:

(a) Der Mittelwert $\mu_y$ (engl: mean value) und die Standardabweichung $\sigma_y$ (engl: standard deviation) des Quantisierungsrauschens sind beim Filter mit der tiefen Abtastfrequenz klein und beim Filter mit der hohen Abtastfrequenz gross.

(b) Das Quantisierungsrauschen des IIR-Filters mit der $l_2$-Skalierung hat eine kleinere Standardabweichung als das Quantisierungsrauschen des IIR-Filters mit der $l_\infty$-Skalierung.

16. **Berechnung des Quantisierungsrauschens**

In dieser Aufgabe sollen der Mittelwert und die Standardabweichung des Quantisierungsrauschens bei einem IIR-Filter in Direktform-I-Struktur berechnet werden.

(a) Zeichnen Sie analog zu Bild 7.49 die Direktform-I-Struktur eines IIR-Filters inklusive Quantisierungsrauschquellen.

(b) Bestimmen Sie analog zu den Formeln (7.85) und (7.89) den Mittelwert $\mu_y$ und die Varianz $\sigma_y^2$ des Quantisierungsrauschens.

(c) Leiten Sie daraus die Formeln für den Mittelwert $\mu_y$ und die Standardabweichung $\sigma_y$ her, wobei LSB die Einheit ist.

(d) Berechnen Sie das Quantisierungsrauschen für einen 12Bit-AD-Wandler und einen 16Bit-Festkomma-Rechner.

17. **Entwurf und Simulation eines Hochpassfilters**

    Geben Sie in MATLAB die zwei Befehle `spfilt('install','all')` und `spfilt` ein und wählen Sie „Cancel" beim sich meldenden Fenster. Drücken Sie im GUI „SPTool" die Taste „New" und entwerfen ein HP-Filter mit folgenden Spezifikationen: $f_s = 10000\,\text{Hz}$, $f_{pass} = 1000\,\text{Hz}$, $A_{pass} = 0.1\,\text{dB}$, $f_{stop} = 900\,\text{Hz}$ und $A_{stop} = 40\,\text{dB}$. Verwenden Sie die Equiripple- und Elliptic-Approximationen, realisieren Sie das HP-Filter in den Strukturen

    (a) FIR-Direktform,
    (b) IIR-Kaskade mit $l_\infty$-Skalierung,
    (c) IIR-Kaskade mit $l_2$-Skalierung,
    (d) IIR-Direktform-I

    und runden Sie in `SPFilt` die Filterkoeffizienten auf 16 Bit, indem Sie vorher ein „Update list" machen „PC Sound Card" durch „TMS320VC5510 Processor" ersetzen. Transferieren Sie die quantisierten Filter nach `SPTool` und schauen Sie deren Amplitudengänge an. Simulieren Sie mit dem DSP Simulator jedes der vier quantisierten Filter, indem Sie den Eingang mit einem Sinus der Amplitude 1 und der Frequenz 1000 Hz anregen und so das zugehörige Ausgangssignal erzeugen.

    Kommentieren Sie den Amplitudengang und das Ausgangssignal der vier quantisierten Filter.

18. **Vergleich von IIR-Filtern unterschiedlicher Abtastfrequenz**

    Starten Sie in MATLAB `spfilt` durch Eingabe der Befehlszeile `spfilt('install','all'), spfilt` und drücken Sie beim sich meldenden Fenster die Taste „Cancel".

    (a) Entwerfen Sie ein elliptisches TP-Filter in Kaskaden-Struktur mit folgenden Spezifikationen: $f_s = 1000\,\text{Hz}$, $f_{pass} = 10\,\text{Hz}$, $A_{pass} = 1\,\text{dB}$, $f_{stop} = 20\,\text{Hz}$ und $A_{stop} = 40\,\text{dB}$. Wählen Sie die linf-Skalierung, quantisieren Sie die Koeffizienten auf 12 Bit und betrachten Sie den Amplitudengang des quantisierten und des unquantisierten Filters. Wie beurteilen Sie den Amplitudengang des quantisierten Filters?

    (b) Entwerfen Sie dasselbe TP-Filter, jedoch mit $f_s = 100\,\text{Hz}$. Quantisieren Sie die Koeffizienten ebenfalls auf 12 Bit und vergleichen Sie die Amplitudengänge der quantisierten Filter in (a) und (b). Was stellen Sie fest? Vergleichen Sie die Pol-Nullstellendiagramme der beiden TP-Filter.

    (c) Entwerfen Sie ein elliptisches BP-Filter mit folgenden Spezifikationen: $f_s = 1000\,\text{Hz}$, $f_{pass1} = 95\,\text{Hz}$, $f_{pass2} = 105\,\text{Hz}$, $R_p = 1\,\text{dB}$, $f_{stop1} = 85\,\text{Hz}$, $f_{stop2} = 115\,\text{Hz}$ und $R_s = 40\,\text{dB}$. Quantisieren Sie die Koeffizienten auf 12 Bit und betrachten Sie den Amplitudengang des quantisierten BP-Filters und des quantisierten TP-Filters ($f_s = 1000\,\text{Hz}$). Was stellen Sie fest?

19. **Experimente in Echtzeit mit dem PC-Programm** spsound

    Realisieren und testen Sie Digitalfilter mithilfe des Programms **spsound**, indem Sie gemäß dem Manual auf Seite 341 vorgehen. Das Programm funktioniert auch ohne MATLAB, wie auf Seite 342 nachzulesen ist.

# Kapitel 8

# Signalgeneratoren

Eine häufige Aufgabe der DSV ist das Erzeugen deterministischer Signale. Ein klassisches Beispiel dafür ist das Generieren einer sinusförmigen Schwingung wählbarer Frequenz. Vielfach wünscht man sich Signale mit Zufallscharakter aber mit einstellbaren Parametern wie Mittelwert und Varianz. Solche Signale werden mittels Rauschgeneratoren erzeugt und sind zum Beispiel zur Identifikation unbekannter Systeme verwendbar. Signalgeneratoren – ebenfalls als Funktionsgeneratoren bezeichnet – lassen sich ausserdem zur Realisierung nichtlinearer Kennlinien einsetzen, wo sie beispielsweise zur Korrektur von verzerrenden Sensor-Kennlinien dienen.

Im Folgenden wollen wir einige wichtige Signalgeneratoren vorstellen. Diese lassen sich mithilfe des im Anhang A.4 beschriebenen Programms `spgen` entwerfen, simulieren und auf einem Rechner mit Festkommaarithmetik implementieren.

## 8.1 Einfache Signalgeneratoren

Unter einfachen Signalgeneratoren wollen wir Sägezahn-, Rechteck- und Dreieckgeneratoren verstehen. Diese Generatoren erzeugen periodische Signale mit einem Sägezahn, Rechteck oder Dreieck als Grundmuster und sind – wie wir gleich sehen werden – einfach zu realisieren.

### 8.1.1 Sägezahngenerator

Unter der Sägezahnfunktion sawtooth$(x)$ versteht man eine Funktion mit folgenden Eigenschaften:

$$\text{sawtooth}(x) = -1 + \frac{x}{\pi}, \qquad \text{für } 0 \le x < 2\pi, \tag{8.1}$$

$$\text{sawtooth}(x) = \text{sawtooth}(x + 2\pi). \tag{8.2}$$

Die Sägezahnfunktion ist eine sägezahnförmige, $2\pi$-periodische Funktion.

Will man mit der Sägezahnfunktion ein Sägezahnsignal $y(t)$ mit der Frequenz $f_0$ erzeugen, dann muss man – wie bei der Sinusfunktion – das Argument $x$ durch den Ausdruck $2\pi f_0 t$ ersetzen:

$$y(t) = \text{sawtooth}(2\pi f_0 t). \tag{8.3}$$

Ein solches Signal ist für $f_0 = 50\,\text{Hz}$ in Bild 8.1 oben dargestellt.

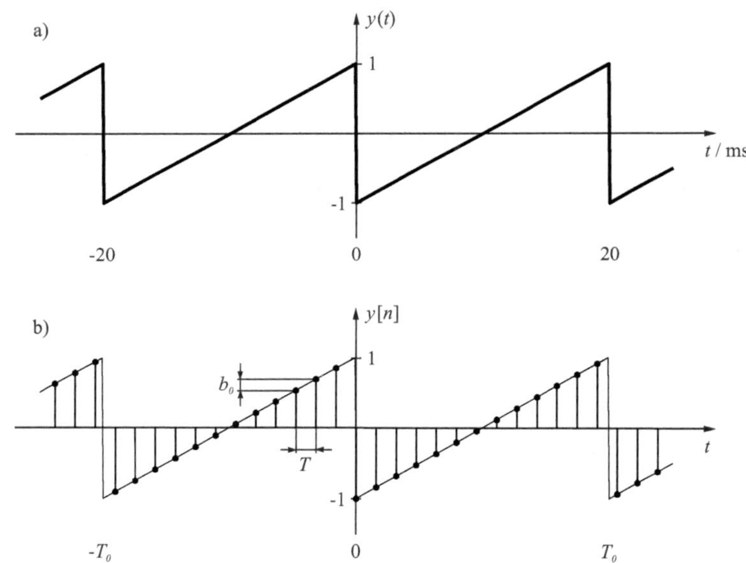


Bild 8.1: Kontinuierliches und diskretes Sägezahnsignal mit der Frequenz $f_0 = 1/T_0 = 50\,\text{Hz}$

Durch Auswerten an den Stellen $t = nT$ wird das zeitkontinuierliche Sägezahnsignal $y(t)$ zu einem zeitdiskreten Sägezahnsignal $y[n]$:

$$y[n] = \text{sawtooth}(2\pi f_0 n T). \tag{8.4}$$

Dabei bedeutet $n$ die diskrete Zeitvariable und $T$ das Abtastintervall. In Bild 8.1 unten ist zur Illustration eine zeitdiskrete Sägezahnschwingung mit der Frequenz $f_0 = 1/T_0 = 50\,\text{Hz}$ und der Abtastfrequenz $f_s = 1/T = 630\,\text{Hz}$ abgebildet.

Einen diskreten Sägezahngenerator realisiert man mithilfe eines digitalen Integrators, der basierend auf Gl.(7.25) folgende Übertragungsfunktion hat:

$$H(z) = \frac{Y(z)}{X(z)} = \frac{b_0 z^{-1}}{1 - z^{-1}} \,. \tag{8.5}$$

Die dazugehörige Differenzengleichung finden wir, indem wir die obige Gleichung umformen und in den diskreten Zeitbereich transformieren:

$$Y(z) = z^{-1}Y(z) + b_0 z^{-1}X(z) \quad \bullet\!\!-\!\!\circ \quad y[n] = y[n-1] + b_0 x[n-1] \,. \tag{8.6}$$

Wählen wir die Anfangsbedingungung $y[0] = -1$ und legen wir an den Eingang einen Einheitsschritt $x[n] = u[n]$, so erhalten wir für $n \geq 0$ das rampenförmige Signal:

$$\{y[n]\} = \{-1, \;\; -1 + b_0, \;\; -1 + 2b_0, \;\; -1 + 3b_0, \;\; \ldots\} \,. \tag{8.7}$$

Das Ausgangssignal steigt kontinuierlich mit der Stufenhöhe $b_0$ an (siehe Bild 8.1 b), bis der Rechner den zulässigen Zahlenbereich überschreitet. Im Fractional-Format ist dies beim Erreichen oder Überschreiten der Zahl +1 der Fall. Das Ausgangssignal springt dann – wie das Bild 8.2 anhand einer 4-Bit-Zahl zeigt – auf einen negativen Wert und nimmt anschliessend wiederum rampenförmig zu.

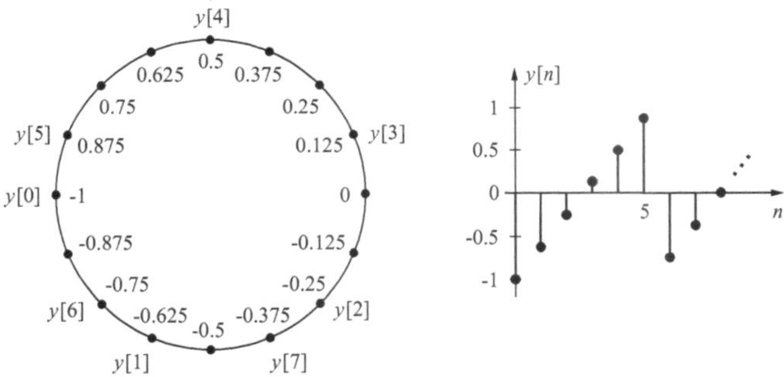


Bild 8.2: Zahlenkreis und Sägezahnsignal mit einer Stufenhöhe $b_0 = 0.375$

Mit den Sägezahn-Parametern:

$$\text{Stufenhöhe } b_0\,, \quad \text{Periodendauer } T_0\,, \quad \text{Abtastintervall } T\,, \quad \text{Frequenz } f_0 = 1/T_0\,, \quad \text{Abtastfrequenz } f_s = 1/T \tag{8.8}$$

und der aufgrund von Bild 8.1 b) hergeleiteten Gleichung

$$\frac{b_0}{T} = \frac{2}{T_0} \,,$$

erhalten wir folgende Bestimmungsgleichung für die Stufenhöhe des Sägezahngenerators:

$$b_0 = 2\frac{f_0}{f_s} \,. \tag{8.9}$$

Die Stufenhöhe des Sägezahngenerators ist proportional zu seiner Frequenz $f_0$. Will man pro Periode $T_0$ viele Abtastwerte haben, was üblicherweise der Fall ist, dann muss die Frequenz $f_0 = 1/T_0$ viel kleiner als die Abtastfrequenz $f_s$ sein.

Aus der obigen Gleichung folgt für die Frequenz des Sägezahngenerators:

$$f_0 = \frac{b_0}{2} f_s \,. \tag{8.10}$$

Auf einem Digitalrechner kann $b_0$ nur als quantisierter (gerundeter) Wert $b_{0Q}$ dargestellt werden. Infolgedessen wird auch die Frequenz des Sägezahngenerators quantisiert:

$$f_{0Q} = \frac{b_{0Q}}{2} f_s \,. \tag{8.11}$$

**Beispiel:** Es sei ein Sägezahngenerator mit der Frequenz $f_0 = 100\,\text{Hz}$ und und der Abtastfrequenz $f_s = 8000\,\text{Hz}$ auf einem 16-Bit-Festkommarechner zu realisieren. Für $b_0$ und $b_{0Q}$ finden wir 0.025 und 0.02499389648438. Daraus ergibt sich für die effektive Frequenz des Sägezahngenerators der Wert $f_{0Q} = 99.9755859375\,\text{Hz}$. ■

In MATLAB wird die Sägezahn-Schwingung mittels der Funktion `sawtooth` generiert.

### 8.1.2 Rechteckgenerator

Unter der Rechteckfunktion square$(x, D)$ mit dem Argument $x$ und dem Tastverhältnis $D$ versteht man eine Funktion mit folgenden Eigenschaften:

$$\text{square}(x, D) = \begin{cases} -1 & : \; 0 \le x < 2\pi(1-D) \\ +1 & : \; 2\pi(1-D) \le x < 2\pi \end{cases} , \tag{8.12}$$

$$\text{square}(x, D) = \text{square}(x + 2\pi, D) \,. \tag{8.13}$$

Die Rechteckfunktion ist eine rechteckförmige, $2\pi$-periodische Funktion mit dem Parameter $D$, der zwischen 0 und 1 liegen muss.

Will man mit der Rechteckfunktion ein Rechtecksignal $y(t)$ mit der Frequenz $f_0$ erzeugen, dann muss man – wie bei der Sägezahnfunktion – das Argument $x$ durch den Ausdruck $2\pi f_0 t$ ersetzen:

$$y(t) = \text{square}(2\pi f_0 t, D) \,. \tag{8.14}$$

Ein solches Signal ist für $f_0 = 50\,\text{Hz}$ und $D = 0.25$ in Bild 8.3 unten dargestellt.

Das zeitkontinuierliche Rechtecksignal $y(t)$ lässt sich durch die Substitution $t = nT$ in das zeitdiskrete Rechtecksignal $y[n]$ überführen:

$$y[n] = \text{square}(2\pi f_0 nT, D) \,. \tag{8.15}$$

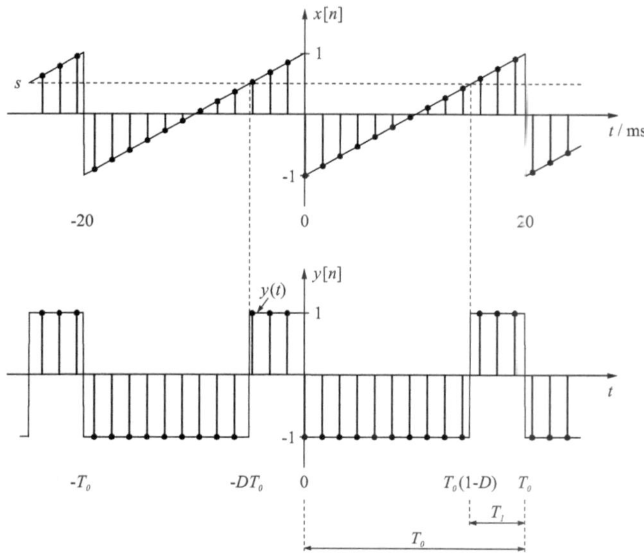


Bild 8.3: Sägezahnsignal mit der Schwelle $S$ und dazugehöriges Rechtecksignal mit dem Tastverhältnis $D$

Als Beispiel zeigt Bild 8.3 unten eine zeitdiskrete Rechteckschwingung mit der Frequenz $f_0 = 1/T_0 = 50\,\text{Hz}$ und der Abtastrate $f_s = 1/T = 630\,\text{Hz}$. Aus diesem Bild ist ersichtlich, was man sich unter dem Tastverhältnis $D$ (engl: duty cycle) vorzustellen hat: Es ist das Verhältnis zwischen der positiven Pulslänge $T_1$ und der Periodendauer $T_0$:

$$D = \frac{T_1}{T_0}\,. \tag{8.16}$$

Das diskrete Rechtecksignal $y[n] = \text{square}(2\pi f_0 nT, D)$ kann man aus dem diskreten Sägezahnsignal $x[n] = \text{sawtooth}(2\pi f_0 nT)$ über folgende zwei Vorschriften gewinnen:

$$y[n] = \begin{cases} -1 & : \; x[n] < S \\ 1 & : \; x[n] \geq S \end{cases}\,. \tag{8.17}$$

In Worten: Ist das Sägezahnsignal kleiner als die Schwelle $S$ (engl: threshold), dann legt der Digitalrechner eine $-1$ an den Ausgang, ist es gleich oder grösser als $S$, dann legt er eine $+1$ an den Ausgang. Die Schwelle $S$ lässt sich aus der Steigung des Sägezahns (Bild 8.3 oben) wie folgt bestimmen:

$$\frac{S-(-1)}{T_0 - T_1} = \frac{1-(-1)}{T_0} \quad\Longrightarrow\quad \frac{S+1}{T_0 - DT_0} = \frac{2}{T_0} \quad\Longrightarrow\quad \frac{S+1}{1-D} = 2\,.$$

Daraus folgt schliesslich für die Schwelle $S$ in Abhängigkeit des Tastverhältnisses $D$:

$$S = 1 - 2D\,. \tag{8.18}$$

Eine klassische Anwendung des Rechteckgenerators ist der Pulsdauermodulator. Darunter versteht man einen Rechteckgenerator, dessen Tastverhältnis linear von einem Signal $x[m]$ abhängt:

$$D[m] = D_0 + kx[m] \,. \tag{8.19}$$

$D_0$ und $k$ sind zwei Parameter, die so gewählt werden müssen, dass $D[m]$ in den Bereich zwischen 0 und 1 zu liegen kommt. Unter $x[m]$ versteht man das modulierende zeitdiskrete Signal, das $T_0$ als Abtastintervall hat. Weil $y[n]$ und $x[m]$ unterschiedliche Abtastintervalle haben, wurde für die zeitdiskrete Variable der Buchstabe $m$ und nicht $n$ gewählt. Aus Gl.(8.18) folgt dann für die Schwelle:

$$S[m] = 1 - 2(D_0 + kx[m]) \,. \tag{8.20}$$

Die Modulation ist umso genauer, je kleiner das Abtastintervall $T$ ist. Die Abtastfrequenz $f_s = 1/T$ muss deshalb viel grösser als die Frequenz $f_0 = 1/T_0$ der Rechteckschwingung sein.

In MATLAB wird die Rechteck-Schwingung mithilfe der Funktion `square` generiert.

### 8.1.3 Dreieckgenerator

Unter der Dreieckfunktion triangle($x$) versteht man eine Funktion mit folgenden Eigenschaften:

$$\text{triangle}(x) = \begin{cases} \frac{2}{\pi}x & : \quad 0 \le x < \pi/2 \\ 2 - \frac{2}{\pi}x & : \quad \pi/2 \le x < 3\pi/2 \\ -4 + \frac{2}{\pi}x & : \quad 3\pi/2 \le x < 2\pi \end{cases} , \tag{8.21}$$

$$\text{triangle}(x) = \text{triangle}(x + 2\pi) \,. \tag{8.22}$$

Die Dreieckfunktion ist eine dreieckförmige, $2\pi$-periodische Funktion.

Will man mit der Dreieckfunktion ein Dreiecksignal $y(t)$ mit der Frequenz $f_0$ erzeugen, dann muss man wie bei der Sägezahn- und Rechteckfunktion das Argument $x$ durch den Ausdruck $2\pi f_0 t$ ersetzen:

$$y(t) = \text{triangle}(2\pi f_0 t) \,. \tag{8.23}$$

Tasten wir es mit der Abtastperiode $T$ ab, dann ergibt sich das zeitdiskrete Dreiecksignal:

$$y[n] = \text{triangle}(2\pi f_0 nT) \,. \tag{8.24}$$

In Bild 8.4 unten ist ein zeitkontinuierliches und ein zeitdiskretes Dreiecksignal mit $f_0 = 1/T_0 = 350\,\text{Hz}$ und $f_s = 1/T = 8000\,\text{Hz}$ dargestellt.

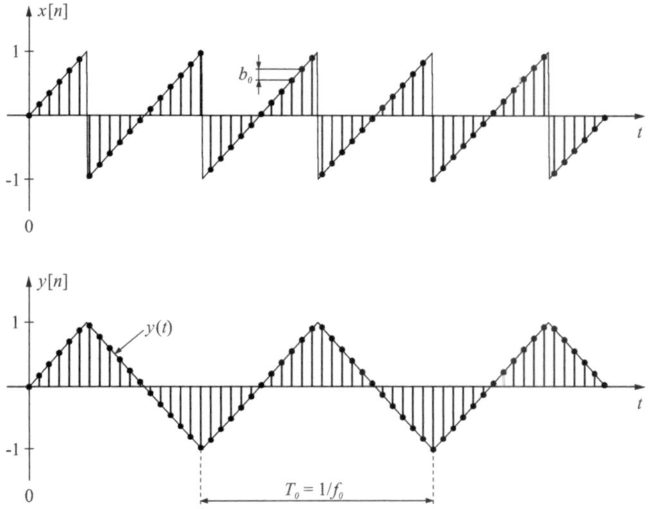


Bild 8.4: Sägezahn- und Dreieck-Schwingung

Einen Dreieckgenerator baut man mithilfe eines Sägezahngenerators, indem man den Integrator in Gl.(8.6) mit der Anfangsbedingung $y[-1] = 0$ startet und jede zweite Periode mit $-1$ multipliziert. Bei einem DSP kann man den Anfang einer neuen Periode durch das Testen des Überlaufflags detektieren. Da die Periode $T_0 = 1/f_0$ der Dreieckschwingung doppelt so gross ist wie die Periode der Sägezahnschwingung, erhält man aus Gl.(8.9) für die Stufenhöhe $b_0$ des Integrators:

$$b_0 = 4\frac{f_0}{f_s}\,. \tag{8.25}$$

**Beispiel: Überführung der Dreieck- in eine Sinusschwingung**

Ein Dreieck-Signal $y[n]$ mit der normierten Kreisfrequenz $\Omega_0 = 2\pi f_0 T$ kann man wie folgt in eine Fourier-Reihe zerlegen [BSMM93]:

$$y[n] = \frac{8}{\pi^2}\left(\sin(n\Omega_0) - \frac{\sin(3n\Omega_0)}{3^2} + \frac{\sin(5n\Omega_0)}{5^2} - \cdots\right)\,. \tag{8.26}$$

Führt man das Dreieck-Signal mit dem Betrags-Spektrum $|Y(e^{j\Omega})|$ auf ein Tiefpassfilter $H_{TP}(e^{j\Omega})$ mit $\Omega_{pass} = \Omega_0$ und $\Omega_{stop} = 3\Omega_0$, dann erhält man als Ausgangssignal eine Sinusschwingung mit der normierten Kreisfrequenz $\Omega_0$ (Aufgabe 3).

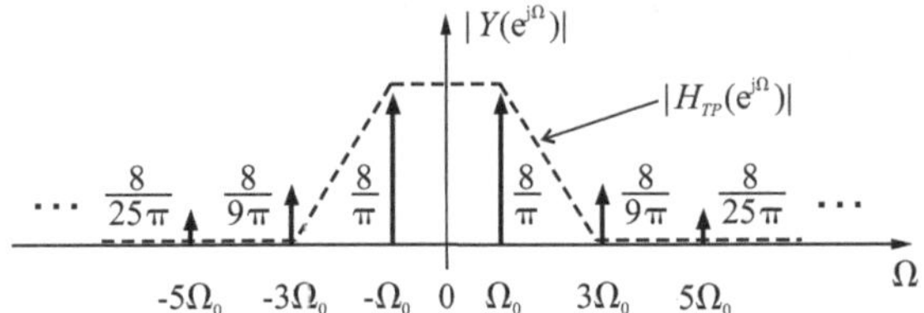


Bild 8.5: Betrags-Spektrum der Dreieckschwingung und Amplitudengang eines Tiefpassfilters

■

## 8.2 Direkte digitale Synthese

Die direkte digitale Synthese, abgekürzt DDS, ist ein Verfahren zur Erzeugung einer Funktion, deren Funktionswerte in einem Speicher (Tabelle, engl: lookup table) abgelegt sind.

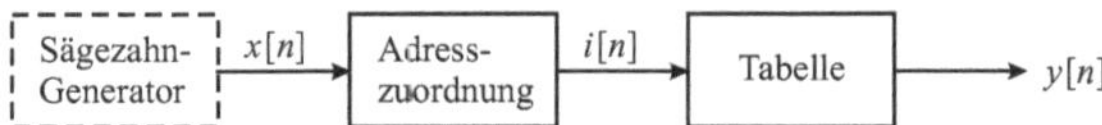


Bild 8.6: Blockdiagramm der direkten digitalen Synthese

Zu jedem einzelnen Funktionswert $y_i$ gehört ein Intervall $\Delta x_i$ und eine Adresse $i$, wie das Beispiel Bild 8.7 zeigt.

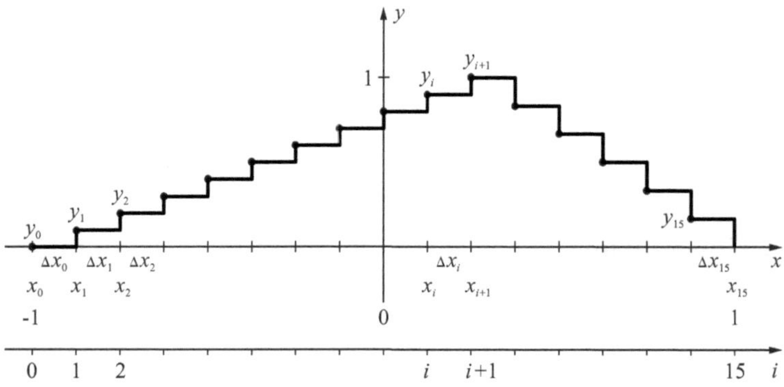


Bild 8.7: Funktionswerte einer asymmetrischen Dreieckfunktion mit dazugehörigen Intervallen und Adressen

Zum diskreten Zeitpunkt $n$ generiert der Block „Adresszuordnung“ eine Adresse $i[n]$, die angibt, welcher Funktionswert $y_i[n]$ an den Ausgang zu legen ist. Die

Adresse $i[n]$ ihrerseits wird durch die Bestimmung des Intervallindexes $_i$ ermittelt. Eine einfache Methode die Adresse $i$ zu bestimmen, ist das Abschneiden von $x[n]$ auf $W$ Stellen:

$$i[n] = \mathbb{Q}_W\left(2^{W-1}x[n]\right) + i_0\,. \tag{8.27}$$

$\mathbb{Q}_W(\,\cdot\,)$ ist eine Quantisierungsfunktion, welche das Argument auf $W$ Stellen vor dem Komma abschneidet. $x[n]$ ist ein Abtastwert im Fractional-Format und $i_0$ ist ein Offset, dessen Wert davon abhängt, in welchem Adressbereich die Funktionswerte abzuspeichern sind. Um das obige Adressverfahren anwenden zu dürfen, müssen alle Intervalle $\Delta x_i$ wie in Bild 8.7 gleich gross sein.

**Beispiel:** $W = 4$, $x[n] = 0.0010110$ und $i_0 = 00001000$.
$i[n] = 0001. + 00001000. = 00001001.$
In Dezimalform: $i[n] = 1 + 8 = 9.$ ∎

Mit dem System in Bild 8.6, bestehend aus den beiden Blöcken „Adresszuordnung“ und „Tabelle“, kann man Funktionswerte generieren und damit beispielsweise eine nichtlineare Kennlinie[1] realisieren. Ein solches System kann – wie schon erwähnt – zur Kennlinienkorrektur nichtlinearer Sensoren eingesetzt werden.

Schliesst man, wie in Bild 8.6 angedeutet, einen Sägezahn-Generator an den Block „Adresszuordnung“, so erhält man einen Generator zur Erzeugung eines periodischen Signals. Die Periodendauer $T_0$ des Ausgangssignals $y[n]$ ist durch die Periodendauer des Sägezahngenerators gegeben und die Kurvenform von $y[n]$ wird durch die Funktionswerte in der Tabelle bestimmt. Beispielsweise könnte man mit der Tabelle in Bild 8.7 eine asymmetrische Dreieckschwingung erzeugen.

Wünscht man sich ein Ausgangssignal mit hoher Auflösung, d. h. eine Kurve mit kleinen Treppenstufen, dann muss eine grosse Anzahl von Funktionswerten abgespeichert werden. Dies kann dazu führen, dass der vorhandene Speicherplatz nicht genügt. Um den Speicherbedarf klein zu halten, bieten sich zwei Vorgehen an: 1. Eventuell vorhandene Symmetrien ausnützen und 2. Funktionswerte interpolieren.

Am Beispiel der Sinusfunktion wollen wir erläutern, wie die Symmetrie einer Funktion zur Speicherplatz-Minimierung ausgenützt werden kann. Für die Sinusfunktion gilt nämlich:

$$\sin(x) = \sin(x + 2\pi)\,, \quad \sin(x) = -\sin(-x)\,, \quad \sin(x) = \sin(\pi - x)\,. \tag{8.28}$$

[1] Bei Verwendung einer nichtlinearen Kennlinie entstehen neue Frequenzkomponenten und es ist deshalb zu überprüfen, ob die eingestellte Abtastfrequenz hoch genug ist. Damit kein Aliasing entsteht, muss die höchste Frequenzkomponente mit mehr als zwei Abtastwerten pro Periode dargestellt werden.

Daraus folgt:

1. Die Sinusfunktion ist periodisch. Es brauchen deshalb höchstens die Funktionswerte für eine Periode, d. h. für $-\pi \leq x < \pi$ abgespeichert zu werden.
2. Die Sinusfunktion ist ungerade. Die Funktionswerte für das Intervall $-\pi \leq x < 0$ können durch Vorzeichenumkehr aus den Funktionswerten für das Intervall $0 < x \leq \pi$ gewonnen werden.
3. Die Sinusfunktion ist spiegelsymmetrisch bezüglich $x = \pi/2$. Die Funktionswerte für das Intervall $\pi/2 \leq x \leq \pi$ können folglich durch die Funktionswerte aus dem Intervall $\pi/2 \geq x \geq 0$ ersetzt werden.

Demnach müssen nur die Funktionswerte für das Intervall $0 \leq x \leq \pi/2$ abgespeichert werden. Die restlichen Funktionswerte lassen sich durch Ausnützung der obigen Symmetrien aus den abgespeicherten Funktionswerten bestimmen.

Die Interpolationsmethode funktioniert wie folgt (Bild 8.7):

1. Für einen gegebenen $x$-Wert sucht man – beispielsweise mithilfe von Gl. (8.27) – das Intervall $\Delta x_i$, in dem sich der $x$-Wert befindet. Daraus ergeben sich die beiden Punkte $x_i$ und $x_{i+1}$.
2. Anschliessend bestimmt man aus der Tabelle die Funktionswerte $y_i$ und $y_{i+1}$.
3. Durch lineare Interpolation, d. h. durch Auswerten der Formel

$$y = y_i + \frac{y_{i+1} - y_i}{x_{i+1} - x_i}(x - x_i) , \tag{8.29}$$

   erhält man schliesslich den interpolierten Wert $y$ (Aufgabe 4b).

## 8.3 Polynomapproximation

Viele Funktionen, wie beispielsweise die Sinusfunktion und die Quadratwurzel, kann man sehr gut durch Polynome approximieren. Polynome ihrerseits lassen sich mit einem einfachen Algorithmus, dem sogenannten Horner-Schema [Knu98], effizient auswerten. Diese beiden Fakten machen die Polynomapproximation für DSV-Aufgaben attraktiv.

Unter einem Polynom $N$-ten Grades mit reellen Koeffizienten $a_i$ und einer reellen unabhängigen Variablen $x$, versteht man folgende Funktion:

$$y = a_N x^N + a_{N-1} x^{N-1} + \cdots + a_1 x + a_0 . \tag{8.30}$$

Dieses Polynom kann man durch sukzessives Ausklammern von $x$ wie folgt anordnen:

$$y = (((a_N x + a_{N-1})x + a_{N-2})x + \cdots + a_1)\, x + a_0 . \tag{8.31}$$

Aus dieser Anordnung lässt sich nach der Initialisierung mit $y = 0$ der unten stehende Algorithmus ableiten:

$$\begin{aligned} &\text{for } i = N \text{ down to } i = 0 \text{ do:} \\ &\quad y = y \cdot x + a_i \end{aligned} \tag{8.32}$$

Auf einem digitalen Rechner ist die Instruktion (8.32) sehr einfach abzuarbeiten; ein DSP beispielsweise benötigt dafür nur einen Zyklus. Da die Ordnung der Approximationspolynome i. Allg. klein ist und im Bereich von etwa $N = 10$ liegt, ist die Anzahl Schleifendurchgänge ebenfalls klein. Der Funktionswert eines Polynoms lässt sich daher mit diesem Algorithmus – Horner-Schema genannt – sehr schnell berechnen.

Ist das Horner-Schema auf einem Digitalrechner zu implementieren, der mit Fractional-Zahlen rechnet, dann müssen alle $a_i$-Koeffizienten vorher mit einem Faktor $2^{-L}$ skaliert werden. Dieser Faktor ist so zu wählen, dass für jeden Schleifendurchgang sowohl das Produkt, wie auch die Summe in Gl.(8.32) nie überläuft, d. h. den Bereich $[-1, +1)$ nie überschreitet. Nach Abarbeitung des Horner-Schemas muss die Skalierung rückgängig gemacht werden, indem das Resultat mit $2^L$ multipliziert wird. Eine Zweierpotenz als Skalierungsfaktor ist sinnvoll, weil so die Multiplikation durch eine arithmetische Schiebeoperation ersetzt werden kann.

Zur Bestimmung der Polynom-Koeffizienten stellen Mathematikprogramme Befehle wie beispielsweise den MATLAB-Befehl `polyfit` zur Verfügung. Diese Befehle verlangen als Eingabe eine in Form von $x$- und $y$-Punkten beschriebene Funktion und berechnen daraus die Koeffizienten des Polynoms, das die Funktion am besten approximiert.

Nach dieser Einführung lässt sich der Entwurf eines Funktionsgenerators in sieben Punkten wie folgt beschreiben:

1. **Datenvektor $\boldsymbol{x}$ generieren.**

   Der Datenvektor $\boldsymbol{x}$ enthält die $x$-Punkte der Funktion. Die Punkte müssen im Definitionsbereich des Digitalrechners liegen, auf dem die Polynomfunktion zu implementieren ist, also beispielsweise zwischen $-1$ und $+1$, falls der Computer Fractional-Zahlen verarbeitet. Da jeder Computer nur mit Zahlen endlicher Wortlänge rechnet, muss der Datenvektor quantisierte Zahlenwerte enthalten (diese kann man beispielsweise mit der MATLAB-Funktion `quantsig` erzeugen).

   Beispiel für einen 4-Bit-Rechner:
   $$\boldsymbol{x} = [-1.000, -0.625, -0.250, 0.250, 0.625]^T.$$

   Meistens ist es sinnvoll, möglichst viele x-Punkte zu nehmen, weil dadurch die Genauigkeit der Funktionsapproximation besser wird.

2. **Den Funktionsvektor $\boldsymbol{y}$ zum Datenvektor $\boldsymbol{x}$ berechnen.**

   Wir betrachten als Beispiel die Exponentialfunktion $y = 0.5e^x$ und erhalten daraus den Funktionsvektor:
   $$\boldsymbol{y} = [0.183939, 0.267630, 0.389400, 0.642012, 0.934122]^T.$$

3. **Die Funktion mit einem Polynom approximieren.**

   Polynomapproximations-Befehle verlangen als Eingabe den Datenvektor $\boldsymbol{x}$ mit dem dazugehörigen Funktionsvektor $\boldsymbol{y}$ und liefern als Ausgabe die Polynomkoeffizienten in Form eines Koeffizientenvektors $\boldsymbol{a} = [a_N, \ldots, a_1, a_0]^T$. Für unser Beipiel einer Polynomapproximation 3. Ordnung berechnet der MATLAB-Befehl `polyfit` folgenden Polynomkoeffizientenvektor:
   $$\boldsymbol{a} = [0.072625, 0.261172, 0.504007, 0.499175]^T.$$

4. **Das Polynom für den Datenvektor $\boldsymbol{x}$ auswerten und die Funktionswerte im Vektor $\boldsymbol{y}_1$ abspeichern.**

   Hier kann beispielsweise der Befehl `polyval` verwendet werden.

   Beispiel: $\boldsymbol{y}_1 = [0.183716, 0.268461, 0.388362, 0.642635, 0.933931]^T.$

5. **Die Fehlervektoren $\boldsymbol{e}_1$ und $\boldsymbol{e}_2$ berechnen.**

   Der Fehlervektor $\boldsymbol{e}_1$ ist wie folgt definiert: $\boldsymbol{e}_1 = \boldsymbol{y}_1 - \boldsymbol{y}$ .

   Beispiel: $\boldsymbol{e}_1 = [-0.000223, 0.000830, -0.001037, 0.000622, -0.000191]^T.$

   Sind die Fehler in einem tolerierbaren Bereich, dann wird das Horner-Schema mit den Eigenschaften des Prozessors simuliert und die resultierenden Funktionswerte im Vektor $\boldsymbol{y}_2$ abgespeichert.

   Der Fehlervektor $\boldsymbol{e}_2$ wird wie folgt berechnet: $\boldsymbol{e}_2 = \boldsymbol{y}_2 - \boldsymbol{y}$ .

   Beispiel: $\boldsymbol{e}_2 = [0.066060, 0.107369, -0.014400, -0.017012, -0.059122]^T.$

   Bei tolerierbaren Fehlern kann der Horner-Algorithmus auf dem Digitalrechner implementiert werden, andernfalls ist der Entwurf zu überarbeiten.

6. **Entwurf falls nötig überarbeiten.**

   Mögliche Überarbeitungsmassnahmen sind:

   (a) Funktion skalieren, damit die Funktionswerte in den Zahlenbereich des Digitalrechners zu liegen kommen.

   (b) Polynom-Ordnung grösser oder kleiner machen.

   (c) Neuer Datenvektor wählen.

   (d) Analog zu Gl.(8.28) vorhandene Symmetrien oder andere Gesetzmässigkeiten der Funktion ausnützen (siehe beispielsweise Gl.(8.36)).

   (e) Die Wortbreite der dargestellten Zahlen erhöhen, etc.

**Beispiel 1: Approximation der Sinusfunktion**

In der DSV ist häufig die Sinusfunktion

$$y = \sin(\pi x) \qquad \text{für} \quad x \in [-1, +1) \tag{8.33}$$

zu approximieren. (Der Ausdruck $x \in [-1, +1)$ bedeutet, dass der Definitionsbereich der Funktion aus allen reellen Zahlen besteht, die zwischen $-1$ und $+1$ liegen. Dabei gehört die Zahl $-1$ zum Definitionsbereich, nicht hingegen die Zahl $+1$.)

Gemäß dem Entwurfsverfahren gehen wir wie folgt vor:

1. Wir wählen einen Datenvektor mit 1000 Elementen. Die Sinusfunktion sei auf einem 16-Bit-Digitalrechner mit Fractional-Format zu implementieren, deshalb runden wir auf eine Wortlänge von 16 Bit und erhalten dann:

   $\boldsymbol{x} = [-1, -0.997985, -0.996002, \ldots, 0.997985]^T$.

2. Durch Anwenden der Sinusfunktion auf die Elemente von $\boldsymbol{x}$ finden wir den Vektor $\boldsymbol{y}$:

   $\boldsymbol{y} = [0, -0.006327, -0.012559, \ldots, 0.006327]^T$.

3. Mit dem MATLAB-Befehl `polyfit` bestimmen wir für die Ordnung $N = 7$ folgenden Polynomkoeffizientenvektor:

   $\boldsymbol{a} = [-0.446222, -0.000124, 2.447725, \ldots, 0.000001]^T$.

4. Zum Datenvektor $\boldsymbol{x}$ berechnen wir die Polynomfunktionswerte (in MATLAB mit der Funktion `polyval`) und speichern sie in den Vektor $\boldsymbol{y}_1$ ab:

   $\boldsymbol{y}_1 = [0.000646, -0.005738, -0.012024, \ldots, 0.005702]^T$.

5. Daraus berechnen wir den Fehlervektor $\boldsymbol{e}_1 = \boldsymbol{y}_1 - \boldsymbol{y}$ und stellen ihn in Bild 8.8 oben links dar.

   Wir simulieren das Horner-Schema mit den Eigenschaften eines 16-Bit-Digitalrechners und speichern die Funktionswerte in den Vektor $\boldsymbol{y}_2$ ab. Daraus berechnen wir den zweiten Fehlervektor $\boldsymbol{e}_2 = \boldsymbol{y}_2 - \boldsymbol{y}$ und stellen ihn in Bild 8.8 oben rechts dar.

Sind die Approximationsfehler nicht tolerierbar, dann erhöht man als einfachste Massnahme die Ordnung des Approximationspolynoms. Die Erhöhung der Ordnung auf $N = 11$ führt zu folgendem Approximationspolynom:

$$\boldsymbol{a} = [-0.006041, -0.000001, 0.080605, 0.000002, -0.598398, -0.000002, \\ 2.549927, 0.000001, -5.167685, -0.000000, 3.141592, 0.000000]^T.$$

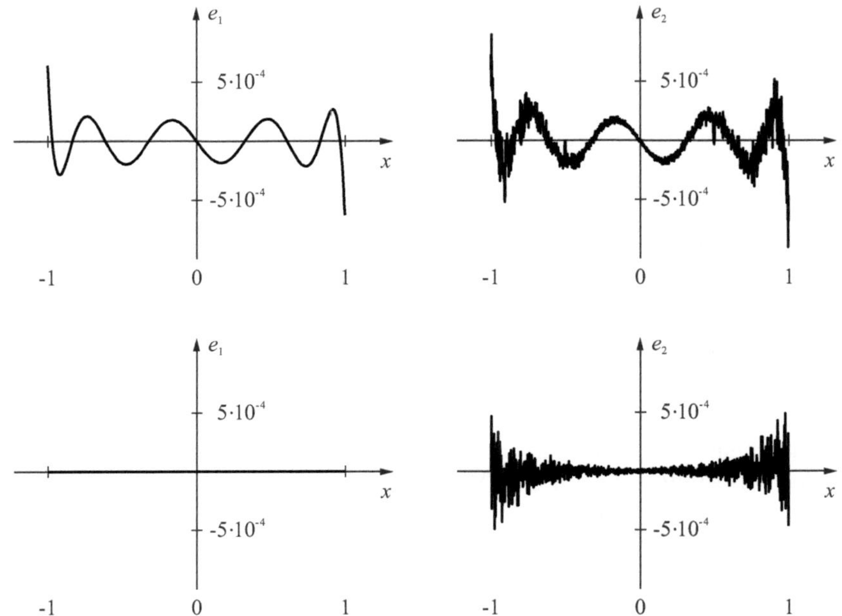


Bild 8.8: Approximationsfehler der Sinusfunktion.
Oben: Ordnung des Approximationspolynoms $N = 7$.
Unten: Ordnung des Approximationspolynoms $N = 11$.

Die dazugehörigen Approximationsfehler sind in Bild 8.8 unten ersichtlich. Die Approximation kann nun nicht mehr verbessert werden, weil der Fehler $e_2$ ungefähr dem Quantisierungsrauschen entspricht. Um den Fehler weiter zu vermindern, müsste ein Rechner mit einer grösseren Wortlänge als 16 gewählt werden.

Die Koeffizienten $a_{11}, \ldots, a_1, a_0$ des Approximationspolynom sind jetzt bekannt und somit kann das Horner-Schema (8.32) auf einem Digitalrechner implementiert werden (siehe dazu auch Aufgabe 5).

Erzeugt man die $x$-Werte mit einem Sägezahngenerator, dann kann man mit dem oben beschriebenen Funktionsgenerator einen Sinusoszillator bauen. ■

### Beispiel 2: Approximation der Quadratwurzel

Das Berechnen des Betrags einer komplexen Zahl ist eine relativ häufige Operation in der DSV. Zur Betragsberechung im Fractional-Zahlenbereich muss die Wurzelfunktion

$$y = \sqrt{x} \qquad \text{für} \quad x \in [0, 1) \tag{8.34}$$

berechnet werden.

Führen wir die Schritte 1. bis 5. analog zum vorhergehenden Beispiel 1 aus, dann erhalten wir für ein Approximationspolynom der Ordnung $N=5$ die Approximationsfehler $e_1$ und $e_2$ gemäß Bild 8.9 oben.

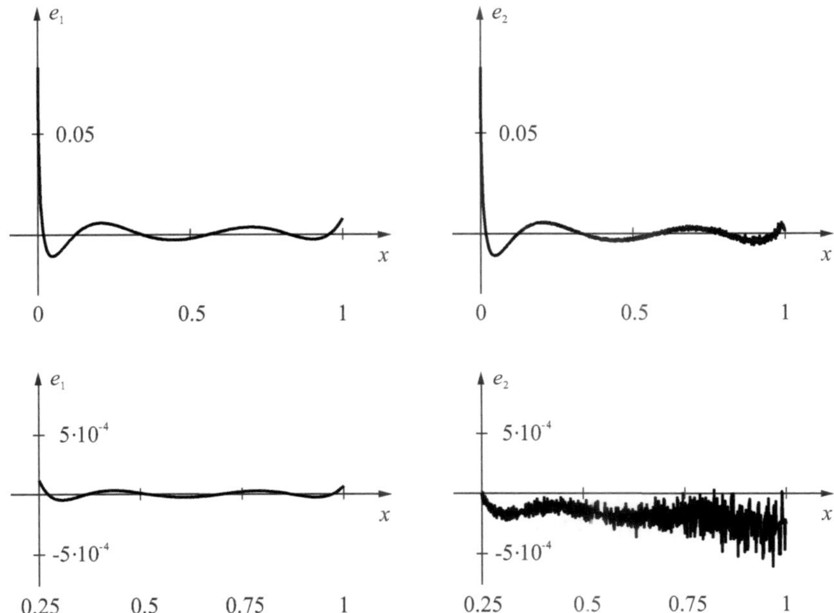


Bild 8.9: Approximationsfehler der Wurzelfunktion. Oben: Definitionsbereich $x \in [0,1)$. Unten: Definitionsbereich $x \in [0.25,1)$

Die approximierte Funktion weicht beträchtlich von der Originalfunktion ab und kann auch mit einer Approximation höherer Ordnung nicht wesentlich verbessert werden. Eine substantielle Verbesserung erreichen wir, indem wir die Funktion

$$y = \sqrt{x} \qquad \text{für} \quad x \in [0.25, 1) \tag{8.35}$$

approximieren. Für ein Approximationspolynom der Ordnung $N = 5$ erhalten wir dann folgenden Koeffizientenvektor:

$$\boldsymbol{a} = [0.337251, -1.325907, 2.191833, -2.074862, 1.695139, 0.176614]^T$$

Die Fehlerfunktion $e_2$, dargestellt in Bild 8.9 rechts unten, ist ungefähr gleich dem Quantisierungsrauschen und kann deshalb nicht weiter minimiert werden.

Liegt die Variable $x$ nicht im Definitionsbereich $[0.25, 1)$, dann muss sie gemäß der Formel (8.36)

$$\begin{aligned} y &= \sqrt{x}\,, \\ &= 2^{-L}\sqrt{2^{2L}x} \end{aligned} \tag{8.36}$$

mit einem Faktor $2^{2L}$ derart multipliziert werden, dass der Radikand zwischen 0.25 und 1 zu liegen kommt. Nach dem Ziehen der Wurzel muss das Resultat mit dem Faktor $2^{-L}$ zurückskaliert werden. Die beiden Multiplikationen können auf einem Rechner durch einfache Schiebeoperationen bewerkstelligt werden: Ein arithmetischer Shift um $2L$ Binärstellen nach links bewirkt eine Multiplikation mit $2^{2L}$ und ein arithmetischer Shift um $L$ Binärstellen nach rechts entspricht einer Multiplikation mit $2^{-L}$. ■

## 8.4 Impulsantwort-Generatoren

Bei Anregung mit einem Einheitspuls generiert ein System ein Ausgangssignal, das man Impulsantwort nennt. Dieses Systemverhalten nützen wir aus, um Signalgeneratoren mit bestimmten Eigenschaften zu bauen.

### 8.4.1 Das stabile Digitalfilter als Signalgenerator

Eine Aufgabe, die hin und wieder in der DSV vorkommt, ist das Erzeugen eines Signals $y[n]$ mit vorgegebenem Betragsspektrum $|Y(e^{j\Omega})|$. Die Lösung dieser Aufgabe besteht darin, ein Digitalfilter mit dem Amplitudengang

$$|H(e^{j\Omega})| = |Y(e^{j\Omega})| \tag{8.37}$$

zu entwerfen und das Filter mit dem Einheitspuls $x[n] = \delta[n]$ anzuregen. Als Ausgangssignal erhält man dann:

$$y[n] = h[n]\,. \tag{8.38}$$

Das heisst, das Ausgangssignal $y[n]$ mit dem gewünschten Betragsspektrum $|Y(e^{j\Omega})|$ ist gleich der Impulsantwort $h[n]$ des Filters. Die gewünschte Betragsfunktion $|Y(e^{j\Omega})|$ approximieren wir durch Spezifikation des Amplitudengangs eines FIR- oder eines IIR-Filters, je nachdem ob wir eine endlich oder eine (theoretisch) unendlich lange Impulsantwort wünschen.

**Beispiel:** Mit einem FIR-Filters der Ordnung $N = 40$ soll durch Anregung mit einem Einheitspuls ein Signal erzeugt werden, das ein stückweise lineares Betragsspektrum gemäß Bild 8.10 oben hat ($f_s = 2\,\text{kHz}$).

Mittels des MATLAB-Befehls `firpm` entwerfen wir ein FIR-Filter, dessen Amplitudengang $|H(e^{j2\pi fT})|$ das gewünschte Spektrum $|Y(e^{j2\pi fT})|$ gut approximiert. Die Impulsantwort $h[n]$ dieses Filters ist in Bild 8.10 unten dargestellt.

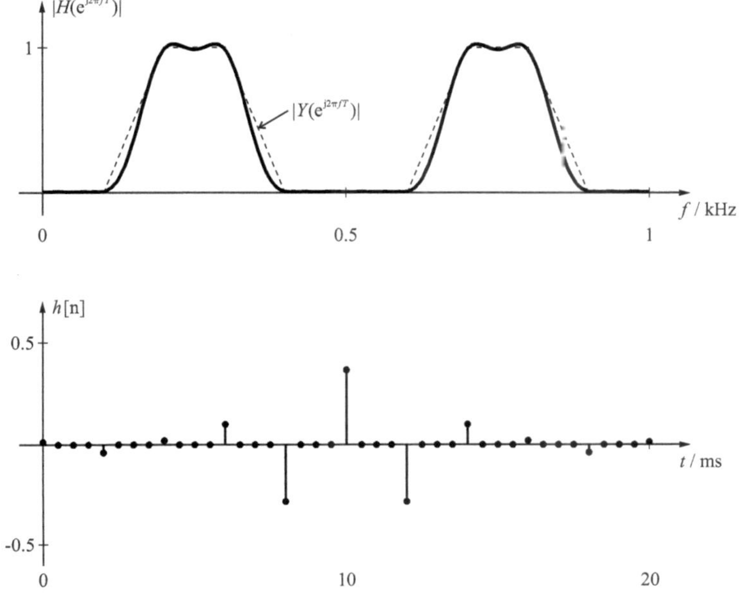


Bild 8.10: Signal mit einem annähernd stückweisen Betragsspektrum ■

## 8.4.2 Das instabile Digitalfilter als Sinusoszillator

Das IIR-Filter mit der Übertragungsfunktion

$$H(z) = \frac{b_0 + b_1 z^{-1}}{1 + a_1 z^{-1} + z^{-2}}, \qquad (8.39)$$

$$\text{wobei: } b_0 = \sin(\varphi),\ b_1 = \sin(\Omega_0 - \varphi),\ a_1 = -2\cos(\Omega_0),$$

hat zwei konjugiert komplexe Pole auf dem Einheitskreis und ist demnach instabil.

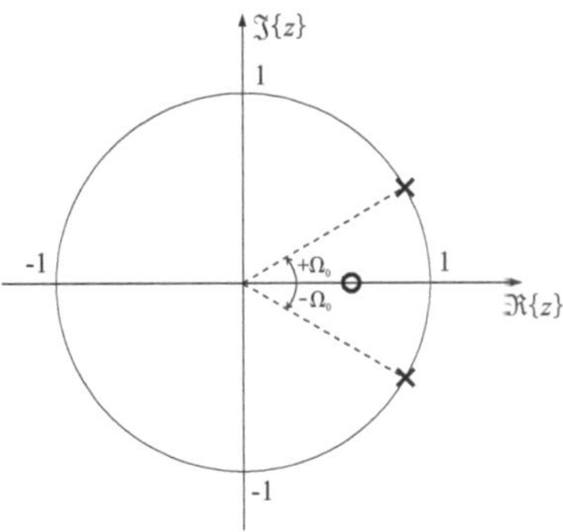


Bild 8.11: Pol-Nullstellendiagramm des instabilen IIR-Filters

Bei diracpulsförmiger Anregung generiert es ein kausales Sinussignal mit der normierten Kreisfrequenz $\Omega_0$ und dem Anfangsphasenwinkel $\varphi$, wie man durch Anwendung der inversen z-Transformation auf $H(z)$ herausfindet:

$$h[n] = \sin(\Omega_0 n + \varphi)\varepsilon[n]\,. \tag{8.40}$$

Das instabile Digitalfilter ist ein rekursives LTI-System 2. Ordnung, realisierbar als Blockdiagramm entsprechend Bild 8.12:

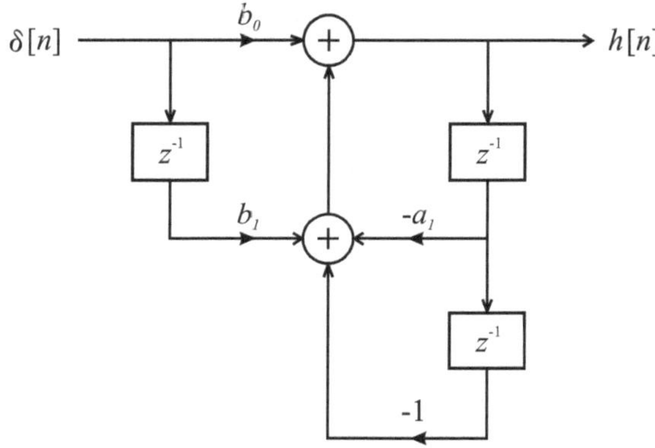


Bild 8.12: Blockdiagramm des instabilen IIR-Filters

Zur Implementation auf einem Festkomma-DSP müssen alle Koeffizienten gerundet werden und betragsmässig gleich oder kleiner als 1 sein. Die beiden Koeffizienten $b_0$ und $b_1$ sind betragsmässig kleiner als 1, sie müssen daher nur gerundet werden, was zu den Koeffizienten $b_{0Q}$ und $b_{1Q}$ führt. Der Koeffizient $a_1$ dagegen muss skaliert und gerundet werden, weil er normalerweise im Bereich zwischen $-2$ und $-1$ liegt. Durch das Skalieren und Runden wird er in den Koeffizienten $\acute{a}_{1Q}$ übergeführt (Bild 8.13), wobei aus Gründen der Genauigkeit der Skalierungsfaktor $2^{-L}$ derart zu wählen ist, dass der Koeffizient $\acute{a}_{1Q}$ in den Bereich zwischen $-1$ und $-0.5$ zu liegen kommt.

Ersetzen wir den nichtrekursiven Teil des Blockdiagramms durch eine Summe von zwei gewichteten Einheitspulsen, dann kann man das Blockdiagramm zum Signalflussdiagramm in Bild 8.13 vereinfachen, welches sich nun auf einem DSP implementieren lässt.

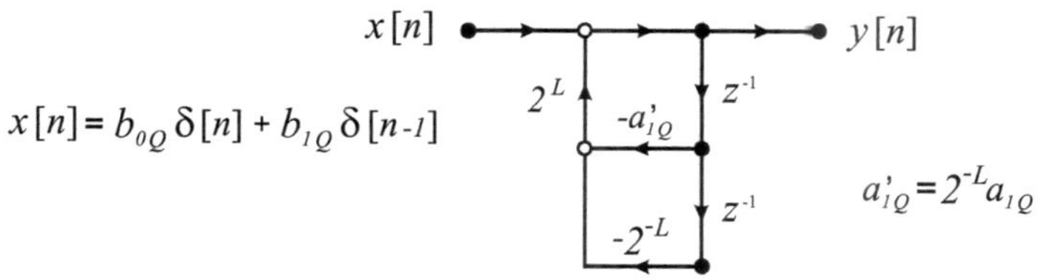

Bild 8.13: Signalflussdiagramm des modifizierten instabilen IIR-Filters

Die zu programmierenden Differenzengleichungen lauten:

$$y[0] = b_{0Q} \quad (8.41)$$

$$y[1] = b_{1Q} - 2^L \acute{a}_{1Q} y[0] \quad (8.42)$$

$$y[n] = -2^L \acute{a}_{1Q} y[n-1] - y[n-2]\,, \quad \text{für } n \geq 2\,. \quad (8.43)$$

Die Frequenz $f_0$ des Sinusoszillators hängt nur vom $a_1$-Koeffizienten ab. Sie berechnet sich aufgrund von Gl.(8.39) wie folgt:

$$f_0 = f_s \frac{\arccos(-a_{1Q}/2)}{2\pi}\,. \quad (8.44)$$

Um einen Zweierkomplement-Überlauf zu verhindern, muss auf dem Digitalrechner die Sättigungskennlinie eingeschaltet sein. Wegen der eingeschalteten Sättigungskennlinie ist das instabile IIR-Filter ein nichtlineares System und die effektive Oszillatorfrequenz weicht geringfügig von derjenigen in Gl.(8.44) ab (siehe dazu Aufgabe 6).

### 8.4.3 Kombinierter Sinus-Cosinus-Oszillator

Die gekoppelte Struktur in Bild 8.14, beschrieben durch das Differenzengleichungssystem

$$\begin{aligned} y_1[n] &= a y_1[n-1] - b y_2[n-1] + x[n] \\ y_2[n] &= b y_1[n-1] + a y_2[n-1]\,. \end{aligned} \quad (8.45)$$

stellt ein IIR-Filter mit zwei Ausgängen dar.

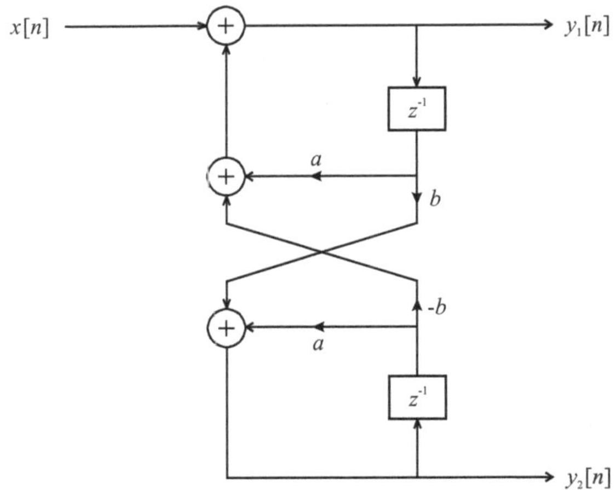


Bild 8.14: Blockdiagramm des kombinierten Sinus-Cosinus-Oszillators

Wählt man das Eingangssignal und die Parameter gemäß den Gleichungen

$$x[n] = \delta[n]\,, \qquad a = \cos(\Omega_0)\,, \quad b = \sin(\Omega_0)\,, \tag{8.46}$$

dann kann man einen kombinierten Sinus-Cosinus-Oszillator realisieren, der folgende Signale generiert (Herleitung siehe Aufgabe 7):

$$y_1[n] = \cos(\Omega_0 n)\varepsilon[n]\,, \quad y_2[n] = \sin(\Omega_0 n)\varepsilon[n]\,. \tag{8.47}$$

Der Einheitspuls $x[n] = \delta[n]$ bewirkt gemäß Gl.(8.45) eine Initialisierung der Ausgangswerte zu $y_1[0] = 1$ und $y_2[0] = 0$. Zur Implementation auf einem DSP muss daher für $n \geq 1$ nur folgendes Differenzengleichungssystem programmiert werden:

$$\begin{aligned} y_1[n] &= a_Q y_1[n-1] - b_Q y_2[n-1] \\ y_2[n] &= b_Q y_1[n-1] + a_Q y_2[n-1]\,. \end{aligned} \tag{8.48}$$

Die Koeffizienten $a_Q$ und $b_Q$ sind die gerundeten Werte der Koeffizienten $a$ und $b$. Wiederum muss bei der Implementation auf einem Digitalrechner die Sättigungskennlinie eingeschaltet werden, damit der Oszillator nicht instabil wird (siehe dazu Aufgabe 8).

Der wesentliche Nutzen des kombinierten oder gekoppelten Oszillators ist die simultane Erzeugung von zwei um $90^o$ verschobenen Sinusschwingungen. Solche Signale heissen in der Nachrichtentechnik Quadratursignale und werden beispielsweise für Modulations- und Demodulations-Aufgaben benötigt.

Es ist zu beachten, dass rekursive Digitalfilter mit Sättigungsarithmetik nichtlineare Systeme sind und demzufolge vom idealen Verhalten – beispielsweise in Form abklingender Amplituden – abweichen können. Solche Systeme müssen vor ihrem Einsatz deshalb simuliert und bezüglich ihrer korrekten Funktionsweise gründlich überprüft werden.

## 8.5 Rauschgeneratoren

Rauschgeneratoren kommen in einer Vielzahl von DSV-Anwendungen zum Einsatz, beispielsweise zur Simulation von Störungen, bei der Identifikation von Systemen, etc. Um echte Rauschsignale zu erzeugen, müsste man einen echten Zufallsprozess wie z. B. das Rauschen einer Diode abtasten. Viel praktischer ist es jedoch, einen Rauschprozess mithilfe eines Algorithmus auf dem Computer zu generieren. Rauschgeneratoren, welche einen echten Rauschprozess gut nachbilden, nennt man Pseudozufallszahl-Generatoren.

### 8.5.1 Rauschgenerator mit gleichverteilten Abtastwerten

Der bekannteste Pseudozufallszahl-Generator ist der lineare Kongruenz-Generator (engl: linear congruential generator LCG). Dieser Generator erzeugt gleichverteilte Zufallszahlen nach folgender Rekursionsgleichung [Knu98]:

$$x[n] = (ax[n-1] + c) \bmod m\,. \tag{8.49}$$

Das Operationszeichen mod $m$ steht für Modulo $m$. Die Modulo-Operation berechnet den Rest einer ganzzahligen Division durch $m$, wie das untenstehende Beispiel für $m = 4$ zeigt:

**Beispiel:** $14 = 3 \cdot 4 + 2 \quad \Longrightarrow \quad 14 \bmod 4 = 2\,.$ ■

Alle Zahlenwerte in Gl.(8.49) sind natürliche Zahlen und können daher auf einem DSP einfach dargestellt werden. Der Anfangswert $x[0]$ heisst seed und kann beliebig, z. B. 0, gesetzt werden. Bei einer guten Wahl der Parameter $a$ und $c$ erzeugt der LCG $m$ verschiedene Zahlenwerte, bevor er sich wiederholt. Das heisst, der lineare Kongruenz-Generator generiert ein zeitdiskretes Ausgangssignal mit der Periode $m$, wobei die Zahlenwerte innerhalb einer Periode statistisch gut verteilt sind. Macht man den sogenannten Modulus $m$ sehr gross, was in der Praxis der Fall ist, dann wird die Periodendauer sehr lang, so dass die Folge $x[n]$ angenähert als Rauschsignal betrachtet werden darf.

Wählt man den Modulus als Zweierpotenz $m = 2^i$, dann ist die Modulo-Funktion in Gl.(8.49) auf einem Festkomma-Rechner sehr einfach realisierbar. Wir wollen dies anhand einer natürlichen 32-Bit-Zahl $x$ in Zweierpotenzform (abgekürzt mit 2P) und dem Modulus $m = 2^{16}$ erklären:

$$\begin{aligned}
x &= (b_0 b_1 \cdots b_{31})_{2P}\,, \\
&= b_0 2^{31} + b_1 2^{30} + \cdots + b_{31} 2^0\,, \\
&= \underbrace{(b_0 b_1 \cdots b_{15})_{2P}}_{x_H} 2^{16} + \underbrace{(b_{16} b_{17} \cdots b_{31})_{2P}}_{x_L}\,, \\
&= x_H 2^{16} + x_L \qquad \Longrightarrow \qquad x \bmod 2^{16} = x_L\,.
\end{aligned} \tag{8.50}$$

In Worten: Die Modulo-Funktion $x \bmod 2^i$ bildet man durch Weglassen (Maskieren) der ersten $i$ Bits in der Zahl $x$. Die Zahl, die daraus entsteht, ist das niederwertige Wort $x_L$ der Zahl $x$. Der LCG-Algorithmus (8.49) ist auf einem Fixkomma-Rechner somit sehr einfach implementierbar.

Vor der Implementation ist die Wahl der beiden Parameter $a$ und $c$ abzuklären. Diese Wahl ist sehr wichtig, wenn man Pseudorauschsignale mit maximaler Periodenlänge und guten statistischen Eigenschaften erzeugen will. In [Knu98] sind Bedingungen und Testverfahren angegeben, um eine gute Wahl zu treffen. Zur Simulation von gleichverteiltem, weissem Rauschen treffen wir für $m = 2^{16}$ [BS00] und $m = 2^{32}$ [Dev90] folgende Wahl:

$$m = 2^{16}\,, \quad a = 42041\,, \quad c = 1617\,, \tag{8.51}$$

$$m = 2^{32}\,, \quad a = 1664525\,, \quad c = 32767\,. \tag{8.52}$$

Interpretiert man die Festkommazahlen, die durch den LCG-Algorithmus (8.49) generiert werden, als Fractional-Zahlen, dann erhält man ein mittelwertfreies, zwischen $-1$ und $+1$ gleichverteiltes Rauschen mit der Varianz (Leistung) $\sigma_x^2 = \frac{1}{3}$ und einem annähernd weissen, d. h. konstanten Leistungsdichtespektrum gemäß Bild 8.15.

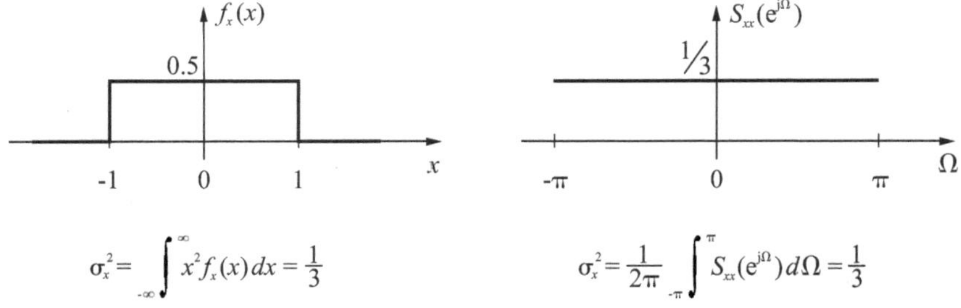


Bild 8.15: Wahrscheinlichkeitsdichtefunktion und Leistungsdichtespektrum der LCG-Rauschquelle

## 8.5.2 Rauschgenerator mit gaussverteilten Abtastwerten

Das Rauschen in physikalischen Systemen ist vielfach gaussverteilt. Der Grund dafür liegt im zentralen Grenzwertsatz, welcher besagt, dass die Linearkombination

$$\mathbf{x} = \sum_{i=1}^{I} k_i \mathbf{x}_i \tag{8.53}$$

von statistisch unabhängigen Zufallsvariablen $\mathbf{x}_i$ umso besser gaussverteilt (normalverteilt) ist, je grösser die Anzahl $I$ von Zufallsvariablen ist.

Für den Mittelwert $\mu_x$ und die Varianz $\sigma_x^2$ der zusammengesetzten Zufallsvariablen $\mathbf{x}$ erhalten wir dann aufgrund der Theorie in Abschn. 5.2:

$$\mu_x = \sum_{i=1}^{I} k_i \mu_{x_i} \qquad \text{und} \qquad \sigma_x^2 = \sum_{i=1}^{I} k_i^2 \sigma_{x_i}^2 \,. \tag{8.54}$$

Der zentrale Grenzwertsatz (8.53) liefert uns einen Hinweis, wie ein Rauschgenerator mit annähernd normalverteilten Abtastwerten gebaut werden kann. Man programmiert einen LCG-Generator, ruft diesen pro Abtastintervall $I$-mal auf, skaliert – um einen Überlauf im Fractional-Format zu verhindern – die Abtastwerte mit $\frac{1}{I}$ und summiert die skalierten Abtastwerte auf:

$$x[n] = \sum_{i=1}^{I} \frac{1}{I} x_i[n] \,. \tag{8.55}$$

Mit dieser Methode erhalten wir einen weissen Rauschgenerator, dessen Abtastwerte umso besser normalverteilt sind, je grösser die Anzahl $I$ von Summanden ist. Für den Mittelwert und die Varianz finden wir unter Anwendung von Gl.(8.54):

$$\mu_x = 0 \qquad \text{und} \qquad \sigma_x^2 = \frac{1}{3I} \,. \tag{8.56}$$

Bild 8.16 zeigt Wahrscheinlichkeitsdichtefunktionen eines aus mehreren LCG-Rauschquellen aufgebauten Rauschgenerators. Tatsächlich bewahrheitet sich, dass auf Kosten einer kleineren Varianz die Gaussverteilung umso besser approximiert wird, je höher die Anzahl $I$ der gleichverteilten Rauschquellen ist (siehe dazu Aufgabe 9).

### 8.5.3 Generator für farbiges Rauschen

Der Bau eines Generators zur Erzeugung von farbigem Rauschen ist eine einfache Aufgabe. Man schliesst an einen gleich- oder normalverteilten, weissen Rauschgenerator mit der Varianz $\sigma_x^2$ ein lineares Digitalfilter mit dem Frequenzgang $H(e^{j\Omega})$. Der Ausgang des Filters liefert dann gemäß Gl.(5.62) ein Rauschsignal $\mathbf{y}[n]$ mit dem Leistungsdichtespektrum

$$S_{yy}(e^{j\Omega}) = |H(e^{j\Omega})|^2 \sigma_x^2 \tag{8.57}$$

und der Varianz

$$\sigma_y^2 = \sigma_x^2 \frac{1}{2\pi} \int_{-\pi}^{\pi} |H(e^{j\Omega})|^2 \, d\Omega \,. \tag{8.58}$$

Unter der Voraussetzung, dass $H(e^{j\Omega})$ keine Allpasscharakteristik hat, ist das Leistungsdichtespektrum $S_{yy}(e^{j\Omega})$ des Ausgangssignals nicht mehr konstant (weiss) und wird deshalb farbig genannt. Die Gaussverteilung der Ausgangsabtastwerte hingegen bleibt erhalten, falls das lineare Digitalfilter mit gaussverteiltem Rauschen angesteuert wird.

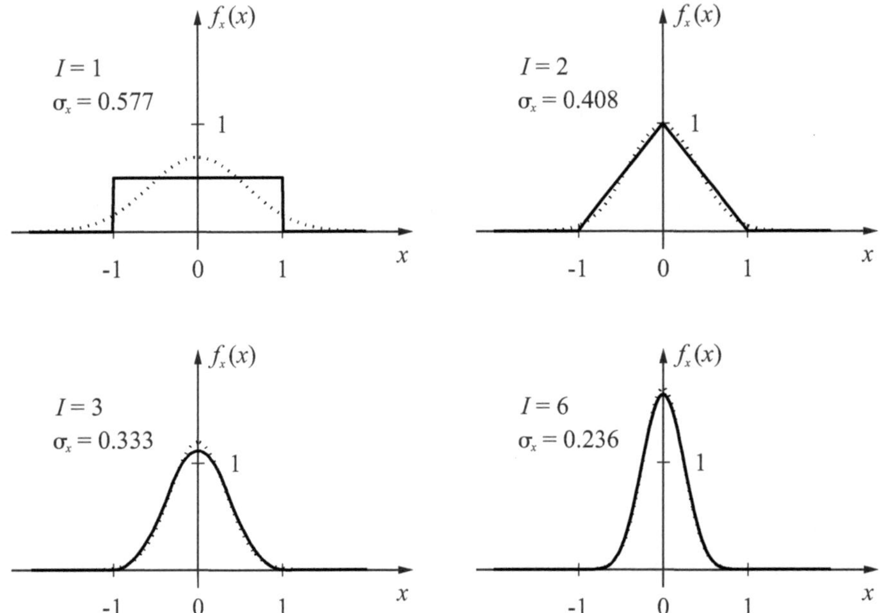


Bild 8.16: Wahrscheinlichkeitsdichtefunktionen des annähernd gaussverteilten Rauschgenerators. $I$ : Anzahl LCG-Rauschquellen, punktierte Kurven: Wahrscheinlichkeitsdichtefunktionen des ideal gaussverteilten Rauschgenerators

# Aufgaben

1. **Frequenzgenauigkeit eines Sägezahngenerators**

   (a) Innerhalb welcher Grenzen $f_{0low}$ und $f_{0high}$ kann die Frequenz $f_0$ eines Sägezahngenerators eingestellt werden, wenn die Stufenhöhe $b_0$ auf die Wortlänge $(B+1)$ gerundet wird?

   (b) Gewünscht ist ein Sägezahn-Generator mit der Frequenz $f_0 = 60\,\text{Hz}$, wobei die Abtastfrequenz $f_s = 8000\,\text{Hz}$ und die Wortlänge 16 Bit betragen. Wie gross ist die tatsächliche Frequenz $f_{0Q}$? Liegt sie innerhalb der in 1a) berechneten Grenzen?

2. **Simulation eines Pulsdauermodulators**

   Generieren Sie mit der MATLAB-Funktion `sawtooth` eine Sägezahnschwingung hoher Frequenz und mit `sin` eine Sinusschwingung tiefer Frequenz. Erzeugen Sie aus diesen beiden Signalen aufgrund der Theorie in Abschn. 8.1.2 eine pulsmodulierte Rechteckschwingungung und filtern Sie die modulierte Rechteckschwingung mit einem Tiefpassfilter. Was stellen Sie fest?

3. **Überführung einer Dreieck- in eine Sinusschwingung**

   Erzeugen Sie mit MATLAB eine Dreieckschwingung mit $f_0 = 10\,\text{Hz}$ und speisen Sie damit ein Tiefpassfilter mit variabler Durchlassfrequenz ($f_s = 1000\,\text{Hz}$). Beobachten Sie, wie sich die Dreieckform der Sinusform nähert, wenn Sie die Durchlassfrequenz von $f_{pass} = 200\,\text{Hz}$ kontinuierlich auf $f_{pass} = 10\,\text{Hz}$ verkleinern.

4. **Direkte digitale Synthese (DDS)**

   (a) Simulieren Sie mit MATLAB einen periodischen DDS-Generator, dessen Tabelle aus 16 Funktionswerten besteht. Erzeugen Sie die Sägezahnschwingung mit der Funktion `sawtooth` und verwenden Sie zur Quantisierung die Funktion `floor`. Lesen Sie die Tabellenwerte innerhalb einer Schleife aus.

   (b) Dito wie oben, aber mit zusätzlicher Interpolation.

5. **Polynomapproximation**

   (a) Starten Sie in MATLAB das Programm `spgen` und approximieren Sie die Sinusfunktion gemäß Beispiel 1 auf Seite 313. Überprüfen Sie, ob Sie dasselbe Resultat für den Koeffizientenvektor $\boldsymbol{a}$ erhalten, wie auf Seite 313. Warum sind die geraden Polynomkoeffizienten annähernd null?

   (b) Starten Sie das PC-Programm `spsound`, geben Sie den in Aufgabe 5a berechneten Koeffizientenvektor ein und drücken Sie die Starttaste. Schauen und hören Sie sich die generierte Sinusschwingung an.

   (c) Approximieren Sie die Logarithmusfunktion zur Basis 10. Überlegen Sie, in welchem Bereich zwischen $-1$ und $+1$ das Argument $x$ liegen darf, damit der Funktionswert eine Fractional-Zahl ist.

6. **Instabiles IIR-Filter als Sinusoszillator**

   Experimentieren Sie mit dem M-File `A1_8_5`, das den Sinusoszillator in Bild 8.13 simuliert.

7. **Herleitung des Sinus-Cosinus-Oszillators**

   Der kombinierte Sinus-Cosinus-Oszillators wird durch folgendes Differenzengleichungssystem beschrieben:

   $$\begin{aligned} y_1[n] &= ay_1[n-1] - by_2[n-1] + x[n] \\ y_2[n] &= by_1[n-1] + ay_2[n-1]\,, \end{aligned}$$

   wobei:

   $$x[n] = \delta[n]\,, \qquad a = \cos(\Omega_0) \quad \text{und} \quad b = \sin(\Omega_0)\,.$$

   Zeigen Sie durch Anwendung der z-Transformation, dass das Ausgangssignal $y_1[n]$ eine Cosinusschwingung und das Ausgangssignal $y_2[n]$ eine Sinusschwingung ist:

   $$y_1[n] = \cos(\Omega_0 n)\varepsilon[n]\,, \quad y_2[n] = \sin(\Omega_0 n)\varepsilon[n]\,.$$

8. **Kombinierter Sinus-Cosinus-Oszillator**

   Schreiben Sie analog zum M-File `A1_8_6` einen Simulator für den kombinierten Sinus-Cosinus-Oszillator, indem Sie das Differenzengleichungssystem (8.48) programmieren. Die Ausgangswerte sollen nur gerundet und nicht abgeschnitten werden. Experimentieren Sie mit dem Simulator.

9. **Zufallszahl-Generatoren**

   Die M-Files `A1_8_9a`, `A1_8_9b` und `A1_8_9c` simulieren Zufallszahl-Generatoren. Sie erzeugen je ein Rauschsignal der Länge $512 \cdot M$, wobei nur die letzten 512 Abtastwerte dargestellt werden. Ein Histogramm zeigt, wie die Zufallszahlen verteilt sind und die Wahrscheinlichkeitsdichtefunktion gibt an, wie sie idealerweise verteilt sein sollten. Das Rauschsignal wird in $M$ Blöcke der Länge 512 unterteilt, von jedem Block wird das Leistungsdichtespektrum berechnet, am Schluss wird über die $M$ Leistungsdichtespektren gemittelt und mit dem idealen Leistungsdichtespektrum verglichen.

   (a) Testen Sie den LCG-Generator `A1_8_9a` mit verschiedenen Anfangswerten $x[0]$, Modi $m$ und LCG-Parametern $a$ und $c$. Überprüfen Sie insbesondere die Werte in Gl.(8.51) und Gl.(8.52).

   (b) Experimentieren Sie mit dem annähernd normalverteilten Rauschgenerator `A1_8_9b` und zeigen Sie, dass die Gaussverteilung umso besser approximiert wird, je mehr gleichverteilte Rauschsignale addiert werden.

   (c) Das M-File `A1_8_9c` entwirft ein elliptisches Bandpassfilter 8. Ordnung mit den normierten Kreisfrequenzen $\Omega_1$ und $\Omega_2$. $\Omega_1$ ist die untere und $\Omega_2$ die obere normierte Durchlasskreisfrequenz. Der Rippel $A_{pass}$ im Durchlassbereich beträgt 0.1 dB und die Sperrdämpfung $A_{stop}$ 40 dB. Das Filter wird mit einem normalverteilten, weissen Rauschgenerator der Varianz $\sigma_x^2 = 1$ angeregt und das Ausgangssignal wird im ersten Grafikfenster aufgezeichnet. Aufgrund der Theorie in Abschn. 8.5.3 berechnet sich die ungefähre Varianz des gefilterten Rauschsignals nach der Formel

   $$\sigma_y^2 = \frac{\Omega_2 - \Omega_1}{\pi}\sigma_x^2 \,, \qquad \text{wobei:} \quad \sigma_x^2 = 1 \,.$$

   Leiten Sie diese Formel her, überprüfen Sie experimentell ihre Gültigkeit und verifizieren Sie die Aussage, dass die Gaussverteilung im Ausgangssignal erhalten bleibt.

   Zeigen Sie, dass die Messungen (Schätzungen) umso genauer sind, je grösser Sie die Blockanzahl $M$ wählen.

10. **Experimente in Echtzeit mit dem PC-Programm** `spsound`

    Realisieren und testen Sie Signalgeneratoren mithilfe des Programms `spsound`. Das Programm ist auf den Seiten 338 bis 343 beschrieben und funktioniert auch ohne MATLAB.

# Anhang A

# Begleitdateien und Programme zum Buch

Mitautor: Ivo Oesch

## A.1 Begleitdateien und Installation

Die Begleitdateien befinden sich in fünf Zip-Archiven, die unter der URL `http://labs.hti.bfh.ch/dsv` zu finden sind.

**Audio.zip** In diesem Archiv sind Audio-Dateien abgelegt.

**DSVsoundtools.zip** Enthält das Programm `spsound`, sowie den Ordner `Sound_Examples`, in dem einige Audio-Files abgespeichert sind, die für `spsound` automatisch zur Verfügung stehen. Das Programm `spsound` ist ein unter Windows XP oder Windows 7 lauffähiges PC-Programm zur Echtzeitrealisierung von Digitalfiltern, Signalgeneratoren und einer virtuellen Schallquelle via Soundkarte.

**DSVtools.zip** Alle MATLAB-Programme zum Entwurf und zur Simulation von Digitalfiltern und Signalgeneratoren sind in diesem Archiv abgespeichert. Die entworfenen Digitalfilter und Signalgeneratoren können mittels des oben erwähnten Programms `spsound` in Echtzeit auf dem PC über die Soundkarte ausführt werden.

**Loesungen.zip** In diesem Archiv finden sich die Lösungen zu den Aufgaben. Die Lösungen können mithilfe eines Internet-Browsers betrachtet werden.

**MatDSV.zip** Beinhaltet die Lösungs-Dateien der MATLAB-Aufgaben und M-Files zum Experimentieren.

Die Programme in den Archiven 'DSVtools' und 'MatDSV' erfordern die Studenten- oder Vollversion von MATLAB 6.1 oder höher inklusive der Signal Processing Toolbox.[1] Digitalfilter und Signalgeneratoren sind auf einem PC mit Soundkarte unter Windows XP oder Windows 7 implementierbar.

## Installation des Programms 'spsound'

Im Archiv 'DSVsoundtools' befindet sich das EXE-Programm 'spsound'. Das Archiv muss entpackt und das Verzeichnis 'DSVsoundtools' auf die Festplatte kopiert werden.

## Installation des Programmpakets 'sptools'

Das Programmpaket 'sptools' befindet sich im Archiv 'DSVtools'. Zur Installation muss das entzippte Verzeichnis 'DSVtools' auf die Festplatte kopiert und in MATLAB mit 'Set Path' in den Suchpfad aufgenommen werden. Die Installation wird mit dem Aufruf `spfilt('install')` in MATLAB vervollständigt. Die Programme merken sich jeweils die letzten Eingaben des Benutzers, indem diese in einer .mat-Datei im Verzeichnis 'sptools' abgelegt werden. Möchte man wieder die ursprünglichen Defaultwerte verwenden, muss der Befehl `spfilt('install')` erneut ausgeführt werden.

## Installation der Verzeichnisse 'Audio', 'Loesungen' und 'MatDSV'

Nach dem Entzippen sollten die Verzeichnisse 'Audio', 'Loesungen' und 'MatDSV' auf die Festplatte kopiert werden. Das Verzeichnis 'MatDSV' enthält neun Unterverzeichnisse, die nach dem Kopieren alle in den Suchpfad von MATLAB aufgenommen werden müssen. Im Unterverzeichnis 'MatDSV\Work' befindet sich die Datei `startup.spt`, die eine geeignete Grundeinstellung des MATLAB-Programms `sptool` enthält. Da dieses Programm sowohl beim Entwurf von Digitalfiltern wie auch von Signalgeneratoren eingesetzt wird, empfiehlt sich, '...\MatDSV\Work' zum MATLAB-Arbeitsverzeichnis (engl: current directory) zu machen.

---

[1] http://www.mathworks.com

## A.2 Das MATLAB-Programm `spfilt`

Das MATLAB-Programm **spfilt** ergänzt das Programm **sptool**, das in MATLAB 5.1 und in neueren Versionen implementiert ist. Mit **sptool** kann man Signale analysieren und Digitalfilter entwerfen. Das Programm **spfilt** übernimmt das entworfene Digitalfilter, startet auf Wunsch das PC-Programm **spsound** und übergibt ihm die Parameter des entworfenen Digitalfilters. Das Programm **spsound** filtert anschliessend in Echtzeit ein Eingangssignal mithilfe der Soundkarte. Das Programm **spfilt** dient zudem als Verbindungsprogramm zum Simulator, der Eingangs- und Ausgangssignale von Digitalfiltern simuliert.

### Grundlagen

Das Programm **spfilt** ist das Verbindungs-Programm zwischen **sptool**, dem Simulator **simdsp**, sowie dem C++-Programm **spsound**.

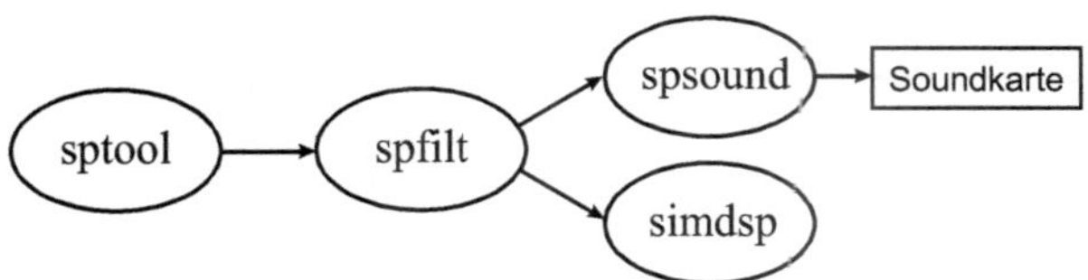


Bild A.1: **spfilt** als Verbindungs-Programm zwischen dem Entwurfsprogramm **sptool**, dem Simulator **simdsp** und dem C++-Programm **spsound** zur Ansteuerung der Soundkarte

Im Gegensatz zu den MATLAB-Programmen **sptool**, **spfilt** und **simdsp** ist **spsound** ein in C++ geschriebenes Programm zur Ansteuerung der Soundkarte, das auch ohne MATLAB funktioniert (siehe Anhang A.5 auf Seite 338). Das Werkzeug **spfilt** wandelt die von **sptool** generierten Digitalfilter in passende Filterstrukturen um. Folgende Filterstrukturen stehen zur Auswahl: FIR-Direktform-Struktur, Kaskade aus IIR-Direktform-I-Strukturen 2. Ordnung und IIR-Direktform-I-Struktur. Die Koeffizienten der entworfenen Filter werden an **spsound** übergeben, welches das Digitalfilter über die Soundkarte realisiert. Zudem können – wie bereits erwähnt – die entworfenen Filter zur Untersuchung im Zeitbereich dem Simulator übergeben werden (siehe Anhang A.3 auf Seite 333).

## Start und Benutzeroberfläche

Das Programm wird über die Kommandozeile von MATLAB mit dem Befehl `spfilt` gestartet. Nach dem Start von `spfilt` wird die Benutzeroberfläche (Bild A.2) mit folgenden Elementen aufgebaut:

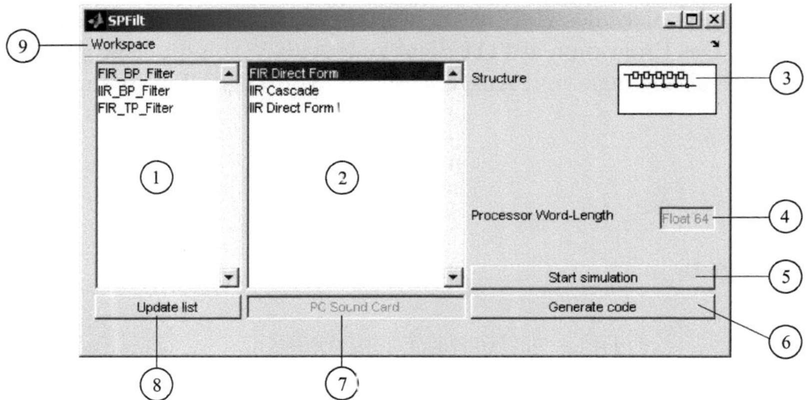


Bild A.2: Benutzeroberfläche von `spfilt`

(1) In dieser Liste werden alle in `sptool` vorhandenen Filter angezeigt. Das jeweils ausgewählte Filter wird hervorgehoben. (Die Liste wird nicht automatisch aktualisiert, wenn `sptool` aufdatiert wird, siehe dazu Punkt (8)).

(2) Hier werden alle verfügbaren Filterstrukturen aufgelistet. Die ausgewählte Filterstruktur wird hervorgehoben und in Feld (3) graphisch dargestellt.

(3) Blockdiagramm der aktuellen Filterstruktur.

(4) Der Prozessor des PCs arbeitet im 64-Bit-Gleitkommaformat.

(5) Mit diesem Knopf wird das Filter in den Simulator geladen. Der Simulator wird in Anhang A.3 vorgestellt.

(6) Durch Drücken dieses Knopfes wird Code für das aktuelle Filter erzeugt und auf dem PC ausgeführt.

(7) Das Feld zeigt an, dass das Filter über die Soundkarte des PCs betrieben wird.

(8) Diese Taste aktualisiert die Filterliste (1), d. h. es werden alle Filtereinträge in `sptool` neu eingelesen.

(9) Über dieses Menu können Filter exportiert und eigene Filter importiert werden (siehe nächster Abschnitt).

## Export und Import von Filtern

Mit dem Menupunkt (9) 'Workspace\Export filter' werden die Koeffizienten des aktuellen Filters als Variable in den Arbeitsspeicher von MATLAB exportiert. Umgekehrt können aus dem MATLAB-Arbeitsspeicher auch Filter importiert werden. Dazu wird der Menupunkt (9) 'Workspace\Import filter in sos form' oder der Menupunkt (9) 'Workspace\Import filter in tf form' angewählt. Die Variablen im Arbeitsspeicher müssen vom Datentyp 'Structure' sein und einer der drei unten beschriebenen Formen entsprechen.

### FIR-Direktform-Filter

Die Struktur muss mindestens aus den Feldern `firfilt.fs` und `firfilt.tf` bestehen. `firfilt.fs` muss einen numerischen Wert enthalten, der gleich der Abtastfrequenz des Filters in Hz ist. `firfilt.tf` selbst ist wiederum eine Struktur mit den Feldern `firfilt.tf.num` und `firfilt.tf.den`, die wie folgt eingegeben werden müssen:

```
firfilt.tf.num = [ b0 b1 b2 ... bN ]
firfilt.tf.den = 1
```

Die Namen `tf`, `num` und `den` stehen für transfer function, numerator und denominator und `firfilt` ist ein Beispielname. Der Zeilenvektor `tf.num` muss demzufolge die Koeffizienten des FIR-Filters enthalten.

Beispiel:

```
firfilt.fs = 44100;
firfilt.tf.num = [0.033 0.093 0.160 0.189 0.160 0.093 0.033];
firfilt.tf.den = 1;
```

### IIR-Kaskaden-Filter

Die Struktur muss mindestens aus den Feldern `iirfilt.fs` und `iirfilt.sos` bestehen, wobei `iirfilt.fs` gleich der Abtastfrequenz des Filters in Hz ist. `sos` muss eine $L \times 6$-Matrix sein in der Form:

```
iirfilt.sos = [ b01 b11 b21  1 a11 a21
                b02 b12 b22  1 a12 a22
                        ...
                b0L b1L b2L  1 a1L a2L ]
```

Der Name `sos` steht für second order sections und `iirfilt` ist ein Beipielname. Jede Zeile von `iirfilt.sos` enthält die Filterkoeffizienten eines Blocks 2. Ordnung gemäß Gl.(7.31) und Bild 7.23. Die erste Zeile umfasst die Filterkoeffizienten des ersten Blocks, die zweite Zeile diejenigen des zweiten Blocks und die L-te Zeile diejenigen des L-ten Blocks.

Beispiel:

```
iirfilt.fs = 44100;
iirfilt.sos = [ 0.0464  -0.0035  0.0464  1  -1.5758  0.6675
                0.4373  -0.6074  0.4373  1  -1.5831  0.8672
                0.7909  -1.2154  0.7909  1  -1.5959  0.9724 ];
```

Mit dem MATLAB-DSV-Werkzeug `sptool` oder dem MATLAB-Befehl `ellip` kann man eine Übertragungsfunktion erzeugen. Die Matrix `iirfilt.sos` bekommt man, indem man auf die Übertragungsfunktion den Befehl `tf2sosI` anwendet.

### IIR-Direktform-I-Filter

Die Eingabe erfolgt analog zum FIR-Direktform-Filter, nur dass jetzt der Zeilenvektor `iirfilt.tf.den` die Koeffizienten des Nennerpolynoms enthält:

```
iirfilt.tf.num = [ b0 b1 b2 ... bN ]
iirfilt.tf.den = [ 1  a1 a2 ... aM ]
```

Das Importieren und Exportieren von Filterkoeffizienten ist auch direkt von MATLAB aus möglich. Zum Exportieren des aktuellen Filters wird der Befehl `coeffs = spfilt('get')` zur Verfügung gestellt. Die folgenden vier Befehle `spfilt('load',num,den,fs,name)`, `spfilt('load',sos,fs,name)`, `spfilt( 'load', tfobj)` und `spfilt('load',secord)` dienen zum Importieren von benutzerdefinierten Filtern. Informationen dazu können mit `help spfilt` im MATLAB-Befehlsfenster abgerufen werden.

## Realisierung von Filtern

Durch das Drücken der Taste (6) 'Generate code' (siehe Bild A.2) startet `spfilt` das C++-Programm `spsound`. Dieses Programm implementiert das Filter auf dem PC und betreibt es mit einem wählbaren Eingangssignal in Echtzeit über die Soundkarte (siehe dazu Anhang A.5). Stimmt die Abtastfrequenz des entworfenen Filters nicht mit einer möglichen Abtastfrequenz der Soundkarte überein, dann erscheint eine Fehlermeldung und die nächstliegende wird verwendet. Übliche Abtastfrequenzen von Soundkarten sind 11025, 22050 und 44100 Hz.

## A.3 Der MATLAB-Simulator `simdsp`

Das MATLAB-Programm **`simdsp`** ergänzt das Programm **`spfilt`** und dient zur Simulation von Digitalfiltern und Signalgeneratoren, welche auf dem PC implementierbar sind. Er vernachlässigt allerdings den Einfluss der Bandbegrenzungsfilter im Codec der Soundkarte. Die digitalen Ein- und Ausgangssignale der Simulation unterscheiden sich deshalb inbesondere im Bereich unterhalb von etwa 50 Hz von den analogen Ein- und Ausgangssignalen der Soundkarte.

### Starten

Der Simulator wird innerhalb der Programme **`spfilt`** und **`spgen`** durch Anwählen von Taste (5) 'Start simulation' automatisch gestartet und mit dem gewünschten Filter, respektive Signalgenerator, geladen.

### Bedienung

#### Grundlagen

Der Simulator bildet Digitalfilter und Funktionsgeneratoren nach. Der Benutzer gibt Eingangsdaten ein und der Simulator berechnet daraus das Ausgangssignal so, wie das der Prozessor des PCs in Echtzeit macht. Der Soundkarte entsprechend besteht das Ausgangssignal und bei Digitalfiltern auch das Eingangssignal aus 16Bit-Abtastwerten.

#### Benutzeroberfläche

Nach dem Start von **`simdsp`** wird die Benutzeroberfläche in Bild A.3 aufgebaut.

(1) Mit 'Restore' können die Eingabefelder auf ihre ursprünglichen Vorgabewerte gesetzt werden.

(2) In diesem Feld wird das aktuelle Filter-Eingangssignal graphisch dargestellt. Mit einem Klick der rechten Maustaste auf die Graphikfläche erscheint ein Kontextmenu, das die Abspeicherung des Signals in eine Datei oder in eine Variable ermöglicht. Als Dateiformate stehen ASCII und MAT zur Auswahl. Im Modus MAT wird eine Matlab-Datei mit der Endung .mat erstellt und im Modus ASCII entsteht eine kommaseparierte Datei (Endung .csv), welche von vielen Programmen gelesen werden kann.

(3) Wie in Punkt (8) beschrieben, kann hier ein Eingangssignal ausgewählt, definiert oder geladen werden.

(4) Dieses Feld stellt das Ausgangssignal der Filtersimulation graphisch dar. Mit einem Klick der rechten Maustaste auf die Graphikfläche kann auch dieses Signal wie bei (2) abgespeichert werden.

(5) Das Feld zeigt die Abtastrate an, mit der das Digitalfilter entworfen wurde.

(6) Hier wird der Name des simulierten Filters angezeigt.

(7) Startet die Simulation.

(8) Dieses Fenster dient zur Definition von Eingangssignalen.

| | |
|---|---|
| Predefined: | In Feld (3) kann ein vordefiniertes Eingangssignal ausgewählt werden. |
| Formula(n): | In Feld (3) kann ein Eingangssignal als Funktion von `n` mit `n=0:N-1` definiert werden, wobei `N` in Feld (11) eingegeben wird.<br>Beispiel: `sawtooth(2*pi*1000/44100*n)`. |
| Formula(Omegan): | In Feld (3) kann ein Signal als Funktion von `Omegan` mit `Omegan=2*pi*f/fs*[0:N-1]` definiert werden.<br>Beispiel: `sawtooth(Omegan)`.<br>Formula(Omegan) erlaubt die einfache Erzeugung eines periodischen Eingangssignals, dessen Frequenz durch Feld (12) gegeben ist. |
| Workspace: | Als Eingangssignal kann der Inhalt einer MATLAB-Variablen importiert werden. |
| mat-File: | Als Eingangssignal kann der Inhalt einer mat-Datei importiert werden. Falls mehrere Variablen im mat-File abgespeichert sind, wird die erste Variable benutzt. |
| ASCII-File: | Als Eingangssignal kann eine ASCII-Datei mit Komma separierten Werten importiert werden. |

(9) Zahlenwert mit dem das Eingangssignal skaliert wird.

(10) Hier kann die Anzahl Abtastpunkte eingegeben werden, während denen der Signalanfang null sein soll. Bei Eingabe einer negativen Zahl wird der Signalanfang um die entsprechende Anzahl Abtastpunkte nach links verschoben.

(11) N ist die Anzahl der dargestellten Abtastwerte des Eingangssignals. Besteht ein importiertes Signal aus weniger als N Abtastwerten, dann wird das Signal periodisch erweitert bis es die Länge N erreicht.

(12) Für vordefinierte oder benutzerdefinierte periodische Eingangssignale kann hier deren Frequenz eingegeben werden.
Für importierte Signale in Form einer Variablen oder einer Datei gemäß Punkt (8), kann hier die ursprüngliche Abtastfrequenz eingegeben werden, falls sie nicht mit der aktuellen Abtastfrequenz (5) übereinstimmt. Das Signal wird anschliessend durch Anwendung der MATLAB-Funktion `resample` mit der aktuellen Abtastfrequenz neu abgetastet.

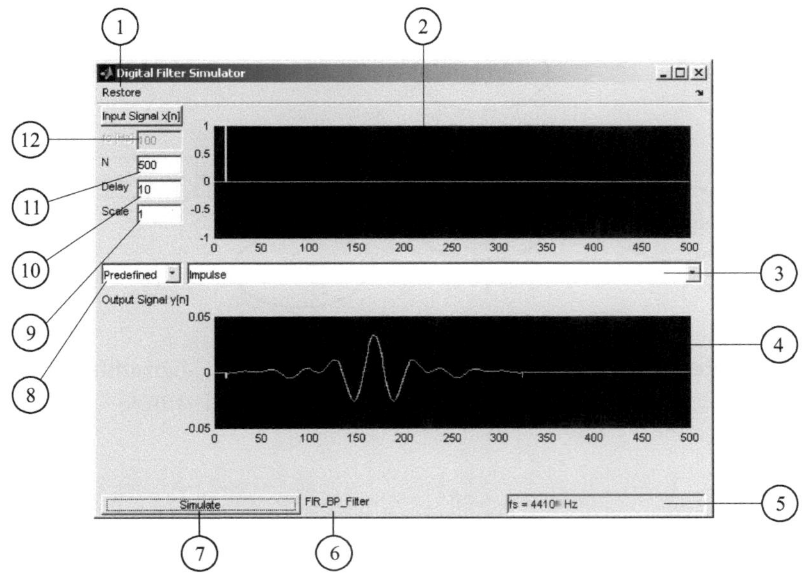


Bild A.3: Benutzeroberfläche des Simulators

# A.4 Das MATLAB-Programm spgen

Mithilfe des Programms **spgen** kann man digitale Signalgeneratoren entwerfen, simulieren und auf einem PC mit Soundkarte realisieren.

## Grundlagen

Das Werkzeug **spgen** ist das Verbindungs-Programm zum C++-Programm **spsound** und zu den beiden MATLAB-Programmen **simdsp** und **spfilt** (Bild A.4). Mit dem Programm **spgen** können alle in Kap. 8 beschriebenen Signalgeneratoren entworfen, simuliert und realisiert werden:

- Einfache Signalgeneratoren: Sägezahngenerator, Rechteckgenerator, Dreieckgenerator, Sinusgenerator.
- Direkte digitale Synthese mit und ohne Interpolation.
- Funktionsgeneratoren mit Polynom-Approximation.
- Impulsantwort-Generatoren: Impulsantwort eines stabilen Digitalfilters, instabiles Digitalfilter als Sinusoszillator, kombinierter Sinus-Cosinus-Oszillator.
- Rauschgeneratoren mit gleichverteilten, normalverteilten und gefilterten Abtastwerten.

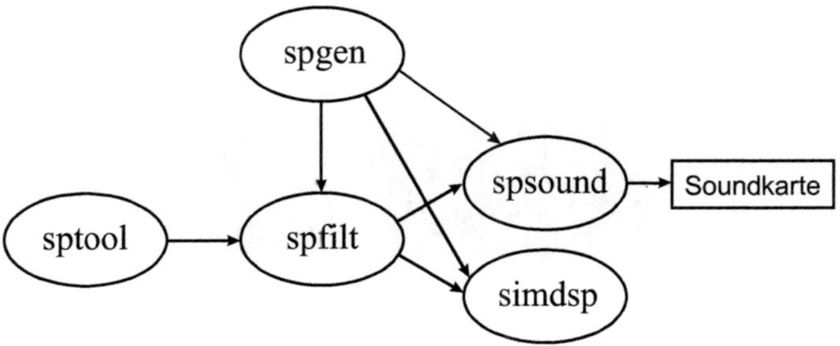


Bild A.4: `spgen` als Verbindungs-Programm zum Digitalfilter-Entwurfsprogramm `spfilt`, zum Simulator `simdsp` und zum C++-Programm `spsound`

## Start und Benutzeroberfläche

Das Programm wird über die Kommandozeile von MATLAB mit dem Befehl `spgen` gestartet. Nach dem Start und der Wahl des Funktionsgenerators 'Polynom Approximation' wird die Benutzeroberfläche in Bild A.5 aufgebaut.

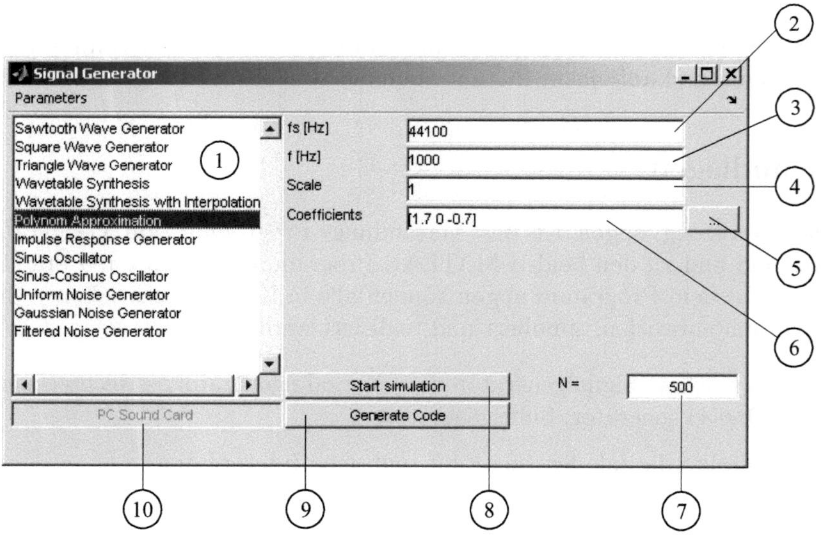


Bild A.5: Benutzeroberfläche von `spgen`

(1) In dieser Liste werden alle vorhandenen Signalgeneratoren aufgeführt. Der jeweils ausgewählte Generator wird schwarz unterlegt.

Beim Impulse Response - und Filtered Noise Generator wird durch das Anklicken von ‘Go’ ein modifiziertes Digitalfilter-Entwurfsprogramm `spfilt` gestartet, dessen Bedienung auf Seite 330 beschrieben ist.

(2) Hier wird die gewünschte Abtastfrequenz eingegeben. Zur Code-Generation muss darauf geachtet werden, dass die eingegebene Abtastfrequenz auch von der Soundkarte unterstützt wird. Stimmt die Abtastfrequenz des entworfenen Signalgenerators nicht mit einer möglichen Abtastfrequenz der Soundkarte überein, dann erscheint eine Fehlermeldung und die nächstliegende Abtastfrequenz wird verwendet. Übliche Abtastfrequenzen von Soundkarten sind 11025, 22050 und 44100 Hz.

(3) Mit Ausnahme des Impulsantwort-Generators und der Rauschquellen erzeugen alle Signalgeneratoren periodische Signale, deren Frequenz in diesem Feld eingetippt wird.

(4) Dieses Feld verlangt entweder die Eingabe eines Skalierungsfaktors oder der Amplitude. Mit beiden Werten kann die Stärke des Ausgangssignals eingestellt werden. Sowohl der Skalierungsfaktor wie auch die Amplitude müssen – von zwei Ausnahmen bei den Rauschgeneratoren abgesehen – betragsmässig gleich oder kleiner als 1 sein.

(5) Mit der Schaltfläche ‘...’ wird ein Import-Menu geöffnet. Bei der DDS (Wavetable Synthesis) kann ein Zeilenvektor aus dem Arbeitsspeicher importiert werden, dessen Elemente die Funktionswerte darstellen und die deshalb betragsmässig nicht grösser als 1 sein dürfen. Bei der Polynom-Approximation kann ebenfalls ein Vektor importiert werden. Seine Elemente repräsentieren die Koeffizienten des Approximationspolynoms, geordnet in absteigender Reihenfolge der Potenzen. Dieser Vektor kann auch durch das Drücken der Taste ‘Approximate’ erzeugt werden. Beim Drücken dieser Taste öffnet sich ein Menu, das die Eingabe einer zu approximierenden Funktion erlaubt. Die einzelnen Schritte der Approximation und die Bedeutung der zugehörigen Parameter sind in Abschn. 8.3 und in der Lösung zu Aufgabe 5 beschrieben.

(6) In diesem Feld kann der oben beschriebene Zeilenvektor manuell eingegeben werden.

(7) N gibt die Anzahl Abtastpunkte an, für welche die Simulation durchzuführen ist.

(8) Mit dieser Schaltfläche wird der ausgewählte Signalgenerator in den Simulator geladen, der im Anhang A.3 beschrieben ist.

(9) Durch Drücken dieses Knopfes wird der Code für den aktuellen Signalgenerator erzeugt und auf dem PC ausgeführt.

(10) Das Feld zeigt an, dass der Signalgenerator über die Soundkarte des PCs betrieben wird.

### Realisierung von Signalgeneratoren

Durch das Drücken der Taste (9) 'Generate code'(siehe Bild A.5) startet `spgen` das Programm `spsound`. Dieses Programm implementiert den Signalgenerator auf dem PC und betreibt ihn mit einer wählbaren Abtastfrequenz in Echtzeit über die Soundkarte (siehe dazu Anhang A.5). Stimmt die Abtastfrequenz des entworfenen Generators nicht mit einer möglichen Abtastfrequenz der Soundkarte überein, dann erscheint eine Fehlermeldung. Übliche Abtastfrequenzen von Soundkarten sind 11025, 22050 und 44100 Hz.

## A.5 Das Programm spsound

Das C++-Programm `spsound` ist ein unter Windows XP oder Windows 7 lauffähiges PC-Programm zur Echtzeitrealisierung von Digitalfiltern, Signalgeneratoren und einer virtuellen Schallquelle. Das EXE-Programm, das sich im Ordner `DSVsoundtools` befindet, wird manuell durch einen Doppelklick gestartet. Es lässt sich auch aus MATLAB heraus starten: Entweder durch die Eingabe des Befehls `spfilt` und dem Drücken der Taste (6) 'Generate code'(siehe Bild A.2) oder durch Starten des Programms `spgen` und ebenfalls Anklicken der Taste 'Generate code'(Taste (9) in Bild A.5). Es beruht auf dem Blockdiagramm in Bild A.6 und setzt somit voraus, dass auf dem PC eine Soundkarte installiert ist:

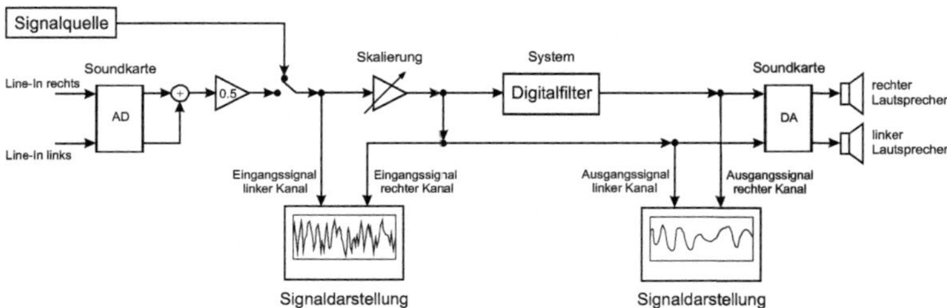


Bild A.6: Blockdiagramm des PC-Programms `spsound`

Als digitale Signalquelle fungieren alle in Bild A.5 aufgelisteten Signalgeneratoren. Zudem kann eine abgespeicherte MP3- oder Wav-Datei als Signalquelle verwendet werden, wobei die Abtastwerte der Wav-Datei 8-, 16- oder 24-Bit PCM-codiert sein müssen. Als Signalquelle dient auch der digitale Ausgang der Soundkarte, wenn an deren Line-In-Eingang eine analoge Audioquelle angeschlossen wird. Die Signalquelle wird skaliert und über die Soundkarte an den linken Lautsprecher geführt. Das unskalierte wie auch das skalierte Eingangssignal lassen sich auf dem Bildschirm darstellen. Das skalierte Eingangssignal beaufschlagt ein System, das aus einem FIR- oder IIR-Filter besteht. Das gefilterte Signal kann über den rechten Lautsprecher gehört und auf dem Bildschirm betrachtet werden. Mit dem Programm `spsound` ist ausserdem eine virtuelle Schallquelle realisierbar, wie sie auf Seite 4 beschrieben wurde.

Nach dem Start des Programms erscheint folgendes GUI (engl: Graphical User Interface):

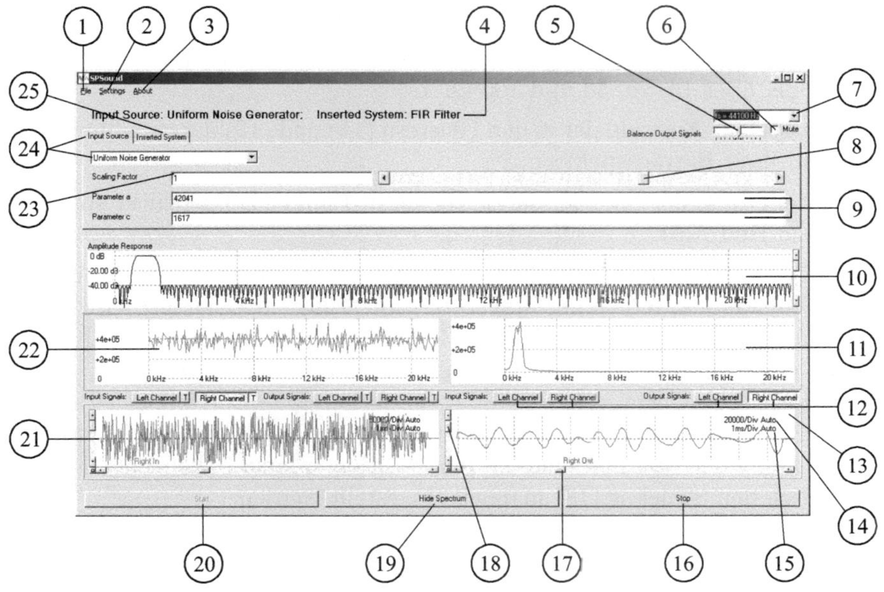


Bild A.7: Benutzeroberfläche von spsound

(1) Unter dem Menupunkt 'File' können Programmeinstellungen in ein Text-File gespeichert respektive aus einem Text-File geladen werden.

(2) 'Settings' erlaubt das Einstellen von Darstellungs-Parametern.

(3) Gibt die Version mit Datum an.

(4) Überschriftszeile. Sagt, welche Signalquelle und welches Digitalfilter aktiv sind.

(5) Balanceregler. Wenn er sich in der Mitte befindet, dann ist der Text 'Balance Output Signals' grün und sonst rot.

(6) Beim Markieren des Kästchens 'Mute' verstummen die beiden Lautsprecher.

(7) Auswahlschalter der Abtastfrequenz $f_s$. Einstellbar sind je nach Soundkarte die Abtastfrequenzen 11025, 22050 und 44100 Hz.

(8) Skalierung. Wirkt als Lautstärkeregler.

(9) Eingabefelder für Parameter.

(10) Amplitudengang des Digitalfilters.

(11) Betragsspektren der Signale, deren Tasten in Punkt (12) gedrückt sind (siehe dazu Bild A.6). Unter dem Betragsspektrum ist der Betrag der DFT zu verstehen, wie sie auf Seite 183 in Gl.(6.5) definiert wurde. Per Kontextmenu sind Ordinate, Fenster, DFT-Länge und Mittelung wählbar. Ordinate: lineare und logarithmische Skalierung; Fenster: Rechteck und Hanning; DFT-Länge N: 128, 256, 512, 1024, 2048 und 4096; Mittelung: keine, über 10, 20, 50 und 100 DFTs.

(12) Tasten zur Auswahl der in den Fenstern (11) und (13) dargestellten Signale und ihrer Betragsspektren.

(13) Darstellung der Signale, deren Tasten in Punkt (12) gedrückt sind (siehe dazu Bild A.6).

(14) In Analogie zum Oszilloskop kann hier die Auslenkung der Y-Achse gewählt werden, indem der Mauszeiger auf 'Auto' positioniert wird und per linke Maustaste auf 'Locked', 'Manual' oder 'Auto' umgeschaltet wird. In der Position 'Auto' wird der Y-Bereich optimal ausgesteuert. Der maximale Aussteuerbereich der Soundkarte beträgt $\pm 2^{15}$, wobei $2^{15} = 32768$ ist. Auf der Stellung 'Locked' wird der Achsenmassstab vom Darstellungsfenster links übernommen. In der Position 'Manual' kann der Massstab durch den Schieber (18) manuell eingestellt werden.

(15) Analog zur Y-Achse in (14) kann hier die Zeitachse auf 'Locked', 'Manual' oder 'Auto' eingestellt werden. In der Position 'Auto' versucht das Programm, drei Perioden darzustellen. Ist das Spektrum eingeschaltet, wie im vorliegenden Beispiel, dann ist die dargestellte Signallänge gleich $NT$, wobei $N$ die DFT-Länge (siehe Punkt (11)) und $T$ das Abtastintervall $1/f_s$ ist (siehe Punkt (7)).

(16) Stoppt den laufenden Algorithmus.

(17) Mit diesem Schieber kann die Zeitachse in der Position 'Manual' (siehe Punkt (15)) manuell eingestellt werden.

(18) Mit diesem Schieber kann die Y-Achse in der Position 'Manual' (siehe Punkt (14)) manuell eingestellt werden.

(19) Schaltet die Spektraldarstellung ein oder aus.

(20) Nach Betätigung der Stoptaste oder Neueingabe von Parametern kann hier der Algorithmus neu gestartet werden.

(21) Signaldarstellung analog zu den Punkten (12) bis (15), sowie (17) und (18).

(22) Darstellung des Spektrums analog zum Punkt (11).

(23) Numerische Eingabe des Skalierungsfaktors (siehe Punkt (8)).

(24) Registerkarte und Auswahlmenu zur Aktivierung einer Eingangssignalquelle.

(25) Registerkarte mit System-Auswahlmenu. Folgende Systeme stehen zur Verfügung: Durchschaltung, FIR-Filter, Direktform-IIR-Filter, IIR-Filter in Kaskaden-Struktur und virtuelle Schallquelle.

## A.5.1 Realisierung von Digitalfiltern mit spsound

Der eleganteste Weg ein Digitalfilter zu entwerfen und es mit **spsound** über die Soundkarte zu betreiben, besteht darin, in MATLAB den Befehl **spfilt** anzuwenden und im darauf erscheinenden GUI mit dem Namen SPTool die Taste 'New' zu drücken. Darauf öffnet sich das Entwurfsprogramm 'Filter Design & Analysis Tool'.

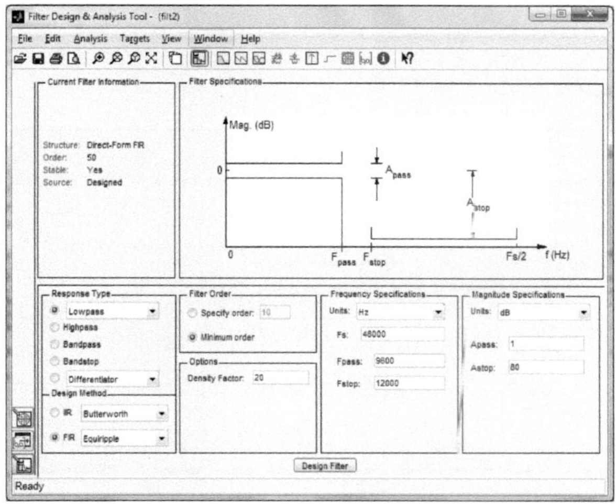


Bild A.8: MATLAB-Entwurfsprogramm 'Filter Design & Analysis Tool'

Mithilfe des obigen GUIs entwirft man das gewünschte Digitalfilter, drückt im unten stehenden GUI 'SPFilt' die Taste 'Update list', wählt die passende Filterstruktur und klickt 'Generate code' an.

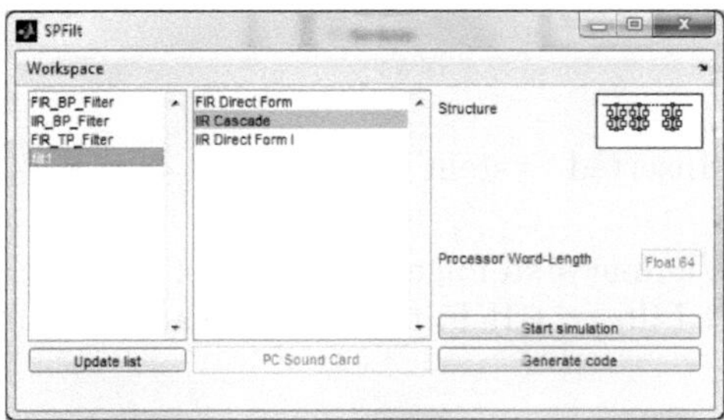


Bild A.9: MATLAB-GUI 'SPFilt'

Das darauf erscheinende Programm spsound implementiert das Filter automatisch auf dem PC und setzt es über die Soundkarte in Betrieb.

Wer MATLAB nicht zur Verfügung hat, findet auf dem Internet Freeware-Programme (z. B. den MATLAB-Klon Octave [Eea13] oder [Sof13] und [Kun12]) zum Entwurf digitaler Filter und damit zur Berechnung ihrer Koeffizienten. Der Anwender entwirft sein Filter (beispielsweise ein 1000Hz-Tiefpassfilter) und startet das Programm `spsound`. Als Eingangssignal entscheidet er sich z. B. für einen 440Hz-Sägezahn, klickt auf die Registerkarte 'Inserted System', wählt als System ein Direktform-IIR-Filter, gibt seine mit dem Entwurfsprogramm berechneten Filterkoeffizienten ein und sieht dann im Betrieb folgendes GUI:

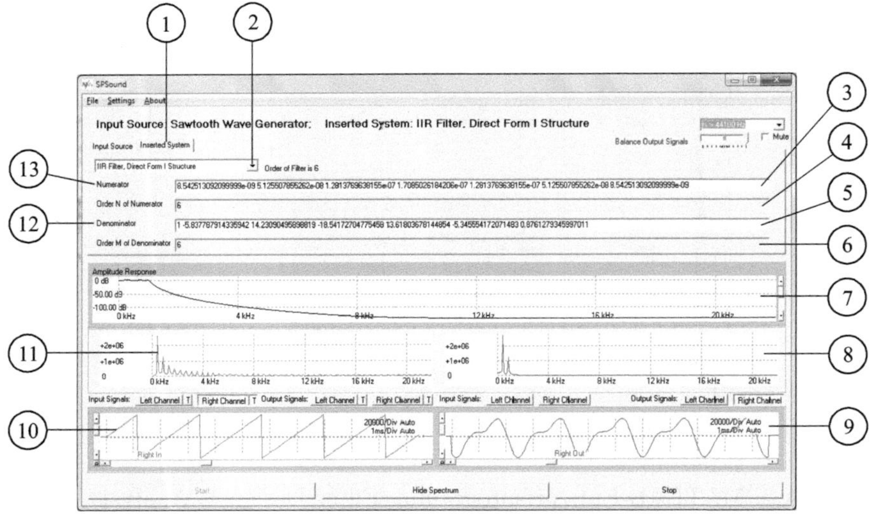


Bild A.10: Benutzeroberfläche von `spsound` bei Realisierung eines IIR-Filters in Direktform-I-Struktur

(1) Registerkarte 'Inserted System'.

(2) Systemwahl. Wählbar sind folgende Systeme: Durchschaltung, FIR-Filter, Direktform-IIR-Filter, IIR-Filter in Kaskaden-Struktur und virtuelle Schallquelle.

(3) Hier werden die Koeffizienten $b_0\, b_1\, b_2\, \ldots\, b_N$ des Zählerpolynoms in numerischer Form eingegeben. Die einzelnen Koeffizienten müssen durch Leerstellen oder Kommas voneinander getrennt sein.

(4) Ordnung N des Zählerpolynoms.

(5) Hier werden die Koeffizienten $a_0\, a_1\, a_2\, \ldots\, a_M$ des Nennerpolynoms in numerischer Form eingegeben. Die einzelnen Koeffizienten müssen durch Leerstellen oder Kommas voneinander getrennt sein.

(6) Ordnung M des Nennerpolynoms.

(7) Amplitudengang des Digitalfilters.

(8) Betragsspektrum des Ausgangssignals.

(9) Ausgangssignal.

(10) Eingangssignal.

(11) Betragsspektrum des Eingangssignals.

(12) Klickt man mit der rechten Maustaste auf 'Denominator', dann erscheint ein Kontextmenu mit den Punkten 'Load' und 'Paste Multiple Lines'. Beim Klick auf 'Load' meldet sich ein Dateidialog, in dem eine Datei ausgewählt werden kann, die die Nennerpolynom-Koeffizienten in Form von $M$+1 Zeilen enthalten muss. Nach Drücken von 'Open' erscheint der Inhalt dieser Datei. Mit der Maus können nun die Zeilen mit den gewünschten Nennerpolynom-Koeffizienten markiert werden und mit Drücken auf 'Ok' werden die markierten Koeffizienten ins Eingabefeld übernommen. Der Befehl 'Paste Multiple Lines' wird angewendet, wenn sich die Koeffizienten in Form mehrerer Zeilen im Zwischenspeicher befinden; beispielsweise, indem vorher markierte Koeffizienten-Zeilen per Copy-Befehl zwischengespeichert wurden. Das Anwählen des Menupunktes 'Paste Multiple Lines' befördert diese dann in das Eingabefeld (5).

(13) Durch einen Rechtsklick auf 'Numerator' können analog zu oben Zählerpolynom-Koeffizienten ins Eingabefeld (3) übertragen werden.

# Literaturverzeichnis


[BB99] Sergio Benedetto and Ezio Biglieri. *Principles of Digital Transmission.* Kluwer, 1999.

[Bla03] Ch. Blatter. *Wavelets, Eine Einführung.* Vieweg+Teubner, 2003.

[BP02] Andrew Bateman and Iain Paterson. *The DSP Handbook.* Prentice-Hall Inc., 2002.

[Bri95] E. Oran Brigham. *FFT, Schnelle Fourier-Transformation.* R. Oldenbourg Verlag, 1995.

[Bru01] Eugene N. Bruce. *Biomedical Signal Processing and Signal Modeling.* John Wiley & Sons, 2001.

[BS00] F. Bachmann and J. Schmid. Private communication, 2000.

[BSMM93] I.N. Bronstein, K.A. Semendjajew, G. Musiol, and H. Mühlig. *Taschenbuch der Mathematik.* Verlag Harri Deutsch, 1993.

[Cla93] Peter M. Clarkson. *Optimal and Adaptive Signal Processing.* CRC Press, London, 1993.

[CR08] Rulph Chassaing and Donald Reay. *Digital Signal Processing and Applications with the TMS320C6713 and TMS320C6416 DSK.* John Wiley & Sons, 2008.

[CSC98] M.L. Chugani, A.R. Samant, and M. Cerna. *LabVIEW Signal Processing.* Prentice-Hall Inc., 1998.

[CT65] J.W. Cooley and J.W. Tukey. An algorithm for the machine calculation of complex fourier series. *Math. Computation*, 19:297–301, April 1965.

[Dan74] R.W. Daniels. *Approximation Methods for Electronic Filter Design.* Mc Graw Hill, 1974.

[Dev90] Analog Devices. *Digital Signal Processing Applications, Using the ADSP-2100 Family.* Prentice-Hall Inc., 1990.

[Dob04] G. Doblinger. *Signalprozessoren: Architekturen - Algorithmen - Anwendungen.* Schlembach, 2004.

[Eea13] John W. Eaton and et al. Gnu octave. Website, 2013. Online im Internet: http://www.gnu.org/software/octave/; (Stand 25. 7. 2013).

[FB08] T. Frey and M. Bossert. *Signal und Systemtheorie.* Vieweg+Teubner, 2008.

[FF09] A. Fetzer and H. Fränkel. *Mathematik 2.* Springer Verlag, 2009.

[FG08] Norbert Fliege and Markus Gaida. *Signale und Systeme.* Schlembach, 2008.

[FHN11] Arnold Führer, Klaus Heidemann, and Wolfgang Nerreter. *Grundgebiete der Elektrotechnik, Band 2: Zeitabhängige Vorgänge.* Fachbuchverlag Leipzig im Carl Hanser Verlag, 2011.

[FLM+11] H. Frohne, K.H. Loecherer, H. Mueller, T. Harriehausen, and D. Schwarzenau. *Grundlagen der Elektrotechnik.* Vieweg+Teubner, 2011.

[Goe68] G. Goertzel. An algorithm for the evaluation of finite trigonometric series. *Am. Math. Monthly,* 65:34–35, January 1968.

[Har78] F.J. Harris. On the use of windows for harmonic analysis with the discrete fourier transform. *Proceedings of the IEEE,* 66:51–83, January 1978.

[Hof98] R. Hoffmann. *Signalanalyse und -erkennung.* Springer Verlag, 1998.

[Hub97] Barbara B. Hubbard. *Wavelets, die Mathematik der kleinen Wellen.* Birkhäuser Verlag, Basel, 1997.

[IJ02] E.C. Ifeachor and B.W. Jervis. *Digital Signal Processing, A Practical Approach.* Prentice-Hall Inc., 2002.

[Jae13] Bernd Jaehne. *Digitale Bildverarbeitung und Bildgewinnung.* Springer, 2013.

[JMW02] F. Jondral, R. Machauer, and A. Wiesler. *Software Radio.* Schlembach, 2002.

[Kam11] K.D. Kammeyer. *Nachrichtenübertragung.* Vieweg+Teubner, 2011.

[KK12] K.D. Kammeyer and K. Kroschel. *Digitale Signalverarbeitung.* Springer-Vieweg, 2012.

[Knu98] Donald E. Knuth. *The Art of Computer Programming, Seminumerical Algorithms.* Addison-Wesley Publishing Co., 1998.

[Kun12] Adrian Kundert. Winfilter. Website, 2012. Online im Internet: http://www.winfilter.20m.com; (Stand 24. 7. 2013).

[Lem11] Helmuth Lemme. Maschinenschäden frühzeitig erkennen. *Elektronik*, (26):18, 2011.

[Lie11] Jürgen Liepe. *Schaltungen der Elektrotechnik und Elektronik.* Fachbuchverlag Leipzig im Carl Hanser Verlag, 2011.

[Mar03] S.L. Marple. *Digital Spectral Analysis with Applications in C, FORTRAN, and MATLAB.* Prentice-Hall Inc., 2003.

[Mer10] Alfred Mertins. *Signaltheorie.* Vieweg+Teubner, 2010.

[MFLM96] F. Moeller, H. Frohne, K.H. Löcherer, and H. Müller. *Grundlagen der Elektrotechnik.* B.G. Teubner Stuttgart, 1996.

[MGT03] B. Mulgrew, P. Grant, and J. Thompson. *Digital Signal Processing.* Palgrave Macmillan, 2003.

[MI11] Dimitris G. Manolakis and Vinay K. Ingle. *Applied Digital Signal Processing.* Cambridge University Press, 2011.

[MIK00] Dimitris G. Manolakis, Vinay K. Ingle, and Stephen M. Kogon. *Statistical and Adaptive Signal Processing.* Mc Graw Hill, 2000.

[Mit06] Sanjit K. Mitra. *Digital Signal Processing.* Mc Graw Hill, 2006.

[OL10] J.R. Ohm and H.D. Lüke. *Signalübertragung.* Springer Verlag, 2010.

[OSB04] Alan V. Oppenheim, Ronald W. Schafer, and John R. Buck. *Zeitdiskrete Signalverarbeitung.* Pearson Studium, 2004.

[OW97] Alan V. Oppenheim and Alan S. Willsky. *Signals and Systems.* Prentice-Hall Inc., 1997.

[Pap84] Athansios Papoulis. *Signal Analysis.* Mc Graw Hill, 1984.

[PB87] T.W. Parks and C.S. Burrus. *Digital Filter Design.* John Wiley & Sons, 1987.

[PK08] Beat Pfister and Tobias Kaufmann. *Sprachverarbeitung: Grundlagen und Methoden der Sprachsynthese und Spracherkennung.* Springer, 2008.

[PKJ11] Fernando Puente, Uwe Kiencke, and Holger Jäkel. *Signale und Systeme.* Oldenburg, 2011.

[PM07] John G. Proakis and Dimitris G. Manolakis. *Digital Signal Processing.* Pearson Prentice Hall, 2007.

[Por97] Boaz Porat. *A Course in Digital Signal Processing.* John Wiley & Sons, 1997.

[Rop06] Carsten Roppel. *Grundlagen der digitalen Kommunikationstechnik.* Fachbuchverlag Leipzig im Carl Hanser Verlag, 2006.

[SH94] Samuel D. Stearns and Don R. Hush. *Digitale Verarbeitung analoger Signale.* R. Oldenbourg Verlag, 1994.

[Sof13] Iowa Hills Software. Digital and analog filter. Website, 2013. Online im Internet: http://www.iowahills.com/; (Stand 24. 7. 2013).

[SS95] W.W. Smith and J.M. Smith. *Handbook of Real-Time Fast Fourier Transforms.* IEEE Press, 1995.

[Ste96] Ken Steiglitz. *A Digital Signal Processing Primer with Applications to Digital Audio and Computer Music.* Addison-Wesley Publishing Co., 1996.

[Sul08] Mark Sullivan. *Practical Array Processing.* McGraw-Hill Professional, 2008.

[Tan08] Li Tan. *Digital Signal Processing, Fundamentals and Applications.* Academic Press, 2008.

[Tom93] Willis J. Tompkins. *Biomedical Digital Signal Processing.* Prentice-Hall Inc., 1993.

[Tre08] Steven A. Tretter. *Communication System Design Using DSP Algorithms.* Springer, 2008.

[vG85] Daniel Ch. von Grünigen. Eine Einführung in die Schalter-Kondensator-Filter. *SEV-Zeitschrift*, 5, 1985.

[vG08a] Daniel Ch. von Grünigen. *Digitale Signalverarbeitung.* Fachbuchverlag Leipzig im Carl Hanser Verlag, 4. Auflage, 2008.

[vG08b] Daniel Ch. von Grünigen. *Digitale Signalverarbeitung: Bausteine, Systeme, Anwendungen.* FO Print und Media, 2008.

[vGRM86] Daniel Ch. von Grünigen, D. Ramseier, and G.S. Moschytz. Simulation of floating impedances for low-frequency active filter design. *Proc. IEEE*, 74, 1986.

[VK95] Martin Vetterli and Jelena Kovacevic. *Wavelets and Subband Coding.* Prentice-Hall Inc., 1995.

[Wal99] R.H. Walden. Performance trends for analog-to-digital converters. *IEEE Communications Magazine*, 1999.

[Weh80] W. Wehrmann. *Korrelationstechnik, ein neuer Zweig der Betriebsmesstechnik.* Expert Verlag, Grafenaus, 1980.

[WWM11] Thad B. Welch, Cameron H.G. Wright, and Michael G. Morrow. *Real-Time Digital Signal Processing from MATLAB to C with the TMS320C6x DSPs.* CRC Press, 2011.

[Zac10] Robert Zach. *Software-definierte und kognitive Radios: Konzepte, Technologien, Entwicklung eines Prototypen.* VDM Verlag Dr. Müller, 2010.

[Zö05] Udo Zölzer. *Digitale Audiosignalverarbeitung.* Vieweg+Teubner, 2005.

[ZT94] Glenn Zelniker and Fred J. Taylor. *Advanced Digital Signal Processing.* Dekker, 1994.

# Sachwortverzeichnis

Carl Hanser Verlag GmbH & Co. KG, München
Vilshofener Straße 10 | 81679 München | info@hanser.de
www.hanser-fachbuch.de